天勤计算机考研高分笔记系列

数据结构高分笔记

（2023 版　天勤第 11 版）

率　辉　主编

机械工业出版社

本书针对近几年全国计算机学科专业综合考试大纲的"数据结构"部分进行了深入解读,以一种独创的方式对考试大纲中的知识点进行了讲解,即从考生的视角剖析知识难点;以通俗易懂的语言取代晦涩难懂的专业术语;以成功考生的亲身经历指引复习方向;以风趣幽默的笔触缓解考研压力。读者对书中的知识点讲解有任何疑问都可与作者进行在线互动,为考生解决复习中的疑难点,提高考生的复习效率。

根据计算机专业研究生入学考试形势的变化(逐渐实行非统考),书中对大量非统考知识点进行了讲解,使本书所包含的知识点除覆盖统考大纲的所有内容外,还包括了各自主命题高校所要求的知识点。

本书可作为参加计算机专业研究生入学考试的复习指导用书(包括统考和非统考),也可作为全国各大高校计算机专业或非计算机专业的学生学习"数据结构"课程的辅导用书。

(编辑邮箱:jinacmp@163.com)

图书在版编目(CIP)数据

数据结构高分笔记:2023版:天勤第11版 / 率辉主编. —北京:机械工业出版社,2021.11
(天勤计算机考研高分笔记系列)
ISBN 978-7-111-69576-9

Ⅰ.①数… Ⅱ.①率… Ⅲ.①数据结构-研究生-入学考试-自学参考资料 Ⅳ.①TP311.12

中国版本图书馆 CIP 数据核字(2021)第 230427 号

机械工业出版社(北京市百万庄大街22号 邮政编码100037)
策划编辑:吉 玲 责任编辑:吉 玲
责任校对:高亚苗 封面设计:鞠 杨
责任印制:张 博
中教科(保定)印刷股份有限公司印刷
2022年1月第1版第1次印刷
184mm×260mm・21.75 印张・679 千字
标准书号:ISBN 978-7-111-69576-9
定价:75.00元

电话服务	网络服务
客服电话:010-88361066	机 工 官 网:www.cmpbook.com
010-88379833	机 工 官 博:weibo.com/cmp1952
010-68326294	金 书 网:www.golden-book.com
封底无防伪标均为盗版	机工教育服务网:www.cmpedu.com

序

  2023 版《数据结构高分笔记》《计算机组成原理高分笔记》《操作系统高分笔记》《计算机网络高分笔记》等辅导教材问世了，这对于有志考研的同学是一大幸事。"他山之石，可以攻玉"，参考一下亲身经历过考研并取得优秀成绩的师兄们的经验，必定有益于对考研知识点的复习和掌握。

  能够考上研究生，这是无数考生的追求，能够以优异的成绩考上名牌大学的全国数一数二的计算机或软件工程学科的研究生，更是许多考生的梦想。如何学习或复习相关课程，如何打好扎实的理论基础、练好过硬的实践本领，如何抓住要害、掌握主要的知识点并获得考试的经验，先行者已经给考生们带路了。"高分笔记"的作者们在认真总结了考研体会，整理了考研的备战经验，参考了多种考研专业教材后，精心编写了本套系列辅导书。

  "天勤计算机考研高分笔记系列"辅导教材的特点是：

  ◇ 贴近考生。作者们都亲身经历了考研，他们的视角与以往的辅导教材不同，是从复习考研学生的立场理解教材的知识点——哪些地方理解有困难，哪些地方需要整理思路，处处替考生着想，有很好的引导作用。

  ◇ 重点突出。作者们在复习过程中做了大量习题，并经历了考研的严峻考验，对重要的知识点和考试出现频率高的题型都了如指掌。因此，在复习内容的取舍上进行了充分的考虑，使得读者可以抓住重点，有效地复习。

  ◇ 分析透彻。作者们在复习过程中对主要辅导教材的许多习题都进行了深入分析并亲自解答，对重要的知识点进行了总结，因此，解题思路明确，叙述条理清晰，问题求解的步骤详细，对结果的分析透彻，不但可以扩展考生的思路，还有助于考生举一反三。

  计算机专业综合基础考试已经考过 14 年，今后考试的走向如何，可能是考生最关心的问题。我想，这要从考试命题的规则入手来讨论。

  以清华大学为例，学校把研究生入学考试定性为选拔性考试。研究生入学考试试题主要测试考生对本学科的专业基础知识、基本理论和基本技能掌握的程度。因此，出题范围不应超出本科教学大纲和硕士生培养目标，并尽可能覆盖一级学科的知识面，一般会使本学科、本专业本科毕业的优秀考生取得及格以上的成绩。

  实际上，全国计算机专业研究生入学联考的命题原则也是如此，各学科的重要知识点都是命题的重点。一般知识要考，比较难的知识（较深难度的知识）也要考。通过对 2009 年以来的考试题进行分析可知，考试的出题范围基本符合考试大纲，均覆盖到各大知识点，但题量有所侧重。因此，考生一开始不要抱侥幸的心理去押题，应踏踏实实读好书，认认真真做好复习题，仔仔细细归纳问题解决的思路，夯实基础，增长本事，然后再考虑重点复习。这里有几条规律可供参考：

  ◇ 出过题的知识点还会有题，出题频率高的知识点，今后出题的可能性也大。

  ◇ 选择题的大部分题目涉及基本概念，主要考查对各个知识点的定义和特点的理解，个别选择题会涉及相应延伸的概念。

✧ 综合应用题分为两部分：简做题和设计题。简做题的重点在于设计和计算；设计题的重点在于算法、实验或综合应用。

常言道："学习不怕根基浅，只要迈步总不迟。"只要大家努力了，收获总会有的。

清华大学　殷人昆

前　言

高分笔记系列书籍简介

　　高分笔记系列书籍包括《数据结构高分笔记》《组成原理高分笔记》《操作系统高分笔记》《计算机网络高分笔记》等，是一套针对计算机考研的辅导书。它们在 2010 年夏天诞生于一群考生之手，其写作风格突出表现为：以学生的视角剖析知识难点；以通俗易懂的语言取代晦涩难懂的专业术语；以成功考生的亲身经历指引复习方向；以风趣幽默的笔触缓解考研压力。相信高分笔记系列书籍带给考生的将是更高效、更明确、更轻松、更愉快的复习过程。

数据结构高分笔记简介

　　众所周知，在计算机统考的四门专业课中，最难拿高分的就是数据结构。但是这门课本身的难度并不是考生最大的障碍，真正的障碍在于考生不能独自把握复习方向和考试范围。也许有学生要问，我们不是有大纲吗？照着大纲去复习不就可以了吗？表面上看是这样的，但是当你真正开始复习的时候就会发现，其实大纲只给了考生一个大致范围，有很多地方是模糊的，这些模糊的地方可能就是你纠结的地方。比如大纲里对于栈和队列的考查中有这么一条："栈和队列的应用。"这个知识点就说得很模糊，因为只要涉及栈和队列的地方，都是其应用的范畴，这时考生该怎么办？于是把所有的希望寄托于参考书，希望参考书能帮助他们理解大纲的意图。参考书分为两种：一是课本，二是与课本配套的辅导书。对于课本，考生用得最多的就是严蔚敏老师编写的"严版"《数据结构》。因为这本书的内容非常丰富，如果能把这本书中考试大纲要求的章节理解透彻，参加考研就没有任何问题，但是这个过程是漫长的，除非本科阶段就学得非常好。计算机统考后，四门专业课加上三门公共课，一共是七门，绝大多数考生复习的时间一般为六个月，而数据结构的复习需要占用多少时间，这点大家都很清楚。要在这么短的时间内掌握"严版"《数据结构》中考纲要求的知识点，基本上是不可能的，这就需要一本辅导书来依照大纲从课本中总结出考纲要求的知识点，才能使得考生在短时间内达到研究生考试的要求。已出版的参考书有两种：一种是四合一的辅导书，另一种是分册的。比如网上流行的《1800 题》及其第 2 版，此书中题目极多，并且有很多老式的考研题，有些算法设计题的答案是用 Pascal 语言写的。这本书中的题目一般考生全做基本上是不可能的，挑着做又会把时间浪费在选题上。不可否认，这本书确实是一本非常好的题库，但是考生直接拿来用作考研辅导书却不太合适。在这种情况下，就需要有一本优质的完全针对新大纲的辅导书出现，这就是高分笔记产生的原因。

　　接下来详细介绍一下本书的写作过程，请看下图：

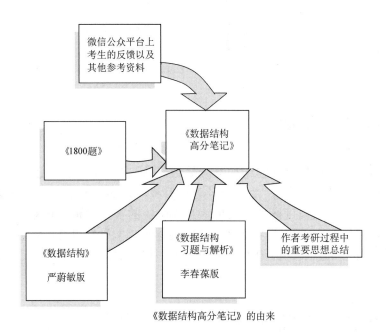

《数据结构高分笔记》的由来

图中所涉及的书都是大家很熟悉的。当年这些书编者都买了，花了很大心思才从中找出在考研战场上真正有用的东西。比如《1800 题》，里面既有好题，又有废题，相信很多人都希望有人能从中去掉重复的题目，选出大纲要求的题目，并能把解答写得更通俗易懂些，而现在编者所做的工作就是从这 1800 道题中选出大纲要求的题目，并且修正部分解答，使其更容易理解。其次是"严版"《数据结构》，此书写得很严谨，语言表述非常专业，但对于基础稍差的学生来说读起来十分费力，要很长时间才能适应这本书的写作风格。如果有一本辅导书能把那些复杂程序的执行过程、拗口的专业术语、令人头大的符号翻译成容易理解的语言，就可以节省考生很多时间，因此，编者所做的事情就是根据自己复习的经验，以及对这本书的理解，把其中考试不需要的内容删掉，把需要的内容改造成一般考生容易接受的形式。对于李春葆老师的《数据结构习题与解析》，也做了类似的处理，并且在这本书中穿插讲解了一些考试大纲中没有明文规定，但是很多算法题目中大量用到的算法设计思想，来帮助大家提高解算法设计题的能力，比如搜索（打印图中两结点之间的所有路径）、分治法（二分法排序、求树的深度等）等算法思想。因此，相信本书会给读者的考研复习带来很大的帮助。

另外，本书通过配套的微信公众号（微信搜索「辉解读」即可找到公众号）来收集读者的反馈，这也是本书不断更新完善的重要途径，即根据考生最需要的内容来作为调整讲解的依据。

自 2017 年起，本书作者开始以《高分笔记》系列书籍为教材，开课讲解计算机考研知识点、模拟题以及真题。课程可在前面介绍的微信公众号中找到。

本书特点：

（1）精心挑选出适合考研的习题，并配上通俗易懂的答案，供读者自测和练习。

（2）总结出考研必备知识点，并且帮读者把其中过于专业、过于严谨的表述翻译成通俗易懂的语言。

（**3**）针对近年数据结构大题的出题风格（比如算法设计题目中的三段式题目：①表述算法思想；②写出算法描述；③计算算法的时间和空间复杂度），设计了独特的真题仿造部分，让读者在复习的过程中逐渐适应不同类型的题目。

参加本书编写的人员有率辉、率秀颂和李玉兰。

编　者

2023 天勤计算机考研服务

◆本书配套免费视频讲解（微信扫码可见）：

◆天勤官方微信公众号：

◆高分笔记系列丛书实时更新微信公众号：

◆23 天勤考研交流群：

目 录

序
前言

第1章 绪论 ... 1
本章概略 ... 1
1.1 针对考研数据结构的代码书写规范以及 C 与 C++ 语言基础 ... 1
    1.1.1 考研综合应用题中算法设计部分的代码书写规范 ... 1
    1.1.2 考研中的 C 与 C++ 语言基础 ... 3
1.2 算法的时间复杂度与空间复杂度分析基础 ... 12
    1.2.1 考研中的算法时间复杂度分析 ... 12
    1.2.2 例题选讲 ... 12
    1.2.3 考研中的算法空间复杂度分析 ... 14
1.3 数据结构和算法的基本概念 ... 14
    1.3.1 数据结构的基本概念 ... 14
    1.3.2 算法的基本概念 ... 15
习题 ... 16
习题答案 ... 17

第2章 线性表 ... 19
大纲要求 ... 19
考点与要点分析 ... 19
    核心考点 ... 19
    基础要点 ... 19
知识点讲解 ... 19
2.1 线性表的基本概念与实现 ... 19
2.2 线性表的结构体定义和基本操作 ... 23
    2.2.1 线性表的结构体定义 ... 23
    2.2.2 顺序表的操作 ... 25
    2.2.3 单链表的操作 ... 27
    2.2.4 双链表的操作 ... 32
    2.2.5 循环链表的操作 ... 34
    2.2.6 逆置问题（408 科目重要考点） ... 34
▲真题仿造 ... 35
真题仿造答案与解析 ... 36
习题+真题精选 ... 37
习题答案+真题精选答案 ... 42

第3章 栈和队列 ... 58
大纲要求 ... 58
考点与要点分析 ... 58
    核心考点 ... 58
    基础要点 ... 58
知识点讲解 ... 58

3.1 栈和队列的基本概念 58
3.1.1 栈的基本概念 58
3.1.2 队列的基本概念 59
3.2 栈和队列的存储结构、算法与应用 59
3.2.1 本章所涉及的结构体定义 59
3.2.2 顺序栈 60
3.2.3 链栈 62
3.2.4 栈的应用 63
3.2.5 顺序队 67
3.2.6 链队 69
3.2.7 共享栈和双端队列 71
3.2.8 队列的配置问题 72
3.3 抽象数据类型 73
▲真题仿造 75
真题仿造答案与解析 75
习题+真题精选 78
习题答案+真题精选答案 83

第4章 串
知识点讲解 95
4.1 串数据类型的定义 95
4.1.1 串的定义 95
4.1.2 串的存储结构 95
4.1.3 串的基本操作 96
4.2 串的模式匹配算法 99
4.2.1 简单模式匹配算法 99
4.2.2 KMP算法 100
4.2.3 KMP算法的改进 104
习题 106
习题答案 107

第5章 数组、矩阵与广义表
知识点讲解 117
5.1 数组 117
5.2 矩阵的压缩存储 118
5.2.1 矩阵 118
5.2.2 特殊矩阵和稀疏矩阵 119
5.3 广义表 125
习题 126
习题答案 127

第6章 树与二叉树
大纲要求 136
考点与要点分析 136
　　核心考点 136
　　基础要点 136
知识点讲解 136

6.1 树的基本概念 ··· 136
 6.1.1 树的定义 ·· 136
 6.1.2 树的基本术语 ·· 136
 6.1.3 树的存储结构 ·· 137
6.2 二叉树 ··· 138
 6.2.1 二叉树的定义 ·· 138
 6.2.2 二叉树的主要性质 ·· 139
 6.2.3 二叉树的存储结构 ·· 141
 6.2.4 二叉树的遍历算法 ·· 141
 6.2.5 二叉树遍历算法的改进 ·· 150
6.3 树和森林与二叉树的互相转换 ·· 159
 6.3.1 树转换为二叉树 ··· 159
 6.3.2 二叉树转换为树 ··· 160
 6.3.3 森林转换为二叉树 ·· 160
 6.3.4 二叉树转换为森林 ·· 161
 6.3.5 树和森林的遍历 ··· 161
6.4 树与二叉树的应用 ··· 162
 6.4.1 二叉排序树与平衡二叉树 ··· 162
 6.4.2 赫夫曼树和赫夫曼编码 ·· 163
 6.4.3 并查集及其应用（2022统考大纲新增内容） ·· 166
▲真题仿造 ·· 166
真题仿造答案与解析 ··· 166
习题+真题精选 ·· 167
习题答案+真题精选答案 ·· 172

第7章 图 ··· 187
大纲要求 ·· 187
考点与要点分析 ··· 187
 核心考点 ·· 187
 基础要点 ·· 187
知识点讲解 ··· 187
 7.1 图的基本概念 ··· 187
 7.2 图的存储结构 ··· 188
  7.2.1 邻接矩阵 ·· 189
  7.2.2 邻接表 ··· 190
  7.2.3 邻接多重表 ··· 191
 7.3 图的遍历算法操作 ··· 192
  7.3.1 深度优先搜索遍历 ·· 192
  7.3.2 广度优先搜索遍历 ·· 193
  7.3.3 例题选讲 ·· 194
 7.4 最小（代价）生成树 ·· 197
  7.4.1 普里姆算法和克鲁斯卡尔算法（含2022统考大纲新增内容并查集的讲解） ········ 197
  7.4.2 例题选讲 ·· 201
 7.5 最短路径 ··· 202
  7.5.1 迪杰斯特拉算法 ··· 202

XI

7.5.2　弗洛伊德算法	208
7.6　拓扑排序	211
7.6.1　AOV 网	211
7.6.2　拓扑排序核心算法	211
7.6.3　例题选讲	213
7.7　关键路径	214
7.7.1　AOE 网	214
7.7.2　关键路径核心算法	214
▲真题仿造	217
真题仿造答案与解析	217
习题+真题精选	219
习题答案+真题精选答案	225

第 8 章　排序　238

大纲要求	238
考点与要点分析	238
核心考点	238
基础要点	238
知识点讲解	239
8.1　排序的基本概念	239
8.1.1　排序	239
8.1.2　稳定性	239
8.1.3　排序算法的分类	239
8.2　插入类排序	240
8.2.1　直接插入排序	240
8.2.2　折半插入排序	241
8.2.3　希尔排序	242
8.3　交换类排序	244
8.3.1　起泡排序	244
8.3.2　快速排序	245
8.4　选择类排序	247
8.4.1　简单选择排序	247
8.4.2　堆排序	248
8.5　二路归并排序	251
8.6　基数排序	252
8.7　外部排序	256
8.7.1　概念与流程	256
8.7.2　置换-选择排序	257
8.7.3　最佳归并树	258
8.7.4　败者树	259
8.7.5　时间与空间复杂度相关问题	261
8.8　排序知识点小结	262
▲真题仿造	263
真题仿造答案与解析	263
习题+真题精选	264

習題答案+真題精選答案 ·· 269

第9章 查找 ··· 279
大纲要求 ·· 279
考点与要点分析 ··· 279
    核心考点 ·· 279
    基础要点 ·· 279
知识点讲解 ··· 279
  9.1 查找的基本概念、顺序查找法、折半查找法 ·································· 279
    9.1.1 查找的基本概念 ·· 279
    9.1.2 顺序查找法 ·· 280
    9.1.3 折半查找法 ·· 281
    9.1.4 分块查找 ··· 283
  9.2 树型查找 ··· 284
    9.2.1 二叉排序树 ·· 284
    9.2.2 平衡二叉树 ·· 287
    9.2.3 红黑树 ·· 290
  9.3 B-树的基本概念及其基本操作、B+树的基本概念 ···························· 298
    9.3.1 B-树（B树）的基本概念 ·· 298
    9.3.2 B-树的基本操作 ·· 299
    9.3.3 B+树的基本概念 ··· 304
  9.4 散列表 ·· 305
    9.4.1 散列表的概念 ··· 305
    9.4.2 散列表的建立方法以及冲突解决方法 ··································· 305
    9.4.3 散列表的性能分析 ··· 309
▲真题仿造 ··· 310
真题仿造答案与解析 ··· 310
习题+真题精选 ··· 311
习题答案+真题精选答案 ·· 316

第10章 考研中某些算法的分治法解释 ··· 329
参考文献 ·· 332

第1章 绪 论

作者的话：

虽然本章涉及的知识点在各种版本的计算机专业考研大纲中没有明确要求，但它是学好"数据结构"这门课以及应对各种数据结构考试的基本功。本章对于数据结构科目在考研中涉及的不同参考书中的繁杂表述和规定做了一定的说明和简化，并根据各种版本的考研大纲所要求的知识点，总结出了一套易于接受的学习方法，因此拿到本书的考生，请务必认真阅读这一章。

本章概略

▲ 针对考研中"数据结构"内容的代码书写规范以及 C 与 C++语言基础

对于考研中的数据结构，需要 C 与 C++语言作为基础，但是又不需要太多，因此此处的讲解有针对性。现在你面临的是研究生考试，要在答题纸上写代码，代码的评判者是阅卷老师，而不是 TC、VC 等编译器。如果你之前只熟悉在这些编译器下写代码，那么就要看看这一部分，这里教你如何快速地写出让阅卷老师满意的代码。

▲ 算法的时间复杂度分析基础

随着 408 统考大潮的来临，其数据结构部分综合题三段式考题形式（算法分析、代码实现、**复杂度分析**）应该引起广大考生的重视，其中算法的复杂度分析已经几乎是每年的必考内容。相对于算法的空间复杂度分析，时间复杂度分析的考查规律更容易把握，因此这里抽象出时间复杂度分析的一般套路，以方便考生理解和学习。对于空间复杂度分析，则放在以后各章中以具体问题的形式讲解。

▲ 数据结构和算法的基本概念

这一部分介绍一些贯穿于本书的基本概念。

1.1 针对考研数据结构的代码书写规范以及 C 与 C++语言基础

1.1.1 考研综合应用题中算法设计部分的代码书写规范

要在答题纸上快速地写出能让阅卷老师满意的代码是有技巧的，这与写出能在编译器上编译通过的代码有所不同。为了说明这一点，首先看一个例子：

设将 n（n>1）个整数存放到一维数组 R 中，设计一个算法，将 R 中的序列循环左移 P（0<P<n）个位置，即将 R 中的数据由$\{X_0, X_1, \ldots, X_{n-1}\}$变换为$\{X_p, X_{p+1}, \ldots, X_{n-1}, X_0, X_1, \ldots, X_{p-1}\}$。要求：写出本题的算法描述。

分析：

本题不难，要实现 R 中序列循环左移 P 个位置，只需先将 R 中前 P 个元素逆置，再将剩下的元素逆置，最后将 R 中所有的元素再整体做一次逆置操作即可。本题算法描述如下：

```
#include<iostream>                                    //1
#define N 50                                          //2
using namespace std;                                  //3
void Reverse(int R[],int l,int r)                     //4
{                                                     //5
```

```
       int i,j;                              //6
       int temp;                             //7
       for(i=l,j=r;i<j;++i,--j)              //8
       {                                     //9
         temp=R[i];                          //10
         R[i]=R[j];                          //11
         R[j]=temp;                          //12
       }                                     //13
    }                                        //14
    void RCR(int R[],int n,int p)            //15
    {                                        //16
       if(p<=0||p>=n)                        //17
         cout<<"ERROR"<<endl;                //18
       else                                  //19
       {                                     //20
         Reverse(R,0,p-1);                   //21
         Reverse(R,p,n-1);                   //22
         Reverse(R,0,n-1);                   //23
       }                                     //24
    }                                        //25
    int main()                               //26
    {                                        //27
       int L,i;                              //28
       int R[N],n;                           //29
       cin>>L;                               //30
       cin>>n;                               //31
       for(i=0;i<=n-1;++i)                   //32
          cin>>R[i];                         //33
       RCR(R,n,L);                           //34
       for(i=0;i<=n-1;++i)                   //35
          cout<<R[i]<<" ";                   //36
       cout<<endl;                           //37
       return 0;                             //38
    }                                        //39
```

以上程序段是一段完整的可以在编译器下编译运行的程序，程序比较长，但对于考试答卷，完全没有必要这么写。

第1句和第3句，在大学学习期间所写的程序中几乎都要用到，研究生考试这种选拔考试不会用这种东西来区分学生的优劣，因此答题过程中没必要写，可去掉。

第2句定义了一个常量，如果题目中要用一个常量，则在用到的地方加上一句注释，说明某某常量之前已经定义即可。没必要再在前面补上一句#define ××××，因为试卷是答题纸，不是文本编辑器，插入语句不是那么方便。为了节省考试时间且使试卷整洁，第2句也可去掉。

第26~39句是主函数部分，之前定义的函数（第4~25句）在这里调用。在答题中，只需要写出自己的函数说明（第4~25句），写清楚函数的接口（何为接口，下边会细致讲解）即可，阅卷老师就知道你已经做好了可以解决这个题目的工具（函数），并且说明了工具的使用方法（函数接口），因此第26~

39句也可以去掉。

经过以上删减，就变成了以下程序段，显然简洁了很多。

```
void Reverse(int R[],int l,int r)            //1
{                                             //2
    int i,j;                                  //3
    int temp;                                 //4
    for(i=l,j=r;i<j;++i,--j)                  //5
    {                                         //6
        temp=R[i];                            //7
        R[i]=R[j];                            //8
        R[j]=temp;                            //9
    }                                         //10
}                                             //11
void RCR(int R[],int n,int p)                 //12
{                                             //13
    if(p<=0||p>=n)                            //14
        cout<<"ERROR"<<endl;                  //15
    else                                      //16
    {                                         //17
        Reverse(R,0,p-1);                     //18
        Reverse(R,p,n-1);                     //19
        Reverse(R,0,n-1);                     //20
    }                                         //21
}                                             //22
```

这里来说一下函数的接口。假如上述函数是一台机器，可以将原材料加工成成品，那么接口就可以理解成原材料的入口，或成品的出口。例如，上述程序段中的第12句：RCR(int R[],int n,int p)包含一个接口，它是原材料的一个入口。括号里所描述的是原材料的类型以及名称，是将来函数被调用时所要放进去的东西，是在告诉别人，需要3个原材料：第一个是一个int型的数组，第二个是一个int型的变量，第三个也是一个int型的变量。第15句：cout<<"ERROR"<<endl;也是一个接口，它会在输出设备上打印出英文单词ERROR，用来提示用户这里出错了，这算是成品的出口，这里的成品就是一个提示。同时，第1句中传入int型数组的地方也可以理解为一个产品的出口，因为从这里传入的数组的内容，将在函数执行完后被加工成我们想要的内容。通过以上说明，可以把接口理解为**用户和函数打交道的地方，通过接口，用户输入了自己的数据，得到了自己想要的结果**。

至此，我们可以知道考研综合应用中算法设计题中的代码部分重点需要写哪些内容了，即只需写出一个或多个可以解决问题的有着清楚接口描述的函数即可。

1.1.2 考研中的C与C++语言基础

本节的标题是C及C++语言，而不是单一的一种语言，是因为本书有些程序的书写包含了这两种语法。对于考试答题来说，C++不能因为它是C语言的升级版就取代C。C和C++是各有所长，我们从两者中挑选出对考研答卷有利的部分，组合起来应用。下面具体介绍针对考研数据结构的C和C++语言基础。

1. 数据类型

对于基本的数据类型，如整型int、long、…（考研中涉及处理整数的题目，如果没有特别要求，用int足够了）等，字符型char，浮点型float、double、…（对于处理小数的问题，在题目没有特殊要求的情况下用 float 就足够了）等。这些大家都了解，就不再具体讲解了，这里主要讲解的是**结构型**和**指针型**。

（1）结构型

结构型可以理解为用户用已有数据类型（int,char,float…）为原料制作的数据类型。其实我们常用的数组也是用户自己制作的数据类型。数组是由多个相同数据类型的变量组合起来的，例如：

```
int a[maxSize];//maxSize 是已经定义的常量
```

该语句定义了一个数组，名字为 a，就是将 maxSize 个整型变量连续地摆在一起，其中各整型变量之间的位置关系通过数组下标来反映。如果想制作一个数组，第一个变量是整型变量，第二个变量是字符型变量，第三个变量是浮点型变量，该怎么办？这时就用到结构体了。**结构体是系统提供给程序员制作新的数据类型的一种机制，即可以用系统已经有的不同的基本数据类型或用户定义的结构型，组合成用户需要的复杂数据类型。**

例如，上面提到的要制作一个由不同类型的变量组成的数组可以进行如下构造：

```
typedef struct
{
    int    a;
    char   b;
    float  c;
}TypeA;
```

上面的语句制造了一个新的数据类型，即 TypeA 型。语句 int b[3];定义了一个数组，名字为 b，由 3 个整型分量组成。而语句 TypeA a;同样可以认为定义了一个数组，名字为 a，只不过组成 a 数组的 3 个分量是不同类型的。对于数组 b，b[0]、b[1]、b[2]分别代表数组中第一、第二、第三个元素的值。而对于结构体 a，a.a、a.b、a.c 分别对应于结构体变量 a 中第一、第二、第三个元素的值，两者十分相似。

再看语句 TypeA a[3];，它定义了一个数组，由 3 个 TypeA 型的元素组成。前面已经定义 TypeA 为结构型，它含有 3 个分量（其实应该叫作结构体的成员，这里为了类比，将它叫作分量），因此 a 数组中的每个元素都是结构型且每个元素都有 3 个分量，可以把它类比成一个二维数组。例如，int b[3][3];定义了一个名字为 b 的二维数组。二维数组可以看成其数组元素是一维数组的一维数组，如果把 b 看成一个一维数组，其中的每个数组元素都有 3 个分量，与 a 数组不同的地方在于，b 数组中每个元素的 3 个分量是相同类型的，而 a 数组中每个元素的 3 个分量是不同数据类型的。从 b 数组取第一个元素的第一个分量的值的写法为 b[0][0]，对应到 a 数组则为 a[0].a。

结构体与数组的类比关系可以通过图 1-1 来形象地说明。

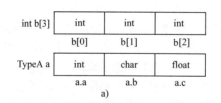

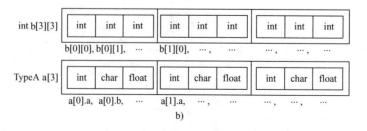

图 1-1 结构体与数组的类比

a）结构体和一维数组的类比 b）数组和结构体数组的类比

（2）指针型

指针型和结构型一样，是比较难理解的部分。对于其他类型的变量，变量里所装的是数据元素的内容，而指针型变量里装的是变量的地址，通过它可以找出这个变量在内存中的位置，就像一个指示方向的指针，指出了某个变量的位置，因此叫作指针型。

指针型的定义方法对于每种数据类型都有特定的写法，有专门指向 int 型变量的指针，也有专门指向 char 型变量的指针等。对于每种变量，指针的定义方法有相似的规则，如以下语句：

```
int *a;      //对比一下定义 int 型变量的语句：int a;
char *b;     //对比一下定义 char 型变量的语句：char b;
float *c;    //对比一下定义 float 型变量的语句：float c;
TypeA *d;    //对比一下定义 TypeA 型变量的语句：TypeA d;
```

上面 4 句分别定义了指向整型变量的指针 a、指向字符型变量的指针 b、指向浮点型变量的指针 c 和指向 TypeA 型变量的指针 d。与之前所讲述的其他变量的定义相对比，指针型变量的定义只是在变量名之前多出一个"*"而已。

如果 a 是一个指针型变量，且它已经指向了一个变量 b，则 a 中存放变量 b 所在的地址。*a 就是取变量 b 的内容（x=*a;等价于 x=b;），&b 就是取变量 b 的地址，语句 a=&b;就是将变量 b 的地址存于 a 中，即大家常说的指针 a 指向 b。

指针型在考研中用得最多的就是和结构型结合起来构造结点（如链表的结点、二叉树的结点等）。下面具体讲解常用结点的构造，这里的"构造"可以理解成先定义一个结点的结构类型，然后用这个结构型制作一个结点。虽然这样说不太严谨，但便于理解。

（3）结点的构造

要构造一种结点，必须先定义结点的结构类型。下面介绍链表结点和二叉树结点结构型的定义方法。

1）链表结点的定义。

链表的结点有两个域：一个是数据域，用来存放数据；另一个是指针域，用来存放下一个结点的位置，如图 1-2 所示。

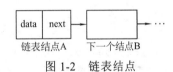

图 1-2 链表结点

链表结点的结构型定义如下：

```
typedef struct Node
{
    int data;             //这里默认的是 int 型，如需其他类型可修改
    struct Node *next;    //指向 Node 型变量的指针
}Node;
```

上面这个结构型的名字为 Node，因为组成此结构体的成员中有一个是指向和自己类型相同的变量的指针，内部要自己来定义这个指针，所以写成 struct Node *next;。这里指出，**凡是结构型（假设名为 a）内部有这样的指针型（假设名为 b），即 b 是用来存放和 a 类型相同的结构体变量地址的指针型**（如图 1-2 中结点 A 的指针 next，next 所指的结点 B 与结点 A 是属于同一结构型的），则在定义 a 的 **typedef struct** 语句之后都要加上 a 这个结构型的名字，如上述结构体定义中黑体的 **Node**。与之前定义的结构型 TypeA 相比较，会发现这里的结构型 Node 在定义方法上的不同。

有的参考书把上述链表结点结构体的定义写成如下形式：

```
typedef struct node
{
    …
    …
}Node;
```

可以发现，有一个"node"和一个"Node"，即结构体定义中的上下两个名称不同。其实对于考研来说，这样写除了增加记忆负担之外，没有其他好处，所以希望考生在定义结点结构型时，将上下名称写成一致，并且如果结构体内没有指向自己类型的指针，也可以把黑体的 Node 加上，这样更方便记忆，虽然写出来样子比较难看，但不至于被扣分。

2）二叉树结点的定义。

在链表结点结构型的基础上，再加上一个指向自己同一类型变量的指针域，即二叉树结点结构型，例如：

```
typedef struct BTNode
{
    int    data;             //这里默认的是 int 型，如需其他类型可修改
    struct BTNode *lchild;   //指向左孩子结点指针，在后续的二叉树章节中讲解
    struct BTNode *rchild;   //指向右孩子结点指针，在后续的二叉树章节中讲解
}BTNode;
```

在考研的数据结构中，只需要熟练掌握以上两种结点（链表、二叉树）的定义方法，其他结点都是由这两种衍生而来的（其实二叉树结点的定义也是由链表结点的定义衍生而来的，二叉树结点只不过比链表结点多了一个指针而已），无须特意地去记忆。

说明：对于结构型，用来实现构造结点的语法有很多不同的表述，没必要全部掌握。上面讲到的语法用来构造结点已经足够用了，建议大家熟练掌握，其他写法可暂时不予理睬。有些语法对考试来说既复杂又没有意义，例如，上面二叉树结点的定义有些参考书中写成：

```
typedef struct BTNode
{
    int    data;
    struct BTNode *lchild;
    struct BTNode *rchild;
}BTNode,*btnode;
```

可以看到在最后又多了个*btnode，其实在定义一个结点指针 p 时，BTNode *p;等价于 btnode p;。对于定义结点指针，BTNode *p;这种写法是顺理成章的，因为它继承了之前 int *a;、char *b;、float *c;和 TypeA *d;这些指针定义的一般规律，使我们记忆起来非常方便，不必再加个 btnode p;来增加记忆负担。因此在考研中我们不采取这种方法，对于上面的结构体定义，删去*btnode，统一用一个 BTNode 就可以解决所有问题。

通过以上的讲解，知道了链表结点和二叉树结点的定义方法。结构型定义好之后，就要用它来制作新结点了。

以二叉树结点为例，有以下两种写法：

① BTNode BT;
② BTNode *BT;
   BT=(BTNode*)malloc(sizeof(BTNode)); //此句要熟练掌握

①中只用一句就制作了一个结点，而②中需要两句，比①要烦琐，但是考研中用得最多的是②。②的执行过程为：先定义一个结点的指针 BT，然后用函数 malloc()来申请一个结点的内存空间，最后让指针 BT 指向这片内存空间，这样就完成了一个结点的制作。②中的第二句就是用系统已有的函数 malloc()申请新结点所需内存空间的方法。考研数据结构中所有类型结点的内存分配都可用函数 malloc()来完成，模式固定，容易记忆。

图 1-3 所示为利用空间申请函数申请一个结点空间，

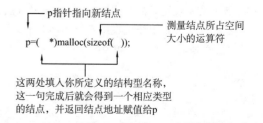

图 1-3　结点空间申请函数

并用一个指针（图中为 p）指向这个空间的标准模板。考生需要将这个模板背下来，当需要制作一个新结点时，只要把结点结构型的名称填入图 1-3 括号中的空白处即可。

说明：除此之外，还有一个动态申请数组空间的方法，相对于上面提到的一次申请一个结点，这种方法可以认为是一次申请一组结点，语法如下（假设申请的数组内元素为 int 型，长度为 n，当然这里的 int 型可以换成任何数据类型，包括自己构造的结构型）：

```
int *p;
p=(int *)malloc(n * sizeof(int));
```

这样就申请了一个由指针 p 所指的（p 指向数组中第一个元素的地址）、元素为 int 型的、长度为 n 的动态数组。取元素时和一般的数组（静态数组）一样，如取第二个元素，则可写成 p[1]。

可以看到申请数组空间（或者说一组结点）的方法同上面申请一个结点的方法的不同之处仅在于，sizeof 运算符前要乘以 n。sizeof 是运算符，不是函数，但是在考研时你完全可以把它当作一个以数据类型为参数、返回值为所传入数据类型所占存储空间大小的函数来理解。

②中的 BT 是个指针型变量，用它来存储刚制作好的结点的地址。因 BT 是变量，虽然现在 BT 指向了刚生成的结点，但是在以后必要的时候 BT 可以离开这个结点转而指向其他结点。而①则不行，①中的 BT 就是某个结点的名字，一旦定义好，它就不能脱离这个结点了。从这里可看到②比①更灵活，因此②用得多，且②完全可以取代①（②中 BT 的值不改变就相当于①）。

对于①和②中的 BT 取分量的操作也是不同的。对于①，如果想取其 data 域的值赋给 x，则应该写成 x=BT.data;，而对于②，则应该写成 x=BT->data;。一般来说，用结构体变量直接取分量，其操作用"."；用指向结构体变量的指针来取分量，其操作用"->"。

这里再扩展一点，前面提到，如果 p 是指针（假设已经指向 x），*p 就是取这个变量的值，a=*p;等价于 a=x;，那么对于②中的 BT 指针，如何用"."来取其 data 值呢？类比 p，*BT 就是 BT 指向的变量，因此可以写成(*BT).data（(*BT).data 与 BT->data 是等价的）。注意，对于初学者来说，*BT 外边最好用括号括起来，不要写成*BT.data，因为你有可能不清楚运算符的优先级，**在不知道运算符优先级和结合性的情况下，最好依照自己所期望的运算顺序加上括号**。有可能这个括号加上是多余的，但是为了减少错误，这种做法是有必要的。对于刚才那句，我们所期望的运算顺序是先算*BT，即用"*"先将 BT 变成它所指的变量，然后再用"."取分量值，因此写成(*BT).data。再例如，有这样一个表达式 a*b/c，假设你不知道在这个表达式中先算乘再算除，而你所期望的运算顺序是先算乘再算除，为了减少错误，最好把它写成(a*b)/c，即便这里的括号是多余的。

说明：对于上述两种结点结构体定义的写法，有些同学可能会说还有更简便的形式，写法如下。

链表结点：
```
struct Node
{
    int data;
    Node *next;
};
```

二叉树结点：
```
struct BTNode
{
    int data;
    BTNode *lchild;
    BTNode *rchild;
};
```

这种写法虽然简单，但是在一些纯 C 编译器中是通不过的，如果你所报考的目标学校严格要求用纯 C 语言来写程序，则不能这样写结构体定义。

（4）关于 typedef 和 #define

1）typedef。

在一些教材中，变量定义语句中会出现一些你从来没见过的数据类型，如类似于 Elemtype A;的变量定义语句，要说明这个问题，先来说明一下 typedef 的用法。**typedef 可以理解为给现有的数据类型起一个新名字**，如 typedef struct{…}TypeA;，即给"struct{…}"起了一个名字 TypeA，就好比你制作了计算机中的整型，给它起了个名字为 int，如果再想给 int 型起个新名字 A，就可以写 typedef int A;。这样定义一个整型变量 x 的时候，A x;就等价于 int x;。在考研中，typedef 主要用在结构型的定义过程中，如上述二叉树结点的结构体定义，其他地方几乎不用。新定义的结构型没有名字，因此用 typedef 给它起个名字是有必要的。但是对于已有的数据类型，如 int、float 等已经有了简洁的名字，还有必要给它起个新名字吗？有必要，但不是在考研数据结构中。

2）#define。

除了陌生的数据类型以外，还有一些陌生的东西，比如在一个函数中会出现 return ERROR;、return OK;之类的语句。其实，ERROR 和 OK 就是两个常量，其作为函数的返回值来提示用户函数的操作结果，这样做的初衷是想把 0、1 这种常作为函数返回标记的数字定义成 ERROR 和 OK，以达到比数字更人性化、更容易理解的目的，但结果却适得其反，让新手们更困惑了。#define 对于考研数据结构来说没有什么贡献，我们只要认识它就行。例如，#define maxSize 50 这句，即定义了常量 maxSize（此时 x=50;等价于 x=maxSize;）。在写程序时，如果你要定义一个数组，如 int A[maxSize];，加上一句注释"/*maxSize 为已经定义的常量，其值为 50*/"即可。

说明：本书的作用在很大程度上是做了一个翻译的角色，站在学生的角度把课本上用过于专业化的术语描述的事情用通俗易懂的语言表达出来。

2．函数

说明：只要是算法设计题，就要用到函数，所以有必要介绍使用函数的一些注意事项。

（1）被传入函数的参数是否会改变

```
int a;
void f(int x)
{
    ++x;
}
```

上面定义的函数需要一个整型变量作为参数，并且在自己的函数体中将参数做自增 1 的运算。执行完以下程序段之后 a 的值是多少？

```
a=0;            //①
f(a);           //②
```

有些同学可能以为 a 等于 1。这个答案是错误的，可以这样理解，对于函数 f()，在调用它时，括号里的变量 a 和①中的变量 a 并不是同一个变量。在执行②时，变量 a 只是把自己的值赋给了一个在 f() 的定义过程中已经定义好的整型变量，假设为 x，即②的执行过程拆开来看是这样两句：x=a;和++x;，因此 a 的值在执行完①、②两句之后不变。

如果想让 a 依照 f() 函数体中的操作来改变，应该怎么写？这时就要用到函数参数的**引用型定义**（这种语法是 C++中的，C 中没有，C 中是靠传入变量地址的方法来实现的，写起来比较麻烦且容易出错，因此这里采用 C++的语法），其函数的定义方法如下：

```
void f(int &x)
{
    ++x;
}
```

这样就相当于 a 取代了 x 的位置，函数 f() 就是在对 a 本身进行操作，执行完①、②两句后，a 的值由 0 变为 1。

上面讲到的是针对普通变量的**引用型**，如果传入的变量是指针型变量，并且在函数体内要对传入的指针进行改变，则需写成如下形式：

```
void f(int *&x)//指针型变量在函数体中需要改变的写法
{
    ++x;
}
```

执行完上述函数后，指针 x 的值自增 1。

说明：这种写法很多同学不太熟悉，但是它在树与图的算法中应用广泛，在之后的章节中考生要注意观察其与一般引用型变量的书写差别。

上面是单个变量作为函数参数的情况。如果一个数组作为函数的参数，该怎么写？传入的数组是不是也为引用型？对于数组作为函数的参数，考研数据结构中常见的有两种情况，即一维和二维数组。

一维数组作为参数的函数定义方法如下：

```
void f(int x[],int n)
{
    …;
}
```

对于第一个参数位置上的数组的定义，只需写出中括号即可，不需要限定数组长度（不需要写成 f(int x[5],int n)），即便传入的数组真的长度为 5；对于第二个参数 n，是写数组作为参数的函数的习惯，用来说明将来要传进函数加工的数组元素的个数，并不是指数组的总长度。

二维数组作为参数的函数定义方法如下：

```
void f(int x[][maxSize],int n)
{
    …;
}
```

如果函数的参数是二维数组，则数组的第一个中括号内也不需要写数组长度，而第二个中括号内必须写上数组长度（假设 maxSize 是已经定义的常量）。这里需要注意，所传入的数组第二维长度也必须是 maxSize，否则出错。例如：

```
void f(int x[][5])
{
    …;
}
int a[10][5];
int b[10][3];
f(a);      //参数正确
f(b);      //参数错误
```

要注意的是，将数组作为参数传入函数，函数就是对传入的数组本身进行操作，即如果函数体内涉及改变数组数据的操作，则传入的数组中的数据就会依照函数的操作来改变。因此，对于数组来说，没有引用型和非引用型之分，可以理解为只要数组作为参数，就都是引用型的。

说明：其实上一段话说得一点儿都不准确，工作中如果这么理解多半会出事，但是用来应对考研数据结构足够了，且容易理解。具体错在哪里了？有兴趣的同学可以去查查关于数组作为参数传入函数的到底是什么的相关资料。工作有工作的方法，应对考试有应对考试的方法，这一点大家要注意。

（2）关于参数引用型的其他例子

```
1) void insert(Sqlist &L,int x)
```

```
//因为L本身要发生改变,所以要用引用型
{
    int p,i;
    p=LocateElem(L,x);
    for(i=L.length-1;i>=p;--i)
        L.data[i+1]=L.data[i];
    L.data[p]=x;
    ++(L.length);
}
```

讲解:L是个结构体类型(Sqlist型),data[]数组是它的一个分量,属于Sqlist的一部分,data改变就是L自身改变,使用函数insert()的目的是在data[]数组中插入元素,使data[]数组内容改变,L也随之改变,因此传入L要用引用型。

2)
```
int SearchAndDelete(LNode *C,int x)
{
    LNode *p,*q;
    p=C;
    while(p->next!=NULL)
    {
        if(p->next->data==x)
            break;
        p=p->next;
    }
    if(p->next==NULL)
        return 0;
    else
    {
        q=p->next;
        p->next=p->next->next;
        free(q);
        return 1;
    }
}
```

讲解:C是指向一个链表表头的指针,注意仅仅是个指针,和1)中的L不一样,它不代表整个链表,函数SearchAndDelete()可能删除被操作的链表中的除C所指结点(头结点不含链表元素信息)以外的所有结点,导致链表相关指针改变,但是C指针自己不变,因此这里传入C时不需要用引用型。

很多同学对这里的疑问在于,误认为C的地位等同于1)中L的地位,1)中传入的是L这个结构体类型的变量整体,L的任何一部分改变都可以看作L自身的改变,需要引用型;而C只是指向一个链表表头的指针,整个链表无法像L一样作为整体传入函数中,C自身不需要改变,改变的是当前操作链表的其他部分,因此C不用引用型,在函数中也看不到使C自身改变的直接操作语句。

3)
```
void merge(LNode *A,LNode *B,LNode *&C)
{
    LNode *p=A->next;
    LNode *q=B->next;
    LNode *r;
```

```
        C=A;
        C->next=NULL;
        free(B);
        r=C;
        ……
    //此处省略 N 行代码
    }
```

讲解：明白了第二个例子，这个就容易理解了，将 A、B 两个链表合并（merge）成一个，此时肯定需要一个指向结果链表的指针，就是参数 C。C 指针在传入时可能是一个空指针，经过函数操作之后它指向结果链表表头结点，显然 C 自身发生了改变，需要用引用型；很容易找到使 C 发生改变的直接操作语句 C=A;，A、B 两指针显然没有改变的必要，因此它们不需要用引用型。

（3）有返回值的函数

定义一个函数：

```
int f(int a)
{
    return a;
}
```

在这个定义中可以看到，有一个 int 在函数名的前面，这个 int 是指函数返回值是 int 型。如果没有返回值，则定义函数的时候用 void，前面讲过的函数中已经有所体现。返回值常常用来作为判断函数执行状态（完成还是出错）的标记，或者是一个计算的结果。这里顺便用一个具体例子再说明一下 #define 和 typedef 在函数定义中的应用以及在考研中这种方法到底可不可取。一些教材中出现过类似于下面这样的函数：

```
STATUS f(ELEMTYPE a)
{
    if(a>=0)
        return ERROR;
    else
        return  OK;
}
```

对于一些跨考的同学来说，遇见这个函数就麻烦了，不清楚 STATUS、ELEMTYPE、ERROR、OK 指的是什么，其实函数的编写者在离这个函数很远的地方已事先写了下述语句：

```
#define ERROR 1
#define OK 0
typedef bool STATUS
typedef int ELEMTYPE
```

因此函数 f() 可以还原为：

```
bool f(int a)               //本行可换成 int f(int a)
{
    if(a>=0)
        return 1;
    else
        return  0;
}
```

上面这种写法就清楚多了。之所以有如上写法，原因有两个：一个是自己另起的类型名或者常量名都有实际的意义，STATUS 代表状态，OK 代表程序执行成功，ERROR 代表出错，这样代码写得就更人性化；另一个是在一个大工程中，对于其中的一个变量，在整个工程中都已经用 int 型定义过了，但是工程如果要求修改，将所有 int 型换成 long 型，如果事先给 int 型起个新名字为 ELEMTYPE，则在整个工程中凡是类似于 int x;的语句都写成 ELEMTYPE x;，此时只需将 typedef int ELEMTYPE 这一句中的 int 换成 long 即可实现全局的数据类型替换，这就是 typedef 的意义所在（#define 也能达到类似的目的）。显然，上述这些对考研答卷的实际意义并不大。

1.2 算法的时间复杂度与空间复杂度分析基础

1.2.1 考研中的算法时间复杂度分析

对于这部分，要牢记一句话：**将算法中基本操作的执行次数作为算法时间复杂度的度量**。这里所讨论的时间复杂度不是执行完一段程序的总时间，而是其中基本操作的总次数。因此，对一个算法进行时间复杂度分析的要点，无非是明确算法中哪些操作是基本操作，然后计算出基本操作重复执行的次数即可。在考试的算法题目中你总能找到一个 n，可以称为问题的规模，如要处理的数组元素的个数为 n，则基本操作所执行的次数是 n 的一个函数 f(n)（这里的函数是数学中函数的概念，不是 C 或 C++语言中函数的概念）。对于求其基本操作执行的次数，就是求函数 f(n)。求出以后就可以取出 f(n)中随 n 增大而增长最快的项，然后将其系数变为 1，作为时间复杂度的度量，记为 **T(n)=O(f(n)中增长最快的项/此项的系数)**。例如，f(n)=$2n^3$+$4n^2$+100，则其时间复杂度为 T(n)=O($2n^3$/2)=O(n^3)。实际上计算算法的时间复杂度就是给出相应的数量级，当 f(n)与 n 无关时，时间复杂度 T(n)=O(1)；当 f(n)与 n 是线性关系时，T(n)=O(n)；当 f(n)与 n 是二次方关系时，T(n)=O(n^2)；以此类推。

说明：考研中常常要比较各种时间复杂度的大小，常用的时间复杂度比较关系为

$$O(1) \leqslant O(\log_2(n)) \leqslant O(n) \leqslant O(n\log_2(n)) \leqslant O(n^2) \leqslant O(n^3) \leqslant \cdots \leqslant O(n^k) \leqslant O(2^n)$$

通过以上分析，总结出计算一个算法时间复杂度的具体步骤如下：
1) 确定算法中的基本操作以及问题的规模。
2) 根据基本操作执行情况计算出规模 n 的函数 f(n)，并确定时间复杂度为 T(n)=O(f(n)中增长最快的项/此项的系数)。

注意：有的算法中基本操作的执行次数不仅跟初始输入的数据规模有关，还和数据本身有关。例如，一些排序算法，同样有 n 个待处理数据，但数据初始有序性不同，则基本操作的执行次数也不同。一般依照使得基本操作执行次数最多的输入来计算时间复杂度，即将最坏的情况作为算法时间复杂度的度量。

1.2.2 例题选讲

【例 1-1】 求出以下算法的时间复杂度。

```
void fun(int n)
{
    int i=1,j=100;
    while(i<n)
    {
        ++j;
        i+=2;
    }
}
```

分析：

第一步:找出基本操作,确定规模 n。

1)找基本操作。基本操作即以求时间复杂度为目的的前提下,重复执行次数和算法的执行时间成正比的操作。通俗地说,这种操作组成了算法,当它们都执行完时算法也结束了,**多数情况下取最深层循环内的语句所描述的操作作为基本操作**,显然题目中++j;与 i+=2;这两行都可以作为基本操作。

2)确定规模。由循环条件 i<n 可知,循环执行的次数(基本操作执行的次数)和参数 n 有关,因此参数 n 就是我们所说的规模 n。

第二步:计算 n 的函数 f(n)。

显然,n 确定以后,循环的结束与否和 i 有关。i 的初值为 1,每次自增 2,假设 i 自增 m 次后循环结束,则 i 最后的值为 1+2m,因此有 1+2m+K=n(其中 K 为一个常数,因为在循环结束时 i 的值稍大于 n,为了方便表述和进一步计算,用 K 将 1+2m 修正成 n,因为 K 为常数,所以这样做不会影响最终时间复杂度的计算),解得 m=(n-1-K)/2,即 f(n)=(n-1-K)/2,可以发现其中增长最快的项为 n/2,因此时间复杂度 T(n)=O(n)。

【例 1-2】 分析以下算法的时间复杂度。

```
void fun(int n)
{
    int i,j,x=0;
    for(i=0;i<n;++i)
        for(j=i+1;j<n;++j)
            ++x;
}
```

分析:

++x;处于最内层循环,因此取++x;作为基本操作。显然 n 为规模,可以算出++x;的执行次数为 f(n)=n(n-1)/2,变化最快的项为 $n^2/2$,因此时间复杂度为 T(n)=O(n^2)。

【例 1-3】 分析以下算法的时间复杂度。

```
void fun(int n)
{
    int i=0,s=0;
    while(s<n)
    {
        ++i;
        s=s+i;
    }
}
```

分析:

显然 n 为规模,基本操作为++i;和 s=s+i;,i 与 s 都从 0 开始,假设循环执行 m 次结束,则有 s_1=1,s_2=1+2=3,s_3=1+2+3=6,…,s_m=m(m+1)/2(其中 s_m 为执行到第 m 次时 s 的值),则有 m(m+1)/2+K=n(K 为起修正作用的常数),由求根公式得

$$m = \frac{-1+\sqrt{8n+1-8K}}{2}$$

即

$$f(n) = \frac{-1+\sqrt{8n+1-8K}}{2}$$

由此可知时间复杂度为

$$T(n) = O(\sqrt{n})$$

1.2.3 考研中的算法空间复杂度分析

算法的空间复杂度是指算法在运行时所需**存储空间的度量**，主要考虑在算法运行过程中临时占用的存储空间的大小（和时间复杂度一样，以数量级的形式给出）。

说明：这一部分在理解了各种数据的存储结构及其操作之后更容易理解。因此对于这一部分，将在后面的章节中以题目的形式进行讲解。

1.3 数据结构和算法的基本概念

1.3.1 数据结构的基本概念

不需要刻意地去记忆这些内容，联系生活实际去理解即可。在以后的学习过程中，如果碰到不熟悉的概念，来这里查一查就可以了。

1．数据

数据是对客观事物的符号表示，在计算机科学中是指所有能输入到计算机中并且被计算机程序处理的符号的总称。例如，整数、实数和字符串都是数据。

2．数据元素

数据元素是数据的基本单位，是数据结构这门课讨论的最小单位，在计算机程序中通常将其作为一个整体进行考虑和处理。有时，一个数据元素可由若干数据项组成。例如，一本书的书目信息为一个数据元素，而书目信息的每一项（如书名、作者名等）为一个数据项。

3．数据对象

数据对象是性质相同的数据元素的集合，是数据的一个子集。例如，大写字母就是一个数据对象，大写字母的数据对象是集合{ 'A', 'B', …, 'Z' }。

4．数据结构

数据结构是指相互之间存在一种或多种特定关系的<u>数据元素</u>的集合。数据结构包括 3 方面的内容：逻辑结构、存储结构和对数据的运算。

5．数据的逻辑结构

数据的逻辑结构是对数据之间关系的描述，它与数据的存储结构无关，同一种逻辑结构可以有多种存储结构。归纳起来数据的逻辑结构主要有以下两大类。

（1）线性结构

简单地说，线性结构是一个数据元素的有序（次序）集合。它有以下 4 个基本特征：

1）集合中必存在唯一的一个"第一个元素"。
2）集合中必存在唯一的一个"最后一个元素"。
3）除最后一个元素之外，其他数据元素均有唯一的"后继"。
4）除第一个元素之外，其他数据元素均有唯一的"前驱"。

数据结构中，线性结构是指数据元素之间存在着"一对一"的线性关系的数据结构。

例如，(a1, a2, a3, …, an)，a1 为第一个元素，an 为最后一个元素，此集合即为一个线性结构的集合。

（2）非线性结构

与线性结构不同，非线性结构中的结点存在着一对多的关系，它又可以细分为树形结构和图形结构。

6．数据的物理结构

数据的物理结构又称为存储结构，是数据的逻辑结构在计算机中的表示（又称映像）。它包括数据元素的表示和关系的表示。当数据元素是由若干数据项构成时，数据项的表示称为数据域。例如，一个链表结点，结点包含值域和指针域，这里结点可以看作一个数据元素，其中的值域和指针域都是这个数据元素的数据域。

数据元素之间的关系在计算机中有两种不同的表示方法：顺序映像和非顺序映像。对应的两种不同的存储结构分别是顺序存储结构和链式存储结构。顺序映像是借助数据元素在存储器中的相对位置来表示数据元素之间的逻辑关系；非顺序映像是借助指针表示数据元素之间的逻辑关系。实际上，在数据结构中有以下 4 种常用的存储方法。

（1）顺序存储方法

顺序存储方法是存储结构类型中的一种，该方法是把逻辑上相邻的结点存储在物理位置上相邻的存储单元中，结点之间的逻辑关系由存储单元的邻接关系来体现。由此得到的存储结构称为顺序存储结构，顺序存储结构通常是借助于计算机程序设计语言（如 C/C++）的数组来描述的。

（2）链式存储方法

链式存储方法不要求逻辑上相邻的结点在物理位置上也相邻，结点间的逻辑关系是由附加的指针字段表示的。由此得到的存储结构称为链式存储结构，通常借助于计算机程序设计语言（如 C/C++）的指针类型来描述它。

（3）索引存储方法

索引存储方法在存储结点信息时除建立存储结点信息外，还建立附加的索引表来标识结点的地址。索引项的一般形式是<关键字，地址>。关键字标识唯一一个结点，地址作为指向结点的指针。

（4）散列存储方法

散列存储方法的基本思想是根据结点的关键字、通过散列函数直接计算出该结点的存储地址。这种存储方法本质上是顺序存储方法的扩展。

1.3.2 算法的基本概念

1．算法

算法可以理解为由基本运算及规定的运算顺序所构成的完整的解题步骤，或者看作按照要求设计好的有限的确切的计算序列。

2．算法的特性

一个算法应该具有以下 5 个重要的特征。

（1）有穷性

一个算法必须保证执行有限步之后结束。

（2）确定性

算法的每一个步骤必须有确定的定义。

（3）输入

一个算法有 0 个或多个输入，以刻画运算对象的初始情况。所谓 0 个输入是指算法本身确定了初始条件。

（4）输出

一个算法有一个或多个输出，以反映对输入数据加工后的结果。没有输出的算法是毫无意义的。

（5）可行性

算法中的所有操作都必须通过已经实现的基本操作进行运算，并在有限次内实现，且人们用笔和纸做有限次运算后也可完成。

3．算法的设计目标

算法的设计目标包括正确性、可读性、健壮性和算法效率 4 个方面，其中算法效率通过算法的时间复杂度和空间复杂度来描述。

（1）正确性

要求算法能够正确地执行预先规定的功能和性能要求。这是最重要也是最基本的标准。

（2）可读性

要求算法易于人的理解。

（3）健壮性

要求算法有很好的容错性，能够对不合理的数据进行检查。

（4）高效率与低存储量需求

算法的效率主要是指算法的执行时间。对于同一个问题，如果有多种算法可以求解，则执行时间短的算法效率高。算法的存储量是指算法执行过程中所需要的最大存储空间。高效率和低存储量这两者都与问题的规模有关。

习题

微信扫码看本章题目讲解视频：

一、选择题

1. 算法的计算量的大小称为算法的（　　）。

   A. 效率　　　　B. 复杂度　　　　C. 现实性　　　　D. 难度

2. 算法的时间复杂度取决于（　　）。

   A. 问题的规模　　B. 待处理数据的初态　　C. A 和 B

3. 计算机算法是指（1），它必须具备（2）这 3 个特性。

   （1）A. 计算方法　　　　　　　　　　　B. 排序方法

   　　　C. 解决问题的步骤序列　　　　　D. 调度方法

   （2）A. 可执行性、可移植性、可扩充性　　B. 可执行性、确定性、有穷性

   　　　C. 确定性、有穷性、稳定性　　　　D. 易读性、稳定性、安全性

4. 一个算法应该是（　　）。

   A. 程序　　　　　　　　　　　B. 问题求解步骤的描述

   C. 要满足 5 个基本特性　　　　D. A 和 C

5. 下面关于算法的说法正确的是（　　）。

   A. 算法最终必须由计算机程序实现

   B. 为解决某问题的算法与为该问题编写的程序含义是相同的

   C. 算法的可行性是指指令不能有二义性

   D. 以上几个都是错误的

6. 从逻辑上可以把数据结构分为（　　）两大类。

   A. 动态结构、静态结构　　　　B. 顺序结构、链式结构

   C. 线性结构、非线性结构　　　D. 初等结构、构造型结构

7. 下述（　　）与数据的存储结构无关。

   A. 栈　　　B. 双向链表　　　C. 散列表　　　D. 线索树　　　E. 循环队列

8. 在下面的程序段中，对 x 的赋值语句的频度为（　　）。
```
for(i=0;i<n; ++i)
    for(j=0;j<n; ++j)
        ++x;
```
   A. $O(2n)$　　　B. $O(n)$　　　C. $O(n^2)$　　　D. $O(\log_2 n)$

9. 程序段 for(i=n-1;i>=1; --i)
   　　　　　　for(j=1;j<=i; ++j)

if(A[j]>A[j+1]) A[j]与A[j+1]对换；

其中 n 为正整数，则最后一行的语句频度在最坏的情况下是（   ）。

A．$O(n)$　　　　B．$O(n\log_2 n)$　　　　C．$O(n^3)$　　　　D．$O(n^2)$

10．以下数据结构中，（   ）是非线性数据结构。

A．树　　　　B．队　　　　C．栈

11．以下属于逻辑结构的是（   ）。

A．顺序表　　　　B．散列表　　　　C．有序表　　　　D．单链表

二、综合应用题

1．有下列运行时间函数：

（1）$f_1(n)=1000$；　　（2）$f_2(n)=n^2+1000n$；　　（3）$f_3(n)=3n^3+100n^2+n+1$；

分别写出相应的以 O 表示的运算时间。

2．如下函数 mergesort() 执行的时间复杂度为多少？假设函数调用被写为 mergesort(1,n)，函数 merge() 的时间复杂度为 O(n)。

```
void mergesort(int i,int j)
{
    int m;
    if(i!=j)
    {
        m=(i+j)/2;
        mergesort(i,m);
        mergesort(m+1,j);
        merge(i,j,m);//本函数的时间复杂度为O(n)
    }
}
```

习题答案

一、选择题

1．B。本题考查算法时间复杂度的定义。算法中基本操作的重复执行次数就是算法的计算量，将其大小作为算法的时间复杂度，因此选 B。

2．C。本题考查算法时间复杂度的定义。算法时间复杂度即为基本操作执行次数，显然问题规模越大，基本操作的次数越多，因此时间复杂度与规模有关。在相同的规模下，与数据初态也有关，如两个数相乘，有一个因子为 0 时的计算速度显然要比两个因子都非 0 的情况要快。因此本题选 C。

3．C、B。在本章算法的基本概念中已讲过。

4．B。在本章算法的基本概念中已讲过。

5．D。本题考查算法的概念。

选项 A，计算机程序只是实现算法的一种手段，手工也可以完成。

选项 B，算法可以理解为由基本运算及规定的运算顺序所构成的完整的解题步骤。程序是为实现特定目标或解决特定问题而用计算机语言编写的命令序列的集合。两者显然是不同的概念。

选项 C，明显错误，在本章算法的基本概念中已经讲过。

6．C。在 1.3.1 节数据结构的基本概念中已经讲过。

7．A。本题考查基本数据结构。

选项 A，栈是逻辑结构。从 1.3.1 节第 5 个讲解中可以知道。

选项 B，双向链表也说明线性表是以链式结构存储的。

选项 C，散列是算法，散列存储方法本质上是顺序存储方法的扩展。散列表本质上是顺序表的扩展。

选项 D，线索树是在链式存储结构的基础上对树进行线索，与链式存储结构有关。

选项 E，循环队列是建立在顺序存储结构上的。

说明：这种题目还有一种比较直观的解法，要判断是否与数据的存储结构无关，只需要看这种结构到底有没有具体到使用顺序存储还是链式存储，如果已经具体到了那就一定和数据的存储结构有关。例如，**A** 选项中的栈并没有说明是用顺序栈还是用链栈来实现，所以是逻辑结构。**D** 选项中的线索树很明显是要用链式存储来实现（现在不清楚没关系，等学完第 6 章就理解了），故与数据的存储结构有关，以此类推。

8．C。本题考查算法时间复杂度的计算。f(n)=n^2，因此时间复杂度是 O(n^2)。

9．D。本题考查算法时间复杂度的计算。此算法为冒泡排序算法的核心语句，最坏情况下的时间复杂度为 O(n^2)。

10．A。本题考查基本数据结构。树是一种分支结构，显然不属于线性结构。

11．C。本题考查数据的逻辑结构。有序表指出了表中数据是根据一定逻辑顺序排列的，是一种逻辑结构。

二、综合应用题

1．答案

根据 1.2.1 节中公式得：

（1）$T_1(n)=O(1000/1000)=O(1)$。

（2）$T_2(n)=O(n^2/1)=O(n^2)$。

（3）$T_3(n)=O(3n^3/3)=O(n^3)$。

2．分析

显然规模为 n，基本操作在函数 merge()中，merge()的时间复杂度为 O(n)，因此 merge()内基本操作次数可设为 n，函数 mergesort()的基本操作次数设为 f(n)，则有

$$f(n)=2f(n/2)+n$$
$$=2^2f(n/4)+2n \quad \text{//这一步的解释见后面的\textbf{微信答疑}}$$
$$=2^3f(n/8)+3n$$
$$\vdots$$
$$=2^kf(n/(2^k))+kn \cdots\cdots\cdots\cdots\cdots\cdots\cdots\cdots\cdots\cdots\cdots\cdots\cdots\cdots\cdots\cdots\cdots ①$$

由函数 mergesort()可知，$f(1)=1$ $\cdots\cdots\cdots\cdots\cdots\cdots\cdots\cdots\cdots\cdots\cdots\cdots\cdots\cdots\cdots\cdots\cdots\cdots\cdots\cdots\cdots\cdots\cdots\cdots\cdots\cdots$ ②

由式①、式②可知，当 $n=2^k$（$k=\log_2 n$）时

$$f(n)=n+n\log_2 n$$

因此，时间复杂度 $T(n)=O(n\log_2 n)$。

微信答疑

平台中不少人对 $2f(n/2)+n$ 到 $2^3f(n/8)+3n$ 这一步有疑问，不知道怎么得来的，注意这里跳了一步，完整的步骤应该是

$$2\times(2\times f(n/4)+n\times 1/2)+n=2^2f(n/4)+2n$$

因为进入 mergesort(i,m)或者 mergesort(m+1,j)函数后，函数 merge()处理的序列变为原来的一半，所以基本操作次数变为原来的一半。对于本步，基本操作次数为 n×1/2，以此类推，每次内层函数的基本操作次数均是外层函数的一半。因此由本步推出下一步应该是

$$(2^2)\times(2\times f(n/8)+n\times 1/4)+2n=2^3f(n/8)+3n$$

作者的话：

假如你是一个新手（至少要稍微有一点 C 或 C++语言基础，如果没有，先自己想办法了解一下 C 语言），到这里为止，我已经把考研数据结构要用到的全部基本功教给你了。对于考研数据结构，要想拿高分，有很多种学习的风格，本书则用了一种让广大考生都容易接受的风格，希望读者能适应这种风格，这样你的学习会变得轻松。现在就让我们从下一章开始，把考纲所要求的知识点一一击破。

第 2 章　线性表

大纲要求

▲　线性表的定义和基本操作
▲　线性表的实现
1．顺序存储结构
2．链式存储结构
3．线性表的应用（这一部分通过线性表算法中的各种题目来讲解，不单独作为一节）

说明：此处大纲要求，以及本书中所出现的所有大纲字样，均不特指任一版本的数据结构考研大纲，这里的大纲是根据多校多年不同版本大纲以及考研真题所总结出来的一个能够适应更多学校考研要求的大纲。

考点与要点分析

核心考点

1．（★★）线性表的定义和基本操作
2．（★★★）线性表的存储结构
3．（★）线性表的应用

基础要点

线性表的定义和基本操作

知识点讲解

2.1　线性表的基本概念与实现

1．线性表的定义

线性表是具有**相同**特性数据元素的一个**有限**序列。该序列中所含元素的**个数**叫作线性表的长度，用 n（$n \geq 0$）表示。注意，n 可以等于零，表示线性表是一个空表。

线性表是一种简单的数据结构，可以把它想象成一队学生。学生人数对应线性表的长度，学生人数是有限的，这里体现了线性表是一个有限序列；队中所有人的身份都是学生，这里体现了线性表中的数据元素具有相同的特性；线性表可以是有序的，也可以是无序的，如果学生按照身高来排队，矮在前，高在后，则体现了线性表的有序性。

2．线性表的逻辑特性

继续拿定义中的例子来进行说明。在一队学生中，只有一个学生在队头，同样只有一个学生在队尾。在队头的学生的前面没有其他学生，在队尾的学生的后边也没有其他学生。除了队头和队尾的学生以外，对于其他的每一个学生，紧挨着站在其前面和后面的学生都只有一个，这是很显然的事情。线性表也是这样，只有一个表头元素，只有一个表尾元素，表头元素没有前驱，表尾元素没有后继，除表头和表尾元素之外，其他元素只有一个直接前驱，也只有一个直接后继。以上就是线性表的逻辑特性。

3. 线性表的存储结构

线性表的存储结构有**顺序存储结构**和**链式存储结构**两种。前者称为**顺序表**，后者称为**链表**。下面通过对比来介绍这两种存储结构。

（1）顺序表

顺序表就是把线性表中的所有元素按照其逻辑顺序，依次存储到从指定的存储位置开始的一块**连续的存储空间**中。这样，线性表中第一个元素的存储位置就是指定的存储位置，第 i+1 个元素的存储位置紧接在第 i 个元素的存储位置的后面。

（2）链表

在链表存储中，每个结点不仅包含所存元素的信息，还包含元素之间逻辑关系的信息，如单链表中前驱结点包含了后继结点的地址信息，这样就可以通过前驱结点中的地址信息找到后继结点的位置。

（3）两种存储结构的比较

顺序表就好像图 2-1a 所示的一排房间，每个房间左边的数字就是该房间到 0 点的距离，同时也代表了房间号，房间的长度为 1。因此，只要知道 0 点的位置，然后通过房间号就可以马上找到任何一个房间的位置，这就是顺序表的第一个特性——**随机访问特性**。由图 2-1a 还可以看出，5 个房间所占用的地皮是紧挨着的，即连续占用了一片空间，并且地皮的块数 6 是确定的，若在地皮上布置新的房间或者拆掉老的房间（对顺序表的操作过程中），地皮的块数不会增加，也不会减少。这就是顺序表的第二个特性，即顺序表要求**占用连续的存储空间**。存储分配只能预先进行，一旦分配好了，在对其操作的过程中始终不变。

再看链表，如图 2-1b 所示，4 个房间是散落存在的，每个房间的右边有走向下一个房间的方向指示箭头。因此，如果想访问最后一个房间，就必须从第一个房间开始，依次走过前 3 个房间才能来到最后一个房间，而不能直接找出最后一个房间的位置，即链表**不支持随机访问**。通过图 2-1b 还可以知道，链表中的每一个结点需要划出一部分空间来存储指向下一个结点位置的指针，因此链表中**结点的存储空间利用率较顺序表稍低一些**。链表中当前结点的位置是由其前驱结点中的地址信息所指示的，而不是由其相对于初始位置的偏移量来确定。因此，链表的结点可以散落在内存中的任意位置，且不需要一次性地划分所有结点所需的空间给链表，而是需要几个结点就临时划分几个。由此可见，链表支持存储空间的**动态分配**。

图 2-1　顺序表和链表的比较

a）顺序表　b）链表

图 2-1a 所示的顺序表中最右边的一个表结点空间代表没有被利用（顺序表还有剩余空间来注入新数据），如果想在 1 号房间和 2 号房间之间插入一个房间，则必须将 2 号以后的房间都往后移动一个位置（假设房间是可以随意搬动的），即**顺序表做插入操作时要移动多个元素**。而链表就无须这样，如图 2-1b 所示的链表，如果想在第一个和第二个房间之间插入一个新房间，则只需改动房间后面的方向指示箭头即可，将第一个房间的箭头指向新插入的房间，然后将新插入的房间的箭头指向第二个房间，即**在链表中进行插入操作无须移动元素**。

链表有以下 5 种形式（在程序题目中用到的链表结点的 C 语言描述将在以后的章节中介绍）：

1）单链表。

在每个结点中除了包含数据域外，还包含一个指针域，用以指向其后继结点。图 2-2 所示为带头结点的单链表。这里要区分一下带头结点的单链表和不带头结点的单链表。

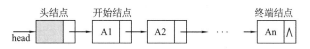

图 2-2　带头结点的单链表

① 带头结点的单链表中，头指针 head 指向头结点，头结点的值域不含任何信息，从头结点的后继结点开始存储数据信息。头指针 head 始终不等于 NULL，当 head->next 等于 NULL 时，链表为空。

② 不带头结点的单链表中的头指针 head 直接指向开始结点，即图 2-2 中的结点 A1，当 head 等于 NULL 时，链表为空。

总之，两者最明显的区别是，带头结点的单链表中有一个结点不存储信息（仅存储一些描述链表属性的信息，如表长），只是作为标志，而不带头结点的单链表的所有结点都存储信息。

注意：在题目中要区分头结点和头指针，不论是带头结点的链表还是不带头结点的链表，头指针都指向链表中第一个结点，即图 2-2 中的 head 指针；而头结点是带头结点的链表中的第一个结点，只作为链表存在的标志。

2）双链表。

单链表只能由开始结点走到终端结点，而不能由终端结点反向走到开始结点。如果要求输出从终端结点到开始结点的数据序列，则对于单链表来说操作就非常麻烦。为了解决这类问题，构造了双链表。图 2-3 所示为带头结点的双链表。双链表就是在单链表结点上增添了一个指针域，指向当前结点的前驱。这样就可以方便地由其后继来找到其前驱，从而实现输出从终端结点到开始结点的数据序列。

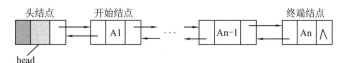

图 2-3　双链表

同样，双链表也分为带头结点的双链表和不带头结点的双链表，情况类似于单链表。带头结点的双链表，当 head->next 为 NULL 时，链表为空；不带头结点的双链表，当 head 为 NULL 时，链表为空。

3）循环单链表。

知道了单链表的结构之后，循环单链表就显得比较简单了，只要将单链表的最后一个指针域（空指针）指向链表中的第一个结点即可（这里之所以说第一个结点而不说是头结点是因为：如果循环单链表是带头结点的，则最后一个结点的指针域要指向头结点；如果循环单链表不带头结点，则最后一个指针域要指向开始结点）。图 2-4 所示为带头结点的循环单链表。循环单链表可以实现从任一个结点出发访问链表中的任何结点，而单链表从任一结点出发后只能访问这个结点本身及其后边的所有结点。带头结点的循环单链表，当 head 等于 head->next 时，链表为空；不带头结点的循环单链表，当 head 等于 NULL 时，链表为空。

4）循环双链表。

和循环单链表类似，循环双链表的构造源自双链表，即将终端结点的 next 指针指向链表中的第一个结点，将链表中第一个结点的 prior 指针指向终端结点，如图 2-5 所示。循环双链表同样有带头结点和不带头结点之分。当 head 等于 NULL 时，不带头结点的循环双链表为空。带头结点的循环双链表中是没有空指针的，其空状态下，head->next 和 head->prior 必然都等于 head。所以判断其是否为空，只需要检查 head->next 和 head->prior 两个指针中的任意一个是否等于 head 指针即可。因此，以下四句代码中的任意一句为真，都可以判断循环双链表为空。

```
head->next==head;
```

```
head->prior==head;
head->next==head&&head->prior==head;
head->next==head||head->prior==head;
```

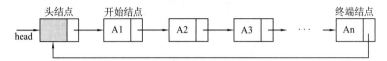

图 2-4 带头结点的循环单链表

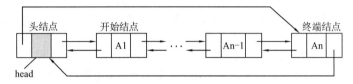

图 2-5 循环双链表

上述 4 种链表可以用 4 种道路来形象地比喻，如图 2-6 所示。

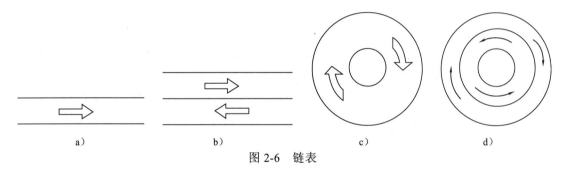

图 2-6 链表

a）单链表 b）双链表 c）循环单链表 d）循环双链表

单链表就像图 2-6a 所示的单行车道，只允许车辆往一个方向行驶；双链表就像图 2-6b 所示的双向车道，车辆既可以从左往右行驶，也可以从右向左行驶；循环单链表就像图 2-6c 所示的单向环形车道，车辆可沿着一个方向行驶在这条车道上；循环双链表就像图 2-6d 所示的双向环形车道，车辆可以沿着两个方向行驶在这条车道上。

5）静态链表。

静态链表借助一维数组来表示，如图 2-7 所示。

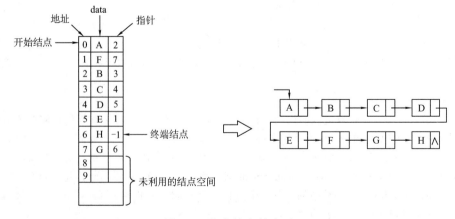

图 2-7 静态链表的表示

图 2-7 中的左图是静态链表，右图是其对应的一般链表。一般链表结点空间来自于整个内存，静态链表则来自于一个结构体数组。数组中的每一个结点含有两个分量：一个是数据元素分量 data；另一个是指针分量，指示了当前结点的直接后继结点在数组中的位置(这和一般链表中 next 指针的地位是同等的)。

注意：静态链表中的指针不是我们通常所说的 C 语言中用来存储内存地址的指针型变量，而是一个存储数组下标的整型变量，通过它可以找到后继结点在数组中的位置，其功能类似于真实的指针，因此称其为指针。

说明：在考研中经常要考到顺序表和链表的比较，这里给出一个较为全面的答案。

（1）基于空间的比较

1) 存储分配的方式：

顺序表的存储空间是一次性分配的，链表的存储空间是多次分配的。

2) 存储密度（存储密度=结点值域所占的存储量/结点结构所占的存储总量）：

顺序表的存储密度=1，链表的存储密度<1（因为结点中有指针域）。

（2）基于时间的比较

1) 存取方式：

顺序表可以随机存取，也可以顺序存取（对于顺序表，一般只答随机存取即可）；链表只能顺序存取（所谓顺序存取，以读取为例，要读取某个元素必须遍历其之前的所有元素才能找到并读取它）。

2) 插入/删除时移动元素的个数：

顺序表平均需要移动近一半元素；链表不需要移动元素，只需要修改指针。

对顺序表进行插入和删除算法的时间复杂度分析如下：

具有 n 个元素的顺序表（见图 2-8），插入一个元素所进行的平均移动个数为多少（这里假设新元素仅插入在表中每个元素之后）？

图 2-8 具有 n 个元素的顺序表

因为题目要计算平均移动个数，这就是告诉我们要计算移动个数的期望。对于本题要计算期望，就要知道在所有可能的位置插入元素时所对应的元素移动个数以及在每个位置发生插入操作的概率。

① 求概率。

因为插入位置的选择是随机的，所以所有位置被插入的可能性都是相同的，有 n 个可插入位置，所以任何一个位置被插入元素的概率都为 p=1/n。

② 求对应于每个插入位置需要移动的元素个数。

假设要把新元素插入在表中第 i 个元素之后，则需要将第 i 个元素之后的所有元素往后移动一个位置，因此移动元素个数为 n-i。

由①和②可知，移动元素个数的期望 E 为

$$E = p\sum_{i=1}^{n}(n-i) = \frac{n-1}{2}$$

删除操作时，元素平均移动的次数的计算方法与插入操作类似，这里不再讲解。

即要移动近一半元素，由此可以知道，插入和删除算法的平均时间复杂度为 O(n)。

2.2 线性表的结构体定义和基本操作

2.2.1 线性表的结构体定义

```
#define maxSize 100          //这里定义一个整型常量 maxSize，值为 100
```

1. 顺序表的结构体定义

```
typedef struct
{
```

```
    int  data[maxSize];       //存放顺序表元素的数组（默认是int型，可根据题目要
                              //求将int换成其他类型）
    int length;               //存放顺序表的长度
}Sqlist;                      //顺序表类型的定义
```

如图2-9所示，一个顺序表包括一个存储表中元素的数组data[]和一个指示元素个数的变量length。

说明：在考试中用得最多的顺序表的定义并不是这里讲到的结构型定义，而是如下形式：

int A[maxSize];
int n;

上面这两句代码定义了一个长度为n、表内元素为整数的顺序表。显然在答卷时这种定义方法要比定义结构体简洁一些。

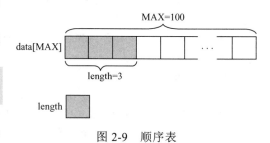

图2-9 顺序表

2．单链表结点定义

```
typedef struct LNode
{
    int  data;                //data中存放结点数据域（默认是int型）
    struct LNode *next;       //指向后继结点的指针
}LNode;                       //定义单链表结点类型
```

图2-10所示为单链表结点结构图。

3．双链表结点定义

```
typedef struct DLNode
{
    int  data;                //data中存放结点数据域（默认是int型）
    struct DLNode *prior;     //指向前驱结点的指针
    struct DLNode *next;      //指向后继结点的指针
}DLNode;                      //定义双链表结点类型
```

说明：结点是内存中一片由用户分配的存储空间，只有一个地址来表示它的存在，没有显式的名称，因此我们会在分配链表结点空间时定义一个指针，来存储这片空间的地址（这个过程通俗地讲叫指针指向结点），并且常用这个指针的名称来作为结点的名称。

例如，下面这句代码：

```
LNode *A = (LNode*)malloc(sizeof(LNode));
```

用户分配了一片**LNode**型空间，也就是构造了一个**LNode**型的结点，这时定义一个名字为**A**的指针来指向这个结点，同时我们把**A**也当作这个结点的名字。注意，这里**A**命名了两个东西：一个是结点，另一个是指向这个结点的指针。

本书中如果出现此类描述："p指向q"，此时p指代指针，因为p既是指针名又是结点名，但是结点不能指向结点，所以p指代指针。又如"用函数free()释放p的空间"，此时p指代结点，因为p既是指针名又是结点名，但指针变量自身所需的存储空间是系统分配的，不需要用户调用函数free()释放，只有用户分配的存储空间才需要用户自己来释放，所以p指代结点。

图2-11所示为双链表结点结构图。

图2-10 单链表结点结构图　　　　图2-11 双链表结点结构图

说明：以上就是本章所需的所有数据结构的C语言描述，希望考生牢记并且可以默写，这是完成本

章程序设计题目所必须掌握的最基本的知识。

2.2.2 顺序表的操作

说明：这一部分先讲例题，然后从例题中总结出考研所需的基本知识点。

【**例 2-1**】 已知一个顺序表 L，其中的元素递增有序排列，设计一个算法，插入一个元素 x（x 为 int 型）后保持该顺序表仍然递增有序排列（假设插入操作总能成功）。

分析：

由题干可知，解决本题需完成两个操作：

1）找出可以让顺序表保持有序的插入位置。

2）将步骤 1) 中找出的位置上以及其后的元素往后移动一个位置，然后将 x 放至腾出的位置上。

其执行过程如图 2-12 所示。

操作一：因为顺序表 L 中的元素是递增排列的，所以可以从小到大逐个扫描表中元素，当找到第一个比 x 大的元素时，将 x 插在这个元素之前即可。如图 2-12 所示，12 为要插入元素，从左往右逐个进行比较，当扫描到 13 时，发现 13 是第一个比 12 大的数，因此 12 应插在 13 之前。

由此可以写出以下函数，此函数返回第一个比 x 大的元素的位置。

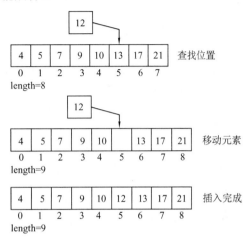

图 2-12 元素插入过程

```
int findElem (Sqlist L,int x)
{
    int i;
    for(i=0;i<L.length;++i)
    {
        if(x<L.data[i])           //对顺序表中的元素从小到大逐个进行判
        {                         //断，看 x 是否小于当前所扫描到的元素，
            return i;             //如果小于则返回当前位置 i
        }
    }
    return i;                     //如果顺序表中不存在比 x 大的元素，则应
                                  //将 x 插入表尾元素之后，返回 i 来标记这
                                  //种情况（因 i<L.length 这一句不成立
                                  //而退出 for 循环后，i 正好指示了表尾元素
                                  //之后的位置，同样也是正确的插入位置）
}
```

操作二：找到插入位置之后，将插入位置及其以后的元素向后移动一个元素的位置即可。这里有两种移动方法：一种是先移动最右边的元素，另一种是先移动最左边的元素。哪个才是正确的移动方法呢？答案是先移动最右边的元素。如果先移动最左边的元素，则右边的元素会被左边的元素覆盖。两种移动方法如图 2-13 所示。

由此可以写出如下代码：

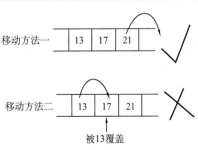

图 2-13 两种移动方法

```
void insertElem(Sqlist &L,int x)//因为L本身要发生改变,所以要用引用型
{
    int p,i;
    p=findElem(L,x);              //调用函数findElem()来找到插入位置p
    for(i=L.length-1;i>=p;--i)
        L.data[i+1]=L.data[i];    //从右往左,逐个将元素右移一个位置
    L.data[p]=x;                  //将x放在插入位置p上
    ++(L.length);                 //表内元素多了一个,因此表长自增1
}
```

本例题体现了考研中顺序表算法部分要求掌握的以下两个知识点:

(1) 按元素值的查找算法

在顺序表中查找第一个值等于e的元素(与上题中查找第一个比x大的元素是同样的道理),并返回其下标,代码如下:

```
int findElem (Sqlist L,int e)
{
    int i;
    for(i=0;i<L.length;++i)
        if(e==L.data[i])
            return i;             //若找到,则返回下标
    return -1;                    //没找到,返回-1,作为失败标记
}
```

(2) 插入数据元素的算法

在顺序表L的p(0≤p≤length)位置上插入新的元素e。如果p的输入不正确,则返回0,代表插入失败;如果p的输入正确,则将顺序表第p个元素及以后元素右移一个位置,腾出一个空位置插入新元素,顺序表长度增加1,插入操作成功,返回1。

插入操作代码如下:

```
int insertElem(Sqlist &L,int p,int e)    //L本身要发生改变,所以用引用型
{
    int i;
    if(p<0||p>L.length||L.length==maxSize)//位置错误或者表长已经达到
        return 0;                 //顺序表的最大允许值,此时插入不成功,返回0
    for(i=L.length-1;i>=p;--i)
        L.data[i+1]=L.data[i];    //从后往前,逐个将元素往后移动一个位置
    L.data[p]=e;                  //将e放在插入位置p上
    ++(L.length);                 //表内元素多了一个,因此表长自增1
    return 1;                     //插入成功,返回1
}
```

说明:在插入算法实现思路的思考中,有一点需要注意,人们喜欢见缝插针,所以一般新手同学在对一个顺序表实现插入算法时,往往把元素之间的位置作为插入位置,这是不好的。因为顺序表元素之间的位置在相关的程序语言中没有明确的描述方法,因此我们要直接以表中元素所在的位置作为插入位置,假设位置为i(i是某元素在以数组为存储结构的顺序表的下标),并统一规定插入元素把i位置上的元素以及其后的元素往后移动一个位置。例如,顺序表{3(0)、1(1)、2(2)、5(3)},圆括号内为元素的数组下标,思考时直接想要插入元素的位置可能为0、1、2或3,而不是在0和1之间插入,或者其他两个下标之间插入。

【例 2-2】 删除顺序表 L 中下标为 p（0≤p≤length-1）的元素，成功返回 1，否则返回 0，并将被删除元素的值赋给 e。

分析：

要删除表中下标为 p 的元素，只需将其后边的元素逐个往前移动一个位置，将 p 位置上的元素覆盖掉，就达到了删除的目的。明白了上述元素插入的算法，本算法写起来就相对容易了，只需将插入操作中的元素右移改成元素左移即可。插入操作中右移时需要从最右边的元素开始移动，这里很自然想到在删除操作中左移时需要从最左边的元素开始移动。

由此可以写出以下代码：

```c
int deleteElem(Sqlist &L,int p,int &e)//需要改变的变量用引用型
{
    int i;
    if(p<0||p>L.length-1)
        return 0;                    //位置不对返回 0，代表删除不成功
    e=L.data[p];                     //将被删除元素赋值给 e
    for(i=p;i<L.length-1;++i)        //从 p 位置开始，将其后边的元素逐个前移一个位置
        L.data[i]=L.data[i+1];
    --(L.length);                    //表长减 1
    return 1;                        //删除成功，返回 1
}
```

说明：通过以上两个例题，可以总结出顺序表的查找、插入和删除三种操作。这是考研中的重点，是考生必须熟练掌握的。

顺序表中还剩下两个比较简单的算法在这里稍做介绍。

（1）初始化顺序表的算法

只需将 length 设置为 0，代码如下：

```c
void initList(Sqlist &L)//L 本身要发生改变，所以用引用型
{
    L.length=0;
}
```

（2）求指定位置元素的算法

用 e 返回 L 中 p（0≤p≤length-1）位置上的元素，代码如下：

```c
int getElem(Sqlist L,int p,int &e)    //要改变，所以用引用型
{
    if(p<0||p>L.length-1)             //p 值越界错误，返回 0
        return 0;
    e=L.data[p];
    return 1;
}
```

2.2.3 单链表的操作

本书中如果没有特殊说明，则链表都是含有头结点的链表。

【例 2-3】 A 和 B 是两个单链表（带表头结点），其中元素递增有序。设计一个算法，将 A 和 B 归并成一个按元素值非递减有序的链表 C，C 由 A 和 B 中的结点组成。

分析：

已知 A、B 中的元素递增有序，要使归并后的 C 中元素依然有序，可以从 A、B 中挑出最小的元素

插入 C 的尾部,这样当 A、B 中的所有元素都插入 C 中时,C 一定是递增有序的。哪一个元素是 A、B 中最小的元素呢?很明显,由于 A、B 是递增的,因此 A 中的最小元素是其开始结点中的元素,B 也一样。只需从 A、B 的开始结点中选出一个较小的来插入 C 的尾部即可。这里还需注意,A 与 B 中的元素有可能一个已经全部被插入到 C 中,另一个还没有插完,如 A 中所有元素已经全部插入到 C 中,而 B 还没有插完,这说明 B 中的所有元素都大于 C 中的元素,因此只要将 B 链接到 C 的尾部即可。如果 A 没有插完,则用类似的方法来解决。

经过以上分析可以写出如下代码:

```
void merge(LNode *A,LNode *B,LNode *&C)
{
    LNode *p=A->next;              //p 来跟踪 A 的最小值结点。关于此句看下面的微信答疑
    LNode *q=B->next;              //q 来跟踪 B 的最小值结点
    LNode *r;                      //r 始终指向 C 的终端结点
    C=A;                           //用 A 的头结点来做 C 的头结点
    C->next=NULL;                  //关于此句看下面的微信答疑
    free(B);                       //B 的头结点已无用,则释放掉
    r=C;                           //r 指向 C,因为此时头结点也是终端结点
    while(p!=NULL&&q!=NULL)        //当 p 与 q 都不空时,选取 p 与 q 所指结点中的较小
    {                              //者插入 C 的尾部
    /*以下的 if else 语句中,r 始终指向当前链表的终端结点,作为接纳新结点的一个媒介,通过它,新结点被链接入 C 并且重新指向新的终端结点,以便于接收下一个新结点,这里体现了建立链表的尾插法思想*/
        if(p->data<=q->data)
        {
            r->next=p;p=p->next;
            r=r->next;
        }
        else
        {
            r->next=q;q=q->next;
            r=r->next;
        }
    }
    r->next=NULL;                  //关于此句看下面的微信答疑
    /*以下两个 if 语句将还有剩余结点的链表链接在 C 的尾部*/
    if(p!=NULL)r->next=p;
    if(q!=NULL)r->next=q;
}
```

微信答疑

提问:

1) C->next=NULL;与 r->next=NULL;是不是表示到目前(这两句代码结束的地方)为止 C 链表已经构造完成?

2) 为什么 LNode *p=A->next 这行代码可以表示 p 来跟踪 A 的最小值结点? A->next 不是表示取 A 的下一个分量的意思吗?

3) 为什么代码只用了 if 语句就可以把剩余结点接入 C 的尾部,如果有多个剩余结点,岂不是应该用

一个循环来将所有结点逐一接入?

回答:

1) C->next=NULL;在这个程序中表示从 A 链表中取下头结点作为新链表的头, r->next=NULL;这一句其实是可以去掉的, 因为下边两个 if 语句必须有一个执行。

2) A->next 表示 A 链表的开始结点(头结点后边的那一个), A 链表是递增的, 用 p 指向它, 即 p 指向 A 的最小结点, 即用 p 来跟踪 A 的最小结点。

3) 类比一下现实生活中的接链子, 是仅需要接上断掉的一环, 还是需要把所有环都断掉重新接一遍?

知识点总结:

例 2-3 中涵盖了两个知识点:一个是尾插法建立单链表;另一个是单链表的归并操作。上面的程序就是单链表归并操作的标准写法, 希望同学们熟练掌握。下面提取出尾插法建立单链表的算法, 供参考。

假设有 n 个元素已经存储在数组 a 中, 用尾插法建立链表 C。

```
void createlistR(LNode *&C,int a[],int n)    //要改变的变量用引用型
{
    LNode *s,*r;            //s 用来指向新申请的结点, r 始终指向 C 的终端结点
    int i;
    C=(LNode *)malloc(sizeof(LNode));        //申请 C 的头结点空间
    C->next=NULL;
    r=C;                    //r 指向头结点, 因为此时头结点就是终端结点
    for(i=0;i<n;++i)        //循环申请 n 个结点来接收数组 a 中的元素
    {
        s=(LNode*)malloc(sizeof(LNode));     //s 指向新申请的结点
        s->data=a[i];       //用新申请的结点来接收 a 中的一个元素
        r->next=s;          //用 r 来接纳新结点
        r=r->next;          //r 指向终端结点, 以便于接纳下一个到来的结点
    }
    r->next=NULL;           //数组 a 中所有的元素都已经装入链表 C 中, C 的终端结点的指
                            //针域置为 NULL, C 建立完成
}
```

以上是尾插法, 与尾插法对应的建立链表的算法是头插法, 代码如下:

```
void createlistF(LNode *&C,int a[],int n)
{
    LNode *s;
    int i;
    C=(LNode*)malloc(sizeof(LNode));
    C->next=NULL;
    for (i=0;i<n;++i)
    {
        s=(LNode*)malloc(sizeof(LNode));
        s->data=a[i];
        /*下面两句是头插法的关键步骤*/
        s->next=C->next;    //s 所指新结点的指针域 next 指向 C 中的开始结点
        C->next=s;          //头结点的指针域 next 指向 s 结点, 使得 s 成为新的开始结点
    }
}
```

在上述算法中不断地将新结点插入链表的前端，因此新建立的链表中元素的次序和数组 a 中的元素的次序是相反的。假如这里修改一下例 2-3 的题干，将归并成一个递增的链表 C 改为归并成一个递减的链表 C，那么如何解决呢？只要将插入过程改成头插法即可解决。这里不需要 r 追踪 C 的终端结点，而是用 s 来接收新的结点，插入链表 C 的前端。

归并成递减的单链表的算法代码如下：

```
void merge(LNode *A,LNode *B,LNode *&C)
{
    LNode *p=A->next;
    LNode *q=B->next;
    LNode *s;
    C=A;
    C->next=NULL;
    free(B);
    while(p!=NULL&&q!=NULL)
    {   /*下面的if else语句体现了链表的头插法*/
        if(p->data<=q->data)
        {
            s=p;p=p->next;
            s->next=C->next;
            C->next=s;
        }
        else
        {
            s=q;q=q->next;
            s->next=C->next;
            C->next=s;
        }
    }
/*下面这两个循环是和求递增归并序列不同的地方，必须将剩余元素逐个插入 C 的头部才能得到最终的递减序列*/
    while(p!=NULL)
    {
        s=p;
        p=p->next;
        s->next=C->next;
        C->next=s;
    }
    while(q!=NULL)
    {
        s=q;
        q=q->next;
        s->next=C->next;
        C->next=s;
    }
```

}
```

上述头插法的程序中提到了单链表的结点插入操作,此操作很简单。假设 p 指向一个结点,要将 s 所指结点插入 p 所指结点之后的操作如图 2-14 所示,其语句如下:

```
s->next=p->next;
p->next=s;
```

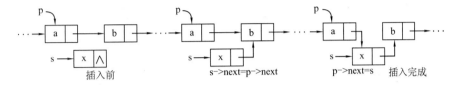

图 2-14　插入操作过程

注意:以上插入操作语句能不能颠倒一下顺序,写成 p->next=s; s->next=p->next;呢?显然是不可以的,因为第一句 p->next=s;虽然将 s 链接在 p 之后,但是同时也丢失了 p 直接后继结点的地址(p->next 指针原本所存储的 p 直接后继结点的地址在没有被转存到其他地方的情况下被 s 所覆盖,而在正确的写法中,p->next 中的值在被覆盖前已被转存在了 s->next 中,因而 p 后继结点的地址依然可以找到),这样链表断成了两截,没有满足将 s 插入链表的要求。

与插入结点对应的是删除结点,也比较简单,要将单链表的第 i 个结点删去,必须先在单链表中找到第 i-1 个结点,再删除其后继结点。如图 2-15 所示,若要删除结点 b,则仅需要修改结点 a 中的指针域。假设 p 为指向 a 的指针,则只需将 p 的指针域 next 指向原来 p 的下一个结点的下一个结点即可,即

```
p->next=p->next->next;
```

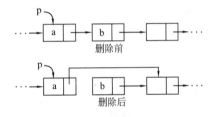

图 2-15　删除操作过程

这里还需注意,在考试答卷中,删除操作除了修改指针外,还要释放所删除结点的内存空间,即完整的删除操作应该是:

```
q=p->next;
p->next=p->next->next;
free(q);//调用函数 free()来释放 q 所指结点的内存空间
```

掌握了单链表中结点删除的算法后,下面再看一个例题。

【例 2-4】　查找链表 C(带头结点)中是否存在一个值为 x 的结点,若存在,则删除该结点并返回 1,否则返回 0。

分析:

对于本题需要解决两个问题:一个是要找到值为 x 的结点,另一个是将找到的结点删除。第一个问题引出了本章要讲的单链表中最后一个重要操作——**链表中结点的查找**。为了实现查找,定义一个结点指针变量 p,让它沿着链表一直走到表尾,每遇到一个新结点就检测其值是否为 x,是则证明找到,不是则继续检测下一个结点。当找到值为 x 的结点后删除该结点。由此可以写出以下代码:

```
int findAndDelete(LNode *C,int x)
{
    LNode *p,*q;
    p=C;
    /*查找部分开始*/
    while(p->next!=NULL)
    {
        if(p->next->data==x)
```
```

```
            break;
        p=p->next;
    }
    /*查找部分结束*/
    if(p->next==NULL)
        return 0;
    else
    {
        /*删除部分开始*/
        q=p->next;
        p->next=p->next->next;
        free(q);
        /*删除部分结束*/
        return 1;
    }
}
```

说明：以上程序中之所以要使 p 指向所要删除结点的前驱结点，而不是直接指向所要删除结点本身，是因为要删除一个结点，必须知道其前驱结点的位置，这在前面的删除操作的讲解中已经体现。

到此为止，考研中对于顺序表和单链表算法操作部分所涉及的最重要的知识点都已经讲解完。考生务必要熟练掌握这些内容。下面要介绍的是双链表、循环链表以及循环双链表的操作。这些内容在考研中虽然也会涉及，但常以选择题的形式出现，重要性也不如以上两部分内容，并且这些内容是在上述两部分内容的基础上稍加变动而来的，比较容易理解。

2.2.4 双链表的操作

1. 采用尾插法建立双链表

```
void createDlistR(DLNode *&L,int a[],int n)
{
    DLNode *s,*r;
    int i;
    L=(DLNode*)malloc(sizeof(DLNode));
    L->prior=NULL;
    L->next=NULL;
    r=L;   //和单链表一样，r 始终指向终端结点，开始头结点也是尾结点
    for(i=0;i<n;++i)
    {
        s=(DLNode*)malloc(sizeof(DLNode));   //创建新结点
        s->data=a[i];
/*下面3句将s插入到L的尾部，并且r指向s,s->prior=r;这一句是和建立单链表不同的地方*/
        r->next=s;
        s->prior=r;
        r=s;
    }
    r->next=NULL;
```

}

2. 查找结点的算法

在双链表中查找第一个值为 x 的结点，从第一个结点开始，边扫描边比较，若找到这样的结点，则返回结点指针，否则返回 NULL。算法代码如下：

```
DLNode* findNode(DLNode *C,int x)
{
    DLNode *p=C->next;
    while(p!=NULL)
    {
        if(p->data==x)
            break;
        p=p->next;
    }
    return p;          //如果找到，则 p 中内容是结点地址（循环因 break 结束）；如果没找到，
                       //则 p 中内容是 NULL（循环因 p 等于 NULL 而结束）。因此这一句可以
                       //将题干中要求的两种返回值的情况统一起来
}
```

3. 插入结点的算法

假设在双链表中 p 所指的结点之后插入一个结点 s，其操作语句如下：

```
s->next=p->next;
s->prior=p;
p->next=s;
s->next->prior=s;//假如 p 指向最后一个结点，则本行可去掉
```

指针变化过程如图 2-16 所示。

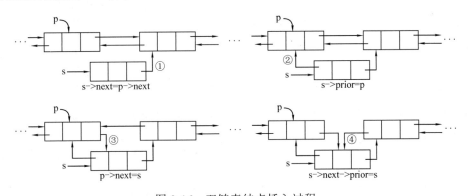

图 2-16　双链表结点插入过程

说明：按照图 2-16 所示的顺序来插入，可以看成一个插入"公式"。其特点是，先将要插入的结点的两边链接好，这样就可以保证不会发生链断之后找不到结点的情况。

4. 删除结点的算法

设要删除双链表中 p 结点的后继结点，其操作语句如下：

```
q=p->next;
p->next=q->next;
q->next->prior=p;
free(q);
```

指针变化过程如图 2-17 所示。

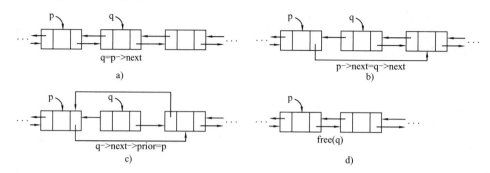

图 2-17 双链表结点删除过程

2.2.5 循环链表的操作

循环单链表和循环双链表是由对应的单链表和双链表改造而来的，只需在终端结点和头结点间建立联系即可。循环单链表终端结点的 next 结点指针指向表头结点；循环双链表终端结点的 next 指针指向表头结点，头结点的 prior 指针指向表尾结点。需要注意的是，如果 p 指针沿着循环链表行走，则判断 p 走到表尾结点的条件是 p->next==head。循环链表的各种操作均与非循环链表类似，这里不再介绍。

2.2.6 逆置问题（408 科目重要考点）

给定一个线性表，如何将其中的元素逆置？可设置两个整型变量 i 和 j，i 指向第一个元素，j 指向最后一个元素，边交换 i 和 j 所指元素，边让 i 和 j 相向而行，直到相遇，实现代码如下。假设元素存于数组 a[]中，left 和 right 是数组两端元素的下标。

```
for(int i=left,j=right;i<j;++i,--j)
{
    temp=a[i];
    a[i]=a[j];
    a[j]=temp;
}
```

【例 2-5】

（1）将一长度为 n 的数组的前端 k(k<n)个元素逆序后移动到数组后端，要求原数组中数据不丢失，其余元素的位置无关紧要。

（2）将一长度为 n 的数组的前端 k(k<n)个元素保持原序移动到数组后端，要求原数组中数据不丢失，其余元素的位置无关紧要。

（3）将数组中的元素（X_0, X_1, $\cdots$, X_{n-1}），经过移动后变为（X_p, X_{p+1}, $\cdots$, X_{n-1}, X_0, X_1, $\cdots$, X_{p-1}），即循环左移 p(0<p<n)个位置。

分析：

（1）只需要逆置整个数组，即可满足前端 k 个元素逆序后放到数组的后端，如下图所示。

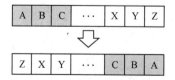

实现代码如下：

```
void reverse(int a[],int left,int right,int k)
```

```
{
    int temp;
    for (int i=left,j=right;i<left+k && i<j;++i,--j)
    {
        temp=a[i];
        a[i]=a[j];
        a[j]=temp;
    }
}
```

（2）只需要将前端 k 个元素逆置，然后将整个数组逆置，即可满足前端 k 个元素保持原序放到数组的后端，如下图所示。

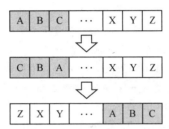

实现代码如下：
```
void moveToEnd(int a[],int n,int k)
{
    //调用（1）中实现的 reverse()函数：
    reverse(a,0,k-1,k);
    reverse(a,0,n-1,k);
}
```

（3）只需要将 0~p-1 位置的元素逆置，再将 p~n-1 位置的元素逆置，然后将整个数组逆置即可。
实现代码如下：
```
void moveP(int a[],int n,int p)
{
    //调用（1）中实现的 reverse()函数：
    reverse(a,0,p-1,p);
    reverse(a,p,n-1,n-p);
    reverse(a,0,n-1,n);
}
```

说明：本例第三问为 408 真题。

▲真题仿造

近年来改考 408 科目的学校数量暴增，408 科目数据结构部分三段式的考题形式需要我们着重研究，因此本书开发了 408 三段式真题仿造供大家练习。

1. 设顺序表用数组 A[]表示，表中元素存储在数组下标 0~m+n-1 的范围内，前 m 个元素递增有序，后 n 个元素也递增有序，设计一个算法，使得整个顺序表有序。
（1）给出算法的基本设计思想。
（2）根据设计思想，采用 C 或 C++语言描述算法，并在关键之处给出注释。

(3) 说明你所设计的算法的时间复杂度和空间复杂度。

2．已知递增有序的单链表 A、B（A、B 中元素个数分别为 m、n，且 A、B 都带有头结点）分别存储了一个集合，请设计算法，以求出两个集合 A 和 B 的差集 A-B（仅由在 A 中出现而不在 B 中出现的元素所构成的集合）。将差集保存在单链表 A 中，并保持元素的递增有序性。
(1) 给出算法的基本设计思想。
(2) 根据设计思想，采用 C 或 C++语言描述算法，并在关键之处给出注释。
(3) 说明你所设计的算法的时间复杂度。

真题仿造答案与解析

1．解
（1）算法的基本设计思想

将数组 A[]中的 m+n 个元素（假设元素为 int 型）看成两个顺序表：表 L 和表 R。将数组当前状态看作起始状态，即此时表 L 由 A[]中前 m 个元素构成，表 R 由 A[]中后 n 个元素构成。要使 A[]中 m+n 个元素整体有序，只需将表 R 中的元素逐个插入表 L 中的合适位置即可。

插入过程：取表 R 中的第一个元素 A[m]存入辅助变量 temp 中，让 temp 逐个与 A[m-1]，…，A[0]进行比较，当 temp<A[j]（0≤j≤m-1）时，将 A[j]后移一位，否则将 temp 存入 A[j+1]中。重复上述过程，继续插入 A[m+1]，A[m+2]，…，A[m+n-1]，最终 A[]中元素整体有序。

（2）算法描述

```
void insertElem(int A[],int m,int n)
{
    int i,j;
    int temp;              //辅助变量，用来暂存待插入元素
    for(i=m;i<m+n;++i)     //将 A[m,…,m+n-1]插入到 A[0,…,m-1]中
    {
        temp=A[i];
        for(j=i-1;j>=0&&temp<A[j];--j)
            A[j+1]=A[j];  //元素后移，以便腾出一个位置插入 temp
        A[j+1]=temp;      //插入 temp，由于 for 循环后 j 多前移了一位，因此在 j+1 处插入
    }
}
```

（3）算法的时间和空间复杂度

1) 本题的规模由 m 和 n 共同决定。取最内层循环中 A[j+1]=A[j];这一句作为基本操作，其执行次数在最坏的情况下为 R 中的每个元素都小于 L 中的所有元素；又因 R 中元素递增有序，所以对于每个 R 中的元素，要将其插入正确位置都必须进行 m 次移动，R 中共有 n 个元素，因此有：
f(m,n)=mn

由此可见，本算法的时间复杂度为 O(mn)。

2) 算法所需额外存储空间与数据规模 m 和 n 无关，变化属于常量级，因此空间复杂度为 O(1)。

2．解
（1）算法的基本设计思想

只需从 A 中删去 A 与 B 中共有的元素即可。由于两个链表中的元素是递增有序的，因此可以这么做：设置两个指针 p、q 开始时分别指向 A 和 B 的开始结点。循环进行以下判断和操作：如果 p 所指结点的值小于 q 所指结点的值，则 p 后移一位；如果 q 所指结点的值小于 p 所指结点的值，则 q 后移一位；如果两者所指结点的值相同，则删除 p 所指结点。最后，p 与 q 任一指针为 NULL 时算法结束。

（2）算法描述

```
void difference(LNode *A,LNode *B)
{
    LNode *p=A->next,*q=B->next;    //p 和 q 是两个辅助指针
    LNode *pre=A;                    //pre 为 A 中 p 所指结点的前驱结点的指针
    Lnode *r;
    while(p!=NULL&&q!=NULL)
    {
        if(p->data<q->data)
        {
            pre=p;
            p=p->next;                //A 链表中当前结点指针后移
        }
        else if(p->data>q->data)
            q=q->next;                //B 链表中当前结点指针后移
        else
        {
            pre->next=p->next;        //处理 A、B 中元素值相同的结点，应删除
            r=p;
            p=p->next;
            free(r);                  //释放结点空间
        }
    }
}
```

（3）算法的时间复杂度分析

由算法描述可知，算法规模由 m 和 n 共同确定。算法中有一个单层循环，循环内的所有操作都是常数级的，因此可以用循环执行的次数作为基本操作执行的次数。可见循环执行的次数即为 p、q 两指针沿着各自链表移动的次数，考虑最坏的情况，即 p、q 都走完了自己所在的链表，循环执行 m+n 次，因此时间复杂度为 O(m+n)。

习题+真题精选

微信扫码看本章题目讲解视频：

一、习题

（一）选择题（题目中的链表如果不特别指出就是带头结点的链表）

1．下述各项中属于顺序存储结构优点的是（　　）。
　A．存储密度大　　　　　　　　　B．插入运算方便
　C．删除运算方便　　　　　　　　D．可方便地用于各种逻辑结构的存储表示
2．下面关于线性表的叙述中，错误的是（　　）。
　A．线性表采用顺序存储，必须占用一片连续的存储单元

B. 线性表采用顺序存储，便于进行插入和删除操作
C. 线性表采用链接存储，不必占用一片连续的存储单元
D. 线性表采用链接存储，便于插入和删除操作

3. 线性表是具有 n 个（　　）的有限序列。
   A. 表元素　　　　　　　　　　B. 字符
   C. 数据元素　　　　　　　　　D. 数据项

4. 若某线性表最常用的操作是存取任一指定序号的元素和在最后进行插入和删除运算，则利用（　　）存储方式最节省时间。
   A. 顺序表　　　　　　　　　　B. 双链表
   C. 双循环链表　　　　　　　　D. 单循环链表

5. 某线性表中最常用的操作是在最后一个元素之后插入一个元素和删除第一个元素，则采用（　　）存储方式最节省运算时间。
   A. 单链表　　　　　　　　　　B. 不带头结点的单循环链表
   C. 双链表　　　　　　　　　　D. 不带头结点且有尾指针的单循环链表

6. 静态链表中指针指示的是（　　）。
   A. 内存地址　　　　　　　　　B. 数组下标
   C. 链表中下一元素在数组中的地址　　D. 左、右孩子地址

7. 链表不具有的特点是（　　）。
   A. 插入、删除不需要移动元素　　B. 可随机访问任一元素
   C. 不必事先估计存储空间　　　　D. 所需空间与线性长度成正比

8. 将两个有 n 个元素的有序表归并成一个有序表，其最少比较次数为（　　）。
   A. n　　　　B. 2n-1　　　　C. 2n　　　　D. n-1

9. 单链表 L（带头结点）为空的判断条件是（　　）。
   A. L==NULL　　　　　　　　　B. L->next==NULL
   C. L->next!=NULL　　　　　　D. L!=NULL

10. 在一个具有 n 个结点的有序单链表中插入一个新结点仍然保持有序的时间复杂度是（　　）。
    A. O(1)　　　　　　　　　　B. O(n)
    C. $O(n^2)$　　　　　　　　D. $O(n\log_2 n)$

11. 在一个长度为 n（n>1）的带头结点的单链表 h 上，另设有尾指针 r（指向尾结点），执行（　　）操作与链表的长度有关。
    A. 删除单链表中的第一个结点
    B. 删除单链表中的最后一个结点
    C. 在单链表第一个元素前插入一个新结点
    D. 在单链表最后一个元素后插入一个新结点

12. 在一个双链表中，在 p 结点之后插入结点 q 的操作是（　　）。
    A. q->prior=p; p->next=q; p->next->prior=q; q->next=p->next;
    B. q->next=p->next; p->next->prior=q; p->next=q; q->prior=p;
    C. p->next=q; q->prior=p; q->next=p->next; p->next->prior=q;
    D. q->prior=p; p->next=q; q->next=p->next; p->next->prior=q;

13. 在一个双链表中，在 p 结点之前插入 q 结点的操作是（　　）。
    A. p->prior=q; q->next=p; p->prior->next=q; q->prior=p->prior;
    B. q->prior=p->prior; p->prior->next=q; q->next=p; p->prior=q->next;
    C. q->next=p; p->next=q; q->prior=p->prior; q->next=p;
    D. p->prior->next=q; q->next=p; q->prior=p->prior; p->prior=q;

14．在一个双链表中，删除 p 结点的操作是（　　）（结点空间释放语句省略）。

A．p->prior->next=p->next; p->next->prior=p->prior;

B．p->prior=p->prior->prior; p->prior->prior=p;

C．p->next->prior=p; p->next=p->next->next;

D．p->next=p->prior->prior; p->prior=p->prior->prior;

15．非空的单循环链表 L（带头结点）的终端结点（由 p 所指向）满足（　　）。

A．p->next==NULL　　　　　　　B．p==L

C．p->next==L　　　　　　　　　D．p->next==L&&p!=L

16．带头结点的双循环链表 L 为空的条件是（　　）。

A．L==NULL　　　　　　　　　　B．L->next->prior==NULL

C．L->prior==NULL　　　　　　　D．L->prior==L&&L->next==L

17．线性表是（　　）。

A．一个有限序列，可以为空　　　B．一个有限序列，不可以为空

C．一个无限序列，可以为空　　　D．一个无限序列，不可以为空

18．线性表采用链表存储时，其结点地址（　　）。

A．必须是连续的　　　　　　　　B．一定是不连续的

C．部分地址必须是连续的　　　　D．连续与否均可以

19．线性表的静态链表存储结构与顺序存储结构相比，其优点是（　　）。

A．所有的操作算法实现简单　　　B．便于随机存取

C．便于插入和删除　　　　　　　D．便于利用零散的存储空间

20．设线性表有 n 个元素，以下操作中，（　　）在顺序表上实现比在链表上实现效率更高。

A．输出第 i（1≤i≤n）个元素值　　B．交换第 1 个元素与第 2 个元素的值

C．顺序输出这 n 个元素的值　　　D．输出与给定值 x 相等的元素在线性表中的序号

21．对于一个线性表，既要求能够快速地进行插入和删除，又要求存储结构能够反映数据元素之间的逻辑关系，则应采用（　　）存储结构。

A．顺序　　　B．链式　　　C．散列（Hash 表）

22．需要分配较大的连续空间，插入和删除不需要移动元素的线性表，其存储结构为（　　）。

A．单链表　　B．静态链表　　C．顺序表　　D．双链表

23．如果最常用的操作是取第 i 个元素的前驱结点，则采用（　　）存储方式最节省时间。

A．单链表　　B．双链表　　C．单循环链表　　D．顺序表

24．与单链表相比，双链表的优点之一是（　　）。

A．插入、删除操作更简单　　　　B．可以进行随机访问

C．可以省略表头指针或表尾指针　D．访问前后相邻结点更灵活

25．在顺序表中插入一个元素的时间复杂度为（　　）。

A．O(1)　　B．$O(\log_2 n)$　　C．O(n)　　D．$O(n^2)$

26．在顺序表中删除一个元素的时间复杂度为（　　）。

A．O(1)　　B．$O(\log_2 n)$　　C．O(n)　　D．$O(n^2)$

27．对于一个具有 n 个元素的线性表，建立其单链表的时间复杂度为（　　）。

A．O(1)　　B．$O(\log_2 n)$　　C．O(n)　　D．$O(n^2)$

28．若某表最常用的操作是在最后一个结点之后插入一个结点或删除最后一个结点，则采用（　　）存储结构最节省运算时间。

A．单链表　　　　　　　　　　　B．给出表头指针的循环单链表

C．双链表　　　　　　　　　　　D．带头结点的循环双链表

29．线性表最常用的操作是在最后一个结点之后插入一个结点或删除第一个结点，则采用（　　）

存储方式最节省时间。

A．单链表　　　　　　　　　B．仅有头结点的单循环链表
C．双链表　　　　　　　　　D．仅有尾结点指针的单循环链表

30．设有两个长度为 n 的单链表（带头结点），结点类型相同，若以 h1 为头结点指针的链表是非循环的，以 h2 为头结点指针的链表是循环的，则（　　）。

A．对于两个链表来说，删除开始结点的操作，其时间复杂度分别为 O(1)和 O(n)
B．对于两个链表来说，删除终端结点的操作，其时间复杂度都是 O(n)
C．循环链表要比非循环链表占用更多的内存空间
D．h1 和 h2 是不同类型的变量

31．若设一个顺序表的长度为 n。那么，在表中顺序查找一个值为 x 的元素时，在等概率的情况下，查找成功的数据平均比较次数为①（　　）。在向表中第 i（1≤i≤n+1）个元素位置插入一个新元素时，为保持插入后表中原有元素的相对次序不变，需要从后向前依次后移②（　　）个元素。在删除表中第 i（1≤i≤n）个元素时，为保持删除后表中原有元素的相对次序不变，需要从前向后依次前移③（　　）个元素。

① A．n　　　　B．n/2　　　　C．(n+1)/2　　　　D．(n-1)/2
② A．n-i　　　B．n-i+1　　　C．n-i-1　　　　D．i
③ A．n-i　　　B．n-i+1　　　C．n-i-1　　　　D．i

（二）综合应用题

1．基础题

（1）线性表可用顺序表或链表存储。试问：

1）如果有 n 个表同时并存，并且在处理过程中各表的长度会动态发生变化，表的总数也可能自动改变，在此情况下，应选用哪种存储表示?为什么?

2）若表的总数基本稳定，且很少进行插入和删除，但要求以最快的速度存取表中的元素，这时应采用哪种存储表示?为什么?

（2）为什么在单循环链表中设置尾指针比设置头指针更好?

（3）设计一个算法，将顺序表中的所有元素逆置。

（4）设计一个算法，从一给定的顺序表 L 中删除下标 i～j（i≤j，包括 i、j）的所有元素，假定 i、j 都是合法的。

（5）有一个顺序表 L，其元素为整型数据，设计一个算法，将 L 中所有小于表头元素的整数放在前半部分，大于表头元素的整数放在后半部分。

（6）有一个递增非空单链表，设计一个算法删除值域重复的结点。例如，{1, 1, 2, 3, 3, 3, 4, 4, 7, 7, 7, 9, 9, 9}经过删除后变成{1, 2, 3, 4, 7, 9}。

（7）设计一个算法删除单链表 L（有头结点）中的一个最小值结点。

（8）有一个线性表，采用带头结点的单链表 L 来存储。设计一个算法将其逆置。要求不能建立新结点，只能通过表中已有结点的重新组合来完成。

（9）设计一个算法，将一个头结点为 A 的单链表（其数据域为整数）分解成两个单链表 A 和 B，使得 A 链表只含有原来链表中 data 域为奇数的结点，而 B 链表只含有原链表中 data 域为偶数的结点，且保持原来的相对顺序。

2．思考题

（1）有 N 个个位正整数存放在 int 型数组 A[0, …, N-1]中，N 为已定义的常量且 N≤9，数组 A[]的长度为 N，另给一个 int 型变量 i，要求只用上述变量（A[0]～A[N-1]与 i，这 N+1 个整型变量）写一个算法，找出这 N 个整数中的最小者，并且要求不能破坏数组 A[]中的数据。

（2）写一个函数，逆序打印单链表中的数据，假设指针 L 指向了单链表的开始结点。

（3）设有两个用有序链表表示的集合 A 和 B，设计一个算法，判断它们是否相等。

（4）设 A=（a_1，a_2，…，a_m）和 B=（b_1，b_2，…，b_n）均为顺序表，A'和 B'分别是除去最大公共前缀后的子表。例如，A=（b，e，i，j，i，n，g），B=（b，e，i，f，a，n，g），则两者的最大公共前缀为 b、e、i，在两个顺序表中除去最大公共前缀后的子表分别为 A'=（j，i，n，g），B'=（f，a，n，g）。若 A'=B'=空表，则 A=B。若 A'=空表且 B'≠空表，或两者均不为空且 A'的第一个元素值小于 B'的第一个元素值，则 A<B，否则 A>B。所有表中元素均为 float 型，试编写一个函数，根据上述方法比较 A 和 B 的大小。

（5）键盘输入 n 个英文字母，输入格式为 n、c1、c2、…、cn，其中 n 表示字母的个数。请编程用这些输入数据建立一个单链表，并要求将字母不重复地存入链表。

二、真题精选

（一）选择题

1．求整数 n（n≥0）阶乘的算法如下，其时间复杂度是（　　）。

```
int fact(int n)
{
    if(n<=1)
        return 1
    return n*fact(n-1)
}
```

A．$O(\log_2 n)$　　　B．$O(n)$　　　C．$O(n\log_2 n)$　　　D．$O(n^2)$

2．已知两个长度分别为 m 和 n 的升序链表，若将它们合并为一个长度为 m+n 的降序链表，则最坏情况下的时间复杂度是（　　）。

A．$O(n)$　　　B．$O(m×n)$　　　C．$O(\min(m,n))$　　　D．$O(\max(m,n))$

3．下列程序段的时间复杂度是（　　）。

```
count=0;
for(k=1;k<n;k*=2)
    for(j=0;j<n;j++)
        count++;
```

A．$O(\log_2 n)$　　　B．$O(n)$　　　C．$O(n\log_2 n)$　　　D．$O(n^2)$

（二）综合应用题

1．已知一个带有表头结点的单链表，结点结构为：

data	next

假设该链表只给出了头指针 head。在不改变链表的前提下，请设计一个尽可能高效的算法，查找链表中倒数第 k（k 为正整数）个位置上的结点。若查找成功，算法输出该结点的 data 值，并返回 1；否则，只返回 0。

要求：

（1）描述算法的基本设计思想。

（2）描述算法的详细实现步骤。

（3）根据设计思想和实现步骤，采用程序设计语言描述算法（使用 C 或 C++语言实现），关键之处请给出简要注释。

2．设将 n（n>1）个整数存放到一维数组 R 中。设计一个在时间和空间两方面尽可能高效的算法。将 R 中保存的序列循环左移 P（0<P<n）个位置，即将 R 中的数据由（X_0，X_1，…，X_{n-1}）变换为（X_p，X_{p+1}，…，X_{n-1}，X_0，X_1，…，X_{p-1}）。要求：

（1）给出算法的基本设计思想。

（2）根据设计思想，采用 C 或 C++语言描述算法，关键之处给出注释。

（3）说明你所设计的算法的时间复杂度和空间复杂度。

3. 已知一个整数序列 A=（a_0, a_1, …, a_{n-1}），其中 0≤a_i<n（0≤i<n）。若存在 a_{p1}=a_{p2}=…=a_{pm}=x 且 m>n/2（0≤p_k<n，1≤k≤m），则称 x 为 A 的主元素。例如，A=（0, 5, 5, 3, 5, 7, 5, 5），则 5 为主元素；又如，A=（0, 5, 5, 3, 5, 1, 5, 7），则 A 中没有主元素。假设 A 中的 n 个元素保存在一个一维数组中，请设计一个尽可能高效的算法，找出 A 的主元素。若存在主元素，则输出该元素；否则输出-1。要求：

（1）给出算法的基本设计思想。

（2）根据设计思想，采用 C、C++或 Java 语言描述算法，关键之处给出注释。

（3）说明你所设计算法的时间复杂度和空间复杂度。

习题答案+真题精选答案

一、习题答案

（一）选择题

1．A。本题考查顺序表与链表的对比。数据域所占总空间的比例越多，存储密度越大。顺序表不像链表一样在结点中存在指针域，因此存储密度大，A 正确。B、C 两选项描述的是链表的优点。对于选项 D，顺序存储结构最适用于一对一的线性逻辑结构，显然对于树或者图这类一对多或多对多的逻辑结构，在多数情况下，用顺序存储结构来存储是不方便的。

2．B。本题考查线性表两种存储结构的特点。线性表的顺序存储结构必须占用一片连续的存储空间，而链表不需要这样，这在顺序存储结构中已经讲过。顺序表不便于元素的插入和删除，因为要移动多个元素。链表在插入和删除的过程中不需要移动元素，只需修改指针。因此本题选 B。

3．C。本题考查线性表的定义。线性表是具有相同特性**数据元素**的一个有限序列。

4．A。本题考查顺序表的特点。顺序表进行插入或者删除操作时需要移动的元素是待插或者待删位置之后的元素，因此当插入或者删除操作发生在顺序表的表尾时，不需要移动元素。顺序表支持随机存储，方便于存取任意指定序号的元素，因此在本题情况下顺序表最节省时间。

5．D。本题考查几种链表的插入和删除操作。

对于 A 选项，单链表要在最后一个元素后插入一个元素，需要遍历整个链表才能找到插入位置，时间复杂度是 O(n)。删除第一个元素时间复杂度是 O(1)。

对于 B 选项，不带头结点的单循环链表在最后一个元素之后插入一个元素的情况和单链表相同，时间复杂度是 O(n)。对于删除表中第一个元素的情况，同样需要找到终端结点，即删除结点的时间复杂度也是 O(n)，因为终端结点的指针 next 指向开始结点，首先需要遍历整个链表找到终端结点，然后执行 p->next=q->next;、r=q;、q=q->next;和 free(r);4 句才满足删除要求（其中 p 指向终端结点，q 指向起始结点，r 用来帮助释放结点空间）。删除过程如图 2-18 所示。

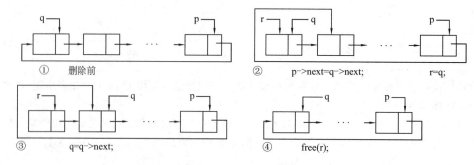

图 2-18 选择题第 5 题图

说明：本选项的讲解中顺便给出了不带头结点的单循环链表中删除开始结点的算法过程，供考生参考。

对于 C 选项，双链表的情况和单链表相同，一个为 O(n)，一个为 O(1)。

对于 D 选项，有尾指针（指向表中终端结点的指针），因为已经知终端结点的位置，所以省去了 B 选项中链表的遍历过程，因此删除和插入结点的时间复杂度为 O(1)。

综上所述，本题选 D。

6. C。本题考查静态链表中指针的作用。虽然静态链表用数组来存储，但其指针域和一般单链表一样，指出了表中下一个结点的位置。B 选项可以这么理解，静态链表中存储的是数组下标，指示的是下一个结点的位置，而不是指示的数组下标。

7. B。本题考查顺序表和链表的比较。显然随机存储是顺序表的特性，而不是链表的特性。

8. A。本题考查线性表的归并算法。在归并算法中，当 L1 表中的所有元素均小于 L2 表中的所有元素时，比较次数最少，为 n。因为此时 L1 中的元素在比较了 n 次后已经全部被并入顺序表，剩下的 L2 中的元素就不需要再比较了。

注意：前些年有些同学提问："如果第一个表中的第一个元素大于第二个表中的最后一个元素（假设递增有序），岂不是只需要比较一次即可？" 没错，单单把两个有序表合并成一个有序表是可以出现这种情况。但是题目提到"归并"二字，在考研中，归并一般特指前面讲到的 merge 算法，而这句："如果第一个表中的第一个元素大于第二个表中的最后一个元素"包含了一个归并算法中没有的判断操作，也就是说这样就不是标准的归并算法了。

补充：如果本题问比较次数最多是几次，又该选什么呢？答案是 2n-1 次，此时 L1 与 L2 中元素轮流被并入顺序表，每并入一个就比较一次，当剩下最后两个元素时（L1 与 L2 表各一个），已经比较了 2n-2 次，这时还需进行一次比较就有一个表变为空表，至此所有比较结束，因此总的比较次数是 2n-1 次。

9. B。本题考查带头结点的单链表和不带头结点的单链表基本操作的区别。带头结点的单链表的判空条件是看 head->next 是否为 NULL，不带头结点的单链表是看头指针 head 是否为 NULL。

10. B。本题考查链表的查找与插入操作。这里假设单链表递增有序（递减的情况同理），在插入数据为 x 的结点之前，先要在单链表中找到第一个大于 x 的结点的直接前驱 p，在 p 之后插入该结点。查找过程的时间复杂度为 O(n)，插入过程的时间复杂度为 O(1)，整个过程的时间复杂度为 O(n)。

11. B。本题考查链表的删除操作。在带有头结点的链表中要删除一个结点，必须知道其前驱结点的位置。由题干知，第一个结点的前驱结点位置已知，为 h 所指的头结点，因此无论链表多长，删除其中第一个结点的操作都是 p=h->next;、h->next=p->next;和 free(p);这 3 条语句。尾结点的前驱结点地址未知，因此要删除链表中的最后一个结点，需要从头结点开始遍历整个链表来找到最后一个结点的前驱结点，链表越长，执行操作的循环次数越多，即删除最后一个结点的操作与链表长度有关。

要在某一个结点后插入一个结点，则必须知道这个结点的地址，C 选项中在第一个元素前插入一个新结点，等价于在头结点后插入一个新结点，头结点地址已知，插入操作与链表长度无关。同样，对于 D 选项，尾结点地址已知，在其后插入新结点的操作与链表长度也无关。

12. B。本题考查双链表的插入操作。

参见前面的双链表插入操作执行图（见图 2-16）可知本题应选 B。

A 选项执行完第二句时，p 的后继结点地址丢失，插入不能完成。

C 选项执行完第一句时，p 的后继结点地址丢失，插入不能完成。

D 选项执行完第二句时，p 的后继结点地址丢失，插入不能完成。

13. D。本题考查双链表的插入操作。

A 选项执行完第一句时，p 的前驱结点地址丢失，插入不能完成。

B 选项最后一句 p->prior=q->next;应该改为 p->prior=q;。

C 选项破坏了 p 和其后继结点的联系。

14. A。本题考查双链表的删除操作。

参见前面的双链表删除算法执行图（见图 2-17）可知本题应选 A。

B 选项第一句执行完之后，p 的后继结点和前边的所有结点都失去联系。

C 选项第一句为废操作，第二句执行完，p 的后继结点地址丢失。
D 选项将 p 结点的 next 指针指向了其前驱的前驱，不满足删除要求。

15．D。**本题考查单循环链表的判空条件。**
带头结点的单循环链表中没有空指针域，因此 A 选项错误。
当终端结点与头结点为同一个结点，即满足 p==L 时，链表为空，因此 B 选项错误。
当链表为空时，p 指向头结点，同时也是终端结点，此时一定满足 p->next==L。当链表不空时，p 指向终端结点，同样满足 p->next==L，因此 C 选项恒成立，不能作为判断链表非空的条件。
因此本题答案为 D。

16．D。**本题考查双循环链表的判空条件。**当双循环链表为空时，头结点呈现图 2-19 所示的形态。可见当满足 L->prior==L&&L->next==L 时，链表为空，并且循环双链表同循环单链表一样，没有空指针域，因此本题选 D。

17．A。**本题考查线性表的定义。**线性表是具有相同特性数据元素的一个有限序列。该序列中所含元素的个数叫作线性表的长度，用 n（n≥0）表示。注意，n 可以等于零，表示线性表是一个空表。空表也可以作为一个线性表。因此本题选 A。

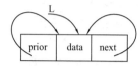

图 2-19　头结点形态

18．D。**本题考查链表存储结构的特点。**一般链表结点在内存中是分散存在的，因此可以是不连续的。当然，如果连续地申请一片存储空间来存储链表结点也未尝不可。因此本题选 D。

19．C。**本题考查静态链表与顺序表的特点。**静态链表具有链表的插入和删除方便的特点，也不需要移动较多的元素，这是优于顺序表的地方，因此本题选 C。

20．A。**本题考查顺序表与链表的特点。**
顺序表支持随机存储，链表不支持，因此顺序表输出第 i 个元素值的时间复杂度为 O(1)，链表则为 O(n)，因此 A 选项正确。
交换第 1 个与第 2 个元素的值，对于顺序表与链表，时间复杂度均为 O(1)，因此 B 选项错误。
输出 n 个元素的值，两者时间复杂度均为 O(n)，因此 C 选项错误。
输出与给定值 x 相等的元素在线性表中的序号，对于顺序表和链表，都需要搜索整个表，因此时间复杂度均为 O(n)，D 选项错误。

21．B。**本题考查链表的特点。**链表较之本题选项中其他两种存储结构的最大优点就是能够快速地进行插入和删除操作。当然，链表也能反映数据元素之间的逻辑关系，Hash 表中各元素之间不存在逻辑关系，因此本题选 B。

22．B。**本题考查静态链表的特点。**静态链表用数组来表示，因此需要分配较大的连续空间。静态链表同时还具有一般链表的特点，即插入和删除操作不需要移动元素。因此本题选 B。

23．D。**本题考查顺序表的特点。**较之其他三种存储结构，顺序表找到表中第 i 个元素的时间复杂度最小，为 O(1)；取第 i 个元素前驱的时间复杂度也是最小的，为 O(1)。因此本题选 D。

24．D。**本题考查双链表的特点。**在双链表中可以快速访问任何一个结点的前后相邻结点，而单链表中只能快速访问任何一个结点的后继结点。因此本题选 D。

25．C。**本题考查顺序表插入算法的效率。**顺序表插入算法的基本操作是元素的移动。在一个长度为 n 的顺序表中的位置 i 上插入一个元素，需要进行元素移动的次数大约为 n-i 次，插入算法元素平均移动次数大约为 n/2 次，因此时间复杂度为 O(n)。

26．C。**本题考查顺序表删除算法的效率。**顺序表删除算法的基本操作是元素的移动。在一个长度为 n 的顺序表中的位置 i 上删除一个元素，需要进行元素移动的次数大约为 n-i 次，删除算法平均元素移动次数大约为 n/2 次，因此时间复杂度为 O(n)。

27．C。**本题考查链表的建立。**链表建立的过程即将结点逐个插入链表的过程，因此链表建立的时间复杂度即为链表规模 n 乘以链表插入操作的时间复杂度 O(1)，即 n×O(1)，即 O(n)。因此本题选 C。

28．D。**本题考查链表的基本操作。**在链表中插入或删除一个结点，需要修改相邻结点的指针域。

如不特别指明，通常只给出链表头结点的地址，其他结点的地址只能从它的前驱或者后继得到。只有 D 选项能通过头结点指针直接获得最后一个结点的相邻结点的地址，因此本题选 D。

29．D。本题考查链表的基本操作。在有尾结点指针 r 的循环单链表中，在最后一个结点之后插入结点 s 的操作是 s->next=r->next; r->next=s; r=s;，删除第一个结点的操作是 p=r->next; r->next=p->next; free(p);，其时间复杂度均为 O(1)。因此本题选 D。

30．B。本题考查链表的综合知识。

对于两个链表来说，要删除开始结点，其时间复杂度都为 O(1)。因为已知开始结点的前驱结点地址，即头结点地址。

对于两个链表来说，要删除终端结点，都需要从头结点开始找到终端结点的前驱结点，其时间复杂度都是 O(n)。

两个链表占用内存空间相同。不要误以为循环链表比非循环链表多一个指向头结点的指针，其实非循环链表也有这个指针，只是它没有指向头结点而已。

h1 和 h2 指向相同类型的结点，因此是相同类型的变量。单链表和循环单链表结点类型相同，只是表中结点的组织方式不同。

31．①选 C，②选 B，③选 A。本题考查线性表中与查找、插入、删除操作效率相关的问题。

① 在长度为 n 的顺序表中，若各元素查找概率相等，则查找成功的平均查找长度为

$$ASL = \frac{1}{n}\sum_{i=1}^{n} i = \frac{1}{n}(1+2+\cdots+n) = \frac{1}{n}\frac{(1+n)n}{2} = \frac{n+1}{2}$$

② 在有 n 个元素的顺序表中的第 i 个元素位置插入一个新元素时，需把表中从第 n 个元素到第 i 个元素全部后移一个元素位置，以空出第 i 个元素位置供新元素插入，需要移动的元素有 n-i+1 个，前面的 i-1 个元素没有移动。

③ 想要在有 n 个元素的顺序表中删除第 i 个元素，需把表中从第 i+1 个元素到第 n 个元素的所有元素前移，以填补原来第 i 个元素，需要移动 n-(i+1)+1=n-i 个元素。

（二）综合应用题

1．基础题

（1）答

1）采用链表。如果采用顺序表，在多个表并存的情况下，在问题求解的过程中，一旦发现某个表有存满溢出的情况，很可能需要移动其他表以腾出位置为其扩充空间，导致不断地把大片数据移来移去。不但时间耗费很多，而且操作复杂，容易出错。如果表的总数还要变化，则还会带来需要在不影响其他表工作的情况下开辟新表空间或者释放旧表空间的操作上的麻烦。如果采用链表就没有这些问题，一般在内存空间足够的情况下，各个表的空间分配或释放不受其他表的影响。

2）采用顺序表。若表的总数基本稳定，且很少进行插入和删除，则顺序表可以充分发挥其存取速度快、存储利用率高的优点。

（2）答

尾指针是指向终端结点的指针，用它来表示单循环链表可以使得查找链表的开始结点和终端结点都很方便。设一个带头结点的单循环链表，其尾指针是 rear，则开始结点和终端结点分别为指针 rear 所指结点的后继结点的后继结点和指针 rear 所指的结点，即 rear->next->next 和 rear，查找时间均为 O(1)。若用头指针来表示该链表，则查找开始结点为 O(1)，终端结点为 O(n)。

（3）分析

本算法简单，由图 2-20 即可说明问题，两个变量 i、j 指示顺序表的第一个元素和最后一个元素，交换 i、j 所指元素，然后 i 向后移动一个位置，j 向前移动一个位置，如此循环，直到 i 与 j 相遇时结束，此时顺序表 L 中的元素已经逆置。

图 2-20　基础题第（3）题图

由此可写出以下代码：

```
void reverse(Sqlist &L)                    //L要改变,故用引用型
{
    int i,j;
    int temp;                              //辅助变量,用于交换
    for(i=0,j=L.length-1;i<j;++i,--j)      //当i与j相遇时,循环结束
    {
        temp=L.data[i];
        L.data[i]=L.data[j];
        L.data[j]=temp;
    }
}
```

注意:本题中 for 循环的执行条件要写成 i<j,不要写成 i!=j。如果数组中元素有偶数个,则 i 与 j 会出现图 2-21 所示的状态。若条件设为 i!=j,则 i 继续往右走,j 继续往左走,会互相跨越对方,循环不会结束。

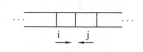

图 2-21 i、j 互相跨越对方

(4)分析

本题是顺序表删除算法的扩展,可以采用如下方法解决:从第 j+1 个元素开始到最后一个元素为止,用这之间的每个元素去覆盖从这个元素开始往前数第 j-i+1 个元素,即可完成删除 i~j 的所有元素。

本题代码如下:

```
void delete(Sqlist &L,int i,int j)         //L要改变,故用引用型
{
    int k,delta;
    delta=j-i+1;                           //元素要移动的距离
    for(k=j+1;k<L.length;++k)
    {
        L.data[k-delta]=L.data[k];         //用第 k 个元素去覆盖它前边的第 delta 个元素
    }
    L.length-=delta;                       //表长改变
}
```

说明:有同学问:"从 j+1 开始到表中最后一个元素为止,如果这之间的元素个数小于 i 到 j 之间的元素个数,岂不是无法完全覆盖导致删除失败?"注意,覆盖和删除没有关系,只要落在表长范围之外的元素即为被删除元素,也就是说,如果需要删除表中的所有元素,只需要让 length 赋值为 0 即可,不需要拿某个元素来覆盖一遍。

(5)分析

本题解决方法为:先将 L 的第一个元素存于变量 temp 中,然后定义两个整型变量 i 和 j。i 从左往右扫描,j 从右往左扫描,边扫描边交换。具体的执行过程如图 2-22 所示。

各步的解释如下:

① 开始状态 temp=2,i=0,j=L.length-1。

② 检查 j 所指元素是否比 2 小,此时发现-1 比 2 小,则执行 L.data[i]=L.data[j]; ++i;(i 中元素已经被存入 temp,所以可以直接覆盖),并且 i 后移一位,准备开始 i 的扫描,此时发现 1 比 2 小,因此什么都不做。

③ i 继续从左往右移动,边移动边检测,看是否 i 所指元素比 2 大,此时发现-7 比 2 小,因此 i 在此位置时什么都不做。

④ i 继续往右移动,此时 i 所指元素为-3,也比 2 小,此时什么都不做。

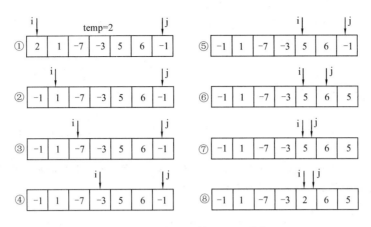

图 2-22 基础题第（5）题图

⑤ i 继续往右移动，此时 i 所指元素为 5，比 2 大，因此执行 L.data[j]=L.data[i]; --j;（j 中元素已被保存，j 前移一位，准备开始 j 的扫描）。

⑥ j 往左移动，此时 j 所指元素为 6，比 2 大，j 在此位置时什么都不做。

⑦ j 继续往左移动，此时 j==i，说明扫描结束。

⑧ 执行 L.data[i]=temp;，此时整个过程结束，所有比 2 小的元素都被移到了 2 的前边，所有比 2 大的元素都被移到了 2 的后边。

以上过程要搞清楚两点：

1）i 和 j 是轮流移动的，即当 i 找到比 2 大的元素时，将 i 所指元素放入 j 所指位置，i 停在当前位置不动，j 开始移动。当 j 找到比 2 小的元素时，将 j 所指元素放在 i 所指位置，j 停在当前位置不动，i 开始移动，如此交替，直到 i==j。

2）每次元素覆盖（如执行 L.data[i]=L.data[j];）不会造成元素丢失，因为在这之前被覆盖位置的元素已经存入其他位置。

由以上分析可写出如下算法：

```
void move(Sqlist &L)                    //L 要改变，所以用引用型
{
    int temp;
    int i=0,j=L.length-1;
    temp=L.data[i];
    while(i<j)
    {
        /*关键步骤开始*/
        while(i<j&&L.data[j]>temp) --j; //j 从右往左扫描，当来到第一个比 temp
                                        //小的元素时停止，并且每走一步都要判
                                        //断 i 是否小于 j，这个判断容易遗漏
        if(i<j)                         //检测看是否已满足 i<j，这一步同样
        {                               //很重要，有很多考生忘记这个判断
            L.data[i]=L.data[j];        //移动元素
            ++i;                        //i 右移一位
        }
        while(i<j&&L.data[i]<temp) ++i; //与上面的处理类似
        if(i<j)                         //与上面的处理类似
```

```
        {
            L.data[j]=L.data[i];          //与上面的处理类似
            --j;                           //与上面的处理类似
        }
        /*关键步骤结束*/
    }
    L.data[i]=temp;                        //将表首元素放在最终位置
}
```

说明：在这里之所以如此详细地讲解此题的执行过程，是因为此题是后面排序章节中快速排序的关键步骤，因此考生务必熟练掌握其执行过程以及算法。

（6）分析

解法一：定义指针 p 指向起始结点。将 p 所指的当前结点值域和其直接后继结点值域做比较。如果当前结点值域等于后继结点值域，则删除后继结点；否则 p 指向后继结点。重复以上过程，直到 p 的后继结点为空。

本题代码如下：

```
void delsll(LNode *L)
{
    LNode *p=L->next,*q;
    while(p->next!=NULL)
    {
        if(p->data==p->next->data)        //找到重复结点并删除
        {
            q=p->next;
            p->next=q->next;
            free(q);
        }
        else
            p=p->next;
    }
}
```

解法二：依次将原序列中每个连续相等子序列的第一个元素移动到表的前端，将剩余的元素删除即可，即如图 2-23 所示的过程。

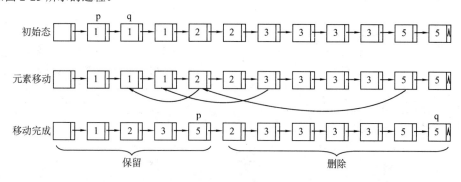

图 2-23　基础题第（6）题图

令 p 指向起始结点。q 从 p 的后继结点开始扫描，q 每到一个新结点时进行检测：当 q->data 等于 p->data

时，什么也不做，q 继续往后走；当两者不相等时，p 往后走一个位置，然后用 q->data 取代 p->data。之后，q 继续往后扫描，重复以上过程。当 q 为空时，释放从 p 之后的所有结点空间。上述过程的实现代码如下：

```c
void delsl2(LNode *L)
{
    LNode *p=L->next,*q=L->next->next,*r;
    while(q!=NULL)
    {
        while(q!=NULL&&q->data==p->data)
            q=q->next;
        if(q!=NULL)
        {
            p=p->next;
            p->data=q->data;
        }
    }
    q=p->next;
    p->next=NULL;
    while(q!=NULL)
    {
        r=q;
        q=q->next;
        free(r);
    }
}
```

（7）分析

用 p 从头至尾扫描链表，pre 指向*p 结点的前驱，用 minp 保存值最小的结点指针，minpre 指向 minp 的前驱。一边扫描，一边比较，将最小值结点放到 minp 中。

本题代码如下：

```c
void delminnode(LNode *L)
{
    LNode *pre=L,*p=pre->next,*minp=p,*minpre=pre;
    while(p!=NULL)                      //查找最小值结点 minp 以及前驱结点 minpre
    {
        if(p->data<minp->data)
        {
            minp=p;
            minpre=pre;
        }
        pre=p;
        p=p->next;
    }
    minpre->next=minp->next;    //删除*minp 结点
    free(minp);
```

}

(8) 分析

在前面讲过的算法基础中,提到过关于逆序的问题,那就是链表建立的头插法。头插法完成后,链表中的元素顺序和原数组中元素的顺序相反。这里可以将 L 中的元素作为逆转后 L 的元素来源,即将 L->next 设置为空,然后将头结点后的一串结点用头插法逐个插入 L 中,这样新的 L 中的元素顺序正好是逆序的。

本题代码如下:
```
void reversel(LNode *L)
{
    LNode *p=L->next,*q;
    L->next=NULL;
    while(p!=NULL)              //p 结点始终指向旧的链表的开始结点
    {
        q=p->next;              //q 结点作为辅助结点来记录 p 的直接后继结点的位置
        p->next=L->next;        //将 p 所指的结点插入新的链表中
        L->next=p;
        p=q;                    //因为后继结点已经存入 q 中,所以 p 仍然可以找到后继
                                //(此时的新开始结点)
    }
}
```

(9) 分析

此题不难,其解决思路为:用指针 p 从头至尾扫描 A 链表,当发现结点 data 域为偶数的结点则取下,插入链表 B 中。因为题目要求保持原来数据元素的相对顺序,所以要用尾插法来建立 B 链表。

本题代码如下:
```
void split2(LNode *A,LNode *&B)
{
    LNode *p,*q,*r;
    B=(LNode*)malloc(sizeof(LNode));//申请链表 B 的头结点
    B->next=NULL;           //每申请一个新结点的时候,将其指针域 next 设置为 NULL
                            //这样可以避免很多因链表的终端结点忘记置 NULL 而产生的错误
    r=B;
    p=A;
    while(p->next!=NULL)    //p 始终指向当前被判断结点的前驱结点,这和删除结点类似
    {                       //因为取下一个结点就是删除一个结点,只是不释放这个
                            //结点的内存空间而已
        if(p->next->data%2==0) //判断结点的 data 域是否为偶数,是偶数则从链表中取下
        {
            q=p->next;          //q 指向要从链表中取下的结点
            p->next=q->next;    //从链表中取下这个结点
            q->next=NULL;
            r->next=q;
            r=q;
        }
        else  p=p->next;        //p 后移一个位置,即开始检查下一个结点
```

            }
    }

2. 思考题

(1) 分析

通常在顺序表中找最小值，需要一个循环变量 i 来控制循环和一个始终记录当前所扫描序列中最小值的变量 min。本题则不同，题目要求只能用 A[0]～A[N-1]和 i 这 N+1 个变量，且要求不能破坏数组 A[]中的数据，这就是说，现在只能用 i 这一个变量来实现通常题目中用 i 和 min 两个变量所实现的功能。一种可行的办法如下：

i 是 int 型变量，对于处理 N 规模的数据足够用，可以让 i 的十位上的数字作为循环变量，将 i 的个位上的数字来代替通常题目中 min 的功能，这样就可以用一个 i 来实现用 i 与 min 两个变量所实现的功能。对于本题中的 i，i%10 即取 i 个位上的数字，i/10 即取 i 十位上的数字。

由以上分析可写出如下代码：

```cpp
void findMin(int A[],int &i)//用 i 来保存最小值
{
    i=A[0];                     //i 先保存存入 A[0]的值
    while(i/10<=N-1)            //取 i 的十位上的数字作为循环变量，与 N-1 做比较
    {
        if(i%10>A[i/10])        //取 i 的个位上的数字与 A[i/10]中的各数值做比较
        {
            i=i-i%10;           //如果 i 的个位上的数字大于 A[i/10]中数字，则将 i 的
            i=i+A[i/10];        //个位上的数字换成 A[i/10]
        }
        i=i+10;                 //i 的十位上的数字加 1，即对 A[]中的下一个数字进行检测
    }
    i=i%10;                     //循环结束后，i 的个位上的数字保存了 A[]中的最小值，
                                //将 i 更新为 i 的个位上的数字
}
```

(2) 分析

本题可用递归的方法解决，在表不空的情况下先递归地逆序打印表中第一个数据之后的数据，然后打印第一个数据，即可实现单链表中数据的逆序打印。

本题代码如下：

```cpp
void reprint(LNode *L)
{
    if(L!=NULL)
    {
        reprint(L->next);       //递归逆序打印开始结点后面的数据
        cout<<L->data<<" ";     //打印开始结点中的数据
    }
}
```

(3) 分析

循环扫描 A、B 两个表，当所有元素都对应相等，且 A、B 的循环扫描同时结束时，两者相等，否则不相等。

本题代码如下（可真机运行的完整代码，用 C++编译器编译）：

```cpp
#include <iostream>
```

```cpp
using namespace std;
typedef struct LNode
{
    int data;
    struct LNode* next;
}LNode;
int isEqual(LNode* A,LNode* B)      //此为核心函数，答卷时只写这个即可
{
    LNode* p=A->next;               //指向第一个数据结点
    LNode* q=B->next;               //指向第一个数据结点
    while(p!=NULL && q!=NULL)
    {
        if(p->data==q->data)
        {
            p=p->next;
            q=q->next;
        }
        else
            return 0;
    }
    if(p!=NULL||q!=NULL)
        return 0;
    else
        return 1;
}

void createList(LNode *&head,int arr[],int n)//尾插法建表以便测试
{
    head=(LNode*)malloc(sizeof(LNode));
    head->next=NULL;
    LNode* r=head;
    for(int i=0;i<n;++i)
    {
        LNode* p=(LNode*)malloc(sizeof(LNode));
        p->data=arr[i];
        p->next=NULL;
        r->next=p;
        r=p;
    }
}
int main()
{
    int a[]={1,2,3,4,6};//数组 a 及其初始化
    int b[]={1,2,3,4,5};//数组 b 及其初始化
```

```
    LNode* A;
    LNode* B;
    createList(A,a,5);//以数组 a 中元素建立链表 A
    createList(B,b,5);//以数组 b 中元素建立链表 B

    cout<<isEqual(A,B)<<endl;
    //调用 isEqual 函数比较 A、B 链表所代表的集合是否相等,相等输出 1,否则输出 0
    return 0;
}
```

(4) 分析

只需先进行一趟循环,过滤掉最大公共前缀,再判断剩余部分。假设 A 与 B 中元素值为 float 型,A=B 返回 0,A<B 返回-1,A>B 返回 1。由此可写出如下函数:

```
int compare(float A[],int An,float B[],int Bn)
{
    int i=0;
    while(i<An && i<Bn)           //过滤公共前缀
    {
        if(fabs(A[i]-B[i])<min) //min 是已定义的足够小的数
            ++i;
        else
            break;
    }
    if(i>=An && i>=Bn)            //A 和 B 都空
        return 0;
    else if((i>=An&&i<Bn)||A[i]<B[i])
        //A 空 B 不空,或者除去前缀的 A 首元素小于 B 首元素
        return -1;
    else                          //剩余的情况
        return 1;
}
```

(5) 分析

输入一个单词,扫描其在链表中是否出现,如果出现,什么都不做;否则,根据这个单词构造结点插入链表中。

本题代码如下:

```
void createLinkNoSameElem(LNode *&head)
{
    head=(LNode*)malloc(sizeof(LNode));//1)
    head->next=NULL;//1)
    LNode *p;
    int n;
    char ch;
    std::cin>>n;//2)
    for(int i=0;i<n;++i)//3)
    {
```

```
    std::cin>>ch;//4)
    p=head->next;//5)
    while (p!=NULL)//6)
    {
        if (p->data==ch)//7)
            break;//8)
        p=p->next;//9)
    }
    if (p==NULL)//10)
    {
        p=(LNode*)malloc(sizeof(LNode));//11)
        p->data=ch;//12)
        p->next=head->next;//13)
        head->next=p;//14)
    }
  }
}
```

下面给出一种代码逐句展示的过程，这样有助于代码功底薄弱的同学观察执行过程中的每一个细节，有助于掌握代码和提高写代码的能力。

代码执行过程逐句演示为：

假如在语句 2）处输入的 n 为 4，则语句 3）处的 for 循环执行 4 次，这 4 次循环中在语句 4）输入的字符依次为：'a' 'b' 'a' 'c'。

则以上代码逐句执行过程为：

1）行执行后：申请了一块头结点空间，由 head 指向，见图 2-24；

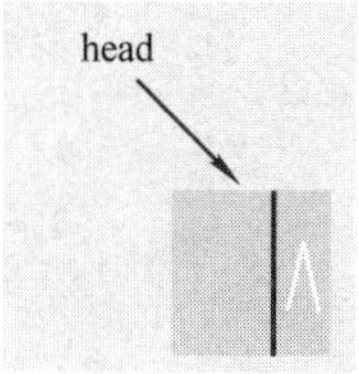

2）行执行后：n 为 4；

3）行执行后：for 循环中 i 初值为 0，i<n 成立，进入循环体；

4）行执行后：ch 为 'a'；

5）行执行后：p 指向头结点的后继，此时头结点无后继，因此 p 为 NULL，见图 2-25；

6）行执行后：while 循环条件 p!=NULL 为假，跳过循环，执行语句 10）；

10）行执行后：if 条件 p==NULL 为真，进入 if 语句块；

11）行执行后：申请一块存储空间，由 p 指向，见图 2-26；

12）行执行后：p 所指结点的 data 域为 'a'，见图 2-27；

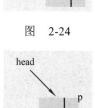

图 2-24

图 2-25

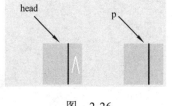

图 2-26

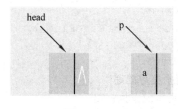

图 2-27

13）行执行后：p 的 next 为空，见图 2-28；

14）行执行后：head 的 next 指向 p 所指结点，见图 2-29；

再次来到 3）行，执行++i 后：i 为 1，i<n 成立，进入循环；

4）行执行后：ch 为 'b'；

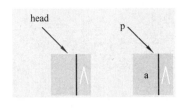

图 2-28

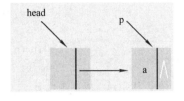

图 2-29

5）行执行后：p 指向头结点的后继；

6）行执行后：while 循环条件 p！=NULL 为真，进入循环体；

7）行执行后：if 条件 p->data==ch 为假，跳过 if 语句块；

9）行执行后：p 后移一位，即 p 指向空指针位置，见图 2-30；

6）行执行后：while 条件 p!=NULL 为假，跳过 while 循环；

10）行执行后：p==NULL 为真，进入 if 语句块；

11）、12）行执行后：p 指向新申请的结点空间，其 data 为'b'，见图 2-31；

13）行执行后：p 的 next 指向 head 的后继结点，见图 2-32；

14）行执行后：head 的 next 指向 p 所指结点，见图 2-33；

再次来到 3）行，执行++i 后：i 为 2，i<n 成立，进入循环；

4）行执行后：ch 为'a'；

5）行执行后：p 指向头结点的后继；

6）行执行后：while 循环条件 p！=NULL 为真，进入循环体；

7）行执行后：if 条件 p->data==ch 为假，跳过 if 语句块；

9）行执行后：p 后移一位，见图 2-34；

再次来到 6）行，while 循环条件 p！=NULL 为真，进入循环体；

7）行执行后：if 条件 p 所指结点 data 为'a'，ch 为'a'，p->data==ch 为真，进入 if 语句块；

8）行执行后：while 循环被 break 掉，跳出循环；

10）行执行后：if 条件 p==NULL 为假，跳过 if 语句块。

本轮循环展示了输入的字符已经存在于链表中而不建立新结点的情况，后面的执行过程和之前的过程类似，这里不再演示，读者可以自己尝试一下演示过程。

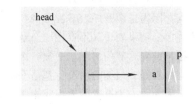

图 2-30

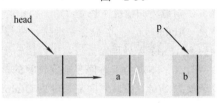

图 2-31

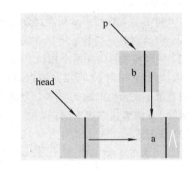

图 2-32

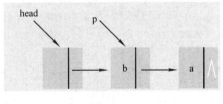

图 2-33

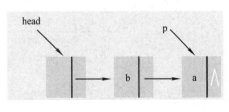

图 2-34

二、真题精选答案

（一）选择题

1．B。本题是简单的递归框架下时间复杂度的计算问题。假设 fact(n) 的基本操作执行次数为 T(n)，则可以得到递推公式：T(n)=T(n-1)+1，因为得到 fact(n-1) 的结果后，计算 fact(n) 只需要再做一次乘法即可。

将递推公式展开：

$$T(n)=T(n-1)+1$$
$$=T(n-2)+1+1=T(n-2)+2$$

$$=T(n-3)+1+1+1=T(n-3)+3$$
$$\vdots$$
$$=T(n-(n-1))+n-1=T(1)+n-1$$
$$=n$$

因此时间复杂度为 O(n)，故本题选 B。

2．这个题的题目有问题，解释如下：

这个题目和对顺序数组的 merge 操作一样，都可以把移动元素选作基本操作，只是变成了移动链表结点。因为是两升序表 merge 成一降序链表，所以要采用头插法。因此两表中的所有结点必须一个一个地链接到结果表中（不存在一个链表处理完毕，直接移动一步指针就把另一个链表的剩余部分链接到合并结果链表尾部的情况，必须一个一个结点来链接），这样的话，任何情况下都需要移动 m+n 个元素。因此在最好、最坏的情况下都是 O(m+n)。

因为题干没有说两表中元素是否有重复，所以不能保证合并成降序链表，估计是题干少印刷了一个"非"字，正确的应该是合并成一个非降序链表，并且把最坏的改成最好的。假如题干改为合并成非降序链表，则最坏的情况下也是 O(m+n)。例如，A:{1,3,5};B:{2,4,6}所有结点都需要挨个链接。最好的情况下是 O(min(m,n))，也很容易举例，只要找一个可以先处理完较短表的情况的例子即可，如 A:{1,2,3}; B:{4,5,6,7},待 A 处理完之后，B 直接一步链接到结果表的尾部。

3．C。本题考查时间复杂度计算的基本知识。外层循环的时间复杂度是 $O(\log_2 n)$，内层循环的时间复杂度为 O(n)。因此时间复杂度为 $O(n\log_2 n)$。

（二）综合应用题

1．解析

（1）算法基本思想：从头至尾遍历单链表，并用指针 p 指向当前结点的前 k 个结点。当遍历到链表的最后一个结点时，指针 p 所指向的结点即为所查找的结点。

（2）实现步骤：增加两个指针变量和一个整型变量，从链表头向后遍历，其中指针 p1 指向当前遍历的结点，指针 p 指向 p1 所指向结点的前 k 个结点，如果 p1 之前没有 k 个结点，那么 p 指向表头结点。用整型变量 i 表示当前遍历了多少个结点，当 i>k 时，指针 p 随着每次遍历也向后移动一个结点。当遍历完成时，p 或者指向表头结点，或者指向链表中倒数第 k 个位置上的结点。

（3）算法描述：

```
int findElem(LNode* head,int k)
{
    p1=head->next;
    p=head;i=1;
    while(p1!=NULL)
    {
        p1=p1->next;
        ++i;
        if(i>k) p=p->next;        //如果 i>k，则 p 也往后移
    }
    if(p==head) return 0;         //说明链表没有 k 个结点
    else
    {
        cout<<p->data;
        return 1;
    }
}
```

2．解析

（1）算法设计思想，请看 1.1.1 节中的例子。

（2）使用 C 语言描述的算法，请看 1.1.1 节中的例子。

（3）单层 for 循环，只有 temp 为额外辅助空间，因此所设计的算法的时间复杂度为 O(n)，空间复杂度为 O(1)。

3．解析

（1）给出算法的基本设计思想。

算法的策略是从前向后扫描数组元素，标记出一个可能成为主元素的元素 Num，然后重新计数，确认 Num 是否是主元素。

算法可分为以下两步：

① 选取候选的主元素。依次扫描所给数组中的每个整数，将第一个遇到的整数 Num 保存到 c 中，记录 Num 的出现次数为 1；若遇到的下一个整数仍等于 Num，则计数加 1，否则计数减 1；当计数减到 0 时，将遇到的下一个整数保存到 c 中，计数重新记为 1，开始新一轮计数，即从当前位置开始重复上述过程，直到扫描完全部数组元素。

② 判断 c 中元素是否是真正的主元素。再次扫描该数组，统计 c 中元素出现的次数，若大于 n/2，则为主元素；否则，序列中不存在主元素。

（2）算法实现：

```
int majority(int A[],int n)
{
    int i,c,count=1;              //c 用来保存候选主元素，count 用来计数
    c=A[0];                       //设置 A[0]为候选主元素
    for(i=1;i<n;i++)              //查找候选主元素
        if(A[i]==c)
            count++;              //对 A 中的候选主元素计数
        else
        {
            if(count>0)           //处理不是候选主元素的情况
                count--;
            else                  //更换候选主元素，重新计数
            {
                c=A[i];
                count=1;
            }
        }
    if(count>0)
    {
        for(i=count=0;i<n;i++)    //统计候选主元素的实际出现次数
            if(A[i]==c)
                count++;
    }
    if(count>n/2)return c;        //确认候选主元素
    else return -1;               //不存在主元素
}
```

（3）说明算法复杂度：算法的时间复杂度为 O(n)，空间复杂度为 O(1)。

第 3 章　栈和队列

大纲要求

- ▲ 栈和队列的基本概念
- ▲ 栈和队列的顺序存储结构
- ▲ 栈和队列的链式存储结构
- ▲ 栈和队列的应用
- ▲ 特殊矩阵的压缩存储

考点与要点分析

核心考点

1. （★★★）栈和队列的基本概念
2. （★★）栈和队列的链式存储结构
3. （★★）栈和队列的应用

基础要点

1. 栈和队列的基本概念
2. 栈和队列的顺序存储结构
3. 栈和队列的链式存储结构

知识点讲解

3.1　栈和队列的基本概念

3.1.1　栈的基本概念

1. 栈的定义

栈是一种只能在**一端**进行插入或删除操作的**线性表**。其中允许进行插入或删除操作的一端称为**栈顶**（Top）。栈顶由一个称为栈顶指针的位置指示器（其实就是一个变量，对于顺序栈，就是记录栈顶元素所在数组位置标号的一个整型变量；对于链式栈，就是记录栈顶元素所在结点地址的指针）来指示，它是动态变化的。表的另一端称为**栈底**，栈底是固定不变的。栈的插入和删除操作一般称为**入栈**和**出栈**。

2. 栈的特点

由栈的定义可以看出，栈的主要特点是**先进后出（FILO）**。栈中的元素就好比开进一个死胡同的车队，最先开进去的汽车只能等后来进来的汽车都出去了，才能出来。

3．栈的存储结构

可用顺序表和链表来存储栈，栈可以依照存储结构分为两种：**顺序栈和链式栈**。在栈的定义中已经说明，栈是一种在操作上稍加限制的线性表，即栈本质上是线性表，而线性表有两种主要的存储结构——顺序表和链表，因此栈也同样有对应的两种存储结构。

4．栈的数学性质

当 n 个元素以某种顺序进栈，并且可在任意时刻出栈（在满足先进后出的前提下）时，所获得的元素排列的数目 N 恰好满足函数 Catalan() 的计算，即

$$N = \frac{1}{n+1} C_{2n}^{n}$$

3.1.2 队列的基本概念

1．队列的定义

队列简称队，它也是一种操作受限的**线性表**，其限制为仅允许在表的一端进行插入，在表的另一端进行删除。可进行插入的一端称为**队尾**（Rear），可进行删除的一端称为**队头**（Front）。向队列中插入新的元素称为**进队**，新元素进队后就成为新的队尾元素；从队列中删除元素称为**出队**，元素出队后，其后继元素就成为新的队头元素。

2．队列的特点

队列的特点概括起来就是**先进先出（FIFO）**。打个比方，队列就好像开进隧道的一列火车，各节车厢就是队中的元素，最先开进隧道的车厢总是最先驶出隧道。

3．队列的存储结构

可用顺序表和链表来存储队列，队列按存储结构可分为**顺序队**和**链队**两种。

3.2 栈和队列的存储结构、算法与应用

3.2.1 本章所涉及的结构体定义

1．顺序栈定义

```
typedef struct
{
    int data[maxSize];      //存放栈中元素，maxSize是已定义的常量
    int top;                //栈顶指针
} SqStack;                  //顺序栈类型定义
```

图 3-1 所示为顺序栈示意图。

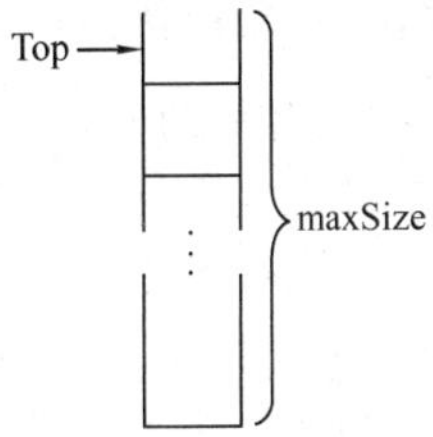

2．链栈结点定义

```
typedef struct LNode
{
    int data;               //数据域
    struct LNode *next;     //指针域
}LNode;                     //链栈结点定义
```

链栈就是采用链表来存储栈。这里用带头结点的单链表来作为存储体，图 3-2 所示为链栈示意图。

图 3-1 顺序栈示意图

3．顺序队列定义

```
typedef struct
{
```

```
    int data[maxSize];
    int front;                    //队首指针
    int rear;                     //队尾指针
}SqQueue;                         //顺序队类型定义
```

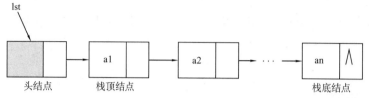

图 3-2　链栈示意图

4．链队定义

（1）队结点类型定义

```
typedef struct QNode
{
    int data;                     //数据域
    struct QNode *next;           //指针域
}QNode;                           //队结点类型定义
```

（2）链队类型定义

```
typedef struct
{
    QNode *front;                 //队头指针
    QNode *rear;                  //队尾指针
}LiQueue;                         //链队类型定义
```

图 3-3 所示为链队示意图。

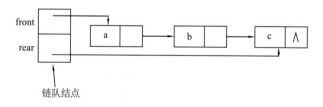

图 3-3　链队示意图

3.2.2　顺序栈

1．顺序栈的要素

对于顺序栈 st，一共有 4 个要素，包括两个特殊状态和两个操作。

（1）两个状态

1）栈空状态。

st.top==-1。有的书上规定 st.top==0 为栈空条件，这样会浪费一个元素大小的空间，本书统一规定栈空状态为 st.top==-1。考试中有时会出现其他规定，其实大同小异，稍加注意即可。

2）栈满状态。

st.top==maxSize-1。maxSize 为栈中最大元素的个数，则 maxSize-1 为栈满时栈顶元素在数组中的位置，因为数组下标从 0 号开始。本书规定栈顶指针 top 为-1 时栈空，即 top==0 的数组位置也可以存有数据元素。

3)非法状态(上溢和下溢)。

栈满就是一种继续入栈就会上溢的状态,对应的栈下溢就是栈空时继续出栈所造成的结果。

(2)两个操作

1)元素 x 进栈操作:++(st.top);st.data[st.top]=x;。既然规定了 top 为-1 时栈为空,则元素进栈操作必须是先移动指针,再进入元素,因为数组下标不存在-1。在其他书中因有不同规定,会有元素先进栈再栈顶指针加 1 的进栈操作,其实本质是一样的,考生注意即可。

2)元素 x 出栈操作:x=st.data[st.top]; --(st.top);。进栈操作次序决定了出栈操作次序,由于进栈操作是先变动栈顶指针,再存入元素,因此出栈操作必须为先取出元素,再变动指针。如果在上述进栈操作不变的情况下先变动指针,再取出元素,则栈顶元素丢失,取出的是栈顶下面的元素。考生可动手自行模拟一下这个过程,以便于理解和加深记忆。

2. 初始化栈的代码

初始化一个栈,只需将栈顶指针置为-1 即可,其对应代码如下:

```
void initStack(SqStack &st)        //初始化栈
{
    st.top=-1;                     //只需将栈顶指针设置为-1
}
```

3. 判断栈空代码

栈 st 为空时返回 1,否则返回 0,其对应代码如下:

```
int isEmpty(SqStack st)
{
    if(st.top==-1)
        return 1;
    else
        return 0;
}
```

4. 进栈代码

```
int push(SqStack &st,int x)
{
    if(st.top==maxSize-1)          //这里要注意,栈满不能进栈
        return 0;
    ++(st.top);                    //先移动指针,再进栈
    st.data[st.top]=x;
    return 1;
}
```

5. 出栈代码

```
int pop(SqStack &st,int &x)
{
    if(st.top==-1)                 //注意,如果栈空,则不能出栈
        return 0;
    x=st.data[st.top];             //先取出元素,再移动指针
    --(st.top);
    return 1;
}
```

说明:在考试中,栈常常作为一个工具来解决其他问题,因此一般情况下,栈的定义以及操作可以

写得很简单，不必调用以上函数。上述函数只作为标准操作来参考，使用价值并不高。在考题中比较实用的栈的操作的写法如下：

（1）定义一个栈并且初始化

假设元素是 int 型，可以这么写：

```
int stack[maxSize]; int top=-1;    //这两句话连定义带初始化都有了，
                                   //当然，栈顶指针和元素的类型要根据题目而定
```

（2）元素 x 进栈

```
stack[++top]=x;                    //仅一句即实现进栈操作
```

（3）元素 x 出栈

```
x=stack[top--];                    //仅一句即实现出栈操作
```

（2）与（3）需注意的是，当前栈是否为满，满时不进；是否为空，空时不出。这些判断根据题目需要来决定写还是不写，不必像标准操作那样每次都判断（如果题目中入栈元素不多，而 maxSize 足够大，就无须考虑入栈操作是否会产生溢出）。

通过（2）与（3）两点，来稍微复习一下 C 语言基础。top++ 与 ++top（--top 与 top-- 的情况类似）的不同可以用几句话来说清楚。前者是先将 top 赋值给接收它的变量，然后 top 自增 1；而后者是先 top 自增之后，再把值赋给接收它的变量。例如，a=top++;，a 保存了自增前的 top 值；而 a=++top;，a 保存了自增后的 top 值。同样，stack[++top]=x;，x 存放到 top 变化之后所指示的位置上（一下看不懂可以拆开看。第一步：top 先自增 1；第二步：自增后的 top 把自己的数值放在 stack[] 的括号内而指出了将要保存元素的位置；第三步：x 存储在 top 所指的位置上）。这里看懂了，就很容易理解 stack[++top]=x; 等价于 top++; stack[top]=x;，而 x=stack[top--]; 等价于 x=stack[top];top--;。

这里还要再提一点，对于自增操作，如++a; 总是比 a++; 执行的效率要高，因此在 a++; 与 ++a; 等效的情况下，如独立的自增操作，总是用 ++a;。自减操作有相同的性质。

以上所讲的初始化栈、出栈与入栈的简单写法在考试时很实用，是提高程序书写速度的好方法，并且通过上面的理解很好记忆。

3.2.3 链栈

1. 链栈的要素

和顺序栈对应，链栈也有 4 个要素，包括两个特殊状态和两个操作。

（1）两个状态

1) 栈空状态。

```
lst->next==NULL
```

2) 栈满状态。

不存在栈满的情况（假设内存无限大的情况不存在。一般题目要求不太严格，可以这么认为）。

（2）两个操作

1) 元素（由指针 p 所指）进栈操作。

```
p->next=lst->next; lst->next=p;  //其实就是头插法建立链表中的插入操作
```

2) 出栈操作（出栈元素保存在 x 中）。

```
p=lst->next;x=p->data;lst->next=p->next;free(p);//其实就是单链表的删除操作
```

2. 链栈的初始化代码

```
void initStack(LNode*&lst)                //lst 要改变，用引用型
{
    lst=(LNode*)malloc(sizeof(LNode));//制造一个头结点
    lst->next=NULL;
}
```

3. 判断栈空代码

当栈空时返回 1，否则返回 0，代码如下：

```
int isEmpty(LNode *lst)                //判断是否为空
{
    if(lst->next==NULL)
        return 1;
    else
        return 0;
}
```

4. 进栈代码

```
void push(LNode *lst, int x)
{
    LNode *p;
    p=(LNode*)malloc(sizeof(LNode));//为进栈元素申请结点空间
    p->next=NULL;                   //虽然在此函数中此句不写也正确，但是每当申请
                                    //新结点时，将其指针域设置为 NULL 是可以避免
                                    //一些错误的好习惯

    /*以下 3 句就是链表的头插法*/
    p->data=x;
    p->next=lst->next;
    lst->next=p;
}
```

5. 出栈代码

在栈不空的情况下可以执行，返回 1，否则返回 0，代码如下：

```
int pop(LNode *lst, int &x)         //需要改变的变量要用引用型
{
    LNode *p;
    if(lst->next==NULL)             //栈空则不能出栈，返回 0
        return 0;
    /*以下就是单链表的删除操作*/
    p=lst->next;
    x=p->data;
    lst->next=p->next;
    free(p);
    return 1;
}
```

说明：对于链栈，和顺序栈一样，在应对考试时，不必像以上那样严格地写出其操作的函数，只需摘取其中必要的语句组合在自己的题目代码中即可，具体思路类似于顺序栈中的讲解。大家还需注意，在考研中考查链栈代码的频率要比顺序栈少得多。顺序栈定义简单，操作也简单得多，因此在此提醒大家，对于程序设计题，如果你有 10 份时间，把 7 份用在顺序栈题目上，3 份用在链栈题目上，这是一个比较恰当的时间分配比例。

3.2.4 栈的应用

说明：这部分通过例题来体会栈的应用。

1. 顺序栈的应用

【例 3-1】 C 语言里算术表达式中的括号只有小括号。编写算法，判断一个表达式中的括号是否正确配对，表达式已经存入字符数组 exp[] 中，表达式中的字符个数为 n。

分析：

本题可以用栈来解决，下面就来说说为什么要用栈来解决。

给你一个表达式，目测怎么判断括号是否匹配呢？可以这样做，从左往右看这个表达式中的括号，看到一个"("就记住它（这里可以理解为入栈），如果下一个括号是")"（这里可以理解为出栈），则划掉这两个括号，一对括号处理完毕继续往后看。如果前面所有的括号都被划掉，而下一个括号却是")"，则括号一定不匹配，因为")"之前已经没有括号和它匹配了。如果下一个括号是"("，则暂时不管前一个"("，先把它放在那里，等后面的"("处理掉后再来处理它。后面的"("处理掉才能回来处理前面的"("，这里体现了栈的先进后出特点。以后看到的括号要么是"("，要么是")"，就用前面的方法来处理。如果到最后所有的括号都被划掉，则匹配，否则就不匹配。由此可见，一个问题中如果出现诸如这种情况，**即在解决问题的过程中出现了一个子问题，但凭现有条件不能解决它，需要记下，等待以后出现可以解决它的条件后再返回来解决**。这种问题需要用栈来解决，栈具有记忆的功能，这是栈的 FILO 特性所延伸出来的一种特性。

通过以上分析可知，此题应该用栈来解决，代码如下：

```
int match(char exp[],int n)
{
    char stack[maxSize];int top=-1;   //两句话完成栈的定义和初始化，考试
                                      //中用这种简写方法可以节省时间
    int i;
    for(i=0;i<n;++i)
    {
        if(exp[i]=='(')               //如果遇到"("，则入栈等待以后处理
            stack[++top]='(';         //一句话完成入栈操作
        if(exp[i]==')')
        {
            if(top==-1)   //如果当前遇到的括号是")"并且栈已空，则不匹配，返回 0
                return 0;
            else
                --top;    //如果栈不空，则出栈，这里相当于完成了以上分析中的
                          //划掉两个括号的操作
        }
    }
    if(top==-1)           //栈空（所有括号都被处理掉），则说明括号是匹配的
        return 1;
    else                  //否则括号不匹配
        return 0;
}
```

说明：通过这个简单的例子，考生可以了解什么样的题目要用栈来解决。

【例 3-2】 编写一个函数，求后缀式的数值，其中后缀式存于一个字符数组 exp 中，exp 中最后一个字符为"\0"，作为结束符，并且假设后缀式中的数字都只有一位。本题中所出现的除法运算皆为整除运算，如 2/3 结果为 0，3/2 结果为 1。

分析：

这里首先要复习一下算术表达式的 3 种形式：前缀式、中缀式、后缀式。中缀式是我们所熟悉的表达式。例如，(a+b+c×d)/e 是一个中缀式，转化为前缀式为/++ab×cde，转化为后缀式为 abcd×++e/。

注意：中缀表达式转化成后缀或者前缀，结果并不一定唯一。例如，**ab+cd×+e**/同样是**(a+b+c×d)/e** 的后缀式。后缀式和前缀式都只有唯一的一种运算次序，而中缀式却不一定。后缀式和前缀式是由中缀式按某一种运算次序而生成的，因此对于一个中缀式可能有多种后缀式或者前缀式。例如，**a+b+c** 可以先算 **a+b**，也可以先算 **b+c**，这样就有两种后缀式与其对应，分别是 **ab+c+** 和 **abc++**。

回到本题，后缀式的求值可以用栈来解决，为什么呢？对于一个后缀式，当从左往右扫描到一个数值时，具体怎么运算，此时还不知道，需要扫描到后面的运算符才知道，因此必须先存起来，这符合例 3-1 中黑体字所描述的情形，因此可以用栈来解决。

执行过程：当遇到数值时入栈，当遇到运算符时，连续两次出栈，将两个出栈元素结合运算符进行运算，将结果作为新遇到的数值入栈。如此往复，直到扫描到终止符"\0"。此时栈底元素值即为表达式的值。

由此可以写出以下代码：

```cpp
int op(int a,char Op,int b)//本函数是运算函数,用来完成算式 "a Op b" 的运算
{
    if(Op=='+')  return a+b;
    if(Op=='-')  return a-b;
    if(Op=='*')  return a*b;
    if(Op=='/')
    {
        if(b==0)                //这里需要判断,如果除数为 0,则输出错误标记。这种
        {                       //题目中的小陷阱,是考生应该注意的
            cout<<"ERROR"<<endl;
            return 0;
        }
        else
            return a/b;
    }
}
int com(char exp[])             //后缀式计算函数
{
    int i,a,b,c;                //a、b 为操作数,c 来保存结果
    int stack[maxSize]; int top=-1;//栈的初始化和定义,注意元素类型必须为 int 型
                                //不能是 char 型。因为虽然题目中说操作数都只有一位
                                //但是在运算过程中可能产生多位的数字,所以要用整型
    char Op;                    //Op 用来取运算符
    for(i=0;exp[i]!='\0';++i)
    {
        if(exp[i]>='0'&&exp[i]<='9')  //如果遇到操作数,则入栈等待处理,体现了栈的
                                      //  记忆功能
            stack[++top]=exp[i]-'0';  //注意:字符型和整型的转换（后边讲解）
        else                    //如果遇到运算符,则说明前面待处理的数字的处
                                //理条件已经具备,开始运算
        {
```

```
            Op=exp[i];              //取运算符
            b=stack[top--];         //取第二个操作数（因为第二个操作数后入栈
                                    //所以先出栈的是第二个操作数）
            a=stack[top--];         //取第一个操作数
            c=op(a,Op,b);           //将两个操作数结合运算符 Op 进行运算,结果保存在 c 中
            stack[++top]=c;         //运算结果入栈
        }
    }
    return stack[top];
}
```

补充：假设有一个字符'5'，如果定义一个整型变量 a，执行 a='5';，则此时 a 里保存了 5 的 ASCII 码，而不是数字 5。如何将'5'这个字符代表的真正意义，即 5 这个整数保存于 a 中，只需执行 a='5'-'0'; 即可。同理，如果把一个整型数字（假设为 a）转化为对应的字符型数字存储在字符变量（假设为 b）中，只需执行 b=a+'0'; 即可。此时 b 中保存的是 a 这个数字的字符，但是这种转化只适用于 0～9 这 10 个数字。这个小技巧在程序设计题目中应用得比较多，因此在这里要提一下，有些跨考的同学可能不太熟练。

2. 链栈的应用

【例 3-3】 用不带头结点的单链表存储链栈，设计初始化栈、判断栈是否为空、进栈和出栈等相应的算法。

分析：

不带头结点的单链表 lst 为空的条件是 lst==NULL，进栈和出栈操作都是在表头进行的。算法如下：

```
void initStackl(LNode *&lst)       //初始化栈
{
    lst=NULL;
}
int isEmptyl (LNode *lst)          //判断栈是否为空
{
    if(lst==NULL)
        return 1;
    else
        return 0;
}
void pushl(LNode *&lst, int x)     //进栈
{
    LNode *p;
    p=(LNode *)malloc(sizeof(LNode));
    p->next=NULL;
    p->data=x;
/*下面是插入操作*/
    p->next=lst;
    lst=p;
}
int popl(LNode *&lst, int &x)      //元素出栈
{
    LNode *p;
```

```
    if(lst==NULL)                    //栈空的情况
        return 0;
    p=lst;                           //p指向第一个数据结点
    /*删除结点操作*/
    x=p->data;
    lst=p->next;
    free(p);
    return 1;
}
```

3.2.5 顺序队

1. 循环队列

在顺序队中，通常让队尾指针 rear 指向刚进队的元素位置,让队首指针 front 指向刚出队的元素位置。因此，元素进队时，rear 要向后移动；元素出队时，front 也要向后移动。这样经过一系列的出队和进队操作以后，两个指针最终会到达数组末端 maxSize-1 处。虽然队中已经没有元素，但仍然无法让元素进队，这就是所谓的"假溢出"。要解决这个问题，可以把数组弄成一个环,让 rear 和 front 沿着环走,这样就永远不会出现两者来到数组尽头无法继续往下走的情况,这样就产生了循环队列。循环队列是改进的顺序队列。图 3-4 所示为循环队列元素的进队/出队示意图。

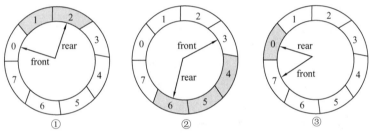

图 3-4 循环队列元素的进队/出队示意图

图 3-4 中进队/出队的变化情况如下：

① 由空队进队两个元素，此时 front 指向 0，rear 指向 2。
② 进队 4 个元素，出队 3 个元素，此时 front 指向 3，rear 指向 6。
③ 进队 2 个元素，出队 4 个元素，此时 front 指向 7，rear 指向 0。

从图 3-4 中由①到③的变化过程可以看出,经过元素的进进出出,即便是 rear 和 front 都到了数组尾端（图 3-4 中③所示），依然可以让元素继续入队，因为两指针不是沿着数组下标递增地直线行走，而是沿着一个环行走，走到数组尽头时自动返回数组的起始位置。

要实现指针在递增的过程中沿着环形道路行走,有一个方法,如图 3-4 中的例子,拿 front 指针来说，可以循环执行语句 front=(front+1)%8，若 front 的初值为 0，在一个无限循环中，则 front 的取值为 0,1,2, 3,4,5,6,7,0,1,2…，即以 0~7 为周期的无限循环数，即 front 沿着图 3-4 所示的环在行走。对于一般情况，上述语句可写为 **front=(front+1)%maxSize**（maxSize 是数组长度）。图 3-5 所示为循环队列两个特殊的状态：**队空和队满**（rear 的情况和 front 类似）。

由图 3-5 可以看出，循环队列必须损失一个存储空间，如果右图中的空白处也存入元素，则队满的条件也成了 front==rear，即和队空条件相同，那么就无法区分队空和队满了。

2. 循环队列的要素

通过以上讲述可以总结出循环队列的 4 个要素。

（1）两个状态

1）队空状态：qu.rear==qu.front。

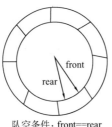 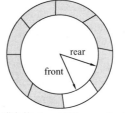

队空条件：front==rear　　　　队满条件：(rear+1)%max==front

图 3-5　循环队列队空与队满的判断

2）队满状态：(qu.rear+1)%maxSize==qu.front。

（2）两个操作

1）元素 x 进队操作（移动队尾指针）。

```
qu.rear=(qu.rear+1)%maxSize;qu.data[qu.rear]=x;
```

2）元素 x 出队操作（移动队首指针）。

```
qu.front=(qu.front+1)%maxSize;x=qu.data[qu.front];
```

说明：本书中，元素入队时，先移动指针，后存入元素；元素出队时，也是先移动指针，再取出元素。其他书上可能有不同的次序，其实本质是一样的，考生只需适应一种写法，对于程序设计题目已经足够。对于选择题，则可根据题目描述来确定是先存取元素，再移动指针，还是采用其他处理顺序。

3．初始化队列算法

```
void initQueue(SqQueue &qu)
{
    qu.front=qu.rear=0;          //队首和队尾指针重合，并且指向 0
}
```

4．判断队空算法

```
int isQueueEmpty(SqQueue qu)
{
    if(qu.front==qu.rear)        //不论队首、队尾指针指向数组中的哪个位置
        return 1;                //只要两者重合，即为队空
    else
        return 0;
}
```

5．进队算法

```
int enQueue(SqQueue &qu,int x)
{
    if((qu.rear+1)%maxSize==qu.front)    //队满的判断条件，队满则不能入队
        return 0;
    qu.rear=(qu.rear+1)%maxSize;         //若队未满，则先移动指针
    qu.data[qu.rear]=x;                  //再存入元素
    return 1;
}
```

6．出队算法

```
int deQueue(SqQueue &qu,int &x)
{
    if(qu.front==qu.rear)                //若队空，则不能出队
```

```
        return 0;
    qu.front=(qu.front+1)%maxSize;        //若队不空,则先移动指针
    x=qu.data[qu.front];                  //再取出元素
    return 1;
}
```

说明：这里和前面讲到的情况一样，以上这些函数在书写程序题目时并不实用，需要在题目中提取其中有用的操作。

3.2.6 链队

链队就是采用链式存储结构存储队列，这里采用单链表来实现。链队的特点是不存在队列满后上溢的情况（其实这里也不太严格，内存满了就上溢了）。

1．链队的要素

链队也有两个特殊状态和两个操作。

（1）两个状态

1）队空状态。

`lqu->rear==NULL` 或者 `lqu->front==NULL`（为什么有两个，后边解释）

2）队满状态。

不存在队列满的情况（假设内存无限大的情况下不存在）。

（2）两个操作

1）元素进队操作（假设 p 指向进队元素）。

`lqu->rear->next=p;lqu->rear=p;`

2）元素出队操作（假设 x 存储出队元素）。

`p=lqu->front;lqu->front=p->next;x=p->data;free(p);`

图 3-6 显示了一个链队的动态变化过程。由图 3-6 可以看出，front 和 rear 任何一个为空都可以用来判定链队为空。

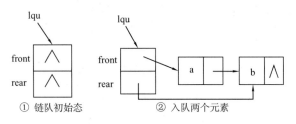

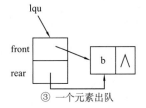

图 3-6 链队元素的进队与出队

2．初始化链队算法

```
void initQueue(LiQueue *&lqu)          //初始化队列
{
    lqu=(LiQueue*)malloc(sizeof(LiQueue));
    lqu->front=lqu->rear=NULL;
```

}
```

### 3. 判断队空算法

```
int isQueueEmpty(LiQueue *lqu)          //判断队空
{
    if(lqu->rear==NULL||lqu->front==NULL)
        return 1;
    else
        return 0;
}
```

4. 入队算法

```
void enQueue(LiQueue *lqu,int x)
{
    QNode *p;
    p=(QNode*)malloc(sizeof(QNode));
    p->data=x;
    p->next=NULL;
    if(lqu->rear==NULL)                 //若队列为空,则新结点是队首结点,也是队尾结点
        lqu->front=lqu->rear=p;
    else
    {
        lqu->rear->next=p;              //将新结点链接到队尾,rear 指向它
        lqu->rear=p;
    }
}
```

5. 出队算法

```
int deQueue(LiQueue *lqu,int &x)
{
    QNode *p;
    if(lqu->rear==NULL)                 //队空不能出队
        return 0;
    else
        p=lqu->front;
    if(lqu->front==lqu->rear)           //队列中只有一个结点时的出队操作需特殊处理
        lqu->front=lqu->rear=NULL;
    else
        lqu->front=lqu->front->next;
    x=p->data;
    free(p);
    return 1;
}
```

说明:

1) 以上代码不需要记忆,读程序并理解每一步操作的意义即可。

2) 与链队相比,顺序队的定义、操作等都要简单,因此在考研的程序设计题目中,要尽量采用顺序队来解决问题,尽可能地避免使用链队,除非题目明确规定要用链队。
```

3.2.7 共享栈和双端队列

1. 共享栈

相比于普通的顺序栈，共享栈主要是为了提高内存的利用率和减少溢出的可能性而设计的，共享栈有很多新的特性。下面通过一个例题来了解共享栈。

【例 3-4】 为了增加内存空间的利用率和减少溢出的可能性，当两个栈共享一片连续的内存空间时，应将两栈的（ ① ）分别设在这片内存空间的两端，这样当（ ② ）时，才产生上溢。

①：A．长度　　　　B．深度　　　　C．栈顶　　　　D．栈底

②：A．两个栈的栈顶同时到达栈空间的中心点

　　B．其中一个栈的栈顶到达栈空间的中心点

　　C．两个栈的栈顶在栈空间的某一位置相遇

　　D．两个栈均不空，并且一个栈的栈顶到达另一个栈的栈底

答案：D，C

由题干所述，两个栈共享一片连续的存储空间，可知这两个栈都是顺序栈（联想到顺序栈占用连续存储空间），进一步知，为顺序栈分配好的连续空间大小在栈的操作过程中不变，并且这个连续的存储空间有恒定不变的两端。于是自然想到，这两个栈的栈底分别位于存储空间的两端（因为我们已经学过顺序栈的栈底是不变的），因此①处应选 D；确定了栈底，则两栈栈顶必在存储空间内，显然当两栈顶相遇时，存储空间被用尽，会产生上溢，故②处选 C。

2. 双端队列

双端队列是一种插入和删除操作在两端均可进行的线性表。可以把双端队列看成栈底连在一起的两个栈。它们与两个栈共享存储空间的共享栈的不同之处是，两个栈的栈顶指针是向两端延伸的。由于双端队列允许在两端插入和删除元素，因此需设立两个指针：end1 和 end2，分别指向双端队列中两端的元素。

允许在一端进行插入和删除（进队和出队），另一端只允许删除的双端队列称为输入受限的双端队列，如图 3-7 所示；允许在一端进行插入和删除，另一端只允许插入的双端队列称为输出受限的双端队列，如图 3-8 所示。

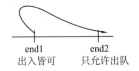　　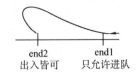

图 3-7　输入受限的双端队列　　　　图 3-8　输出受限的双端队列

关于双端队列的一些性质可通过一个例题来介绍。

【例 3-5】 设有一个双端队列，元素进入该队列的顺序是 1，2，3，4。试分别求出满足下列条件的输出序列。

（1）能由输入受限的双端队列得到，但不能由输出受限的双端队列得到的输出序列。

（2）能由输出受限的双端队列得到，但不能由输入受限的双端队列得到的输出序列。

（3）既不能由输入受限的双端队列得到，也不能由输出受限的双端队列得到的输出序列。

答：

先看输入受限的双端队列，如图 3-7 所示。假设 end1 端输入 1，2，3，4，那么 end2 端的输出相当于队列的输出：1，2，3，4；而 end1 端的输出相当于栈的输出，n=4 时，仅通过 end1 端有 14 种输出序列，可以用前面提到的函数 Catalan() 计算，仅通过 end1 端不能得到的输出序列有 4!-14=10 种，它们是：

1，4，2，3　　2，4，1，3　　3，4，1，2　　3，1，4，2　　3，1，2，4　　4，3，1，2

4，1，3，2　　4，2，1，3　　4，2，3，1　　4，1，2，3

通过 end1 和 end2 端混合输出，可以输出这 10 种中的 8 种，见表 3-1。其中，S_L、X_L 分别代表 end1 端的进队和出队，X_R 代表 end2 端的出队。

表 3-1　通过 end1 和 end2 端的混合输出序列（输入受限）

输出序列	进队出队序列	输出序列	进队出队序列
1，4，2，3	$S_L X_R S_L S_L S_L X_L X_R X_R$ 1，1，2，3，4，4，2，3	3，1，2，4	$S_L S_L S_L X_L X_R S_L X_R X_R$ 1，2，3，3，1，4，2，4
2，4，1，3	$S_L S_L X_L S_L S_L X_L X_R X_R$ 1，2，2，3，4，4，1，3	4，1，2，3	$S_L S_L S_L S_L X_L X_R X_R X_R$ 1，2，3，4，4，1，2，3
3，4，1，2	$S_L S_L S_L X_L S_L X_L X_R X_R$ 1，2，3，3，4，4，1，2	4，1，3，2	$S_L S_L S_L S_L X_L X_R X_L X_R$ 1，2，3，4，4，1，3，2
3，1，4，2	$S_L S_L S_L X_L X_R S_L X_L X_R$ 1，2，3，3，1，4，4，2	4，3，1，2	$S_L S_L S_L S_L X_L X_L X_R X_R$ 1，2，3，4，4，3，1，2

还有两种是不可能通过输入受限的双端队列输出的，即 4，2，1，3 和 4，2，3，1。

再看输出受限的双端队列，如图 3-8 所示。假设 end1 端和 end2 端都能输入，仅 end2 端可以输出。如果都从 end2 端输入，从 end2 端输出，就是一个栈了。当输入序列为 1，2，3，4 时，输出序列有 14 种。对于其他 10 种不能输出的序列，通过交替从 end1 和 end2 端输入，还可以输出其中 8 种。设 S_L 代表 end1 端的输入，S_R、X_R 分别代表 end2 端的输入和输出，则可能的输出序列及进队和出队顺序见表 3-2。通过输出受限的双端队列不能输出的两种序列是：4，1，3，2 和 4，2，3，1。

表 3-2　输出受限的双端队列

输出序列	进队出队序列	输出序列	进队出队序列
1，4，2，3	$S_L X_R S_L S_L S_R X_R X_R X_R$ 1，1，2，3，4，4，2，3	3，1，2，4	$S_L S_L S_R X_R S_L X_R X_R$ 1，2，3，3，1，2，4，4
2，4，1，3	$S_L S_R X_R S_L S_R X_R X_R X_R$ 1，2，2，3，4，4，1，3	4，1，2，3	$S_L S_L S_R X_R X_R X_R X_R$ 1，2，3，4，4，1，2，3
3，4，1，2	$S_L S_L S_R X_R S_R X_R X_R X_R$ 1，2，3，3，4，4，1，2	4，2，1，3	$S_L S_L S_R X_R X_R X_R X_R$ 1，2，3，4，4，2，1，3
3，1，4，2	$S_L S_L S_R X_R X_R S_R X_R X_R$ 1，2，3，3，1，4，4，2	4，3，1，2	$S_L S_L S_R X_R X_R X_R X_R$ 1，2，3，4，4，3，1，2

综上所述可得：

能由输入受限的双端队列得到，但不能由输出受限的双端队列得到的输出序列是 4，1，3，2；能由输出受限的双端队列得到，但不能由输入受限的双端队列得到的输出序列是 4，2，1，3；既不能由输入受限的双端队列得到，也不能由输出受限的双端队列得到的输出序列是 4，2，3，1。

3.2.8　队列的配置问题

队列的具体配置可以根据实际应用来定。比如队满和队空的条件，先入队（出队）元素再移动指针，还是先移动指针再入队（出队）元素，这些都可以人为规定而不统一。

1. 正常配置

前面讲过的队空、队满条件，入队、出队元素和移动指针的先后次序，本书规定为正常配置，其余的为非正常配置。

正常配置下：

队空：front==rear 为真

队满：front==(rear+1)%maxSize 为真
入队：rear=(rear+1)%maxSize;
　　　queue[rear]=x;
出队：front=(front+1)%maxSize;
　　　x=queue[front];

正常配置下队中元素个数：
(rear - front + maxSize) % maxSize

2．非正常配置

非正常配置有多种，这里只讲目前 408 出现的一种。

队空：front==(rear+1)%maxSize 为真

队空示意图如图 3-9a 所示。

队满：front==(rear+2)%maxSize 为真

队满示意图如图 3-9b 所示。

入队：rear=(rear+1)%maxSize;
　　　queue[rear]=x;
出队：x=queue[front];
　　　front=(front+1)%maxSize;

非正常配置下队中元素个数：
(rear-front+1+maxSize) % maxSize

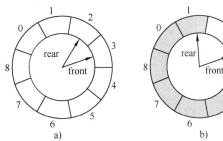

图 3-9　队空与队满示意图

【例 3-6】 一道与本知识点相关的真题：

已知循环队列存储在一维数组 A[0，…，n-1]中，且队列非空时 front 和 rear 分别指向队头和队尾元素。若初始时队列为空，且要求第 1 个进入队列的元素存储在 A[0]处，则初始时 front 和 rear 的值分别是（ B ）。

A．0，0
B．0，n-1
C．n-1，0
D．n-1，n-1

3.3 抽象数据类型

前面讲到的栈和队列就是两个典型的抽象数据类型实例。一个抽象数据类型（**Abstract Data Type**，ADT），可以看作一些数据对象以及附加在这些数据对象上的操作的集合。对于栈来说，数据对象集为存储在栈内的数据元素；操作集为元素进栈、元素出栈、判断栈是否为空等操作。对于队列来说，数据对象集为存储在队列内的数据元素；操作集为元素进队、元素出队、判断队是否为空等操作。栈的元素进出栈操作实现了 FILO 特性，队列的元素进出队操作实现了 FIFO 特性。因此，栈 ADT 可以描述为：插入和删除元素只能在一端进行的线性表；队列 ADT 可以描述为：插入元素只能在一端进行，而删除元素只能在另一端进行的线性表。

ADT 重在对功能的描述而不关心具体实现。举例来说，对于栈的入栈操作，可能有多个版本的函数实现，在 ADT 的描述中，看不到这种具体实现上的区别，它们都是同一个入栈操作。

在考研中涉及的 ADT 问题：

（1）关于 ADT 概念的理解

数据对象集、数据关系集和操作集。其中数据对象集和操作集前面已经讲过。数据关系集指的是数据对象的组织方式，如线性表的一对一、树的一对多以及图的多对多关系。

（2）关于 ADT 的应用

若出现则多数是一些设计题，对于简单的 ADT 可以用简单的语言描述，如上述栈和队列 ADT；较为复杂的最好用类结构体方法描述，下面通过一个例题来说明。

【例 3-7】 设计一个图书馆 ADT。

分析：

此类题属于开放性题目，没有统一的答案，尽可能完备地描述图书馆的功能即可。

数据集描述：

图书馆要有自己的名字以及一些放书的书架；书架一般没有名字而是有自己的编号，以及若干书；书要有自己的书名、作者名和编号等信息。

操作集描述：

根据书架号查找书架、根据书号查找书、根据书名查找书、根据作者名查找书，以及添加书、删除书、借书、还书操作。

由此可以设计出以下图书馆 ADT：

ADT 书
{
    数据对象集：
        书名；
        书号；
        作者；
};

ADT 书架
{
    数据对象集：
        书架号；
        书 = {书 0，书 1，…，书 n}；
    数据关系集：
        书在书架上的排列方式={<书 0，书 1>，<书 1，书 2>，…，<书 n-1，书 n>}
};

ADT 图书馆
{
    数据对象集：
        图书馆名；
        书架 = {书架 0，书架 1，…，书架 n}；
    数据关系集：
        书架在图书馆中的排列方式={<书架 0，书架 1>，<书架 1，书架 2>，…，<书架 n-1，书架 n>}；
    操作集：
        根据书架号查找书架；
        根据书号查找书；
        根据书名查找书；
        根据作者名查找书；
        添加书；
        删除书；
        借书；
        还书；
};

设计 ADT 的题目要注意以下几点：

1）注意 ADT 的结构格式，类似于 C 语言的结构体的写法，如上题的书 ADT 设计。
2）ADT 大括号内用数据对象集、数据关系集和操作集分开，如上题的图书馆 ADT 设计。
3）考研中出现的题目，一般必有数据对象集。
4）如果数据对象之间有很强的关联性，则应写出合适的数据关系集，如上题书架 ADT 中，书按照顺序结构关系排列。如果遇到树形结构或图结构的数据关系，则用类似的边集表示方法写出。考研中最可能出现的 4 种关系：没关系、顺序关系、树形关系和图关系。
5）若有操作集，则写出。
6）不同的数据对象类型，自上而下依次列出，如上题的书 ADT。
7）相同类型的数据对象，用集合表示法写出，一般考研中涉及的题目用集合的列举法表示即可，如上题的书架 ADT 中的书数据对象。
8）不同的操作自上而下依次列出。

▲真题仿造

1. 为了充分利用空间，顺序栈 s0、s1 共享一个存储区 elem[0，⋯，maxSize-1]。试设计共享栈 s0、s1 以及有关入栈和出栈操作的算法，假设栈中元素为 int 型。要求：
（1）给出基本设计思想。
（2）根据设计思想，采用 C 或 C++语言描述算法（对于共享栈要写出其结构定义），关键之处给出注释。
2. 请利用两个栈 s1 和 s2 来模拟一个队列，假设栈中元素为 int 型，栈中元素最多为 maxSize。已知栈的 3 个运算定义如下：
push(ST,x)：元素 x 入 ST 栈。
pop(ST,&x)：ST 栈顶元素出栈，赋给变量 x。
isEmpty(ST)：判断 ST 栈是否为空。
如何利用栈的运算来实现该队列的 3 个运算：enQueue（元素入队列）、deQueue（元素出队列）、isQueueEmpty（判断队列是否为空，空返回 1，不空返回 0）。要求：
（1）给出基本设计思想。
（2）根据设计思想，采用 C 或 C++语言描述算法，关键之处给出注释。

真题仿造答案与解析

1．解
（1）基本设计思想
1）顺序栈栈底固定不变,因此将栈底设在存储区的两端，即 s0 栈底设在 0 处,s1 栈底设在 maxSize-1 处，栈顶在 0～maxSize-1 的范围内变动。当两栈栈顶相遇时为栈满，这样可以尽可能地利用空间。
2）s0 的栈顶为 top0，s0 入栈操作为：top0 先自增 1，然后存入元素；出栈操作为：先取出栈顶元素，top0 再自减 1。s1 的栈顶为 top1，s1 入栈操作为：top1 先自减 1，然后存入元素；出栈操作为：先取出栈顶元素，top1 再自增 1。
（2）算法描述
1）栈的结构体定义：

```
typedef struct
{
    int elem[maxSize];           //栈空间，maxSize 是已经定义的常量
    int top[2];                  //top[0]为 s0 栈顶，top[1]为 s1 栈顶
```

```
}SqStack;
```

2）入栈操作：

```c
int push(SqStack &st,int stNo,int x)   //stNo是栈的编号，指示元素x入哪个栈
{
    if(st.top[0]+1<st.top[1])          //栈不满，则元素可以入栈
    {
        if(stNo==0)                    //元素入st0
        {
            ++(st.top[0]);
            st.elem[st.top[0]]=x;
            return 1;                  //入栈成功，返回1
        }
        else if(stNo==1)               //元素入st1
        {
            --(st.top[1]);
            st.elem[st.top[1]]=x;
            return 1;                  //入栈成功，返回1
        }
        else return -1;                //栈编号输入有误，返回-1
    }
    else return 0;                     //栈满后元素不能入栈，返回0
}
```

3）出栈操作：

```c
int pop(SqStack &st,int stNo,int &x)   //stNo是栈的编号，指示元素x接收哪个
{                                      //栈的栈顶元素
    if(stNo==0)                        //st0元素出栈
    {
        if(st.top[0]!=-1)              //st0不空，则可以出栈
        {
            x=st.elem[st.top[0]];
            --(st.top[0]);
            return 1;                  //出栈成功，返回1
        }
        else return 0;                 //st0空，出栈失败，返回0
    }
    else if(stNo==1)                   //st1元素出栈
    {
        if(st.top[1]!=maxSize)         //st1不空，则可以出栈
        {
            x=st.elem[st.top[1]];
            ++(st.top[1]);
            return 1;                  //出栈成功，返回1
        }
        else return 0;                 //st1空，出栈失败，返回0
```

```
        }
        else return -1;                    //栈编号输入有误，返回-1
}
```

2．解

（1）基本思想

栈的特点是后进先出，队列的特点是先进先出。所以，当用两个栈 s1 和 s2 模拟一个队列时，s1 作为输入栈，逐个元素压栈，以此模拟队列元素的入队。当需要出队时，将栈 s1 退栈并逐个压入栈 s2 中，s1 中最先入栈的元素在 s2 中处于栈顶。s2 退栈，相当于队列的出队，实现了先进先出。只有栈 s2 为空且 s1 也为空时，才算是队列空。

（2）算法描述

```
1) int enQueue(SqStack &s1,SqStack &s2,int x)
/*s1 是容量为 maxSize 的栈。本算法将 x 入栈，若入栈成功则返回 1，否则返回 0*/
{
    int y;
    if(s1.top==maxSize-1)                  //若栈 s1 满，则看 s2 是否为空
    {
        if(!isEmpty(s2))
            return 0;                      //s1 满、s2 非空，这时 s1 不能再入栈，返回 0
        else if(isEmpty(s2))               //若 s2 为空，则先将 s1 退栈，元素压栈到 s2
        {
            while(!isEmpty(s1))
            {
                pop(s1,y);
                push(s2,y);
            }
            push(s1,x);                    //x 入栈，实现了元素的入队，返回 1
            return 1;
        }
    }
    else
    {
        push(s1,x);                        //若 s1 没有满，则 x 直接入栈，返回 1
        return 1;
    }
}
2) int deQueue(SqStack &s2, SqStack &s1, int &x)
/*s2 栈顶元素退栈，实现出队操作，x 接收出队元素，若成功则返回 1，否则返回 0*/
{
    int y;
    if(!isEmpty(s2))                       //栈 s2 不空，则直接出队，返回 1
    {
        pop(s2,x);
        return 1;
    }
```

```
        else                        //处理 s2 空栈
        {
            if(isEmpty(s1))
                return 0;           //若输入栈也为空，则判定队空，返回 0
            else                    //先将栈 s1 倒入 s2 中，再做出队操作
            {
                while(!isEmpty(s1))
                {
                    pop(s1,y);
                    push(s2,y);
                }
                pop(s2,x);          //s2 退栈，实现队列出队
                return 1;           //返回 1
            }
        }
    }
    3) int isQueueEmpty(SqStack s1,SqStack s2)
    /*本算法判断栈 s1 和 s2 模拟的队列是否为空*/
    {
        if(isEmpty(s1)&&isEmpty(s2))
            return 1;               //队列空
        else
            return 0;               //队列不空
    }
```

习题+真题精选

微信扫码看本章题目讲解视频：

一、习题

（一）选择题

1. 栈操作数据的原则是（　　）。
   A．先进先出　　　　　　　　　　B．后进先出
   C．后进后出　　　　　　　　　　D．不分顺序

2. 在做进栈运算时，应先判别栈是否（ ① ）；在做退栈运算时，应先判别栈是否（ ② ）。当栈中元素为 n 个，做进栈运算时发生上溢，则说明该栈的最大容量为（ ③ ）。
   ①，②：A．空　　　B．满　　　C．上溢　　　D．下溢
   ③：A．n-1　　　B．n　　　C．n+1　　　D．n/2

3. 一个栈的输入序列为 1，2，3，…，n，若输出序列的第一个元素是 n，则输出序列的第 i (1≤i≤n)个元素是（　　）。
   A．不确定　　　B．n-i+1　　　C．i　　　D．n-i

4. 若一个栈的输入序列为 1，2，3，…，n，输出序列的第一个元素是 i，则第 j 个输出元素是（　　）。
   A．i-j-1　　　　　　　　　　B．i-j
   C．j-i+1　　　　　　　　　　D．不确定的
5. 有 6 个元素以 6，5，4，3，2，1 的顺序进栈，（　　）不是合法的出栈序列。
   A．5，4，3，6，1，2　　　　　B．4，5，3，1，2，6
   C．3，4，6，5，2，1　　　　　D．2，3，4，1，5，6
6. 输入序列为 A，B，C，当输出序列为 C，B，A 时，经过的栈操作为（　　）。
   A．push,pop,push,pop,push,pop　　B．push,push,push,pop,pop,pop
   C．push,push,pop,pop,push,pop　　D．push,pop,push,push,pop,pop
7. 若一个栈以向量 V[1，…，n]存储，初始栈顶指针 top 为 n+1，则 x 进栈的正确操作是（　　）。
   A．top=top+1; V[top]=x;　　　　B．V[top]=x; top=top+1;
   C．top=top-1;V[top]=x;　　　　　D．V[top]=x; top=top-1;
8. 若栈采用顺序存储方式存储，现两栈共享空间 V[1，…，m]，top[i]代表第 i（i=1，2）个栈的栈顶，栈 1 的底在 V[1]，栈 2 的底在 V[m]，则栈满的条件是（　　）。
   A．|top[2]-top[1]|=0　　　　　B．top[1]+1=top[2]
   C．top[1]+top[2]=m　　　　　　D．top[1]=top[2]
9. 栈在（　　）中应用。
   A．递归调用　　　　　　　　　B．子程序调用
   C．表达式求值　　　　　　　　D．A，B，C
10. 表达式 a*(b+c)-d 的后缀表达式是（　　）。
    A．abcd*+-　　　　　　　　　B．abc+*d-
    C．abc*+d-　　　　　　　　　D．-+*abcd
11. 设计一个判别表达式中左、右括号是否配对出现的算法，采用（　　）数据结构最佳。
    A．线性表的顺序存储结构　　　B．队列
    C．线性表的链式存储结构　　　D．栈
12. 对于链队，在进行出队操作时（　　）。
    A．仅修改头指针　　　　　　　B．仅修改尾指针
    C．头、尾指针都要修改　　　　D．头、尾指针可能都要修改
13. 用不带头结点的单链表存储队列时，其队头指针指向队头结点，其队尾指针指向队尾结点，则在进行出队操作时（　　）。
    A．仅修改队头指针　　　　　　B．仅修改队尾指针
    C．队头、队尾指针都要修改　　D．队头、队尾指针都可能要修改
14. 递归过程或函数调用时，处理参数及返回地址要用一种称为（　　）的数据结构。
    A．队列　　　　　　　　　　　B．多维数组
    C．栈　　　　　　　　　　　　D．线性表
15. 循环队列存储在数组 A[0，…，m]中，则入队时的操作为（　　）。
    A．rear=rear+1　　　　　　　B．rear=(rear+1)%(m-1)
    C．rear=(rear+1)%m　　　　　D．rear=(rear+1)%(m+1)
16. 若用一个大小为 6 的数组来实现循环队列，并且当前 rear 和 front 的值分别为 0 和 3，当从队列中删除一个元素，再加入两个元素后，rear 和 front 的值分别为（　　）。
    A．1 和 5　　　　　　　　　　B．2 和 4
    C．4 和 2　　　　　　　　　　D．5 和 1
17. 最大容量为 maxSize 的循环队列，队尾指针是 rear，队头是 front，则队空的条件是（　　）。
    A．(rear+1)%maxSize==front　　B．rear==front

C．rear+1==front D．(rear-1)%maxSize==front

18．栈和队列的共同点是（   ）。
A．都是先进先出 B．都是先进后出
C．只允许在端点处插入和删除元素 D．没有共同点

19．栈和队都是（   ）。
A．顺序存储的线性结构 B．链式存储的非线性结构
C．限制存取点的线性结构 D．限制存取点的非线性结构

20．元素 A，B，C，D 依次进顺序栈后，栈顶元素是（   ），栈底元素是（   ）。
A．A B．B C．C D．D

21．经过以下栈的操作后，x 的值为（   ）。
initStack(st); push(st,a); push(st,b); pop(st,x); getTop(st,x);
A．a B．b C．1 D．0

22．经过以下栈的操作后，isEmpty(st)的返回值为（   ）。
initStack(st); push(st,a); push(st,b);pop(st,x); pop(st,y);
A．a B．b C．1 D．0

23．设 n 个元素进栈序列是 1，2，3，…，n，其输出序列是 p_1，p_2，p_3，…，p_n。若 p_1=3，则 p_2 的值（   ）。
A．一定是 2 B．一定是 1
C．不可能是 1 D．以上都不对

24．最不适合用作链栈的链表是（以下链表没有头结点）（   ）。
A．只有表头指针、没有表尾指针的循环双链表
B．只有表尾指针、没有表头指针的循环双链表
C．只有表尾指针、没有表头指针的循环单链表
D．只有表头指针、没有表尾指针的循环单链表

25．如果以链表作为栈的存储结构，则元素出栈时（   ）。
A．必须判断链栈是否为满 B．必须判断链栈元素的类型
C．必须判断链栈是否为空 D．无须做任何判断

26．一个队列的入队列序列为 1，2，3，4，则可能的出队序列为（   ）。
A．4，3，2，1 B．1，2，3，4
C．1，4，3，2 D．3，2，4，1

27．设循环队列的下标范围是 0~n-1，其头、尾指针分别为 f 和 r，则其元素个数为（   ）。
A．r-f B．r-f-1
C．(r-f)%n+1 D．(r-f+n)%n

28．最适合用作链队的链表（链表有头结点，有队首指针则指向头结点，有队尾指针则指向终端结点）是（   ）。
A．只带队首指针的循环单链表 B．只带队尾指针的循环单链表
C．只带队首指针的非循环单链表 D．只带队尾指针的非循环单链表

29．最不适合用作队列的链表是（   ）。
A．只带队首指针的非循环双链表 B．只带队首指针的循环双链表
C．只带队尾指针的循环双链表 D．只带队尾指针的循环单链表

30．（多选）用单链表（含有头结点）表示的队列的队头在链表的（   ）位置。
A．链头 B．链尾
C．链中 D．以上都可以

31．用单链表（含有头结点）表示的链队的队尾在链表的（   ）位置。

A．链头　　　　　B．链尾　　　　　C．链中　　　　　D．以上都可以

微信答疑

提问：

已知一个栈的进栈序列为 p_1，p_2，p_3，…，p_n，输出序列为 1, 2, 3, …, n, 若 p_3=1，则 p_1（　　）。

A．可能是 2　　　B．一定是 2　　　C．不可能是 2　　　D．不可能是 3

为什么选 C 呢？

回答：

p_3 为 1 且 1 是第一个出栈元素，说明 p_1、p_2、p_3 这 3 个元素连续进栈（在 p_3 出栈前 p_1 和 p_2 没有出栈）；第二个出栈元素为 2，而此时栈顶是 p_2，栈底是 p_1，因此只可能是 p_2，p_4，p_5，…，p_n 这些元素之一为 2，p_1 不可能为 2。

（二）综合应用题

1．基础题

（1）铁路进行列车调度时，常把站台设计成栈式结构，试问：

1）设有编号为 1，2，3，4，5，6 的 6 辆列车，顺序开入栈式结构的站台，则可能的出栈序列有多少种？

2）若进站的 6 辆列车顺序如上所述，那么是否能够得到 435612、326541、154623 和 135426 的出站序列？如果不能，说明为什么不能；如果能，说明如何得到（写出进栈或出栈的序列）。

（2）试证明：若借助栈可由输入序列 1，2，3，…，n 得到一个输出序列 p_1，p_2，p_3，…，p_n（它是输入序列的某一种排列），则在输出序列中不可能出现以下情况：存在 i<j<k，使得 $p_j < p_k < p_i$（提示：用反证法）。

（3）假设以 I 和 O 分别表示入栈和出栈操作。若栈的初态和终态均为空，入栈和出栈的操作序列可表示为仅由 I 和 O 组成的序列，则称可以操作的序列为合法序列，否则称为非法序列。

1）试指出判别给定序列是否合法的一般规则。

2）两个不同的合法序列（对两个具有同样元素的输入序列）能否得到相同的输出元素序列？如能得到，请举例说明。

3）写出一个算法，判定所给的操作序列是否合法。若合法，返回 1，否则返回 0（假定被判定的操作序列已存入一维 char 型数组 ch[]中，操作序列以 "\0" 为结束符）。

（4）有 5 个元素，其入栈次序为 A，B，C，D，E，在各种可能的出栈次序中，以元素 C，D 最先出栈（C 第一个且 D 第二个出栈）的次序有哪几个？

（5）写出下列中缀表达式的后缀形式。

1）A*B*C

2）-A+B-C+D

3）C-A*B

4）(A+B)*D+E/(F+A*D)+C

5）(A&&B)||(!(E>F))

6）(!(A&&(!((B<C)||(C>D)))))||(C<E)

说明：单目运算符操作，如!A 的后缀表达式为 A!。

（6）假设以带头结点的循环链表表示队列，并且只设一个指针指向队尾结点，但不设头指针，请写出相应的入队列和出队列算法。

（7）如果允许在循环队列的两端都可以进行插入和删除操作，要求：

1）写出循环队列的类型定义。

2）分别写出从队尾删除和从队头插入的算法。

（8）设计一个循环队列，用 front 和 rear 分别作为队头和队尾指针，另外用一个标志 tag 表示队列是空还是不空，约定当 tag 为 0 时队空，当 tag 为 1 时队不空，这样就可以用 front==rear 作为队满的条件。

要求，设计队列的结构和相关基本运算算法（队列元素为 int 型）。

（9）编写一个算法，将一个非负的十进制整数 N 转换为一个二进制数。

（10）试编写一个算法，检查一个程序中的花括号、方括号和圆括号是否配对，若全部配对，则返回 1，否则返回 0。对于程序中出现的一对单引号或双引号内的字符不进行括号配对检查。39 为单引号的 ASCII 值，34 为双引号的 ASCII 值，单引号和双引号如果出现则必成对出现。

假设 stack 是已经定义的顺序栈结构体。可以直接调用的元素进栈/出栈、取栈顶元素、判断栈空的函数定义如下：

```
void push(stack &S, char ch);
void pop(stack &S, char &ch);
void getTop(stack S, char &ch);
int isEmpty(stack S);        //若栈 S 空，则返回 1，否则返回 0
```

2. 思考题

（1）求解二次方根 $\sqrt{A}$ 的迭代函数定义如下：

$$\text{sqrt}(A,p,e) = \begin{cases} p & |p^2 - A| < e \\ \text{sqrt}\left(A, \dfrac{\left(p + \dfrac{A}{p}\right)}{2}, e\right) & |p^2 - A| \geq e \end{cases}$$

式中，p 是 A 的近似二次方根；e 是结果允许误差。试写出相应的递归算法和非递归算法（假设取绝对值函数 fabs() 可以直接调用）。

（2）设计一个递归算法，求 n 个不同字符的所有全排序列。

二、真题精选

1．为解决计算机与打印机之间速度不匹配的问题，通常设置一个打印数据缓冲区，主机将要输出的数据依次写入该缓冲区，而打印机则依次从该缓冲区中取出数据。该缓冲区的逻辑结构应该是（　　）。

　　A．栈　　　　　　B．队列　　　　　　C．树　　　　　　D．图

2．设栈 S 和队列 Q 的初始状态均为空，元素 a，b，c，d，e，f，g 依次进入栈 S。若每个元素出栈后立即进入队列 Q，且 7 个元素出队的顺序是 b，d，c，f，e，a，g，则栈 S 的容量至少是（　　）。

　　A．1　　　　　　B．2　　　　　　C．3　　　　　　D．4

3．若元素 a、b、c、d、e、f 依次进栈，允许进栈、退栈操作交替进行，但不允许连续 3 次进行退栈操作，则不可能得到的出栈序列是（　　）。

　　A．d，c，e，b，f，a　　　　　　B．c，b，d，a，e，f
　　C．b，c，a，e，f，d　　　　　　D．a，f，e，d，c，b

4．某队列允许在其两端进行入队操作，但仅允许在一端进行出队操作，若元素 a，b，c，d，e 依次入此队列后再进行出队操作，则不可能得到的出队序列是（　　）。

　　A．b，a，c，d，e　　　　　　B．d，b，a，c，e
　　C．d，b，c，a，e　　　　　　D．e，c，b，a，d

5．元素 a，b，c，d，e 依次进入初始为空的栈中，若元素进栈后可停留、可出栈，直至所有元素都出栈，则在所有可能的出栈序列中，以元素 d 开头的序列个数是（　　）。

　　A．3　　　　　　B．4　　　　　　C．5　　　　　　D．6

6．已知循环队列存储在一维数组 A[0, …, n-1]中，且队列非空时 front 和 rear 分别指向队头和队尾元素。若初始时队列为空，且要求第 1 个进入队列的元素存储在 A[0]处，则初始时 front 和 rear 的值分别是（　　）。

　　A．0，0　　　　　　　　　　　B．0，n-1
　　C．n-1，0　　　　　　　　　　D．n-1，n-1

7．已知操作符包括"+"、"-"、"*"、"/"、"("和")"。将中缀表达式 a+b-a*((c+d)/e-f)+g 转换为等价的后缀表达

式 ab+acd+e/f-*-g+时，用栈来存放暂时还不能确定运算次序的操作符。若栈初始的时候为空，则转换过程中同时保存在栈中的操作符的最大个数是（   ）。

A．5　　　　　　　B．7　　　　　　　C．8　　　　　　　D．11

8．一个栈的入栈序列为 1，2，3，…，n，其出栈序列是 p_1，p_2，p_3，…，p_n。若 $p_2=3$，则 p_3 可能取值的个数是（   ）。

A．n-3　　　　　　　　　　　　　B．n-2

C．n-1　　　　　　　　　　　　　D．无法确定

习题答案+真题精选答案

一、习题答案

（一）选择题

1．B。本题考查栈的性质。栈的最大特点是栈操作数据遵循后进先出的原则。

2．B，A，B。本题考查对栈概念的理解。

对于①、②和③，根据栈算法的讲解内容可以得出答案。

3．B。本题考查栈的性质。由栈的 FILO 性质可知，如果第一个出栈元素是 n，则之前的 1～n-1 个元素都已经依次进栈，因此第 i 个出栈元素就是从第 n 个元素往前数 i 个元素，为 n-i+1。因此本题选 B。

4．D。本题考查栈的基本操作。假如输入序列为 1，2，3，4，5，第一个出栈元素为 3，如果进栈出栈操作为 IIIOOII（I 代表进栈操作，O 代表出栈操作），则第二个出栈元素为 2；如果操作序列为 IIIOIOI，则第二个出栈元素为 4。因此不确定。

说明：本题的这个方法是解决数据结构选择题的一个十分有用的方法，数据结构题中有很多可以用特殊来推测一般，本题就是令 n 等于 5，举反例说明。

5．C。本题考查栈的基本操作。解这类题目，就是按照题干所给序列去挨个检查选项。选项 C，3 第一个出栈，说明 6，5，4 都已进栈，4 第二个出栈可以，6 第三个出栈显然不可以，因为如果 6 要出栈必须 5 已经出栈。其他选项自行检查，都是可以出现的序列。因此本题选 C。

6．B。本题考查栈的基本操作。若要用栈使得输入序列 A，B，C 的输出序列为 C，B，A，即将原序列逆序，则只需将所有元素入栈，然后全部出栈即可。

说明：通过这个题目可知，用栈可以实现原有序列的逆序输出，这在很多程序设计题目中是有用处的。

7．C。本题考查栈基本概念的扩展。栈的基本概念中规定 top 初始指针为-1，本题只不过是把 top 规定在了数组的另一端。因此进栈操作只需将栈基本算法中进栈操作的 top++改为 top--即可，又因 top 初值在数组下标范围之外，所以必须先变指针再进元素，故本题选 C。

8．B。本题考查栈基本概念的扩展。两栈共享空间，栈满时应该是两栈顶指针相遇时，相遇但不能相等，相等意味着两栈有共同的栈顶元素，不合理。因此栈满条件为 top1+1=top2，故本题选 B。

9．D。本题考查栈的应用。这里只说明 A 选项和 B 选项，两者类似，A 是函数调用自己，B 是函数调用其他函数。只要调用函数，就得在调用前保存现场，在调用后恢复现场，这就要用到栈（前面讲过栈有记忆当前状态的功能）。因此本题选 D。

10．B。本题考查中缀表达式转化成后缀表达式的方法。

本题转化过程如图 3-10 所示。

由图 3-10 可以写出以下转化过程。

第一步：b+c->bc+（令 x="bc+"）。

第二步：a*x->ax*（令 y="ax*"）。

第三步：y-d->yd-。

将 xy 还原后得到 abc+*d-，因此本题选 B。

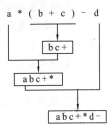

图 3-10　选择题第 10 题图

补充知识点：中缀表达式转换成后缀表达式的另一种方式。

解析：可以通过手工添加或删除括号来将中缀表达式转换成后缀表达式，其过程为：先根据中缀表达式的求值次序加上括号，将右括号用相应的运算符替换，再删除所有的左括号。

例如，中缀表达式"5+2*(1+6)-8/2"转换成后缀表达式的过程如下：

手工判断该表达式的计算过程。首先是先计算2*(1+6)，加上括号变为"5+(2*(1+6)) -8/2"；再计算除法 8/2，加上括号变为"5+(2*(1+6))-(8/2)"；接着进行加法运算，加上括号变为"(5+(2*(1+6)))-(8/2)"；最后进行减法运算，加上括号变为"((5+(2*(1+6)))-(8/2))"。运算符和右括号的对应关系如图 3-11 所示，将右括号用对应的运算符替换，变为"((5(2(1 6 + * + (8 2 / -"，最后删除所有左括号得到的后缀表达式为"5 2 1 6 + * + 8 2 / -"。

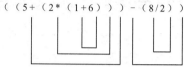

不妨试试将中缀表达式 a*(b+c)-d 转换成后缀表达式。

第一步：进行乘法运算，加括号变为(a*(b+c))-d。

第二步：进行减法运算，加括号变为((a*(b+c))-d)。

第三步：找出运算符和右括号的对应关系，将右括号用对应的运算符替换变为"((a(bc+*d-"。

图 3-11 运算符和右括号的对应关系

第四步：最后删除所有左括号得到的后缀表达式为"abc+*d-"。

11．D。本题考查栈的应用。在栈的众多应用中，括号匹配是一个重要的体现。

12．D。本题考查链队的基本操作及其存储结构。图 3-12 所示为链队示意图。

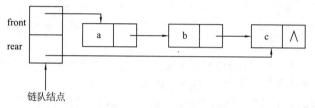

图 3-12 链队示意图

由图 3-12 可知，如果出队一个或者两个元素，则只需要修改头指针；如果 3 个元素全部出队，则头尾指针都变成 NULL，即头尾指针都需要修改。因此本题选 D。

13．D。本题又是一个基本知识的扩展。用单链表来表示队列，当队列中有多个元素的时候，出队操作只改变头指针即可；当队列中只有一个元素时，头尾指针都指向这个元素，出队的话显然两指针都要置 NULL。本题与 12 题类似，因此本题选 D。

14．C。本题考查栈的应用。函数的递归调用过程要用到系统栈。

15．D。本题考查队列的基本操作。入队时队尾变化为 rear=(rear+1)%maxSize，其中 maxSize 是数组元素最大个数，题干中数组最大个数为 m+1，因下标从 0 开始。因此答案为 D。

16．B。本题考查循环队列的基本操作。在循环队列中入队执行 rear=(rear+1)%maxSize;，出队执行 front=(front+1)%maxSize;，将本题数据代入其中，可以算出 rear 为 2，front 为 4，因此答案选 B。

17．B。本题考查循环队列的判空条件。当首尾指针重合时队空。因此本题选 B。

18．C。本题考查栈和队列的比较。两者共同点即为只允许在端点处插入和删除元素。

19．C。本题考查栈和队列的概念与比较。栈和队列都是限制存取点的线性结构。

20．D，A。本题考查栈的性质。A，B，C，D 依次进栈，则从栈顶到栈底的元素序列为 D，C，B，A，因此本题选 D、A。

21．A。本题考查栈的基本操作。执行前 3 句后，栈 st 内的值为 a、b，其中 b 为栈顶元素；执行第 4 句后，x 的值为 b；执行最后一句后，x 的值为 a。因此本题选 A。

22．C。本题考查栈的基本操作。由题意可知，先经过两次进栈操作，后经过两次出栈操作，此时栈必为空，因此判断栈空函数 isEmpty()的返回值为 1。故本题选 C。

23．C。本题考查根据入栈序列对出栈序列的判断。当 p_1=3 时，说明 1，2，3 都已进栈。立即出栈

3，然后可能出栈的为 2；也可能 4 或者后面的元素进栈，再出栈。因此，p_2 可能是 2，也可能是 4，…，n 中的任何一个，但一定不是 1。所以答案为 C。

24．D。本题考查链栈的存储结构的选取。链栈在链表的头部进行操作（插入和删除结点），需要找到链表开始结点的前驱结点。只有表头指针、没有表尾指针的循环单链表，不方便查找开始结点的前驱结点（查找时间复杂度为 O(n)），因此本题选 D。

25．C。本题考查栈的基本操作。若栈空则无法进行出栈操作，因此本题选 C。

26．B。本题考查队列的性质。队列先进先出，由入队序列 1，2，3，4 知出队序列必为 1，2，3，4，因此本题选 B。

27．D。本题考查循环队列的性质。要计算当前队列内的元素个数，可以分两种情况讨论：①当 r 大于 f 时，栈内元素为 r-f；②当 r<f 时，栈内元素为 n-(f-r)（其中，f-r 为数组内空位置的个数，则 n-(f-r) 为数组内元素的个数）。将①、②合并得元素个数为 (r-f+n)%n，因此本题选 D。

28．B。本题考查链表的操作及其在队列上的应用。

对于 A 选项，只带队首指针的循环单链表，入队操作需要找到队尾指针，时间复杂度为 O(n)；出队操作时间复杂度为 O(1)。

对于 B 选项，入队操作和出队操作时间复杂度都是 O(1)。因知道终端结点的位置，入队直接插入即可；出队时，只需队尾指针后移一位即可找到头结点，然后直接删除即可。

对于 C 选项，同 A 选项。

对于 D 选项，只有队尾指针，又是非循环链表，所以无法找到头结点，因此不能完成出队操作。

综上分析，本题应选 B。

29．A。本题考查链表的操作及其在队列上的应用。只带队首指针的非循环双链表在入队操作时的时间复杂度为 O(n)，而其他选项中，入队、出队操作的时间复杂度都是 O(1)。因此本题选 A。

30．B、C。本题考查链表在队列上的应用。当带有头结点的链表用作队列的存储结构时，链表的头结点不存储信息，链表的开始结点存有队头信息。因此，当队列中的元素多于 1 个时，队头在链表的链中位置（链中位置是指除去表头结点和表尾结点以外的结点位置）；当队列中的元素只有 1 个时，队头结点在链表的链尾位置。因此本题选 B、C。

31．B。本题考查链表在队列上的应用。当带有头结点的链表用作队列的存储结构时，链表的链尾即为队列的队尾，因此本题选 B。

（二）综合应用题

1．基础题

（1）答

1) 编号为 1，2，3，4，5，6 的 6 辆列车顺序开入栈式结构站台，可能的不同出栈序列有

$$\frac{1}{n+1}C_{2n}^n = \frac{1}{6+1}C_{12}^6 = 132$$

2) 不能得到 435612 和 154623 这样的出栈序列。因为若在 4，3，5，6 之后再将 1，2 出栈，则 1，2 必须一直在栈中，此时 1 先进栈，2 后进栈，2 应在 1 的上面，不可能 1 先于 2 出栈。154623 也是这种情况。出栈序列 326541 和 135426 可以得到。

（2）证明

1) 必要性。按照题意，当 i<j<k 时，进栈顺序是 i、j、k，这 3 个元素出栈的相对顺序是 p_i、p_j、p_k。例如，当 i=1，j=2，k=3 时，一个合理的出栈序列是 p_i=2，p_j=3，p_k=1。如果 p_j<p_k<p_i 成立，则意味着出栈顺序为 3、1、2，这恰恰是不可能的。当较大的数首先出栈时，那些较小的数都是降序压在栈内的，如 2、1，这些数不可能如 1、2 那样正序出栈。

2) 充分性。如果 p_j<p_k<p_i 成立，表明当 i<j<k 时各元素进栈、出栈后的相对顺序为 p_j、p_k、p_i。下面做具体分析。

当 i<j 时，p_j<p_i，表明 p_j 在 p_i 进栈后进栈并压在 p_i 上面，并且 p_j 在 p_i 出栈前出栈。

当 j<k 时，p_j<p_k，表明 p_j 必须在 p_k 进栈之前就出栈，否则 p_j 就被压在 p_k 下面了。
当 i<k 时，p_k<p_i，表明 p_i 是先于 p_k 进栈的。
综上所述可知，这与正确的出栈顺序 p_i<p_j<p_k 相矛盾。

（3）答

1）通常有两条规则，第一条是给定序列中，I 的个数和 O 的个数相等；第二条是从给定序列的开始到给定序列中的任一位置，I 的个数要大于或等于 O 的个数。

2）可以得到相同的输出元素序列。例如，输入元素为 A、B、C，则两个输入序列 A、B、C 和 B、A、C 均可得到输出元素序列 A、B、C。对于输入序列 A、B、C，我们使用本题约定的 IOIOIO 操作序列；对于输入序列 B、A、C，我们使用 IIOOIO 操作序列。

3）由 1）中分析可以写出以下代码：

```
int judge(char ch[])
/*判断字符数组 ch[]中的序列是否是合法序列，如果是，返回1，否则返回0*/
{
    int i=0;
    int I=0,O=0;                   //I 和 O 分别为字符"I"和"O"的个数
    while(ch[i]!='\0')
    {
        if(ch[i]=='I')
            ++I;
        if(ch[i]=='O')
            ++O;
        if(O>I)
            return 0;              //扫描过程中出现 O 的个数大于 I 的情况，则一定不合法
        ++i;
    }
    if(I!=O)
        return 0;                  //I 的总数和 O 不相等，不合法，返回 0
    else
        return 1;                  //合法返回 1
}
```

（4）分析

C，D 最先出栈，并且 C 先于 D，则 A，B 的相对顺序已经确定，必为 B 先于 A。而 E 的位置可以在 B 前、B 与 A 中间或者 A 后。因此所得序列有 3 种，具体如下：

C，D，E，B，A；C，D，B，E，A；C，D，B，A，E

（5）解

1）AB*C*

2）A–B+C–D+

3）CAB*–

4）AB+D*EFAD* +/+C+

5）AB&&EF >!‖

6）ABC<CD> ‖! &&! CE< ‖

前 5 道题都很简单，这里只讲第 6）题，见表 3-3。注意按照括号层次，从内到外的转化过程以及括号消除过程。表中方框内为本步要转换的表达式，右边为其转换中间结果，将中间结果置换原被转换表达式并结合新的待转换项即为下一步要转换的表达式。

表 3-3 基础题第（5）题的第 6）小题的转化过程

步数	结果	中间结果
1	(!(A&&(!((B<C)||(C>D))))(C<E)	BC<, CD>, CE<
2	!(A&&(!((BC<)||(CD))))||(CE<)	BC<CD>||
3	!(A&&(!(BC<CD>||)))||(CE<)	BC<CD>||!
4	(!(A&&(BC<CD>||!))||(CE<)	ABC<CD>||!&&
5	(!(ABC<CD>||!&&)||(CE<)	ABC<CD>||!&&!
6	(ABC<CD>||!&&!)||(CE<)	ABC<CD>||!&&!CE<||
7	ABC<CD>||!&&!CE<||	

（6）分析

本题是链队基本操作的扩展，知道尾指针后，要实现元素入队，则直接用链表的插入操作即可。要实现出队操作，则需要根据尾指针找出头结点和开始结点，然后进行删除。要注意的是，尾指针应始终指向终端结点，并且当删除结点后队列为空时，**必须特殊处理**。具体算法如下。

1) 入队：

```
void enQueue(LNode *&rear,int x)
/*rear 是带头结点的循环链队的尾指针,本算法将元素 x 插入到队尾*/
{
    LNode *s=(LNode*)malloc(sizeof(LNode));//申请结点空间
    s->data=x;
    s->next=rear->next;          //将 s 结点链入队尾
    rear->next=s;
    rear=s;                      //rear 指向新队尾
}
```

2) 出队：

```
int deQueue(LNode *&rear,int &x)
/*rear 是带头结点的循环链队的尾指针,x 接收出队元素,操作成功返回 1,否则返回 0*/
{
    LNode *s;
    if(rear->next==rear)
        return 0;
    else
    {
        s=rear->next->next;       //s 指向开始结点
        rear->next->next=s->next; //队头元素出队
        x=s->data;
        if(s==rear)               //如果元素出队后队列为空,则需要特殊处理
            rear=rear->next;      //将 rear 指向头结点
        free(s);                  //释放队结点空间
        return 1;                 //操作成功,返回 1
    }
}
```

（7）分析

用一维数组 data[0, …, maxSize-1]实现循环队列，其中 maxSize 是队列长度。设置队头指针 front 和队尾指针 rear，约定 front 指向队头元素的前一位置，rear 指向队尾元素。定义满足 front==rear 时为队空。从队尾删除元素，则 rear 向着下标减小的方向行走；从队头插入元素，front 同样向着下标减小的方向行走。因此，当满足 **rear==(front-1+maxSize)%maxSize** 时队满。

1) 队列的结构体定义：

```
typedef struct
{
    int data[maxSize];                    //假设 maxSize 为已定义的常量
    int front,rear;
}cycqueue;
```

2) 算法实现。

① 出队算法：

```
int deQueue(cycqueue &Q,int &x)
/*本算法实现从队尾删除，若删除成功，用 x 接纳删除元素，返回 1，否则返回 0*/
{
    if(Q.front==Q.rear)                   //队空无法出队，返回 0
        return 0;
    else
    {
        x=Q.data[Q.rear];
        Q.rear=(Q.rear-1+maxSize)%maxSize;   //修改队尾指针
        return 1;                            //出队成功，返回 1
    }
}
```

② 入队算法：

```
int enQueue(cycqueue &Q,int x)
/*本算法实现从队头插入元素 x*/
{
    if (Q.rear==(Q.front-1+maxSize)%maxSize)   //队满
        return 0;
    else
    {
        Q.data[Q.front]=x;                      //x 入队列
        Q.front=(Q.front-1+maxSize)%maxSize;    //修改队头指针
        return 1;
    }
}
```

说明：本题算法中用到了一个操作：**Q.front=(Q.front-1+maxSize)%maxSize;**，如果把这一句放在一个循环中，front 指针则沿着 maxSize-1，maxSize-2，…，2，1，0，maxSize-1，maxSize-2…的无限循环数行走，这个操作和 **Q.front=(Q.front+1)%maxSize;** 实现的效果正好相反。这两个操作在程序设计题目中是常用的。

（8）分析

本题为循环队列基本算法操作的扩展。在队列结构体定义中加入 tag，用 tag 判断队列是否为空，用

front==rear 判断是否队满。具体过程如下：
1）队列的结构体定义：

```
typedef struct
{
    int data[maxSize];          //假设 maxSize 为已定义的常量
    int front,rear;
    int tag;
}Queue;
```

定义一个队列：

```
Queue qu;
```

2）队列的各要素：

```
qu.tag=0;qu.front=qu.rear;       //初始时
qu.front==qu.rear&&qu.tag==0     //队空条件
qu.front==qu.rear&&qu.tag==1     //队满条件
```

3）算法实现：

```
void initQueue(Queue &qu)        //初始化队列
{
    qu.front=qu.rear=0;
    qu.tag=0;
}
int isQueueEmpty(Queue qu)       //判断队是否为空
{
    if(qu.front==qu.rear&&qu.tag==0)
        return 1;
    else
        return 0;
}
int QueueFull(Queue qu)          //判断是否队满
{
    if(qu.tag==1&&qu.front==qu.rear)
        return 1;
    else
        return 0;
}
int enQueue(Queue &qu,int x)     //元素进队
{
    if(QueueFull(qu)==1)
        return 0;
    else
    {
        qu.rear=(qu.rear+1)%maxSize;
        qu.data[qu.rear]=x;
        qu.tag=1;                //只要进队就把 tag 设置为 1
        return 1;
```

```
    }
}
int deQueue(Queue &qu,int &x)        //元素出队
{
    if(isQueueEmpty(qu)==1)
        return 0;
    else
    {
        qu.front=(qu.front+1)%maxSize;
        x=qu.data[qu.front];
        qu.tag=0;                    //只要有元素出队,就把tag设置为0
        return 1;
    }
}
```

说明:对于tag值的设置,初始时一定为0,插入成功后应设置为1,删除成功后应设置为0。因为只有在插入操作后,队列才有可能满,在删除操作后,队列才有可能空。tag的值再配合front==rear这一句的判断就能正确区分队满与队空。

(9) 分析

可以利用栈来解决数制转换问题。例如,$(49)_{10}=1\times2^5+1\times2^4+1\times2^0=(110001)_2$,其转换规则是

$$N = \sum_{i=0}^{\lfloor \log_2 N \rfloor} (2^i b_i) \qquad 0 \leq b_i \leq 1$$

式中,b_i表示二进制数的第 i 位上的数字。这样,十进制数 N 可以用长度为$\lfloor \log_2 N \rfloor +1$ 位的二进制数表示为$b_{\lfloor \log_2 N \rfloor}\cdots b_2 b_1 b_0$。若令$j=\lfloor \log_2 N \rfloor$,则有

$$N=2^j b_j+2^{j-1}b_{j-1}+\cdots+2^1 b_1+2^0 b_0$$
$$=(2^{j-1}b_j+2^{j-2}b_{j-1}+\cdots+b_1)\times 2+b_0$$
$$=(N/2)\times 2+N\%2\ (\text{“/” 表示整除运算})$$

因此,可以先通过N%2求出b_0,然后令N=N/2,再对新的 N 做除 2 求模运算,可求出b_1,…,如此重复,直到某个 N 等于零结束。这个计算过程是从低位到高位逐个进行的,但输出过程是从高位到低位逐个打印的,因此需要利用栈来实现。实现代码如下:

```
int BaseTrans(int N)
{
    int i,result=0;
    int stack[maxSize],top=-1;
    //定义并初始化栈,其中maxSize是已定义的常量,其大小足够处理本题数据
    while(N!=0)
    {
        i=N%2;
        N=N/2;
        stack[++top]=i;
    }
    while(top!=-1)
    {
        i=stack[top];
        --top;
```

```
            result=result*10+i;
    }
    return result;
}
```
（10）分析

在算法中，扫描程序中的每一个字符，当扫描到每个左花括号、左方括号、左圆括号时，令其进栈；当扫描到右花括号、右方括号、右圆括号时，则检查栈顶是否为相应的左括号，若是则做退栈处理，若不是则表明出现了语法错误，返回 0。当扫描到程序文件结尾后，若栈为空，则表明没有发现括号配对错误，返回 1；否则表明栈中还有未配对的括号，返回 0。另外，对于一对单引号或双引号内的字符不进行括号配对检查。

由此可以写出以下代码：

```
int bracketsCheck(char f[])//对由字符数组 f 所存字符串中的文本进行括号配对检查
{
    stack S;  char ch;                //定义一个栈
    char* p=f;
    while (*p!='\0')                  //顺序扫描串中的每一个字符
    {
        if(*p==39)
        {
            ++p;                      //跳过第一个单引号
            while (*p!=39)            //39 为单引号的 ASCII 值
                ++p;
            ++p;                      //跳过最后一个单引号
        }
        else if(*p==34)               //双引号内的字符不参与配对比较
        {
            ++p;                      //跳过第一个双引号
            while (*p!=34)            //34 为双引号的 ASCII 值
                ++p;
            ++p;                      //跳过最后一个双引号
        }
        else
        {
            switch(*p)
            {
                case '{':
                case '[':
                case '(': push(S,*p);
                    //出现左括号："{"、"["和"("进栈
                    break;
                case '}': getTop(S, ch);
                    if(ch=='{')       //栈顶的左花括号出栈
                        pop(S,ch);
                    else
```

```
                            return 0;
                    break;
                    case ']': getTop(S,ch);
                        if(ch=='[')                  //栈顶的左方括号出栈
                            pop(S,ch);
                        else
                            return 0;
                    break;
                    case ')': getTop(S,ch);
                        if(ch=='(')                  //栈顶的左圆括号出栈
                            pop(S,ch);
                        else
                            return 0;
                }
                ++p;
        }
    }
    if(isEmpty(S))
        return 1;
    else
        return 0;
}
```

2. 思考题

（1）解

1）求 A 的二次方根的递归算法如下：

```
float Sqrt_A1(float A,float p,float e)
{
    if(fabs(p*p-A)<e)
        return p;
    else
        return Sqrt_A1(A,(p+A/p)/2,e);
}
```

2）求 A 的二次方根的非递归算法。上述递归算法代码中只有一个递归语句，而且在程序最后，可以直接改写为循环形式。

```
float Sqrt_A2(float A,float p,float e)
{
    while(fabs(p*p-A)>=e)
        p=(p+A/p)/2;
    return p;
}
```

（2）分析

设 str 是含有 n 个不同字符的字符串，perm(str,k-1,n)为 str[0]~str[k-1]的所有字符的全排列，perm(str,k,n)为 str[0]~str[k]的全排列，perm(str,k-1,n)处理的字符个数比 perm(str,k,n)处理的字符少一个。假设 perm(str,k-1,n)可求，对于 str[k]位置，可以取 str[0]~str[k]范围内的任何值，再组合 perm(str,k-1,n)，则得到

perm(str,k,n)。

由此可以写出以下代码：

```
void perm2(char str[],int k,int n)
{
    int i,j;
    char temp;
    if(k==0)
    {
        for(j=0;j<=n-1;++j)
            cout<<str[j];
    }
    else
    {
        for(i=0;i<=k;++i)
        {
            temp=str[k];              //str[k]与str[i]交换
            str[k]=str[i];
            str[i]=temp;
            perm2(str,k-1,n);
            temp=str[i];              //str[k]与str[i]交换
            str[i]=str[k];
            str[k]=temp;
        }
    }
}
```

二、真题精选答案

1．B。打印机取出数据的顺序与数据被写入缓冲区的顺序相同，为先进先出结构，即队列。

2．C。当a，c，d同时在S中及a，e，f同时在S中时，栈的存储量达到最大值，因此容量至少为3。

3．D。选项所给序列中出现长度大于等于3的连续逆序子序列即为不符合要求的出栈序列。4个选项所给序列的进出栈操作序列分别为：

A．push,push,push,push,pop,pop,push,pop,pop,push,pop,pop;

B．push,push,push,pop,pop,push,pop,pop,push,pop,push,pop;

C．push,push,pop,push,pop,pop,push,push,pop,push,pop,pop;

D．push,pop,push,push,push,push,push,pop,pop,pop,pop,pop;

按照题意要求，选项D所给序列即为不可能得到的出栈顺序。

4．C。无论哪种入队方式（先从左边入队还是先从右边入队），a和b都应该相邻，这是出队序列合理的必要条件。只有选项C所给序列中，a与b不相邻。4个选项所给序列的进队操作序列分别为（L代表左入，R代表右入）：

A．aL（或aR），bL，cR，dR，eR

B．aL（或aR），bL，cR，dL，eR

C．不可能出现

D．aL（或aR），bL，cL，dR，eL

5．B。若要保证出栈序列以d开头，则前3个元素必须连续进栈，中间不能出现出栈的情况，然后d出栈，此时栈内元素由底到顶为a，b，c，栈外元素为e，出栈序列中的元素为d。

因为 a，b，c 这 3 个元素在栈内的顺序已定，由栈的先进后出原则可知，其在出栈序列中的相对位置必为…c…b…a…；加上 d 的位置已定，所以出栈待定序列必为 d…c…b…a…。显然在栈外的 e 可以在任何时候出栈入栈，即可以出现在以上待定序列中的任何一个省略号的位置处，因此出栈序列可为：

①d, e, c, b, a；②d, c, e, b, a；③d, c, b, e, a；④d, c, b, a, e。

6．B。插入元素时，front 不变，rear 加 1。而插入第一个元素后，队尾要指向尾元素，显然 rear 初始应该为 n-1，而 front 为 0。

7．A。由表 3-4 可以看出，栈内最多有 5 个操作符。

表 3-4　选择题第 7 题

处理字符	栈内字符	当前表达式结果	注　释
a		a	
+	+		
b	+	ab	
-	-	ab+	"+" 出栈，"-" 进栈
a	-	ab+a	
*	-*	ab+a	
(	-*(	ab+a	
(	-*((	ab+a	
c	-*((	ab+ac	
+	-*((+	ab+ac	
d	-*((+	ab+acd	
)	-*(	ab+acd+	第 2 个左括号及其之前的所有运算符出栈
/	-*(/	ab+acd+	
e	-*(/	ab+acd+e	
-	-*(-	ab+acd+e/	"/" 出栈，"-" 进栈
f	-*(-	ab+acd+e/f	
)	-*	ab+acd+e/f-	第 2 个左括号及其之前的所有运算符出栈
+	+	ab+acd+e/f-*-	"*" 和 "-" 出栈，"+" 进栈
g		ab+acd+e/f-*-g	
		ab+acd+e/f-*-g+	全部出栈

8．C。除了 3 本身以外，其他值均可以取到，因此可能取值的个数为 n-1。

第 4 章 串

知识点讲解

串是字符串的简称,是计算机中一种常见且重要的数据结构。例如,在 Google 搜索引擎中,用户在输入框内输入待搜索的内容关键字字符,这些字符组成的数据结构即为串。Google 搜索引擎以这个串作为输入数据,经过一系列复杂的搜索算法处理,返回满足用户需求的搜索结果,这些搜索结果的表达同样需要用到串数据结构。再如,我们平时常用的文字编辑工具——微软公司的 Word,也是一种对字符串进行编辑操作的软件。

以上介绍的两个例子都是串处理的具体体现,要有效地实现串的处理,必须根据具体情况采用合适的存储结构。本章将对字符串操作以及相应的存储结构做详细的介绍。

4.1 串数据类型的定义

4.1.1 串的定义

串是由零个或者多个字符组成的有限序列。串中字符的个数称为串的长度,含有零个元素的串叫空串。在 C 语言中,可以用以下语句定义一个名为 str 的串。

```
char str[]="abcdef";//1
```

说明:串通常用一个字符数组来表示。从这个角度来讲,数组 str 内存储的字符为'a'、'b'、'c'、'd'、'e'、'f'、'\0',其中'\0'作为编译器识别串结束的标记。而串内字符为'a'、'b'、'c'、'd'、'e'、'f'。因此数组 str 的长度为 7,而串 str 的长度为 6。

串中任意连续的字符组成的子序列称为该串的**子串**,包含子串的串称为**主串**,某个字符在串中的序号称为这个字符的位置。通常用子串第一个字符的位置作为子串在主串中的位置。要注意的是,空格也是串字符集合的一个元素,由一个或者多个空格组成的串称为**空格串**(注意,空格串不是空串)。

串的逻辑结构和线性表类似,串是限定了元素为字符的线性表。从操作集上讲,串与线性表有很大的区别,线性表的操作主要针对表内的某一个元素,而串操作主要针对串内的一个子串。

4.1.2 串的存储结构

1. 定长顺序存储表示

一般不采取 4.1.1 节代码注释 1 处的方式定义并初始化一个串,原因是仅仅以'\0'作为串结束的标记在求串长时需要扫描整个串,时间复杂度为 O(n);不如额外定义一个变量专门来存储串的长度,这样求串长就变成了时间复杂度为 O(1)的操作。

注意:不同的参考书对于串的结构体定义有所不同。有的用'\0'作为结束标记;有的不用'\0',而用额外定义的 length 变量来表示串长以及标记串的结束。本书的定义是,给串尾加上'\0'结束标记,同时也设定 length,这样做虽然多用了一个单位的存储空间,但这是代码中用起来最方便的形式。

定长顺序存储表示的结构体定义如下:

```
typedef struct
{
    char str[maxSize+1];
```

```
    /*maxSize 为已经定义的常量，表示串的最大长度；str 数组长度定义为 maxSize+1，是因
为多出一个'\0'作为结束标记*/
    int length;
}Str;
```

2. 变长分配存储表示

变长分配存储表示（又叫动态分配存储表示）方法的特点是，在程序执行过程中根据需要动态分配。其结构体定义如下：

```
typedef struct
{
    char *ch;              //指向动态分配存储区首地址的字符指针
    int length;            //串长度
}Str;
```

使用这种存储方式时，需要用函数 malloc()来分配一个长度为 length、类型为 char 型的连续存储空间（分配方法在绪论中已经讲过），分配的空间可以用函数 free()释放掉。如果用函数 malloc()分配存储空间成功，则返回一个指向起始地址的指针，作为串的基地址，这个地址由 ch 指针来指向；如果分配失败，则返回 NULL。

通过对比以上两种存储结构的分配方法可以看出，变长分配存储表示方法有顺序存储结构的特点，操作中串长可根据需要来设定，更加灵活，因此在串处理的应用程序中更为常用。

4.1.3 串的基本操作

下面介绍几种串的原子操作，这些操作是构成串其他复杂操作的基石。

1. 赋值操作

与普通变量赋值操作不同，串的赋值操作不能直接用"="来实现。因为串是一个数组，如果将一个数组的值赋给另一个数组，则直接用"="是不可行的，必须对数组中的每个元素进行逐一赋值操作。串赋值操作函数 strassign()具体实现的代码如下所示，其功能是将一个常量字符串赋值给 str，赋值操作成功返回 1，否则返回 0。

```
int strassign(Str& str,char* ch)
{
    if(str.ch)
        free(str.ch);         //释放原串空间
    int len=0;
    char *c=ch;
    while(*c)                 //求 ch 串的长度
    {
        ++len;
        ++c;
    }
    if(len==0)                //如果 ch 为空串，则直接返回空串
    {
        str.ch=NULL;
        str.length=0;
        return 1;
    }
    else
```

```
        {
            str.ch=(char*)malloc(sizeof(char) * (len+1));
            //取 len+1 是为了多分配一个空间存放"\0"字符
            if(str.ch==NULL)
                return 0;
            else
            {
                c=ch;
                for(int i=0;i<=len;++i,++c)
                    str.ch[i]=*c;
/*注意：循环条件中之所以用"<="，是为了将 ch 最后的'\0'复制到新串中作为结束标记*/
                str.length=len;
                return 1;
            }
        }
}
```

函数 strassign()使用时格式如下：

```
strassign(str,"cur input");
```

此句执行后，str.ch 的值为"cur input"，str.len 的值为 9。

2．取串长度操作

在使用变长分配存储表示的情况下，取串长度的操作就变得极为简单，考试中直接使用 str.length 语句即可。统一成函数的形式，代码如下：

```
int strlength(Str str)
{
    return str.length;
}
```

如果在没有给出串长度信息的情况下，求串长度的操作可以借鉴函数 strassign()中的求输入串长度部分的代码来实现，也是非常简单的。

3．串比较操作

串的比较操作是串排序应用中的核心操作。例如，在单词的字典排序中，需要通过串比较操作来确定一个单词在字典中的位置，规则如下：设两串 A 和 B 中的待比较字符分别为 a 和 b，如果 a 的 ASCII 码小于 b 的 ASCII 码，则返回 A 小于 B 标记；如果 a 的 ASCII 码大于 b 的 ASCII 码，则返回 A 大于 B 标记；如果 a 的 ASCII 码等于 b 的 ASCII 码，则按照之前的规则继续比较两串中的下一对字符。经过上述步骤，在没有比较出 A 和 B 大小的情况下，先结束的串为较小串，两串同时结束则返回两串相等标记。串比较代码如下：

```
int strcompare(Str s1,Str s2)
{
    for(int i=0;i<s1.length && i<s2.length;++i)
        if (s1.ch[i]!=s2.ch[i])
            return s1.ch[i] - s2.ch[i];
    return s1.length - s2.length;
}
```

4．串连接操作

将两个串首尾相接，合并成一个字符串的操作称为串连接操作。串连接操作的实现代码如下：

```
int concat(Str& str,Str str1,Str str2)
{
    if(str.ch)
    {
        free(str.ch);//释放原串空间
        str.ch=NULL;
    }
    str.ch=(char*)malloc(sizeof(char)*(str1.length+str2.length+1));
    if(str.ch==NULL)
        return 0;
    int i=0;
    while(i<str1.length)
    {
        str.ch[i]=str1.ch[i];
        ++i;
    }
    int j=0;
    while(j<=str2.length)
    //注意，之所以用"<="是为了连同str2.ch最后的'\0'一起复制
    {
        str.ch[i+j]=str2.ch[j];
        ++j;
    }
    str.length=str1.length+str2.length;
    return 1;
}
```

5. 求子串操作

求从给定串中某一位置开始到某一位置结束的串的操作称为求子串操作（规定开始位置总在结束位置前面），如下面的代码实现了求 str 串中从 pos 位置开始，长度为 len 的子串，子串由 substr 返回给用户。

```
int substring(Str& substr,Str str,int pos,int len)
{
    if(pos<0||pos>=str.length||len<0||len>str.length-pos)
        return 0;
    if(substr.ch)
    {
        free(substr.ch);
        substr.ch=NULL;
    }
    if(len==0)
    {
        substr.ch=NULL;
        substr.length=0;
        return 1;
    }
```

```
        else
        {
            substr.ch=(char*)malloc(sizeof(char)*(len+1));
            int i=pos;
            int j=0;
            while(i<pos+len)
            {
                substr.ch[j]=str.ch[i];
                ++i;
                ++j;
            }
            substr.ch[j]= '\0';
            substr.length=len;
            return 1;
        }
    }
```

6. 串清空操作

串清空操作的实现代码如下：

```
int clearstring(Str& str)
{
    if(str.ch)
    {
        free(str.ch);
        str.ch=NULL;
    }
    str.length=0;
    return 1;
}
```

4.2 串的模式匹配算法

注意：为了配合讲解需要，本节串中的字符存储在 1~length 的位置上，注意区分前面的 0~length-1 的存储位置。

4.2.1 简单模式匹配算法

对一个串中某子串的定位操作称为串的模式匹配，其中待定位的子串称为模式串。算法的基本思想：从主串的第一个位置起和模式串的第一个字符开始比较，如果相等，则继续逐一比较后续字符；否则从主串的第二个字符开始，再重新用上一步的方法与模式串中的字符做比较，以此类推，直到比较完模式串中的所有字符。若匹配成功，则返回模式串在主串中的位置；若匹配不成功，则返回一个可区别于主串所有位置的标记，如"0"。

算法实现代码如下：

```
int index(Str str,Str substr)
{
    int i=1,j=1,k=i;//串从数组下标1位置开始存储，因此初值为1
```

```
while(i<=str.length && j<=substr.length)
{
    if(str.ch[i]==substr.ch[j])
    {
        ++i;
        ++j;
    }
    else
    {
        j=1;
        i=++k;//匹配失败,i从主串的下一位置开始,k中记录了上一次的起始位置
    }
}
if(j>substr.length)
    return k;
else return 0;
}
```

表 4-1 展示了主串"ABABCABCACBAB"和模式串"ABCAC"的 6 趟匹配过程,下画线标出了当前匹配失败的位置。

表 4-1 主串和模式串匹配过程

第 1 趟	A	B	A	B	C	A	B	C	A	C	B	A	B	失败
	A	B	C	A	C									
第 2 趟	A	B	A	B	C	A	B	C	A	C	B	A	B	失败
		A	B	C	A	C								
第 3 趟	A	B	A	B	C	A	B	C	A	C	B	A	B	失败
			A	B	C	A	C							
第 4 趟	A	B	A	B	C	A	B	C	A	C	B	A	B	失败
				A	B	C	A	C						
第 5 趟	A	B	A	B	C	A	B	C	A	C	B	A	B	失败
					A	B	C	A	C					
第 6 趟	A	B	A	B	C	A	B	C	A	C	B	A	B	成功
						A	B	C	A	C				

4.2.2 KMP 算法

看本节相关内容前,可以先微信扫下面的二维码看讲解视频,这可能对你的理解有所帮助。

设主串为 $s_1s_2\cdots s_n$,模式串为 $p_1p_2\cdots p_m$,在上一节的简单模式匹配算法过程中有一个多次出现的关键状态,见表 4-2,其中 i 和 j 分别为主串和模式串中当前参与比较的两个字符的下标。

表 4-2 主串和模式串匹配关键状态

主串	...	s_{i-j+1}	s_{i-j+2}	...	s_{i-1}	s_i	...
匹配情况		=	=	...	=	≠	
模式串		p_1	p_2	...	p_{j-1}	p_j	... p_m

模式串的前部某子串 $p_1p_2\cdots p_{j-1}$ 与主串中的一个子串 $s_{i-j+1}s_{i-j+2}\cdots s_{i-1}$ 匹配,而 p_j 与 s_i 不匹配。每当出现这种状态时,简单模式匹配算法的做法是:一律将 i 赋值为 i-j+2, j 赋值为 1,重新开始比较。这个过程反映到表 4-2 中可以形象地表示为模式串先向后移动一个位置,然后从第一个字符 p_1 开始逐个和当前主串中对应的字符做比较;当再次发现不匹配时,重复上述过程。这样做的目的是试图消除 s_i 处的不匹配,进而开始 s_{i+1} 及其以后字符的比较,使得整个过程得以推进下去。

如果在模式串后移的过程中又出现了其前部某子串 $p_1p_2\cdots$ 与主串中某子串 $\cdots s_{i-2}s_{i-1}$ 相匹配的状态,则认为这是一个进步的状态。因为通过模式串后移排除了一些不可能匹配的状态,来到了一个新的局部匹配状态,并且此时 s_i 有了和模式串中对应字符匹配的可能性。为了方便表述,记表 4-2 中描述的状态为 S_k,此处的新状态为 S_{k+1},此时可以将简单模式匹配过程看成一个由 S_k 向 S_{k+1} 推进的过程。当由 S_k 来到 S_{k+1} 时有两种可能的情况发生:其一,s_i 处的不匹配被解决,从 s_{i+1} 继续往下比较,若来到新的不匹配字符位置,则模式串后移寻找状态 S_{k+2};其二,s_i 处的不匹配仍然存在,则模式串继续后移寻找状态 S_{k+2}。如此进行下去,直到得到最终结果。

说明:为了使上面其一与其二的表述看起来清晰工整且抓住重点,此处省略了对匹配成功与失败这两种容易理解的情况的描述。

说明:模式串后移使 p_1 移动到 s_{i+1},即模式串整个移过 s_i 的情况也认为是 s_i 处的不匹配被解决。

试想,如果在匹配过程中可以省略掉模式串逐渐后移的过程,而从 S_k 直接跳到 S_{k+1},则可以大大提高匹配效率。带着这个想法,我们把 S_{k+1} 状态添加到表 4-2 中得到表 4-3。

表 4-3 匹配关键状态对比

		主串	...	s_{i-j+1}	s_{i-j+2}	...	s_{i-t+1}	s_{i-t+2}	...	s_{i-2}	s_{i-1}	s_i	...
S_k	匹配情况			=	=	...	=	=	...	=	=	≠	
	模式串			p_1	p_2	...	p_{j-t+1}	p_{j-t+2}	...	p_{j-2}	p_{j-1}	p_j	... p_m
S_{k+1}	匹配情况						=	=	...	=	=	?	...
	模式串						p_1	p_2	...	p_{t-2}	p_{t-1}	p_t	... p_m

观察表 4-3 发现,$p_1p_2\cdots p_{j-1}$ 与 $s_{i-j+1}s_{i-j+2}\cdots s_{i-1}$ 是完全相同的,且我们研究的是如何从 S_k 跳到 S_{k+1},因此,表 4-3 关于主串的那一行完全可以删去,得到表 4-4。

表 4-4 F 串前后重合

S_k	模式串	p_1	p_2	...	p_{j-t+1}	p_{j-t+2}	...	p_{j-2}	p_{j-1}	p_j	...	p_m
S_{k+1}	匹配情况				=	=	...	=	=	?	...	
	模式串				p_1	p_2	...	p_{t-2}	p_{t-1}	p_t	...	p_m

由表 4-4 可知,$p_1p_2\cdots p_{t-1}$ 与 $p_{j-t+1}p_{j-t+2}\cdots p_{j-1}$ 匹配。记 $p_1p_2\cdots p_{j-1}$ 为 F,记 $p_1p_2\cdots p_{t-1}$ 为 F_L,记 $p_{j-t+1}p_{j-t+2}\cdots p_{j-1}$ 为 F_R。所以,只需要将 F 后移到使得 F_L 与 F_R 重合的位置(见表 4-4 中灰色区域所示)即可实现从 S_k 直接跳至 S_{k+1}。

总结一般情况:每当发生不匹配时,找出模式串中的不匹配字符 p_j,取其之前的子串 $F=p_1p_2\cdots p_{j-1}$,

将模式串后移，使 F 最先发生前部（F_L）与后部（F_R）相重合的位置（见表 4-4 中灰色区域所示），即为模式串应后移的目标位置。

本节为了使问题表述得更形象，采用了模式串后移这种分析方式。事实上，在计算机中模式串是不会移动的，因此需要把模式串后移转化为 j 的变化，模式串后移到某个位置可等效于 j 重新指向某位置。容易看出，j 处发生不匹配时，**j 重新指向的位置恰好是 F 串中前后相重合子串的长度+1**（串 F_L 或 F_R 长度+1）。通常我们定义一个 next[j]数组，其中 j 取 1~m，m 为模式串长度，表示模式串中第 j 个字符发生不匹配时，应从 next[j]处的字符开始重新与主串比较。

特殊情况：

1）模式串中的第一个字符与主串 i 位置不匹配，应从下一个位置和模式串的第一个字符继续比较，反映在表 4-2 即从 s_{i+1} 与 p_1 开始比较。

2）当串 F 中不存在前后重合的部分时（不可将 F 自身视为和自身重合），则从主串中发生不匹配的字符与模式串第一个字符开始比较，反映在表 4-2 即从 s_i 与 p_1 开始比较。

下面以表 4-5 中的模式串为例，介绍求数组 next 的方法。

表 4-5　一个模式串

模式串	A	B	A	B	A	B	B
j	1	2	3	4	5	6	7

1）当 j 等于 1 时发生不匹配，属于特殊情况 1），此时将 next[1]赋值成 0 来表示这个特殊情况。

2）当 j 等于 2 时发生不匹配，此时 F 为 "A"，属于特殊情况 2），即 next[2]赋值为 1。

3）当 j 等于 3 时发生不匹配，此时 F 为 "AB"，属于特殊情况 2），即 next[3]赋值为 1。

4）当 j 等于 4 时发生不匹配，此时 F 为 "ABA"，前部子串 A 与后部子串 A 重合，长度为 1，因此 next[4]赋值为 2（F_L 或 F_R 长度+1）。

5）当 j 等于 5 时发生不匹配，此时 F 为 "ABAB"，前部子串 AB 与后部子串 AB 重合，长度为 2，因此 next[5]赋值为 3。

6）当 j 等于 6 时发生不匹配，此时 F 为 "ABABA"，前部子串 ABA 与后部子串 ABA **最先**发生重合，长度为 3，因此 next[6]赋值为 4。

7）当 j 等于 7 时发生不匹配，此时 F 为 "ABABAB"，前部子串 ABAB 与后部子串 ABAB **最先**发生重合，长度为 4，因此 next[7]赋值为 5。

注意： 6）和 7）中出现了 "最先" 字眼，以 7）为例，F 向后移动，会发生两次前部与后部的重合，第一次是 ABAB，第二次是 AB，显然最先发生重合的是 ABAB。之所以选择最先的 ABAB，而不是第二次的 AB，是因为模式串是不停后移的，选择 AB 则丢掉了一次解决不匹配的可能性，而选择 ABAB，即使当前解决不了，则下一个状态就是 AB，不会丢掉任何解决问题的可能。这里也解释了一些参考书中提到的取最长相等前后缀的原因，7）中的 ABAB 或 AB 在一些参考书中称为 F 的相等前后缀（即 F_L 和 F_R 为 F 的相等前后缀），ABAB 是最长相等前后缀，并且很显然的是，越先发生重合的相等前后缀长度越长。

由此得到 next 数组，见表 4-6。

表 4-6　next 数组

模式串	A	B	A	B	A	B	B
j	1	2	3	4	5	6	7
next[j]	0	1	1	2	3	4	5

说明：上面 1）~7）步骤介绍的求解 next 数组的方法虽然不是一种高效方法，但是在做选择题时是一种方便的手工求解方法，考生需要熟练掌握。

讲过了如何手工求 next 数组的方法，下面介绍一种适用于转换成代码的高效的求 next 数组的方法。

第4章 串

以表4-4中的情形为例，**next[j]**的值已经求得，则next[j+1]的求值可以分两种情况来分析。

1）若p_j等于p_t，显然next[j+1]=t+1，因为t为当前F最长相等前后缀长度（t为F_L和F_R长度）。

2）若p_j不等于p_t，将$p_{j-t+1}p_{j-t+2}\cdots p_j$当作主串，$p_1p_2\cdots p_t$当作子串，则又回到了由状态$S_k$找$S_{k+1}$的过程，所以只需将t赋值为next[t]，继续进行p_j与p_t的比较，如果满足1）则求得next[j+1]，不满足则重复t赋值为next[t]，并比较p_j与p_t的过程。如果在这个过程中t出现等于0的情况，则应将next[j+1]赋值为1，此处类似于上面讲到的特殊情况2）。

说明：S_k直接跳到S_{k+1}，也就是通常所说的简单模式匹配算法中i不需要回溯。

注意：**KMP算法中的i不需要回溯**，这里隐藏着一个考点。i不需要回溯意味着对于规模较大的外存中字符串的匹配操作可以分段进行，先读入内存一部分进行匹配，完成之后即可写回外存，确保在发生不匹配时不需要将之前写回外存的部分再次读入，减少了I/O操作，提高了效率，在回答**KMP**算法较之于简单模式匹配算法的优势时，不要忘掉这一点。

经过上面的分析可以写出求next数组的算法如下（其中，变量i和j与分析中的i和j无关）：

```
void getnext(Str substr,int next[])
{
    int i=1,j=0;//串从数组下标1位置开始存储,因此i初值为1
    next[1]=0;
    while(i<substr.length)
    {
        if(j==0||substr.ch[i]==substr.ch[j])
        {
            ++i;
            ++j;
            next[i]=j;
        }
        else
            j=next[j];
    }
}
```

得到next数组之后，将简单模式匹配算法稍作修改就可以得由状态S_k直接跳到S_{k+1}的改进算法，这就是知名的**KMP**算法，代码如下：

```
int KMP(Str str,Str substr,int next[])
{
    int i=1,j=1;//串从数组下标1位置开始存储,因此初值为1
    while(i<=str.length && j<=substr.length)
    {
        if(j==0||str.ch[i]==substr.ch[j])
        {
            ++i;
            ++j;
        }
        else
            j=next[j];
    }
    if(j>substr.length)
```

```
            return i-substr.length;
    else
            return 0;
}
```

4.2.3 KMP 算法的改进

先看一种特殊情况,见表 4-7。当 j 等于 5 时,发生不匹配,因 next[5]=4,则需将 j 回溯到 4 进行比较;又因 next[4]=3,则应将 j 回溯到 3 进行比较……由此可见,j 需要依次在 5、4、3、2、1 的位置上进行比较,而模式串在 1 到 5 的位置上的字符完全相等,因此较为聪明的做法应该是在 j 等于 5 处发生不匹配时,直接跳过位置 1 到 4 的多余比较,这就是 KMP 算法改进的切入点。

表 4-7 一种特殊情况的 next 数组

模式串	A	A	A	A	A	B
j	1	2	3	4	5	6
next[j]	0	1	2	3	4	5

将上述过程推广到一般情况为:

若 p_j 等于 p_{k1}(k1 等于 next[j]),则继续比较 p_j 与 p_{k2}(k2 等于 next[next[j]]),若仍相等则继续比较下去,直到 p_j 与 p_{kn} 不等(kn 等于 next[next[…next[j]…]],嵌套 n 个 next)或 kn 等于 0 时,将 next[j] 重置为 kn。一般保持 next 数组不变,而用名为 nextval 的数组来保存更新后的 next 数组,即当 p_j 与 p_{kn} 不等时,nextval[j]赋值为 kn。

下面通过一个例题来看一下 nextval 的推导过程。

【例 4-1】求模式串 ABABAAB 的 next 数组和 nextval 数组。

首先求出 next 数组,见表 4-8。

表 4-8 例 4-1 的 next 数组

模式串	A	B	A	B	A	A	B
j	1	2	3	4	5	6	7
next[j]	0	1	1	2	3	4	2

1)当 j 为 1 时,nextval[1]赋值为 0,特殊情况标记。

2)当 j 为 2 时,p_2 为 B,p_{k1}(k1 等于 next[2],值为 1)为 A,两者不等,因此 nextval[2]赋值为 k1,值为 1。

3)当 j 为 3 时,p_3 为 A,p_{k1}(k1 等于 next[3],值为 1)为 A,两者相等,因此应先判断 k2 是否为 0,而 k2 等于 next[next[3]],值为 0,所以 nextval[3]赋值为 k2,值为 0。

注意:步骤 3)中 p_3 与 p_{k1}(k1 等于 next[3])比较相等后,按照之前的分析应先判断 k2 是否为 0,再让 p_3 继续与 p_{k2} 比较,注意到此时 nextval[next[3]]即 nextval[1]的值已经存在,故只需直接将 nextval[3]直接赋值为 nextval[1]即可,即 nextval[3]=nextval[1]=0。

推广到一般情况为:当 p_j 等于 p_{k1}(k1 等于 next[j])时,只需让 nextval[j]赋值为 nextval[next[j]]即可。原因有两点:

① nextval 数组是从下标 1 开始逐渐往后求得的,所以在求 nextval[j]时,nextval[next[j]]必已求得。

② nextval[next[j]]为 p_j 与 p_{k2} 到 p_{kn} 比较结果的记录,因此无须再重复比较。

4)当 j 为 4 时,p_4 为 B,p_k(k 等于 next[4])为 B,两者相等,因此 nextval[4]赋值为 nextval[next[4]],值为 1。

5）当 j 为 5 时，p_5 为 A，p_k（k 等于 next[5]）为 A，两者相等，因此 nextval[5]赋值为 nextval[next[5]]，值为 0。

6）当 j 为 6 时，p_6 为 A，p_k（k 等于 next[6]）为 B，两者不等，因此 nextval[6]赋值为 next[6]，值为 4。

7）当 j 为 7 时，p_7 为 B，p_k（k 等于 next[7]）为 B，两者相等，因此 nextval[7]赋值为 nextval[next[7]]，值为 1。

由此求得的 nextval 数组见表 4-9。

表 4-9 例 4-1 的 nextval 数组

模式串	A	B	A	B	A	A	B
j	1	2	3	4	5	6	7
next[j]	0	1	1	2	3	4	2
nextval[j]	0	1	0	1	0	4	1

总结求 nextval 的一般步骤：

1）当 j 等于 1 时，nextval[j]赋值为 0，作为特殊标记。
2）当 p_j 不等于 p_k 时（k 等于 next[j]），nextval[j]赋值为 k。
3）当 p_j 等于 p_k 时（k 等于 next[j]），nextval[j]赋值为 nextval[k]。

观察求 next 数组的函数 getnext()的核心代码段：

```
if(j==0||substr.ch[i]==substr.ch[j])
{
    ++i;
    ++j;
    next[i]=j;//1
}
else
    j=next[j];//2
```

在注释 1 处 next[i]已求出，且 next[0…i-1]皆已求出，则结合上面的总结，要求 nextval，可以在 1 处添加如下代码：

```
next[i]=j;//1: i 处不匹配，应跳回 j 处
if(substr.ch[i]!=substr.ch[next[i]])
    nextval[i]=next[i];
else
    nextval[i]=nextval[next[i]];
```

显然，在注释 2 处用 next 数组来回溯 j 的代码可以用已求得的 nextval 数组代替（注意，j 往前跳，之前的 nextval 值已经求得），修改后的代码如下：

```
    j=nextval [j];//2
```

通过以上分析，我们完全可以将函数 getnext()中的 next 数组用 nextval 数组替换掉，最终得到求 nextval 的代码：

```
void getnextval(Str substr,int nextval[])
{
    int i=1,j=0;//串从数组下标 1 位置开始存储，因此 i 初值为 1
    nextval[1]=0;
    while(i<substr.length)
```

```
        {
            if(j==0||substr.ch[i]==substr.ch[j])
            {
                ++i;
                ++j;
                if(substr.ch[i]!=substr.ch[j])
                    nextval[i]=j;
                else
                    nextval[i]=nextval[j];
            }
            else
                j=nextval[j];
        }
}
```

习题

微信扫码看本章题目讲解视频：

一、选择题

1. 空格串与空串是相同的，这种说法（　　）。

　A．正确　　　　　　　　　　　　B．错误

2. 串是一种特殊的线性表，其特殊性体现在（　　）。

　A．可以顺序存储　　　　　　　　B．数据元素是一个字符

　C．可以链式存储　　　　　　　　D．数据元素是多个字符

3. 设有两个串 p 和 q，求 q 在 p 中首次出现的位置的运算称为（　　）。

　A．连接　　　　　　　　　　　　B．模式匹配

　C．求子串　　　　　　　　　　　D．求串长

4. 设串 s1 为"ABCDEFG"，s2 为"PQRST"，函数 con(x,y) 返回 x 和 y 串的连接串，subs(s,i,j) 返回 s 的从序号 i（0≤i≤len(s)-1）处字符开始的 j 个字符组成的子串，len(s) 返回串 s 的长度，则 con(subs(s1,1,len(s2)),subs(s1, len(s2)-1,2)) 的结果是（　　）。

　A．BCDEF　　　　　　　　　　　B．BCDEFG

　C．BCPQRST　　　　　　　　　　D．BCDEFEF

5. 串的两种最基本的存储方式是（　　）。

　A．顺序存储方式和链式存储方式　　B．顺序存储方式和堆存储方式

　C．堆存储方式和链式存储方式　　　D．堆存储方式和数组存储方式

6. 两个串相等的充分必要条件是（　　）。

　A．两串长度相等

　B．两串所包含的字符集合相等

　C．两串长度相等且对应位置的字符相等

　D．两串长度相等且所包含的字符集合相等

7. 空格串是（①），其长度等于（②），正确选项是（　　）。

A．①空串，②0

B．①由一个或者多个空格组成的字符串，②其包含的空格个数

C．①空串，②未定义

D．①由一个或者多个空格组成的字符串，②未定义

8. 设字符串 str 为"I_AM_A__TEACHER"（其中"_"代表空格字符），则 str 的长度为（　　）。

A．13　　　　　B．14　　　　　C．15　　　　　D．16

9. 设 str1 为"Demon"，str2 为"_"，str3 为"Hunter"，则 str1、str2 和 str3 依次连接后的结果是（　　）。

A．"DemonHunter"　　　　　　B．"_DemonHunter"

C．"DemonHunter_"　　　　　　D．"Demon_Hunter"

10. 若串 S="software"，则其子串的数目是（　　），其中空串和 S 串本身这两个字符串也算作 S 的子串。

A．8　　　　　B．37　　　　　C．36　　　　　D．9

11. 在用 KMP 算法进行模式匹配时，模式串"ababaaababaa"的 next 数组值为（　　）。

A．0, 1, 2, 3, 4, 5, 6, 7, 8, 9, 9, 9　　　　B．0, 1, 2, 1, 2, 1, 1, 1, 1, 2, 1, 2

C．0, 1, 1, 2, 3, 4, 2, 2, 3, 4, 5, 6　　　　D．0, 1, 2, 3, 0, 1, 2, 3, 2, 2, 3, 4

12. 在用 KMP 算法进行模式匹配时，模式串"ababaaababaa"的 nextval 数组值为（　　）。

A．0, 1, 0, 1, 0, 4, 2, 1, 0, 1, 0, 4　　　　B．0, 1, 0, 1, 1, 4, 1, 1, 0, 1, 0, 2

C．0, 1, 0, 1, 1, 2, 0, 1, 0, 1, 0, 2　　　　D．0, 1, 1, 1, 0, 2, 1, 1, 0, 1, 0, 4

二、综合应用题

1. 编写下列算法。

（1）将串 str 中所有值为 ch1 的字符转换成 ch2 的字符，如果 str 为空串，或者串中不含值为 ch1 的字符，则什么都不做。

（2）实现串 str 的逆转函数，如果 str 为空串，则什么都不做。

（3）删除 str 中值为 ch 的所有字符，如果 str 为空串，或者串中不含值为 ch 的字符，则什么都不做。

（4）从串 str 中的 pos 位置起，求出与 substr 串匹配的子串的位置，如果 str 为空串，或者串中不含与 substr 匹配的子串，则返回-1 做标记。

2. 采用定长顺序存储表示串，编写一个函数，删除串中从下标为 i 的字符开始的 j 个字符，如果下标为 i 的字符后没有足够的 j 个字符，则有几个删除几个。

3. 采用顺序存储方式存储串，编写一个函数，将串 str1 中的下标 i 到下标 j 之间的字符（包括 i 和 j 两个位置上的字符）用 str2 串替换。

4. 编写一个函数，计算一个子串在一个主串中出现的次数，如果该子串不出现，则返回 0。本题不需要考虑子串重叠，如：主串为 aaaa，子串为 aaa，考虑子串重叠结果为 2，不考虑子串重叠结果为 1。

5. 构造串的链表结点数据结构（每个结点内存储一个字符），编写一个函数，找出串 str1 中第一个不在 str2 中出现的字符。

习题答案

一、选择题

1．B。

2．B。串是限定了数据元素是字符的线性表，串的数据元素必须是单个字符，因此选 B。

3．B。根据 4.2 节所讲解的模式匹配算法可知本题选 B。

4．D。本题只需将各个中间结果展开即可很容易地得到答案：

len(s2)返回 5。

subs(s1, 1, len(s2))=>subs(s1, 1, 5)返回"BCDEF"。

subs(s1, len(s2)-1, 2)=>subs(s1, 4, 2)返回"EF"。

con(subs(s1, 1, len(s2)), subs(s1, len(s2)-1, 2))=>

con("BCDEF","EF")返回"BCDEFEF"。

因此答案选 D。

5．A。串的两种最基本存储方式是顺序存储方式和链式存储方式。

6．C。

7．B。由空格串的定义可知本题选 B，注意空格串和空串的区别。

8．C。注意空格字符也是串中的一个字符，因此本题选 C。

9．D。

10．B。设待求串长度为 n，则：

长度为 0 的子串，1 个，即空串；

长度为 n 的子串，即 S 串本身，1 个；

长度为 1 的子串，n-(1-1)=n 个；

长度为 2 的子串，n-(2-1)=n-1 个；

长度为 3 的子串，n-(3-1)=n-2 个；

……

长度为 n-1 的子串，n-(n-1-1)=2 个；

因此，所有子串个数为 1+1+2+…+n-2+n-1+n=n(n+1)/2+1 个。

综上可知本题选 B。

11．C。按照前面介绍的 next 数组的手工求法可以容易求得答案为 C。

12．A。

写出模式串、对应字符下标和 next 数组的值，见表 4-10。

表 4-10 模式串及对应字符下标

模式串	a	b	a	b	a	a	a	b	a	b	a	a
j	1	2	3	4	5	6	7	8	9	10	11	12
next	0	1	1	2	3	4	2	2	3	4	5	6

nextval[1]=0，特殊标记；

p_2 为 b，$p_{next[2]}$ 为 a，两者不等，nextval[2]=next[2]=1；

p_3 为 a，$p_{next[3]}$ 为 a，两者相等，nextval[3]=nextval[next[3]]=0；

p_4 为 b，$p_{next[4]}$ 为 b，两者相等，nextval[4]=nextval[next[4]]=1；

p_5 为 a，$p_{next[5]}$ 为 a，两者相等，nextval[5]=nextval[next[5]]=0；

p_6 为 a，$p_{next[6]}$ 为 b，两者不等，nextval[6]=next[6]=4；

p_7 为 a，$p_{next[7]}$ 为 b，两者不等，nextval[7]=next[7]=2；

p_8 为 b，$p_{next[8]}$ 为 b，两者相等，nextval[8]=nextval[next[8]]=1；

p_9 为 a，$p_{next[9]}$ 为 a，两者相等，nextval[9]=nextval[next[9]]=0；

p_{10} 为 b，$p_{next[10]}$ 为 b，两者相等，nextval[10]=nextval[next[10]]=1；

p_{11} 为 a，$p_{next[11]}$ 为 a，两者相等，nextval[11]=nextval[next[11]]=0；

p_{12} 为 a，$p_{next[12]}$ 为 a，两者相等，nextval[12]=nextval[next[12]]=4。

说明：本章存储串的数组从下标 1 开始，而在有的教材中从 0 开始，因此在这两种设定下求得的 next 数组值相差 1，此时考生需根据题目判断属于哪种设定。

二、综合应用题

1. 解析

（1）本题较为简单，只需扫描 str 串，发现值为 ch1 的字符时用值为 ch2 的字符覆盖即可，代码如下：

```
void trans(Str& str,char ch1,char ch2)
{
    for(int i=0;i<str.length;++i)
    {
        if (str.ch[i]==ch1)
            str.ch[i]=ch2;
    }
}
```

（2）本题也很简单，只需用两个指针指向串首和串尾，然后相向而行，且交换其经过的字符，两指针相遇时算法结束，代码如下：

```
void swap(char& ch1,char& ch2)
{
    char temp=ch1;
    ch1=ch2;
    ch2=temp;
}
void invert(Str& str)
{
    int i=0;
    int j=str.length-1;
    while(i<j)
    {
        swap(str.ch[i],str.ch[j]);
        ++i;
        --j;
    }
}
```

（3）解法一：

开辟一个新串空间，将原串中未删除的字符复制到这片新空间上，释放原串空间。算法实现代码如下：

```
void del1(Str& str,char ch)
{
    if(str.length!=0)
    {
        int sum=0;
        int i;
        int j;
        for(i=0;i<str.length;++i)//求被删除字符的个数
            if(str.ch[i]==ch)
                ++sum;
        if(sum!=0)
        {
```

```
            char* temp_ch=(char*)malloc(sizeof(char)*(str.length-sum+1));
            for(i=0,j=0;i<str.length;++i)
                if(str.ch[i]!=ch)
                    temp_ch[j++]=str.ch[i];
            temp_ch[j]='\0';
            str.length=str.length-sum;
            free(str.ch);
            str.ch=temp_ch;
        }
    }
}
```

解法二：

本题如果采用定长顺序串作为串的存储结构，则可以通过移动覆盖元素来实现删除，算法描述为：当发现值等于 ch 的字符时，将其后所有的字符向前移动一个位置。算法实现代码如下：

```
/*为了方便区分，这里重写定长串的结构体定义*/
typedef struct
{
    char ch[maxSize];
    int length;
}Str2;
void del2(Str2& str,char ch)
{
    if(str.length!=0)
    {
        for(int i=0;i<str.length;)
            if(str.ch[i]==ch)
            {
                for(int j=i;j<str.length-1;++j)
                    str.ch[j]=str.ch[j+1];
                --str.length;
            }
            else
                ++i;
        str.ch[str.length]='\0';
    }
}
```

图 4-1 展示了解法二中的处理过程，可以看出 x 字符被移动了两次，y 字符被移动了 3 次才到答案最终位置，这显然是多余的操作（图中灰色块表示每次移动腾出的空位置）。

改进方法：只需将每个待删字符到后一个待删字符之间的子串前移 i 个位置即可，其中 i 是目前扫描到的待删字符的个数。

改进算法如图 4-2 所示，第一个 ch 到第二个 ch 之间的字符全部往前移动一个位置，删除了第一个 ch（这里之所以说删除而不是覆盖，是因为可能出现没有用其他字符覆盖掉 ch 的情况，但 ch 一定会从当前串中删除），并出现了一个空位；此时将第二个 ch 到第三个 ch 之间的字符向前移动两个位置，即可删除 ch 和空位上的字符；以此类推，直到处理完所有字符即可。

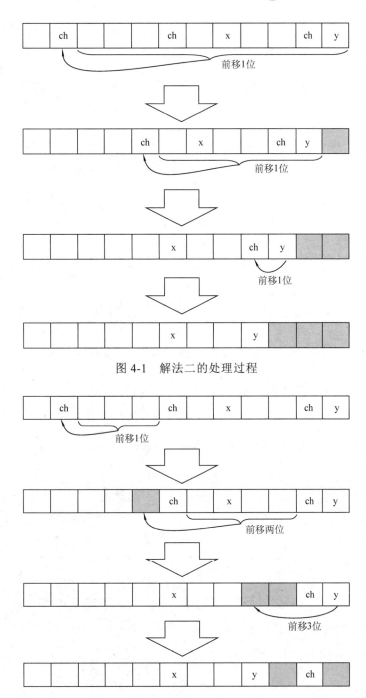

图 4-1 解法二的处理过程

图 4-2 解法三的处理过程

解法三：
```
void del3(Str2& str,char ch)
{
    if(str.length!=0)
    {
        int ch_num=0;
        int i,j;
```

```
            i=0;
            while(str.ch[i]!='\0')
            {
                if(str.ch[i]==ch)
                {
                    ++ch_num;
                    for(j=i+1;str.ch[j]!=ch && str.ch[j]!='\0';++j)
                        str.ch[j-ch_num]=str.ch[j];
                    i=j;
                    --str.length;
                }
                else
                    ++i;
            }
            str.ch[str.length]='\0';
        }
```

（4）修改 KMP 算法，使起始匹配检测位置从 pos 开始即可。假设 next 数组已经构建完毕。具体代码如下：

```
int KMP(Str str,Str substr,int pos)
{
    int i=pos,j=1;
    while(i<=str.length && j<=substr.length)
    {
        if(j==0||str.ch[i]==substr.ch[j])
        {
            ++i;
            ++j;
        }
        else
            j=next[j];
    }
    if(j>substr.length)
        return i-substr.length;
    else return -1;
}
```

2. 本题算法思想：从下标为 i+j 个字符开始，将所有的字符都向前移动 j 个单位，然后将字符串长度缩减为被删除字符的个数即可。算法实现代码如下：

```
void del(Str2& str,int i,int j)
{
    if(i<str.length && i>=0 && j>=0)
    {
        for(int k=i+j;k<str.length;++k)
            str.ch[k-j]=str.ch[k];
```

```
        str.length-=(str.length-i<j?str.length-i:j);
        //调整串长，注意需要考虑两种情况
        str.ch[str.length]='\0';
    }
}
```

3. 本题算法思想：取 str1 中 0 到 i-1 位置上的子串 str11，取 str1 中 j+1 到串尾的子串 str12，最后连接 str11、str2、str12 即可。算法实现代码如下：

```
/*串连接*/
int concat(Str& str,Str str1,Str str2)      //串的连接
{
    if(str.ch)
    {
        free(str.ch);                              //释放原串空间
        str.ch=NULL;
    }
    str.ch=(char*)malloc(sizeof(char)*(str1.length+str2.length+1));
    if(str.ch==NULL)
        return false;
    int i=0;
    while(i<str1.length)
    {
        str.ch[i]=str1.ch[i];
        ++i;
    }
    int j=0;
    while(j<=str2.length)          //注意，要连同 str2.ch 最后的 "\0" 一起复制
    {
        str.ch[i+j]=str2.ch[j];
        ++j;
    }
    str.length=str1.length+str2.length;
    return true;
}
/*求子串*/
int substring(Str& substr,Str str,int pos,int len)
{
    if (pos<0||pos>=str.length||len<0||len>str.length-pos)
        return false;
    if(substr.ch)
    {
        free(substr.ch);
        substr.ch=NULL;
    }
    if(len==0)
```

```
        {
            substr.ch=NULL;
            substr.length=0;
            return true;
        }
        else
        {
            substr.ch=(char*)malloc(sizeof(char)*(len+1));
            int i=pos;
            int j=0;
            while(i<pos+len)
            {
                substr.ch[j]=str.ch[i];
                ++i;
                ++j;
            }
            substr.ch[j]='\0';
            return true;
        }
}
/*子串的替换*/
int stuff(Str& str1,Str str2,int i,int j)
{
    Str str11;str11.ch=NULL;str11.length=0;
    Str str12;str12.ch=NULL;str12.length=0;
    Str temp_str;
    if(!substring(str11,str1,0,i))
        return 0;
    if(!substring(str12,str1,j+1,str1.length-j-1))
        return 0;
    if(!concat(temp_str,str11,str2))
        return 0;
    if(!concat(str1,temp_str,str12))
        return 0;
    return 1;
}
```

4. 本题为模式串匹配算法的扩展。在之前关于模式串匹配算法的讲解中，如果匹配成功，则算法结束，这里只需修改为匹配成功计数器加1且继续进行匹配检测即可。算法代码如下：

```
int index(Str str,Str substr)
{
    int i=1,j=1,k=1,sum=0;
    while(i<=str.length)
    {
        if(str.ch[i]==substr.ch[j])
```

```
            {
                ++i;
                ++j;
            }
            else
            {
                j=1;
                i=++k;//匹配失败，i 从主串下一位置开始，k 中记录了上一次的起始位置
            }
            if(j>substr.length)
            {
                j=1;
                ++sum;
            }
        }
        return sum;
    }
```

当然本题也可以用 KMP 算法来实现，假设 next 数组已经求得，代码如下：
```
int KMP(Str str,Str substr)
{
    int i=1,j=1,sum=0;
    while(i<=str.length)
    {
        if(j==0||str.ch[i]==substr.ch[j])
        {
            ++i;
            ++j;
        }
        else
            j=next[j];
        if(j>substr.length)
        {
            j = 1;
            ++sum;
        }
    }
    return sum;
}
```

5. 本题算法思想：从头到尾扫描 str1，对于 str1 中的每一个结点判断是否出现在 str2 中，若出现，则继续扫描 str1 中的下一个字符，否则返回当前检测字符。如果 str1 中的所有字符都在 str2 中出现，则返回 '\0'。

结点数据结构构造比较简单，只需把链表结点数据项类型改写成 char 型即可：
```
typedef struct SNode
{
```

```
    char data;
    struct SNode *next;
}SNode;
```

本算法用不带头结点的单链表来表示串，实现函数如下：

```
char findfirst(SNode* str1, SNode* str2)
{
    for(SNode* p=str1; p!=NULL; p=p->next)
    {
        bool flag=false;
        for(SNode* q=str2; q!=NULL; q=q->next)
            if(p->data==q->data)
            {
                flag=true;
                break;
            }
        if(flag==false)
            return p->data;
    }
    return '\0';
}
```

第5章 数组、矩阵与广义表

知识点讲解

本章所介绍的数据结构属于一种扩展的线性结构，表中的数据元素本身也是一个复合类型，如二维数组，可以将每个元素都看作一个一维数组的一维数组；又如广义表，表元素本身也可以是广义表。

5.1 数组

1. 考研中常用的两种数组的逻辑表示

（1）一维数组：

$$(a_0, a_1, \cdots, a_{n-1})$$

（2）二维数组：

$$[(a_{0,0}, a_{0,1}, \cdots, a_{0,n-1}),$$
$$(a_{1,0}, a_{1,1}, \cdots, a_{1,n-1}),$$
$$\cdots$$
$$(a_{n-1,0}, a_{n-1,1}, \cdots, a_{n-1,n-1})]$$

可见二维数组是元素为一维数组的一维数组。

数组一般采取顺序存储，在考研中涉及最多的就是数组元素下标的计算问题。一维数组比较简单，知道 a_0 的位置，可以根据相对于 a_0 的偏移量求出其后任一元素 a_i 的位置。例如，a_0 存放在内存 100 的位置，则 a_i 存放在 100+i 的位置。二维数组元素位置的计算稍微复杂，要考虑**行优先**和**列优先**两种情况，下面进行详细介绍。

2. 二维数组的行优先和列优先存储

定义二维数组 a：int a[4][5]。由图 5-1 可知，对于行优先，a[2][3]是第几个元素的求法为：行标 2 之前的行已填满元素，每行元素有 5 个，行标 2 所指的行的元素个数由列标指示出来，因此 a[2][3]是第 2×5+3+1=14 个元素，a[2][3]之前有 13 个元素。列优先的情况类似，下面看一道例题。

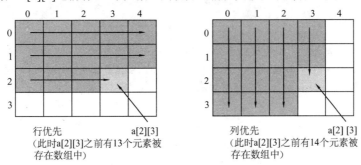

图 5-1 数组元素存储情况

【例 5-1】 设二维数组 A[6][10]，每个数组元素占 4 个存储单元，若<u>按行优先</u>顺序存放的数组元素 A[3][5]的存储地址是 1000，求 A[0][0]的存储地址。

分析：A[][]数组按行优先存储，则对于 A[3][5]，行标 3 之前的所有元素都已经填满，每行元素有 10 个，一共有 3 行；行标 3 所指的行中元素个数由列标指示，有 6 个元素。因此，A[3][5]之前一共有

10×3+5=35 个元素，A[3][5]的地址为 1000，则 A[0][0]的地址为 1000-35×4=860。

说明：考生要牢记图 5-1，图中箭头指示了不同优先次序的不同存储方法，凡是带有按照"行优先"或者按照"列优先"字眼的求数组中元素地址的题目，都可以用此方法解决。

5.2 矩阵的压缩存储

5.2.1 矩阵

$$A_{mn} = \begin{pmatrix} a_{0,0} & a_{0,1} & \cdots & a_{0,n-1} \\ a_{1,0} & a_{1,1} & \cdots & a_{1,n-1} \\ \vdots & \vdots & & \vdots \\ a_{m-1,0} & a_{m-1,1} & \cdots & a_{m-1,n-1} \end{pmatrix}$$

注意：在数据结构的考研题目中出现的矩阵第一个元素有的为 $a_{0,0}$，有的为 $a_{1,1}$，大家在做题时要注意区分，因为下标规则不同，可能会有不同的结果。而考题中存放在 C 语言二维数组中的矩阵，第一个元素一定是 a[0][0]。

A_{mn} 即为一个矩阵的逻辑表示。在 C 语言中，可以用一个二维数组来存储（假设元素类型为整型）：

```
int A[m][n];
```

其中，m 和 n 必须为常量，或者预先定义的宏常量。宏常量的定义在绪论中已经讲过，要用到#define 关键字。因此，完整的定义语句如下（假设 m 常量值为 4，n 常量值为 5）：

```
#define m 4
#define n 5
int A[m][n];
```

下面以二维数组为例，讨论多维数组的基本运算，并且以矩阵这个名字来称呼二维数组。

1. 矩阵的转置

对于一个 m×n 的矩阵 A[m][n]，其转置矩阵是一个 n×m 的矩阵 B[n][m]，且 B[i][j]=A[j][i]，0≤i<n，0≤j<m，具体实现代码如下：

```
void trsmat(int A[][maxSize],int B[][maxSize],int m,int n)
{
    for(int i=0;i<m;++i)
        for(int j=0;j<n;++j)
            B[j][i]=A[i][j];
}
```

说明：这里为了强调转置算法的核心部分，略去了一些非法输入的判定操作，并且为了方便处理，将二维数组统一设置成 maxSize×maxSize 的尺寸，其中 **maxSize** 是事先定义好的宏常量，表示可能出现的尺寸最大值，用参数 **m** 和 **n** 来控制数组的实际尺寸，后续讲到的其他操作也做类似处理。

2. 矩阵相加

两个尺寸均为 m×n 的矩阵相加后得到的依然是一个尺寸为 m×n 的矩阵，相加规则为 $c_{i,j}=a_{i,j}+b_{i,j}$，其中 $c_{i,j}$ 为结果矩阵 **C** 中的元素，$a_{i,j}$ 和 $b_{i,j}$ 为操作数矩阵 **A** 和 **B** 中的元素，可见矩阵相加操作为两矩阵对应位置上的元素逐一相加。具体实现代码如下：

```
void addmat(int C[][maxSize],int A[][maxSize],int B[][maxSize],int m,int n)
{
    for(int i=0;i<m;++i)
        for(int j=0;j<n;++j)
            C[i][j]=A[i][j]+B[i][j];
}
```

}
```

**3．矩阵相乘**

矩阵相乘也是一种常用的矩阵运算。假设两矩阵 **A** 与 **B** 相乘，结果为 **C**，**C** 中第 i 行第 j 列上的元素为 **A** 中第 i 行的元素与 **B** 中第 j 列的元素对应相乘并且求和的结果（两向量的点乘）。由上述介绍可知，**A** 和 **B** 两矩阵可以相乘的条件是，**A** 的列数必须等于 **B** 的行数。算法实现如下，其中 **A** 的尺寸为 m×n，**B** 的尺寸为 n×k。

```
void mutmat(int C[][maxSize],int A[][maxSize],int B[][maxSize],int m,int n,int k)
{
    for(int i=0;i<m;++i)
        for(int j=0;j<k;++j)
        {
            C[i][j]=0;
            for(int h=0;h<n;++h)
                C[i][j]+=A[i][h]*B[h][j];
        }
}
```

5.2.2　特殊矩阵和稀疏矩阵

相同的元素或者零元素在矩阵中的分布存在一定规律的矩阵称为**特殊矩阵**，反之称为**稀疏矩阵**。

注意：这个稀疏矩阵的定义是严版《数据结构》中给出的。对此我不太认同，国外对稀疏矩阵的定义普遍是：矩阵中绝大多数元素都为 **0** 的矩阵为稀疏矩阵。既然我们关心的是考研数据结构，就要看你报考的学校对这个定义认不认同了。请查阅自己目标学校的推荐参考书和历年考题，以他们的定义为准。

1．特殊矩阵

这里主要介绍三种最常见的特殊矩阵。

（1）对称矩阵

矩阵中的元素满足 $a_{i,j}=a_{j,i}$ 的矩阵称为对称矩阵，下面看一个关于对称矩阵的常见题型。

【例 5-2】 假设有一个 n×n 的对称矩阵，第一个元素为 $a_{0,0}$，请用一种存储效率较高的存储方式将其存储在一维数组中。

分析：

由对称矩阵 $a_{i,j}=a_{j,i}$ 的性质可知其主对角线上下方元素对称相等，所以相同元素只需保存一份即可，所需的存储空间为 (1+n)×n/2 个。需要保存的元素为：

$a_{0,0}$

$a_{1,0}\ a_{1,1}$

$a_{2,0}\ a_{2,1}\ a_{2,2}$

　　⋮

$a_{n-1,0}\ a_{n-1,1} \cdots a_{n-1,n-1}$

按照行优先来存储，保存在一维数组中的结果见表 5-1。

表 5-1　对称矩阵在一维数组中的表示

$a_{0,0}$	$a_{1,0}$	⋯	$a_{n-1,0}$	$a_{n-1,1}$	⋯	$a_{n-1,n-1}$
0	1	⋯	n×(n-1)/2	n×(n-1)/2+1	⋯	(1+n)×n/2-1

注意：这里有几个关键位置的元素下标必须计算出来。
```

1）第一个元素 $a_{0,0}$ 的下标，显然为 0。

2）左下角元素 $a_{n-1,0}$，因为其上方有 n-1 行，每行元素的个数构成等差数列，所以总个数为 n×(n-1)/2 个，因此 $a_{n-1,0}$ 是第 n×(n-1)/2+1 个元素；又因为第 k 个元素在一维数组中的下标为 k-1，所以 $a_{n-1,0}$ 的下标为 n×(n-1)/2。

3）右下角元素 $a_{n-1,n-1}$，用 2）中类似的方法可算出为 (1+n)×n/2-1。

其余元素可以用这几个关键元素为参考系，配合省略号，适当标出几个，以表示所有元素在一维数组中的分布情况即可。

（2）三角阵

上三角阵为矩阵下三角部分（不包括对角线）元素全为 c（c 可为 0）的矩阵。

下三角阵为矩阵上三角部分（不包括对角线）元素全为 c（c 可为 0）的矩阵。

三角矩阵的存储方式和对称矩阵类似，以下三角矩阵为例，只需存储对角线及其以下部分的元素和其上三角中的一个元素 c 即可。如例 5-2，假如其上三角部分元素全为 c，则其在一维数组中的存储结果见表 5-2。

表 5-2 下三角阵在一维数组中的表示

$a_{0,0}$	$a_{1,0}$	…	$a_{n-1,0}$	$a_{n-1,1}$	…	$a_{n-1,n-1}$	c
0	1	…	n×(n-1)/2	n×(n-1)/2+1	…	(1+n)×n/2-1	(1+n)×n/2

可见其结果仅仅比例 5-2 的结果多了一列。

（3）对角矩阵

图 5-2 所示为一个三对角矩阵，其特点是除主对角线以及其上下两条带状区域内的元素外，其余元素皆为 c（c 可为 0）。

图 5-2 三对角矩阵

【例 5-3】 对于图 5-2 中的三对角矩阵，求出第 i 行带状区域内的第一个元素在一维数组中的下标，假设 c 存在数组最后一位。

1）当 i 等于 1 时，带状区域内的第一个元素为矩阵中的第一个元素，其在一维数组中的下标为 0。

2）当 i 大于 1 时，第 i 行之前的元素个数为 2+(i-2)×3，则带状区域内的第一个元素在一维数组中的下标为 2+(i-2)×3。

2．稀疏矩阵

稀疏矩阵中的相同元素 c（假设 c 为 0）在矩阵中的分布不像在特殊矩阵中那么有规律可循，因此必须为其设计一些特殊的存储结构。

（1）稀疏矩阵的顺序存储及相关操作

常用的稀疏矩阵顺序存储方法有三元组表示法和伪地址表示法。

1）三元组表示法。

三元组数据结构为一个长度为 n、表内每个元素都有 3 个分量的线性表，其 3 个分量分别为值、行下标和列下标。元素结构体定义如下：

```
typedef struct
{
    int val;      //如果考试题目中要求使用其他类型，则将 int 替换为题目要求的类型
    int i,j;
}Trimat;
```

在程序中如果要定义一个含有 maxterms 个非零元素的稀疏矩阵，则只需写成如下代码：

```
Trimat trimat[maxterms+1]; //maxterms 是已经定义的常量
```

语句 trimat[k].val;表示取第 k 个非零元素的值;trimat[k].i 和 trimat[k].j 表示取第 k 个非零元素在矩阵中的行下标和列下标。

为了简便起见,可以不使用上述结构体定义的方法来定义三元组,直接申请一个如下的数组即可:

`int trimat[maxterms+1][3];`
//如果考试题目中要求使用其他类型,则将 int 替换为题目要求的类型

trimat[k][0]表示原矩阵中的元素**按行优先顺序**的第 k 个非零元素的值;trimat[k][1]、trimat[k][2]表示第 k 个非零元素在矩阵中的位置。可以看出 trimat 此时是一个 maxterms 行 3 列的数组,我们规定第 0 行的 3 个元素分别用来存储非零元素个数、行数和列数。例如,语句 trimat[0][0]为原矩阵中的非零元素个数,trimat[0][1]和 trimat[0][2]为矩阵行数和列数。

说明:如果矩阵中元素是 **float** 型(或者其他非整型数据类型),则此时用一个数组来表示三元组要写成如下形式:

`float trimat[maxterms+1][3];`

这样会带来一个问题:非零元素在矩阵中的行号和列号也被表示成了 float 型,本应是 int 型。这在很多情况下会出现问题,因此严格来说,取当前非零元素在矩阵中的位置应写成如下语句:

`(int)trimat[k][1];`
`(int)trimat[k][2];`

上面用强制类型转换来实现取位置的操作,简单地说,就是将 **float** 型的行号和列号变量转换成了 **int** 型。

图 5-3 所示为一个 4×4 的稀疏矩阵 **A**,该矩阵的三元组表示见表 5-3。

图 5-3 一个稀疏矩阵 **A**

表 5-3 矩阵 **A** 的三元组表示

	0	1	2
0	5	4	4
1	**1**	0	3
2	**3**	1	2
3	**2**	1	3
4	**1**	2	0
5	**2**	3	1

【例 5-4】 给定一个稀疏矩阵 **A**(float 型),其尺寸为 m×n,建立其对应的三元组存储,并通过三元组打印输出矩阵 **A**。

算法分析:建立一个三元组的核心问题在于求原矩阵的非零元素个数、非零元素的值,以及非零元素在原数组中的位置。本题算法较简单,扫描矩阵 **A** 即可得到相关数据,进而建立三元组,名为 B,最后进行打印。具体实现代码如下:

```
/*建立三元组 B*/
void createtrimat(float A[][maxSize],int m,int n,float B[][3])
{
    int k=1;
    for(int i=0;i<m;++i)
        for(int j=0;j<n;++j)
            if(A[i][j]!=0)
            {
                B[k][0]=A[i][j];
                B[k][1]=i;
                B[k][2]=j;
                ++k;
            }
    B[0][0]=k-1;
    B[0][1]=m;
    B[0][2]=n;
}
```

注意：建立三元组时，结点间的次序按元素在矩阵中的行优先顺序排列。

```
/*通过三元组打印矩阵A*/
void print(float B[][3])
{
    int k=1;
    for(int i=0;i<B[0][1];++i)
    {
        for(int j=0;j<B[0][2];++j)
        {
            if(i==(int)B[k][1] && j==(int)B[k][2])
            {
                cout<<B[k][0]<<" ";
                ++k;
            }
            else
                cout<<"0 ";
        }
        cout<<endl;
    }
}
/*在某函数体中的调用*/
{
    ...
    createtrimat(A,5,4,B);//A为5×4的矩阵
    print(B);
    ...
}
```

2）伪地址表示法。

伪地址即元素在矩阵中按照行优先或者列优先存储的相对位置。用伪地址方法存储稀疏矩阵和三元组方法相似，只是三元组每一行中有两个存储单元存放地址，而伪地址法只需要一个，因此伪地址法每一行只有两个存储单元，一个用来存放矩阵元素值，另一个用来存放伪地址。这种方法需要 2N 个存储单元，N 为非零元素个数，对于一个 m×n 的稀疏矩阵 A，元素 A[i][j]的伪地址计算方法为 n(i-1)+j。根据这个公式，不仅可以计算矩阵中一个给定元素的伪地址，还可以反推出给定元素在原矩阵中的真实地址。

（2）稀疏矩阵的链式存储及相关操作

在稀疏矩阵的链式存储方法中，最常用的有两种：邻接表表示法和十字链表表示法。

1）邻接表表示法。

邻接表表示法将矩阵中每一行的非零元素串连成一个链表，链表结点中有两个分量，分别表示该结点对应的元素值及其列号。

对于矩阵 A（见图 5-3），用邻接表表示如图 5-4 所示。

说明：这里的邻接表和第 7 章中图的邻接表是同一个东西，类比来看，图的邻接矩阵相当于这里的原矩阵，图的邻接表相当于这里的邻接表，因此可以发现，之所以要开发图的邻接表存储，也是出于一种节约空间的考量。

2）十字链表表示法。

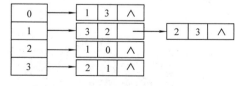

图 5-4 稀疏矩阵的邻接表表示

在稀疏矩阵的十字链表存储结构中，矩阵的每一行用一个带头结点的链表表示，每一列也用一个带头结点的链表表示，这种存储结构中的链表结点都有 5 个分量：行分量、列分量、数据域分量、指向下方结点的指针、指向右方结点的指针。图 5-5 所示为十字链表结点结构图。

图 5-5 十字链表结点结构图

十字链表存储结构比较复杂，为了更形象地介绍，这里先给出图 5-3 中矩阵 **A** 的十字链表示意图，如图 5-6 所示。十字链表是由一些单链表纵横交织而成的，其中最左边和最上边是头结点数组，不存储数据信息，左上角的结点可以视为整个十字链表的头结点，它有 5 个分量，分别存储矩阵的行数、列数、非零元素个数以及指向两个头结点数组的指针。十字链表结点中除头结点以外的结点就是存储矩阵非零元素相关信息的普通结点。

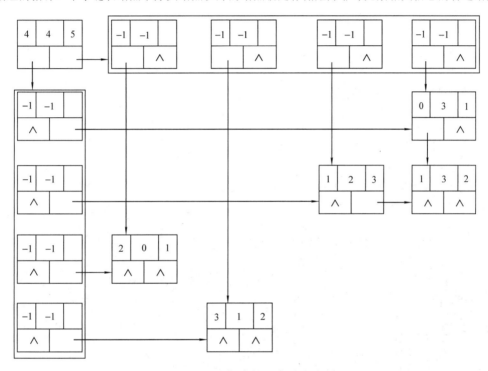

图 5-6 稀疏矩阵的十字链表表示

由图 5-6 可知，十字链表中的两种结点的结构定义如下：

1）普通结点结构定义。

```
typedef struct OLNode
{
    int row,col;                        //行号和列号
    struct OLNode *right,*down;         //指向右边结点和下方结点的指针
    float val;
} OLNode;
```

2）头结点结构定义。

```
typedef struct
{
    OLNode *rhead,*chead;               //指向两头结点数组的指针
    int m,n,k;                          //矩阵行数、列数以及非零结点总数
```

```
} CrossList;
```

【例 5-5】 给定一个稀疏矩阵 A，其尺寸为 m×n，非零元素个数为 k，建立其对应的十字链表存储结构。

本题较为简单，只需逐行扫描矩阵 A，当发现非零元素时，申请结点空间，设置结点值，并将其链入行向和列向的链表中即可。算法实现代码如下：

```
int createcrossListmat(float A[][maxsize],int m,int n,int k,CrossList &M)
{
    if(M.rhead)
        free(M.rhead);
    if(M.chead)
        free(M.chead);
    M.m=m;
    M.n=n;
    M.k=k;
    /*申请头结点数组空间*/
    if(!(M.chead=(OLNode*)malloc(sizeof(OLNode)*m)))
        return 0;
    if(!(M.rhead=(OLNode*)malloc(sizeof(OLNode)*n)))
        return 0;
    /*头结点数组 right 和 down 指针置空*/
    for(int i=0;i<m;++i)
    {
        M.chead[i].right=NULL;
        M.chead[i].down=NULL;
    }
    for(int i=0;i<n;++i)
    {
        M.rhead[i].right=NULL;
        M.rhead[i].down=NULL;
    }
    OLNode *temps[maxsize];//建立列链表的辅助指针数组
    for(int j=0;j<n;++j)
        temps[j]=&(M.rhead[j]);
    for(int i=0;i<m;++i)
    {
        OLNode *r=&(M.chead[i]);
        for(int j=0;j<n;++j)
        {
            if(A[i][j]!=0)
            {
                OLNode *p=(OLNode*)malloc(sizeof(OLNode));
                p->row=i;
                p->col=j;
                p->val=A[i][j];
```

```
                p->down=NULL;
                p->right=NULL;
                r->right=p;
                r=p;
                temps[j]->down=p;
                temps[j]=p;
            }
        }
    }
    return 1;
}
```

5.3 广义表

一句话概括广义表：表元素可以是原子或者广义表的一种线性表的扩展结构。
下面列举一些广义表的例子：

1）A=( )，A 是一个空表，长度为 0，深度为 1。
2）B=(d, e)，B 的元素全是原子，即 d 和 e，长度为 2，深度为 1。
3）C=(b, (c, d))，C 有两个元素，分别是原子 b 和另一个广义表(c, d)，长度为 2，深度为 2。
4）D=(B, C)，D 的元素全是广义表，即 B 和 C，长度为 2，深度为 3，由此可见，一个广义表的子表可以是其他已经定义的广义表的引用。
5）E=(a, E)，E 有两个元素，分别是原子 a 和它本身，长度为 2，由此可见一个广义表可以是递归定义的。展开 E 可以得到(a, (a, (a, (a, ⋯))))，是一个无限<u>深</u>的广义表。

由 1）到 5）可以总结出广义表的长度和深度求法，这是考试中遇到最多的题目类型。

广义表的长度：为表中最上层元素的个数，如广义表 C 的长度为 2，注意不是 3。

广义表的深度：为表中括号的最大层数。注意，求深度时需要将子表展开，如广义表 D 应该展开为((d,e), (b, (c, d)))，深度为 3。

表头（Head）和表尾（Tail）：当广义表非空时，第一个元素为广义表的表头，其余元素组成的表是广义表的表尾。

图 5-7 展示了 1）到 5）中广义表的**头尾链表存储结构**的存储情况，其中有两种结点，即原子结点和广义表结点。原子结点有两个域：标记域和数据域；广义表结点有 3 个域：标记域、头指针域与尾指针

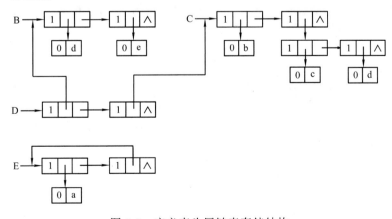

图 5-7 广义表头尾链表存储结构

域。其中，标记域用于区分当前结点是原子（用0来表示）还是广义表（用1来表示），头指针域指向原子或者广义表结点，尾指针域为空或者指向本层中的下一个广义表结点。

图5-8展示了1）到5）中广义表的**扩展线性表**存储结构的存储情况，其中也有两种结点，即原子结点和广义表结点，不同的是原子结点有3个域：标记域、数据域和尾指针域；广义表结点也有3个域：标记域、头指针域与尾指针域。其中，标记域用于区分当前结点是原子（用0来表示），还是广义表（用1来表示）。这种存储结构类似于带头结点的单链表存储结构（而上一种类似于不带头结点的单链表存储结构），每一个子表都有一个不存储信息的头结点来标记其存在。

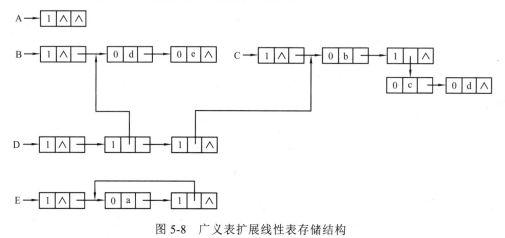

图5-8 广义表扩展线性表存储结构

习题

微信扫码看本章题目讲解视频：

一、选择题

1．对于数组的操作，最常见的两种是（　　）。

　A．建立与删除　　　　　　　　B．索引和修改

　C．查找和修改　　　　　　　　D．查找与索引

2．数组A中，每个元素的长度为3B，行下标i从0~7，列下标j从0~9，从首地址开始连续存放在存储器内，则存放该数组至少需要的单元数是（　　）。

　A．80　　　　　　　　　　　　B．100

　C．240　　　　　　　　　　　D．270

3．稀疏矩阵一般的压缩存储方法有（　　）两种。

　A．二维数组和三维数组　　　　B．三元组和散列

　C．三元组和十字链表　　　　　D．散列和十字链表

4．设矩阵 A 是一个对称矩阵，为了节省存储空间，将其下三角部分按照行优先存放在一维数组B[0, …, n(n+1)/2-1]中，对于下三角部分中的任一元素 $a_{i,j}$（i≥j，i和j从1开始取值），在一维数组B中的下标k的值是（　　）。

　A．i(i-1)/2+j-1　　　　　　　B．i(i+1)/2+j

　C．i(i+1)/2+j-1　　　　　　　D．i(i-1)/2+j

二、综合应用题

1．设数组 A[0，…，n-1]的 n 个元素中有多个零元素，设计一个算法，将 A 中所有的非零元素依次移动到 A 数组的前端。

2．关于浮点型数组 A[0，…，n-1]，试设计实现下列运算的递归算法。
（1）求数组 A 中的最大值。
（2）求数组中 n 个数之和。
（3）求数组中 n 个数的平均值。

3．试设计一个算法，将数组 A[0，…，n-1]中所有奇数移到偶数之前。要求不另增加存储空间，且时间复杂度为 O(n)。

4．设有一元素为整数的线性表 L，存放在一维数组 A[0，…，n-1]中，设计一个算法，以 A[n-1]为参考量，将该数组分为左、右两个部分，其中左半部分的元素值均小于等于 A[n-1]，右半部分的元素值均大于 A[n-1]，A[n-1]则位于这两部分之间。要求结果仍存放在数组 A 中。

5．设计一个算法，对给定的一个整型 m×n 矩阵 **A**，统计这个矩阵中具有下列特征的元素个数并输出它们的坐标及数值：它们既是所在行中的最小值，又是所在列中的最小值；或者它们既是所在行中的最大值，又是所在列中的最大值。假设矩阵中元素各不相同，要求结果在处理过程中用输出语句输出。

6．简要介绍稀疏矩阵的三元组存储结构特点，并实现稀疏矩阵的基本操作。
（1）给定稀疏矩阵 **A**（int 型），创建其三元组存储结构 B。
（2）查找给定元素 x 是否在矩阵中。

7．假设稀疏矩阵 **A** 采用三元组表示，编写一个函数，计算其转置矩阵 **B**，要求 B 也采用三元组表示。

8．假设稀疏矩阵 **A** 和 **B**（两矩阵行列数对应相等）都采用三元组表示，编写一个函数，计算 C=A+B，要求 **C** 也采用三元组表示，所有矩阵均为 int 型。

9．假设稀疏矩阵 **A** 和 **B**（分别为 m×n 和 n×k 矩阵）采用三元组表示，编写一个函数，计算 C=A×B，要求 **C** 也是采用三元组表示的稀疏矩阵。

习题答案

一、选择题
1．C。
2．C。
3．C。
4．A。

二、综合应用题

1．算法分析：本算法总体思想是，从左到右扫描整个数组，当发现非零元素时，使其尽可能与靠左边的零元素进行交换。图 5-9 所示为对一个输入样例的算法执行图。

算法实现代码如下：
```
void movelement(int A[],int n)
{
    int i=-1,j,temp;
    for(j=0;j<n;++j)
        if(A[j]!=0)           //A[j]为第 i 个不为 0 的元素
        {
            ++i;
```

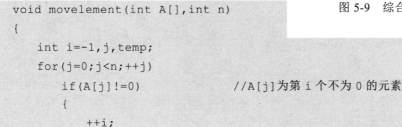

图 5-9　综合应用题第 1 题图

```
            if(i!=j)                  //A[j]不在位置i上,则A[i]与A[j]交换
            {
                temp=A[i];
                A[i]=A[j];
                A[j]=temp;
            }
        }
}
```

2.（1）算法分析：如果数组长度为1，则可以直接返回最大值；否则将数组A视为两部分，即A[0]和A[1，…，n-1]。如果A[0]大于A[1，…，n-1]中的最大值，则返回A[0]，反之按照上一步的方法递归地处理A[1]和A[2，…，n-1]。算法实现代码如下：

```
float findmax(float A[],int i,int j)
{
    float max;
    if(i==j)
        return A[i];
    else
    {
        max=findmax(A,i+1,j);
        if(A[i]>max)
            return A[i];
        else
            return max;
    }
}
```

在某函数体中调用函数 findmax()求最大值的格式如下：
```
{
    ...
    findmax(A,0,n-1);
    ...
}
```

（2）算法分析：如果数组长度为1，则可以直接返回求和结果；否则将数组A视为两部分，即A[0]和A[1，…，n-1]，递归地处理A[1，…，n-1]中n-1个数的和，使之与A[0]相加得到最终结果。算法实现代码如下：

```
float arraysum(float A[],int i,int j)
{
    if(i==j)
        return A[i];
    else
        return A[i]+arraysum(A,i+1,j);
}
```

在某函数体中调用函数 arraysum()求和的格式如下：
```
{
    ...
```

```
    arraysum(A,0,n-1);
    ...
}
```

(3) 算法分析：如果数组长度为 1，则可以直接返回平均值结果；否则将数组 A 视为两部分，即 A[0] 和 A[1，…，n-1]，递归地处理 A[1，…，n-1]中 n-1 个数的平均值 tempavg，通过(tempavg×(n-1)+A[0])/n 即可求得数组 A 中所有数的平均值。算法实现代码如下：

```
float arrayavg(float A[],int i,int j)
{
    if(i==j)
        return A[i];
    else
        return(A[i]+(j-i)*arrayavg(A,i+1,j))/(j-i+1);
}
```

在某函数体中调用函数 arrayavg()求平均值的格式如下：

```
{
    ...
    arrayavg(A,0,n-1);
    ...
}
```

3．算法分析：设置两个指针 i 和 j，i 从数组的左边往右边遍历，j 从数组的右边往左边遍历，当 i 指向偶数，j 指向奇数时，将 A[i]与 A[j]交换；当 i 大于等于 j 时，算法结束。算法实现代码如下：

```
void divide(int A[],int n)
{
    int i=0,j=n-1,temp;
    while(i<j)
    {
        while(A[i]%2==1 && i<j)      //循环扫描数组，将 i 停在 A 中的偶数上
            ++i;
        while(A[j]%2==0 && i<j)      //循环扫描数组，将 j 停在 A 中的奇数上
            --j;
        if(i<j)                      //A[i]与 A[j]交换
        {
            temp=A[i];
            A[i]=A[j];
            A[j]=temp;
            ++i;
            --j;
        }
    }
}
```

说明：本题虽然是两层循环，但实际上仅对数组进行了一次遍历，因此时间复杂度为 O(n)。

4．算法分析：本题属于快速排序算法划分部分，在以后的排序算法章节中会讲解。

```
void divide(int A[],int n)
{
```

```
    int temp;
    int i=0,j=n-1;
    temp=A[i];
    A[i]=A[j];
    A[j]=temp;
    temp=A[i];
/*下面这个循环将数组中小于 temp 的元素放在左边,大于 temp 的元素放在右边*/
    while(i!=j)
    {
        while(j>i&&A[j]>temp) --j;      //从右往左扫描找到一个小于 temp 的元素
        if(i<j)
        {
            A[i]=A[j];                   //放在 temp 左边
            ++i;                         //i 指针右移一位
        }
        while(i<j&&A[i]<temp) ++i;       //从左往右扫描,找到一
                                         //个大于 temp 的元素
        if(i<j)
        {
            A[j]=A[i];                   //放在 temp 右边
            --j;                         //j 指针左移一位
        }
    }
    A[i]=temp;                            //将 temp 放在最终位置
}
```

5. 算法分析:本题较为简单,只需找出某行上的最小值(最大值),然后判断其是否为对应列上的最小值(最大值),若是则输出。

```
void printmin(int A[][maxSize],int m,int n)
{
    int i,j,k,min,minj;         //用 minj 来记录第 i 行上最小值的列号
    int flag;
    for(i=0;i<m;++i)
    {
        min=A[i][0];
        minj=0;
        for(j=1;j<n;++j)         //找出第 i 行上的最小值,列号为 minj
        if(A[i][j]<min)
        {
            min=A[i][j];
            minj=j;
        }
        flag=1;
        for(k=0;k<m;++k)         //判断 min 是否为 minj 列上的最小值
            if(min>A[k][minj])
```

```
                flag=0;
                break;
            }
        if(flag)
            cout<<min<<",["<<i<<", "<<minj<<"]"<<" ";
            //打印最小值,其格式为min,[i,minj]
    }
    cout<<endl;
}
void printmax(int A[][maxSize],int m,int n)
{
    int i,j,k,max,maxj;
    int flag;
    for(i=0;i<m;++i)              //处理第i列
    {
        max=A[i][0];
        maxj=0;
        for(j=1;j<n;++j)          //找出第i行上的最大值,列号为maxj
          if(A[i][j]>max)
          {
                max=A[i][j];
                maxj=j;
          }
        flag=1;
        for(k=0;k<m;++k)          //判断max是否为maxj列上的最大值
            if(max<A[k][maxj])
            {
                flag=0;
                break;
            }
        if(flag)
        cout<<max<<",["<<i<<", "<<maxj<<"]"<<" ";
        //打印最大值,其格式为max,[i,maxj]
    }
    cout<<endl;
}
```

6. 答:三元组存储结构是一种顺序结构,因此也是一种顺序表,表中的每个结点对应稀疏矩阵的一个非零元素,其中包括3个字段,分别为该元素的值、行下标和列下标。另外,用第0行的第1个元素存储矩阵中非零元素的个数,第0行的第2个元素存储矩阵的行数,第0行的第3个元素存储矩阵的列数。

(1) 创建A的三元组存储结构,代码如下:
```
void create(int A[][maxSize],int m,int n,int B[][3])
{
```

```
    int i,j,k=1;
    for(i=0;i<m;++i)
        for(j=0;j<n;++j)
            if(A[i][j]!=0)
            {
                /*扫描 A 中的元素，将不为零的元素相关信息存放在 B 中的对应位置*/
                B[k][0]=A[i][j];
                B[k][1]=i;
                B[k][2]=j;
                ++k;
            }
    B[0][0]=k-1;
    B[0][1]=m;
    B[0][2]=n;//存入非零元素个数
}
```

（2）查找给定元素 x 是否在矩阵中，代码如下：

```
int search(int B[][3],int x)
{
    int i,t;
    t=B[0][0];//非零元素个数
    i=1;
    while(i<=t && B[i][0]!=x)
        i++;
    if(i<=t)
        return 1;
    else
        return 0;
}
```

7．算法分析：根据给定一个稀疏矩阵构造三元组的方法可以知道，三元组内元素是原矩阵按照行优先存储的结果，因此实现三元组存储的转置运算不能简单地将其中各个元素的行下标和列下标互换，正确的算法应该等效于互换三元组中各个元素的行下标与列下标，并将其按照原矩阵列优先的顺序存储。假设原矩阵为 **A**，具体的做法如下：在 **A** 中首先找出第 1 列中的所有元素，它们是转置矩阵第 1 行的非零元素，并把它们依次放在转置矩阵的三元组数组 **B** 中。然后依次找出第 2 列中的所有元素，把它们依次放在数组 **B** 中。按照同样的方法逐列进行，直到找出第 n-1 列的所有元素，并把它们依次放在数组 **B** 中。算法实现代码如下：

```
void transpose(int A[][3],int B[][3])
{
    int  p,q,col;
    B[0][0]=A[0][0];
    B[0][1]=A[0][2];
    B[0][2]=A[0][1];                        //产生第 0 行的结果
    if(B[0][0]>0)
    {
        q=1;
```

```
        for(col=0;col<B[0][1];++col)        //按列转置
            for(p=1;p<=B[0][0];++p)
                if(A[p][2]==col)
                {
                    B[q][0]=A[p][0];
                    B[q][1]=A[p][2];
                    B[q][2]=A[p][1];
                    ++q;
                }
    }
}
```

8. 算法分析：两矩阵相加规则为对应位置上的元素相加，对于三元组存储结构下的矩阵 **A** 和 **B**，假如当前需要将位置(i, j)上的元素 $a_{(i,j)}$ 和 $b_{(i,j)}$ 相加，需要考虑三种不同的情况：$a_{(i,j)}$ 等于 0，$b_{(i,j)}$ 不等于 0；$a_{(i,j)}$ 不等于 0，$b_{(i,j)}$ 不等于 0；$a_{(i,j)}$ 不等于 0，$b_{(i,j)}$ 等于 0。

对应的可以按照以下步骤进行处理：依次遍历 **A** 和 **B** 的行号和列号，若 **A** 当前元素的行号等于 **B** 当前元素的行号，则比较其列号，将较小列的元素存入 **C** 中；如果列号也相等，则将对应的元素值相加后存入 **C** 中；若 **A** 当前元素的行号小于 **B** 当前元素的行号，则将 **A** 的元素存入 **C** 中；若 **A** 当前元素的行号大于 **B** 当前元素的行号，则将 **B** 的元素存入 **C** 中，如此这样产生了 **C**。算法实现代码如下：

```
void add(int A[][3],int B[][3],int C[][3])
{
    int i=1,j=1,k=1,m;
    while(i<=A[0][0] && j<=B[0][0])
    if(A[i][1]==B[j][1])
    {/*若A当前元素的行号等于B当前元素的行号，则比较其列号，将较小列
    的元素存入C中；若列号也相等，则将对应的元素值相加后存入C中*/
        if(A[i][2]<B[j][2])
        {
            C[k][0]=A[i][0];
            C[k][1]=A[i][1];
            C[k][2]=A[i][2];
            ++k;
            ++i;
        }
        else if(A[i][2]>B[j][2])
        {
            C[k][0]=B[j][0];
            C[k][1]=B[j][1];
            C[k][2]=B[j][2];
            ++k;
            ++j;
        }
        else
        {
            m=A[i][0]+B[j][0];
```

```
            if(m!=0)        //m有可能为0，不为0才添加到C中
            {
                C[k][1]=B[j][1];
                C[k][2]=B[j][2];
                C[k][0]=m;
                ++k;
            }
            ++i;
            ++j;
        }
    }
    else if(A[i][1]<B[j][1])
    //若A当前元素的行号小于B当前元素的行号，则将A的元素存入C中
    {
        C[k][0]=A[i][0];
        C[k][1]=A[i][1];
        C[k][2]=A[i][2];
        ++k;
        ++i;
    }
    else //若A当前元素的行号大于B当前元素的行号，则将B的元素存入C中
    {
        C[k][0]=B[j][0];
        C[k][1]=B[j][1];
        C[k][2]=B[j][2];
        ++k;
        ++j;
    }
    //A中有剩余元素，B已经处理完毕，将A中元素直接放入C中
    while(i<=A[0][0])
    {
        C[k][0]=A[i][0];
        C[k][1]=A[i][1];
        C[k][2]=A[i][2];
        ++k;
        ++i;
    }
    //B中有剩余元素，A已经处理完毕，将B中元素直接放入C中
    while(j<=B[0][0])
    {
        C[k][0]=B[j][0];
        C[k][1]=B[j][1];
        C[k][2]=B[j][2];
        ++k;
```

```
            ++j;
        }
        C[0][0]=k-1;//产生第 0 行的结果
        C[0][1]=A[0][1];
        C[0][2]=A[0][2];
}
```

9. 算法分析：本题在原理上与普通的矩阵相乘算法没有太大区别，其核心问题在于，根据给出的行号和列号找出原矩阵中的对应元素值，因此构造了一个函数 getvalue()，当在三元组表示中找到时返回其元素值，找不到说明原该位置处的元素值为 0，因此返回 0。然后利用该函数计算出 C 的行号 i 和列号 j 处的元素值，若该值不为 0，则存入其三元组表示的矩阵中，否则不存入。算法实现代码如下：

```
int getvalue(int D[][maxSize],int i,int j)
//返回 D 对应的稀疏矩阵 A 中(i,j)位置上的值
{
    int k=1;
    while(k<=D[0][0] &&(D[k][1]!=i||D[k][2]!=j))
        k++;
    if(k<=D[0][0])
        return D[k][0];
    else
        return 0;
}
void mul(int A[][3],int B[][3],int C[][3],
         int m,int n,int k)
//矩阵相乘
{
    int i,j,l,p=1,s;
    for(i=0;i<m;++i)
        for(j=0;j<k;++j)
        {
            s=0;
            for(l=0;l<n;++l)
                s+=getvalue(A,i,l)*getvalue(B,l,j);
            if(s!=0)            //产生一个三元组元素
            {
                C[p][1]=i;
                C[p][2]=j;
                C[p][0]=s;
                ++p;
            }
        }
    C[0][1]=m;                  //产生第 0 行的结果
    C[0][2]=k;
    C[0][0]=p-1;
}
```

第 6 章　树与二叉树

大纲要求

- ▲ 树的基本概念
- ▲ 二叉树
- ▲ 树和森林
- ▲ 树与二叉树的应用（这一部分中的二叉排序树和平衡二叉树将在第 9 章中讲解）

考点与要点分析

核心考点

1. （★★★）二叉树的定义及其主要特征（尤其要注意完全二叉树）
2. （★★）线索二叉树的基本概念
3. （★★）二叉排序树
4. （★★）赫夫曼（Huffman）树和赫夫曼编码
5. （★★）森林与二叉树的转换

基础要点

树的基本概念

知识点讲解

6.1　树的基本概念

6.1.1　树的定义

树是一种非线性的数据结构。要理解树的概念及其术语的含义，用一个例子说明是最好的方法。图 6-1 所示就是一棵树，它是若干**结点**（A、B、C 等都是结点）的集合，是由唯一的**根**（结点 A）和若干棵互不相交的**子树**（如 B、E、F、K、L 这 5 个结点组成的树就是一棵子树）组成的。其中，每一棵子树又是一棵树，也是由唯一的根结点和若干棵互不相交的子树组成的。由此可知，树的定义是递归的，即在树的定义中又用到了树的定义。要注意的是，树的结点数目可以为 0，当为 0 时，这棵树称为一棵**空树**，这是一种特殊情况。

6.1.2　树的基本术语

用图 6-1 中的树作为例子。

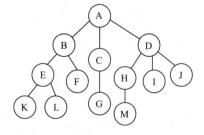

图 6-1　树

结点：A、B、C 等都是结点，结点不仅包含数据元素，而且包含指向子树的分支。例如，A 结点不仅包含数据元素 A，而且包含 3 个指向子树的指针。

结点的度：结点拥有的子树个数或者分支的个数。例如，A 结点有 3 棵子树，所以 A 结点的度为 3。

树的度：树中各结点度的最大值。如例子中结点度最大为 3（A、D 结点），最小为 0（F、G、I、J、K、L、M 结点），所以树的度为 3。

叶子结点：又叫作**终端结点**，指度为 0 的结点，如 F、G、I、J、K、L、M 结点都是叶子结点。

非终端结点：又叫作**分支结点**，指度不为 0 的结点，如 A、B、C、D、E、H 结点都是非终端结点。除了根结点之外的非终端结点，也叫作**内部结点**，如 B、C、D、E、H 结点都是内部结点。

孩子：结点的子树的根，如 A 结点的孩子为 B、C、D。

双亲：与孩子的定义对应，如 B、C、D 结点的双亲都是 A。

兄弟：同一个双亲的孩子之间互为兄弟。如 B、C、D 互为兄弟，因为它们都是 A 结点的孩子。

祖先：从根到某结点的路径上的所有结点，都是这个结点的祖先。如 K 的祖先是 A、B、E，因为从 A 到 K 的路径为 A—B—E—K。

子孙：以某结点为根的子树中的所有结点，都是该结点的子孙。如 D 的子孙为 H、I、J、M。

层次：从根开始，根为第一层，根的孩子为第二层，根的孩子的孩子为第三层，以此类推。

树的高度（或者深度）：树中结点的最大层次。如例子中的树共有 4 层，所以高度为 4。

结点的深度和高度：

1）结点的深度是从根结点到该结点路径上的结点个数。

2）从某结点往下走可能到达多个叶子结点，对应了多条通往这些叶子结点的路径，其中最长的那条路径上结点的个数即为该结点在树中的高度，如结点 D 的高度为 3，就是从 D 到 M 路径上的结点个数。

3）根结点的高度为树的高度，如结点 A，其高度为 4，是从 A 到 K（L、M）这条路径上结点的个数，也是整棵树的高度。

堂兄弟：双亲在同一层的结点互为堂兄弟。如 G 和 H 互为堂兄弟，因为 G 的双亲是 C，H 的双亲是 D，C 和 D 在同一层上。注意和兄弟的概念的区分。

有序树：树中结点的子树从左到右是有次序的，不能交换，这样的树叫作有序树。

无序树：树中结点的子树没有顺序，可以任意交换，这样的树叫作无序树。

丰满树：丰满树即理想平衡树，要求除最底层外，其他层都是满的。

森林：若干棵互不相交的树的集合。例子中如果把根 A 去掉，剩下的 3 棵子树互不相交，它们组成一个森林。

说明：上述这些基本概念无须刻意地去记忆，根据例子理解即可。考研中一般不会就概念考概念，都是通过具体的题目来考查的。因此，在后面的讲解或者做题过程中如出现不熟悉的概念，回来查一下即可，题目做多了自然就记住了。

6.1.3 树的存储结构

1. 顺序存储结构

树的顺序存储结构中最简单直观的是**双亲存储结构**，用一维数组即可实现。最简单也是考试中有可能用到的定义方法为 int tree[maxSize];，即用一个整型数组就可以存储一棵树的信息。下面用一个例子来说明一个数组是如何表示一棵树的。如图 6-2 所示，用数组下标表示树中的结点，数组元素的内容表示该结点的双亲结点，这样有了结点（下标）以及结点之间的关系（内容），就可以表示一棵树了。例如，下标 5 上的内容为 3，即结点 5 的双亲结点为 3；下标 1

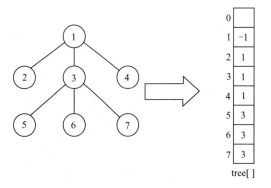

图 6-2 树的双亲存储结构

上的内容为-1，表示1为根结点。用这种存储结构来存储的树，当知道一个结点后就很容易找到其双亲结点（如知道结点 i，则 tree[i]即为 i 的双亲结点），因此称为双亲存储结构。

说明：这里介绍的双亲存储结构是一种高度简化的形式，在实际应用中一般不会仅是一个整型数组这么简单，可能是一个复杂的结构体数组，结构体内包含了实现特殊用途所需的一些信息。这种被简化的双亲存储结构仅包含了各个结点之间关系的信息，即每个结点中只保存了指示哪个结点是它的双亲结点的信息，而这恰恰是考研数据结构中重点考查的地方，也是双亲存储结构的核心。本书其他章节也会多次出现针对考研所做的对某些数据结构的简化，便于考生理解。

树的双亲存储结构在克鲁斯卡尔算法中有重要应用。

2．链式存储结构

树的最常用的链式存储结构有以下两种：

（1）孩子存储结构

说明：孩子存储结构实质上就是后面章节将要讲到的图的邻接表存储结构。树就是一种特殊的图，把图中的多对多关系删减为一对多关系即可得到树，因此图的存储结构完全可以用来存储树。

（2）孩子兄弟存储结构

说明：孩子兄弟存储结构与树和森林与二叉树的相互转换关系密切，因此放在树和森林与二叉树的相互转换这一节讲解。

说明：本节讲到的树的双亲存储结构、孩子存储结构和孩子兄弟存储结构在不同的学校试卷中可能出现不同的表述，最严格的表述应该是：

树的顺序存储结构的双亲表示法；

树的链式存储结构的孩子表示法或孩子兄弟表示法。

在笔者分析过的试卷中，有的表述为双亲表示法、孩子表示法和孩子兄弟表示法，而另一些则表述为双亲存储结构、孩子存储结构和孩子兄弟存储结构。这些表述方式的不统一会给部分同学造成不小的困惑，大家知道这些说的是同一个事情即可，不必过多纠结。

6.2 二叉树

6.2.1 二叉树的定义

在理解了树的定义之后，二叉树的定义也就很好理解了。将一般的树加上如下两个限制条件就得到了二叉树。

1）每个结点最多只有两棵子树，即二叉树中结点的度只能为 0、1、2。

2）子树有左右顺序之分，不能颠倒。

根据二叉树的定义可知，二叉树共有 5 种基本形态，如图 6-3 所示。

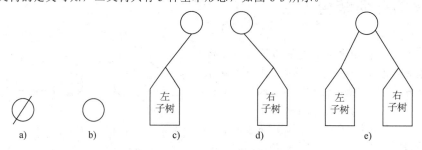

图 6-3　二叉树的 5 种基本形态

a）空二叉树　b）只有根结点　c）只有左子树　d）只有右子树　e）左、右子树都有

二叉树的 5 种基本形态为：

1）空二叉树（见图 6-3a）。
2）只有根结点（见图 6-3b）。
3）只有左子树，右子树为空（见图 6-3c）。
4）只有右子树，左子树为空（见图 6-3d）。
5）既有左子树，又有右子树（见图 6-3e）。

在一棵二叉树中，如果所有的分支结点都有左孩子和右孩子结点，并且叶子结点都集中在二叉树的最下一层，则这样的二叉树称为**满二叉树**。图 6-4a 所示就是一棵满二叉树。对满二叉树进行编号，约定编号从 1 开始，从上到下，自左至右进行，如图 6-4a 中各结点上方的数字所示。如果对一棵深度为 k、有 n 个结点的二叉树进行编号后，各结点的编号与深度为 k 的满二叉树中相同位置上的结点的编号均相同，那么这棵二叉树就是一棵**完全二叉树**。

在图 6-4b 中，结点 F 用虚线画出。如果 F 存在于图 6-4b 所示的二叉树中，则 F 的编号为 6，与图 6-4a 中满二叉树同一位置上的结点 G 的编号 7 不同，此时图 6-4b 中的二叉树就不是完全二叉树。如果 F 不存在于图 6-4b 所示的二叉树中，则图 6-4b 中二叉树的各个结点的编号与图 6-4a 中二叉树相同位置上的结点的编号均相同，此时图 6-4b 中的二叉树就是完全二叉树。

说明：通俗地说，一棵完全二叉树一定是由一棵满二叉树从右至左、从下至上挨个删除结点所得到的。如果跳着删除，则得到的不是完全二叉树。如图 6-4a 中，如果删除结点 G 和 F，则得到一棵完全二叉树。如果跳着删除，即不删除 G，直接删除 F，则得到的不是完全二叉树。

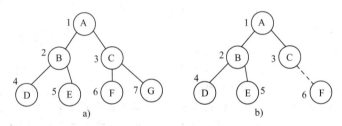

图 6-4 满二叉树和完全二叉树
a）满二叉树 b）完全二叉树

6.2.2 二叉树的主要性质

性质 1 非空二叉树上叶子结点数等于双分支结点数加 **1**。

证明：设二叉树上叶子结点数为 n_0，单分支结点数为 n_1，双分支结点数为 n_2，则总结点数为 $n_0+n_1+n_2$。在一棵二叉树中，所有结点的分支数等于单分支结点数加上双分支结点数的两倍，即**总的分支数为 n_1+2n_2**。

由于二叉树中除根结点之外，每个结点都有唯一的一个分支指向它，因此二叉树中有总分支数=总结点数-1（显然这一条结论对于任何树都是适用的，而不仅仅是针对二叉树）。

由此可得：$n_0+n_1+n_2-1=n_1+2n_2$

化简得：$n_0=n_2+1$

说明：这个性质在选择题中常有体现，并且需要灵活运用。例如，题目可能问二叉树中总的结点数为 n，则树中空指针的个数是多少？可以将所有的空指针看作叶子结点，则树中原有的所有结点都成了双分支结点。因此可得空指针的个数为树中所有结点个数加 1，即 n+1 个。

这个性质还可以扩展，即在一棵度为 m 的树中，度为 1 的结点数为 n_1，度为 2 的结点数为 n_2，…，度为 m 的结点数为 n_m，则叶子结点数 $n_0=1+n_2+2n_3+\cdots+(m-1)n_m$。推导过程如下：

总结点数=$n_0+n_1+n_2+\cdots+n_m$ ①

总分支数=$1\times n_1+2\times n_2+\cdots+m\times n_m$（度为 m 的结点引出 m 条分支） ②

总分支数=总结点数-1 ③

将式①、式②代入式③并化简得

$$n_0 = 1 + n_2 + 2n_3 + \cdots + (m-1)n_m$$

性质 2　二叉树的第 i 层上最多有 2^{i-1}（$i \geq 1$）个结点。

结点最多的情况即为满二叉树的情况，此时二叉树每层上的结点数构成了一个首项为 **1**、公比为 **2** 的等比数列。通项为 2^{i-1}，i 为层号。

性质 3　高度（或深度）为 k 的二叉树最多有 2^k-1（$k \geq 1$）个结点。换句话说，满二叉树中前 k 层的结点个数为 2^k-1。

其实本条性质描述的即为**性质 2** 中等比数列的前 k 项和的问题，由等比数列的求和公式可得结果，即 $(1-2^k)/(1-2) = 2^k-1$。

性质 4　有 n 个结点的完全二叉树，对各结点从上到下、从左到右依次编号（编号范围为 1~n），则结点之间有如下关系。

若 i 为某结点 a 的编号，则：

如果 $i \neq 1$，则 a 双亲结点的编号为 $\lfloor i/2 \rfloor$。

如果 $2i \leq n$，则 a 左孩子的编号为 $2i$；如果 $2i > n$，则 a 无左孩子。

如果 $2i+1 \leq n$，则 a 右孩子的编号为 $2i+1$；如果 $2i+1 > n$，则 a 无右孩子。

如图 6-5 所示，n 为 5，结点 B 的编号为 2，$2 \times 2 = 4 < 5$，因此编号为 4 的结点 D 为结点 B 的左孩子；$2 \times 2 + 1 = 5 \leq 5$，因此编号为 5 的结点 E 为结点 B 的右孩子。对于结点 C，编号为 3，因 $3 \times 2 = 6 > 5$，因此结点 C 无左孩子。对于结点 E，编号为 5，$\lfloor 5/2 \rfloor = 2$，即编号为 2 的结点 B 是其双亲结点。

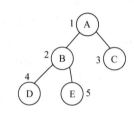

图 6-5　有 5 个结点的完全二叉树

注意：有些学校的考题中，编号从 **0** 开始，即 **A** 的编号为 **0**，**B** 的编号为 **1**，以此类推。此时根据双亲结点编号求孩子结点编号和根据孩子结点编号求双亲结点编号的计算方法为：某结点 a 的编号为 i，则其左孩子结点编号为 $2i+1$，右孩子结点编号为 $2i+2$；a 的双亲结点编号为 $\lceil i/2 \rceil - 1$。

性质 5　函数 Catalan()：给定 n 个结点，能构成 h(n) 种不同的二叉树，$h(n) = \dfrac{C_{2n}^n}{n+1}$。

性质 6　具有 n（$n \geq 1$）个结点的完全二叉树的高度（或深度）为 $\lfloor \log_2 n \rfloor + 1$。

证明：由性质 3 可知，$2^{h-1} - 1 < n \leq 2^h - 1$，其中 h 为完全二叉树的高度。

又可以写为

$$2^{h-1} \leq n < 2^h$$

对其取对数得

$$h-1 \leq \log_2 n < h$$

由于 h 为整数，因此对 $\log_2 n$ 向下取整即得到一个等式：

$$h-1 = \lfloor \log_2 n \rfloor，即 h = \lfloor \log_2 n \rfloor + 1$$

说明：上述完全二叉树高度公式是在考研数据结构中出现最多的形式，但有些学校的考题中，尤其是选择题中给出的表达式是：

$$h = \lceil \log_2(n+1) \rceil$$

当然这个表达式也是对的，只是因推导过程中的等式选择不同，故产生了不同的结果形式，下述是其推导过程：

对于 $2^{h-1} - 1 < n \leq 2^h - 1$，将其左、中、右全部加 1 得：

$$2^{h-1} < n+1 \leq 2^h$$

对其取对数得：

$$h-1 < \log_2(n+1) \leq h$$

由于 h 为整数，因此对 $\log_2(n+1)$ 向上取整即得到一个等式：$h = \lceil \log_2(n+1) \rceil$。

由于不同的学校对于推导过程中等式的不同选择或者对于树的高度的不同规定,会出现不同的高度表达式。因此希望同学们能掌握推导方法,而不仅仅是记住上述两个表达式的形式,这样在遇到其他形式的表达式时,能根据具体规定推导出正确的结果,进而分辨给出的表达式是否正确,这在某些选择题中是很有用的。

6.2.3 二叉树的存储结构

1. 顺序存储结构

顺序存储结构即用一个数组来存储一棵二叉树,这种存储方式**最适合于完全二叉树**,用于**存储一般二叉树会浪费大量的存储空间**。将完全二叉树中的结点值按编号依次存入一个一维数组中,即完成了一棵二叉树的顺序存储。例如,将图 6-5 中所示的完全二叉树存入数组 BTree[]中,见表 6-1。

例如,知道了顶点 A 的下标为 1,要得到 A 的左孩子结点只需访问 BTree[1*2]即可。类似地,如果知道了一个结点 i,如果 2i 不大于 n,则 i 的左孩子结点就存在于 BTree[2*i]内。

表 6-1 数组 BTree[]

结点		A	B	C	D	E
数组下标	0	1	2	3	4	5

2. 链式存储结构

顺序存储结构显然有很大的局限性,不便于存储任意形态的二叉树。观察二叉树的形态可以发现是一个根结点与两棵子树之间的关系,因此设计了含有一个数据域和两个指针域的链式结点结构,具体如下:

| lchild | data | rchild |

其中,**data** 表示数据域,用于存储对应的数据元素;**lchild** 和 **rchild** 分别表示左指针域和右指针域,分别用于存储左孩子结点和右孩子结点的位置。这种存储结构又称为二叉**链表存储结构**,如图 6-6 所示。对应的结点类型的定义如下:

```
typedef struct BTNode
{
    char    data;           //这里默认结点 data 域为 char 型,如果题目中需要其他类型,
                            //则只需修改此处
    struct  BTNode  *lchild;
    struct  BTNode  *rchild;
}BTNode;
```

说明:考试中如果让写出结点定义,以上就是适用范围最广且最简的写法,可适用于要求用纯 C 或者 C++来写代码的学校。其他书中可能还有其他的表示方法,为了简化记忆,只需要熟练掌握这一种写法,对满足考研要求已经足够了。有些题目可能需要在这个结构定义的基础上做一些修改,但万变不离其宗。

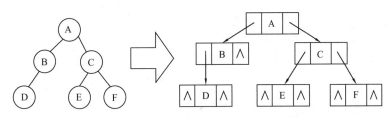

图 6-6 二叉树以链式存储结构存储

6.2.4 二叉树的遍历算法

为什么在二叉树所有的算法中,遍历算法要放在首位来讲呢?因为通过遍历一棵二叉树,就可得到

这棵二叉树的所有信息，对这棵二叉树做最全面的了解。如果把一棵二叉树比作一个城市，想全面了解这个城市，怎么做？最稳妥的方法就是亲自走遍这个城市的每一个角落，对其做出细致的调查，即对这个城市进行遍历，这样就可以得到这个城市最全面的信息。例如，可以知道这个城市有多少个区，对应于二叉树中的结点数目；可以得到这个城市的规模，对应于二叉树的高度或者宽度（二叉树的宽度不是一个常见概念，在下面的例题中会讲到）等。

在考研中，主要用到的二叉树的遍历方式有**先序遍历**、**中序遍历**、**后序遍历**和**层次遍历**。很多算法题目都是基于这几种遍历方式而衍生出来的，因此只要能熟练掌握这些遍历方式，加之一定量的练习，在考试中遇到基于遍历的题目就能迎刃而解。下面对上述遍历方式逐一进行细致的讲解。

1．先序遍历

先序遍历的操作过程如下。

如果二叉树为空树，则什么都不做；否则：

1）访问根结点。

2）先序遍历左子树。

3）先序遍历右子树。

对应的算法描述如下：

```
void preorder(BTNode *p)
{
    if(p!=NULL)
    {
        Visit(p);             //假设访问函数 Visit()已经定义过，其中包含了对结点 p
                              //的各种访问操作，如可以打印出 p 对应的数值
        preorder(p->lchild);  //先序遍历左子树
        preorder(p->rchild);  //先序遍历右子树
    }
}
```

2．中序遍历

中序遍历的操作过程如下。

如果二叉树为空树，则什么都不做；否则：

1）中序遍历左子树。

2）访问根结点。

3）中序遍历右子树。

对应的算法描述如下：

```
void inorder(BTNode *p)
{
    if(p!=NULL)
    {
        inorder(p->lchild);
        Visit(p);
        inorder(p->rchild);
    }
}
```

3．后序遍历

后序遍历的操作过程如下。

如果二叉树为空树，则什么都不做；否则：

1）后序遍历左子树。
2）后序遍历右子树。
3）访问根结点。

对应的算法描述如下：

```
void postorder(BTNode *p)
{
    if(p!=NULL)
    {
        postorder(p->lchild);
        postorder(p->rchild);
        Visit(p);
    }
}
```

说明：以上 3 种遍历方式以及算法描述都是简单易懂的，考生需要将它们作为模板来记忆，考研中的很多题目都是基于这 3 个模板而延伸出来的。

【例 6-1】 表达式(a-(b+c))*(d/e)存储在图 6-7 所示的一棵以二叉链表为存储结构的二叉树中（二叉树结点的 data 域为字符型），编写程序求出该表达式的值（表达式中的操作数都是一位的整数）。

分析：

对于此题，该怎么用上述遍历方式来解决呢？假如这里有个表达式(A)*(B)（其中 A、B 均为表达式），如何求出它的值？一种可行的办法就是先求出 A 表达式的值，再求出 B 表达式的值，然后将两个表达式的值相乘就得到表达式(A)*(B)的值。

对于此题，可以将这棵二叉树分成 3 部分，如图 6-8 所示。

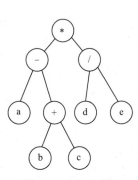

图 6-7 例 6-1 图

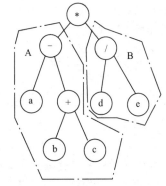

图 6-8 二叉树分成 3 部分

左子树为表达式 A，右子树为表达式 B，经过上述分析可以这样求此表达式：**先求左子树所表示的表达式的值，然后求右子树所表示的表达式的值，最后将两个结果相乘就是整个表达式的数值。**这正对应于先遍历左子树（得左子树值），再遍历右子树（得右子树值），最后访问根（得运算符）的二叉树的**后序遍历**方式，因此可以采用后序遍历来解答此题。由此写出对应的程序代码如下：

```
int comp(BTNode *p)
{
    int   A,B;
    if(p!=NULL)
    {
        if(p->lchild!=NULL&&p->rchild!=NULL)
/*如果当前结点的左子树和右子树非空，则为表达式，用后序遍历方式求值*/
```

```
            {
                A=comp(p->lchild);        //后序遍历求出左子树的值，赋值给A
                B=comp(p->rchild);        //后序遍历求出右子树的值，赋值给B
                return op(A,B,p->data);   //根据已求得的A与B和当前结点的运算
                                          //符求出整个表达式的值
            }
        else
            return p->data-'0';//如果当前结点的左、右子树都为空，则为数值，直接返回
                               //p->data-'0'是将字符型数字转化为整型数字
    }
    else return 0;              //如果是空树，则表达式的值为0
}
```

说明：函数 int op(int A,int B,char C)返回的是以 C 为运算符，以 A、B 为操作数的算式的数值。例如，若 C 为 "+"，则返回 A+B 的值。

【例 6-2】 写一个算法求一棵二叉树的深度，二叉树以二叉链表为存储方式。

分析：

假如已知一棵二叉树的左子树和右子树的深度，如何算出整棵树的深度呢？这是问题的关键。如果有一棵二叉树，左子树深度为 LD，右子树深度为 RD，则整棵树的深度就是 max{LD,RD}+1，即左子树与右子树深度的最大值加上 1，这个结论是显然的。因此这个求深度的过程就是先求左子树深度，再求右子树的深度，然后返回的两者之中的最大值加 1 就是整棵树的深度。这正对应于先遍历左子树（得到左子树的深度 LD），再遍历右子树（得到右子树的深度 RD），最后访问根（得到整棵树的深度为 max{LD,RD}+1）的后序遍历方式。

由以上分析可以写出对应的程序代码如下：

```
int getDepth(BTNode *p)
{
    int LD,RD;
    if(p==NULL)
        return 0;             //如果树是空树，则返回0（定义空树的深度为0）
    else
    {
        LD=getDepth(p->lchild);    //求左子树深度
        RD=getDepth(p->rchild);    //求右子树深度
        return (LD>RD?LD:RD)+1;    //返回左、右子树深度的最大值加1
                                   //即求整棵树的深度
    }
}
```

C 语言基础补充： 上述代码中的 LD>RD?LD:RD 是一个三目运算符表达式，一般形式为 A?B:C，其中 A、B、C 为 3 个表达式。如果 A 的值为真，则返回 B 的值，否则返回 C 的值。对于 LD>RD?LD:RD，如果 LD>RD，则返回 LD 的值，否则返回 RD 的值，即实现了求 LD 和 RD 两者最大值的目的。

【例 6-3】 在一棵以二叉链表为存储结构的二叉树中，查找 data 域值等于 key 的结点是否存在（找到任何一个满足要求的结点即可），如果存在，则将 q 指向该结点，否则 q 赋值为 NULL，假设 data 为 int 型。

分析：

因为题目中二叉树各个结点 data 域的值没有任何规律，所以要判断是否存在 data 域值等于 key 的结

点，必须按照某种方式把所有结点访问一遍，逐个判断其值是否为 key。因此要用二叉树的遍历方式来解决此题，3 种遍历方式都可以访问到二叉树中的所有结点，任选一种即可。这里选择先序遍历方式来解决此题。

由以上分析可写出如下程序代码：

```
/*假设二叉树已经存在且p指向其根结点*/
void search(BTNode *p,BTNode *&q, int key)
                            //注意，要将参数q定义为引用型指针，因为q要改变
{
    if(p!=NULL)             //如果树为空树，则什么都不做，q保持NULL值
    {
        if(p->data==key)    //如果p所指结点的data域值等于key，则将
            q=p;            //p赋值给q，即q指向域值等于key的结点
        else                //如果p所指结点的data域值不等于key，则分别
                            //到左、右子树中查找
        {
            search(p->lchild,q,key); //到左子树中查找
            search(p->rchild,q,key); //到右子树中查找
        }
    }
}
```

说明：本题主要是让大家熟悉二叉树遍历代码的基本框架，如果要提高解决本题的效率，可以考虑这样一种改进策略，即当在左子树中找到满足要求的结点后，无须继续查找右子树，直接退出本层递归，这就是所谓的"剪枝操作"。由此可以写出如下代码：

```
void search(BTNode *p,BTNode *&q, int key)
                            //注意，要将参数q定义为引用型指针，因为q要改变
{
    if(p!=NULL)             //如果树为空树，则什么都不做，q保持NULL值
    {
        if(p->data==key)    //如果p所指结点的data域值等于key，则将
            q=p;            //p赋值给q，即q指向域值等于key的结点
        else                //如果p所指结点的data域值不等于key，则分别
                            //到左、右子树中查找
        {
            search(p->lchild,q,key); //到左子树中查找
            if(q==NULL)              //在左子树中没找到才到右子树中查找
                search(p->rchild,q,key);
        }
    }
}
```

重要技巧提示：

图 6-9 所示为指针 p 沿着图中箭头所指路线游历整个二叉树的过程，并且对于图中每个结点，p 都将经过 3 次（如 B 结点周围的标号 1、2 和 3，指出了 p 3 次经过此结点的情况）。对应于 p 游历整棵树的过程的程序为图 6-9 中右边的程序模板。如果将对结点的访问操作写在（1）处，则是先序遍历，即对应于图中的每个结点，在 p 所走路线经过的标号 1 处（第一次经过这个结点时）对其进行访问；如果将

对结点的访问操作写在（2）处，则是中序遍历，即对应于图中的每个结点，在标号 2 处（第二次经过这个结点时）对其进行访问；如果将对结点的访问操作写在（3）处，则是后序遍历，即对应于图中的每个结点，在标号 3 处（第三次经过这个结点时）对其进行访问。

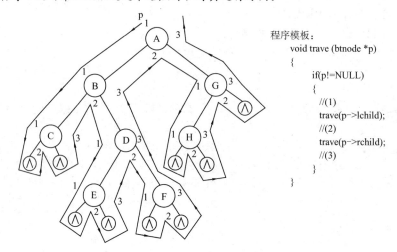

图 6-9　二叉树遍历过程中指针 p 的行走路线及对应的程序模板

先序遍历输出序列为： A，B，C，D，E，F，G，H。
中序遍历输出序列为： C，B，E，D，F，A，H，G。
后序遍历输出序列为： C，E，F，D，B，H，G，A。

自己对应看一下，是否 3 种输出方式正好对应于图中 p 经过每个结点的不同次数时对其进行输出的结果（如后序遍历序列即为 p 沿着图中路线走到每个结点的 3 号处，第 3 次走过此结点时进行输出的结果）。

以上提到的是一个十分重要的技巧，请考生务必理解并且牢记，这种技巧的应用在很多题目中都有体现。

补充： 这里给出一个结论，即根据二叉树的前、中、后 3 种遍历序列中的前和中、中和后两对遍历序列都可以唯一确定这棵二叉树，而根据前和后这对遍历序列则不能确定这棵二叉树。

【例 6-4】　假设二叉树采用二叉链表存储结构存储，编写一个程序，输出先序遍历序列中第 k 个结点的值，假设 k 不大于总的结点数（结点 data 域类型为 char 型）。

分析：

既然题目要求输出先序遍历序列中的第 k 个结点的值，由重要技巧提示可知，只需在上述程序模板中的（1）处添加代码，因为在此处添加代码意味着指针 p 第一次经过该结点时做出相应的操作。

由分析可写出以下程序代码：

```
int n=0;                  //定义全局变量 n，将结点计数初值设为 0
void trave(BTNode *p,int k)
{
    if(p!=NULL)
    {
        ++n;              //当第一次来到一个结点时进行计数，表示这是第 n 个结点
        if(k==n)          //当第一次来到一个结点时进行判断，看这个结点是不是先序
                          //序列中的第 k 个结点
        {
            cout<<p->data<<endl;  //如果是，则输出
```

```
            return;              //并且无须继续遍历,用return直接返回
        }
        trave(p->lchild,k);
        trave(p->rchild,k);
    }
}
```

若将题目中的先序改成中序或者后序,则可类似地写出如下程序代码:

```
void trave(BTNode *p,int k)
{
    if(p!=NULL)
    {
        trave(p->lchild,k);
        ++n;
        if(k==n)
        {
            cout<<p->data<<endl;
            return;
        }
        trave(p->rchild,k);
    }
}
void trave(BTNode *p,int k)
{
    if(p!=NULL)
    {
        trave(p->lchild,k);
        trave(p->rchild,k);
        ++n;
        if(k==n)
        {
            cout<<p->data<<endl;
            return;
        }
    }
}
```

4. 层次遍历

图 6-10 所示为二叉树的层次遍历,即按照箭头所指方向,按照 1、2、3、4 的层次顺序,对二叉树中各个结点进行访问(此图反映的是自左至右的层次遍历,自右至左的方式类似)。

要进行层次遍历,需要建立一个循环队列。先将二叉树头结点入队列,然后出队列,访问该结点,如果它有左子树,则将左子树的根结点入队;如果它有右子树,则将右子树的根结点入队。然后出队列,对出队结点访问。如此反复,直到队列为空为止。

由此得到的对应算法如下:

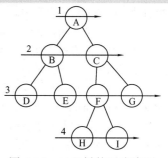

图 6-10 二叉树的层次遍历

```
void level(BTNode *p)
{
    int front,rear;
    BTNode *que[maxSize];           //定义一个循环队列,用来记录将要访问的层次上的结点
    front=rear=0;
    BTNode *q;
    if(p!=NULL)
    {
        rear=(rear+1)%maxSize;
        que[rear]=p;                //根结点入队
        while(front!=rear)          //当队列不空时进行循环
        {
            front=(front+1)%maxSize;
            q=que[front];           //队头结点出队
            Visit(q);               //访问队头结点
            if(q->lchild!=NULL)     //如果左子树不空,则左子树的根结点入队
            {
                rear=(rear+1)%maxSize;
                que[rear]=q->lchild;
            }
            if(q->rchild!=NULL)     //如果右子树不空,则右子树的根结点入队
            {
                rear=(rear+1)%maxSize;
                que[rear]=q->rchild;
            }
        }
    }
}
```

说明：对于上述二叉树的层次遍历算法，考生在复习中应该把它当作一个模板，在理解其执行过程的前提下记忆，并达到可以熟练默写的程度，这样才可以将这个层次遍历模型熟练应用于各种题目之中。下面通过几个基于层次遍历算法的题目来加深记忆，并掌握层次遍历的应用。

【例 6-5】 假设二叉树采用二叉链表存储结构存储，设计一个算法，求出该二叉树的宽度（具有结点数最多的那一层上的结点个数）。

分析：

要求含有最多结点数的层上的结点数，可以分别求出每层的结点数，然后从中选出最多的。要达到这个目的，应该明白两个事实。

第一，对于非空树，树根所在的层为第一层，并且从层次遍历算法的程序中可以发现，有一个由当前结点找到其左、右孩子结点的操作。这就提示我们，如果知道当前结点的层次号，就可以推出其左、右孩子的层次号，即为当前结点层次号加 1，进而可以求出所有结点的层次号。

第二，在层次遍历中，用到了一个循环队列（队列用数组表示），其出队和入队操作为 front=(front+1)%maxSize; 和 rear=(rear+1)%maxSize; 两句。如果用来存储队列的数组足够长，可以容纳树中所有结点，这时在整个遍历操作中队头和队尾指针不会出现折回数组起始位置的情况，那么 front=(front+1)%maxSize; 可以用++front; 代替，rear=(rear+1)%maxSize; 可以用++rear; 代替。出队操作只是队头指针 front 后移了一位，但并没有把队头元素删除。在数组足够长的情况下，队头元素也不会

被新入队的元素覆盖。

理解了上面两件事情后,这个题目就好解决了。由第一点可以算出所有结点的层次号。由第二点可以知道所访问的结点最终保存在数组里。因此只需修改层次遍历算法模板,在其中添加求层次号的操作,并且将循环队列的操作改为非循环队列的操作。在遍历结束后,数组中记录了树中所有结点的层次号信息,进而可以求出含有结点最多的层上的结点数。

由此可以写出以下程序代码:

```c
/*下面所定义的这个结构型为顺序非循环队列的队列元素,可以存储结点指针以及结点所在的层次号*/
typedef struct
{
    BTNode *p;                    //结点指针
    int lno;                      //结点所在层次号
}St;
int maxNode(BTNode *b)
{
    St que[maxSize];
    int front,rear;               //定义顺序非循环队列
    int Lno=0,i,j,n,max=0;
    front=rear=0;                 //将队列置空
    BTNode *q;
    if(b!=NULL)
    {
        ++rear;
        que[rear].p=b;            //树根入队
        que[rear].lno=1;          //树根所在层次号设置为1,此为已知条件
        while(front!=rear)
        {
            ++front;
            q=que[front].p;
            Lno=que[front].lno;   //关键语句:Lno用来存取当前结点的层次号
            if(q->lchild!=NULL)
            {
                ++rear;
                que[rear].p=q->lchild;
                que[rear].lno=Lno+1;//关键语句:根据当前结点的层次号推知其孩子结点的层次号
            }
            if(q->rchild!=NULL)
            {
                ++rear;
                que[rear].p=q->rchild;
                que[rear].lno=Lno+1;//关键语句:根据当前结点的层次号推知其孩子结点的层次号
            }
        }//注意:循环结束时,Lno中保存的是这棵二叉树的最大层数
    /*以下代码找出了含有结点最多的层中的结点数*/
        max=0;
```

```
    for(i=1;i<=Lno;++i)
    {
      n=0;
      for(j=0;j<rear;++j)
          if(que[j].lno==i)
             ++n;
          if(max<n)
             max=n;
    }
    return max;
  }
  else return 0;                    //空树直接返回 0
}
```

6.2.5 二叉树遍历算法的改进

上一节介绍的二叉树的深度优先遍历算法都是用递归函数来实现的,这是很低效的,原因在于系统帮你调用了一个栈,并做了诸如保护现场和恢复现场等复杂的操作,才使得遍历可以用非常简洁的代码实现。本节将介绍两种算法:二叉树深度优先遍历算法的非递归实现和线索二叉树。第一种算法用用户定义的栈来代替系统栈,即用非递归的方式来实现遍历算法,可以得到较大的效率提升;第二种算法将二叉树线索化,不需要栈来辅助完成遍历操作,更进一步提高了效率。

说明:有同学在平台问,关于二叉树深度优先遍历算法的非递归实现和递归实现,一个是用户自己定义栈,一个是系统栈,既然都用到了栈,为什么用户自己定义的栈的执行效率要比系统栈高?一个较为通俗的解释是:递归函数所申请的系统栈是一个所有递归函数都通用的栈。对于二叉树深度优先遍历算法,系统栈除了记录访问过的结点信息之外,还有其他信息需要记录,以实现函数的递归调用。用户自己定义的栈仅保存了遍历所需的结点信息,是对遍历算法的一个针对性的设计,对于遍历算法来说,显然要比递归函数通用的系统栈更高效。即一般情况下,专业的比通用的要好一些。

说明:在考研数据结构的视角下,所有相同功能的算法,如上述二叉树深度优先遍历算法,递归实现总是比非递归实现要低效。而实际应用中不是这样,如尾递归在很多机器上都会被优化为循环,因此递归函数的执行效率不一定比非递归函数低。同学们可以自行搜索 Recursion vs Loop 的相关话题,有很多精彩的讨论。

1. 二叉树深度优先遍历算法的非递归实现

(1) 先序遍历非递归算法

要写出其遍历的非递归算法,主要任务就是用自己定义的栈来代替系统栈的功能。栈在遍历过程中主要做了哪些事情呢?以图 6-11 所示的这棵二叉树为例,各个结点的进栈、出栈过程如图 6-12 所示。

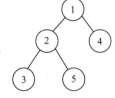

图 6-11 示例二叉树

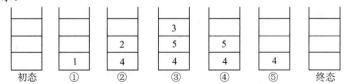

图 6-12 先序遍历结点的进、出栈过程

初态栈空。

① 结点 1 入栈。

② 出栈，输出栈顶结点 1，并将 1 的左、右孩子结点（2 和 4）入栈；右孩子先入栈，左孩子后入栈，因为对左孩子的访问要先于右孩子，后入栈的会先出栈访问。

③ 出栈，输出栈顶结点 2，并将 2 的左、右孩子结点（3 和 5）入栈。

④ 出栈，输出栈顶结点 3，3 为叶子结点，无孩子，本步无结点入栈。

⑤ 出栈，输出栈顶结点 5。

出栈，输出栈顶结点 4，此时栈空，进入终态。

遍历序列为 1，2，3，5，4。

由此可以写出以下代码：

```
void preorderNonrecursion(BTNode *bt)
{
    if(bt!=NULL)
    {
        BTNode *Stack[maxSize];      //定义一个栈
        int top=-1;                  //初始化栈
        BTNode *p;
        Stack[++top]=bt;             //根结点入栈
        while(top!=-1)               //栈空循环退出，遍历结束
        {
            p=Stack[top--];          //出栈并输出栈顶结点
            Visit(p);                //Visit()为访问 p 的函数
            if(p->rchild!=NULL)      //栈顶结点的右孩子存在，则右孩子入栈
                Stack[++top]=p->rchild;
            if(p->lchild!=NULL)      //栈顶结点的左孩子存在，则左孩子入栈
                Stack[++top]=p->lchild;
        }
    }
}
```

（2）中序遍历非递归算法

类似于先序遍历，对图 6-11 中的二叉树进行中序遍历，各个结点的进栈、出栈过程如图 6-13 所示。

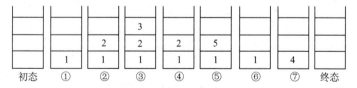

图 6-13　中序遍历结点的进、出栈过程

初态栈空。

① 结点 1 入栈，1 的左孩子存在。

② 结点 2 入栈，2 的左孩子存在。

③ 结点 3 入栈，3 的左孩子不存在。

④ 出栈，输出栈顶结点 3，3 的右孩子不存在。

⑤ 出栈，输出栈顶结点 2，2 的右孩子存在，右孩子 5 入栈，5 的左孩子不存在。

⑥ 出栈，输出栈顶结点 5，5 右孩子不存在。

⑦ 出栈，输出栈顶结点 1，1 的右孩子存在，右孩子 4 入栈，4 的左孩子不存在。

出栈，输出栈顶结点 4，此时栈空，进入终态。

遍历序列为 3，2，5，1，4。

由以上步骤可以看出，中序非递归遍历过程如下：

① 开始根结点入栈。

② 循环执行如下操作：如果栈顶结点左孩子存在，则左孩子入栈；如果栈顶结点左孩子不存在，则出栈并输出栈顶结点，然后检查其右孩子是否存在，如果存在，则右孩子入栈。

③ 当栈空时算法结束。

由此可以写出以下代码：

```
void inorderNonrecursion(BTNode *bt)
{
    if(bt!=NULL)
    {
        BTNode *Stack[maxSize]; int top=-1;
        BTNode *p;
        p=bt;
        /*下面这个循环完成中序遍历。注意：图 6-13 所示的进栈、出栈过程在⑦中会出现栈空状态，但这时遍历还没有结束，因根结点的右子树还没有遍历，此时 p 非空，根据这一点来维持循环的进行*/
        while(top!=-1||p!=NULL)
        {
            while(p!=NULL)    //左孩子存在，则左孩子入栈
            {
                Stack[++top]=p;
                p=p->lchild;
            }
            if(top!=-1)       //在栈不空的情况下出栈并输出出栈结点
            {
                p=Stack[top--];
                Visit(p);     //Visit()是访问 p 的函数，在这里执行打印结点值的操作
                p=p->rchild;
            }
        }
    }
}
```

（3）后序遍历非递归算法

首先手工写出对图 6-11 中二叉树进行先序和后序遍历的序列。

先序遍历序列：1、2、3、5、4

后序遍历序列：3、5、2、4、1

把后序遍历序列逆序得：

逆后序遍历序列：1、4、2、5、3

观察发现，逆后序遍历序列和先序遍历序列有一定的联系，**逆后序遍历序列只不过是先序遍历过程中对左、右子树遍历顺序交换所得到的结果**，如图 6-14 所示。

因此，只需要将前面讲到的非递归先序遍历算法中对左、右子树的遍历顺序交换就可以得到逆后序遍历序列，然后将逆后序遍历序列逆序就得到了后序遍历序列。因此我们需要两个栈，一个栈 stack1 用来辅助做逆后序遍历（将先序遍历的左、右子树遍历顺序交换的遍历方式称为逆后序遍历）并将遍历结果序列压入另一个栈 stack2，然后将 stack2 中的元素全部出栈，所得到的序列即为后序遍历序列。具体

的进、出栈过程如图 6-15 所示。

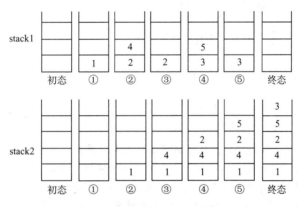

图 6-15　后序遍历结点的进出栈过程

初态栈空。

① 结点 1 入 stack1。

② stack1 元素出栈，并将出栈结点 1 入 stack2，结点 1 的左、右孩子存在，左孩子结点 2 入 stack1，右孩子结点 4 入 stack1，这里注意和先序遍历进出栈过程对比，恰好是将其左、右孩子入栈顺序调换，以实现访问顺序的调换。

③ stack1 元素出栈，并将出栈结点 4 入 stack2，结点 4 的左、右孩子不存在。

④ stack1 元素出栈，并将出栈结点 2 入 stack2，结点 2 的左、右孩子存在，左孩子结点 3 入 stack1，右孩子结点 5 入 stack1。

⑤ stack1 元素出栈，并将出栈结点 5 入 stack2。

⑥ stack1 元素出栈，并将出栈结点 3 入 stack2。

此时 stack1 空，stack2 中元素自顶向下依次为：3、5、2、4、1，正好为后序遍历序列。

由此可以写出以下代码：

```
void postorderNonrecursion(BTNode *bt)
{
    if (bt!=NULL)
    {
        /*定义两个栈*/
```

```
            BTNode *Stack1[maxSize]; int top1=-1;
            BTNode *Stack2[maxSize]; int top2=-1;
            BTNode *p = NULL;
            Stack1[++top1] = bt;
            while (top1 != -1)
            {
                p = Stack1[top1--];
                Stack2[++top2] = p;//注意这里和先序遍历的区别,输出改为入Stack2
                /*注意下面这两个if语句和先序遍历的区别,左、右孩子的入栈顺序相反*/
                if (p->lchild != NULL)
                    Stack1[++top1] = p->lchild;
                if (p->rchild != NULL)
                    Stack1[++top1] = p->rchild;
            }
            while (top2 != -1)
            {
                /*出栈序列即为后序遍历序列*/
                p = Stack2[top2--];
                Visit(p);//Visit()是访问p的函数,在这里执行打印结点值的操作
            }
        }
}
```

说明:有同学提出,"上面的二叉树后序遍历非递归算法要用两个栈,空间复杂度貌似有点高,如何解决?"笔者的回答是,暂时不用解决,因为我们现在研究的是考研数据结构。在笔者调查的诸多真题中,在仅有的几道二叉树后序遍历非递归算法的考题中,均没有对空间复杂度的要求。原因是二叉树后序遍历非递归算法考题在考研数据结构中算是上等难度的题目,考生能够成功地将递归算法非递归化,已经算是达到了要求。非递归化的方法有很多,当然包括只用一个栈就能解决问题的方法,不过代码实现要比这个双栈法复杂且难理解得多。这里是基于考研数据结构的特点选取的一个最合适的算法。如有不满足于此的同学,可以自行去搜索其他的实现方法,有很多不错的代码。

2. 线索二叉树

二叉树非递归遍历算法避免了系统栈的调用,提高了一定的执行效率。本节介绍的线索二叉树可以将用户栈也省掉,把二叉树的遍历过程线性化,进一步提高了效率。

对于二叉链表存储结构,n个结点的二叉树有n+1个空链域,能不能把这些空链域有效地利用起来,以使二叉树的遍历更加高效呢?答案是肯定的,这就是线索二叉树的由来。在一般的二叉树中,我们只知道某个结点的左、右孩子,并不能知道某个结点在某种遍历方式下的直接前驱和直接后继,如果能够知道"前驱"和"后继"信息,就可以把二叉树看作一个链表结构,从而可以像遍历链表那样来遍历二叉树,进而提高效率。这对经常需要进行遍历操作的二叉树而言,无疑是很有用的。

说明:有同学在平台问,这里的高效具体体现在哪里?这个问题其实在考研真题中也出现过,可以做如下回答。

体现在:二叉树被线索化后近似于一个线性结构,分支结构的遍历操作就转化为了近似于线性结构的遍历操作,通过线索的辅助使得寻找当前结点前驱或者后继的平均效率大大提高。

说明:看到上面这个答案可能有些同学又要问:"栈都不需要了,并且将树中原有的空指针重新利用了起来,所以上面这个答案是否应该再加一条对空间利用率提高的回答?一般的效率相关问答题不都是从时间复杂度和空间复杂度两方面考虑吗?"原因是,每个结点中多了两个标识域 **ltag** 和 **rtag**,它们

导致的额外空间开销是否比非递归遍历算法中的栈空间开销少，在不同的场合下很难确定，因此这里不提空间利用率的提高。

（1）中序线索二叉树的构造

线索二叉树的结点结构如下：

lchild	ltag	data	rtag	rchild

在二叉树线索化的过程中会把树中的空指针利用起来作为寻找当前结点前驱或后继的线索，这样就出现了一个问题，即线索和树中原有指向孩子结点的指针无法区分。上面的结点设计就是为了区分这两类指针，其中，ltag 和 rtag 为标识域，它们的具体意义如下：

1）如果 **ltag=0**，则表示 lchild 为指针，**指向结点的左孩子**；如果 **ltag=1**，则表示 lchild 为线索，指向结点的直接前驱。

2）如果 **rtag=0**，则表示 rchild 为指针，**指向结点的右孩子**；如果 **rtag=1**，则表示 rchild 为线索，指向结点的直接后继。

对应的线索二叉树的结点定义如下：

```
typedef struct TBTNode
{
    char  data;
    int  ltag,rtag;   //线索标记
    struct TBTNode *lchild;
    struct TBTNode *rchild;
}TBTNode;
```

线索二叉树可以分为前序线索二叉树、中序线索二叉树和后序线索二叉树。对一棵二叉树中所有结点的空指针域按照某种遍历方式加线索的过程叫作线索化，被线索化了的二叉树称为线索二叉树。图 6-16 所示为中序线索二叉树及其二叉链表表示。

说明：在考研数据结构中，中序线索二叉树的考查最为频繁，前序次之，后序最少，因此这里重点讲中序线索二叉树的相关知识点，前序和后序线索二叉树只做简单介绍。

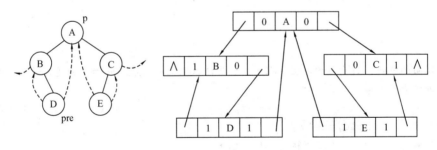

图 6-16 中序线索二叉树及其二叉链表表示

二叉树中序线索化分析：

1）既然要对二叉树进行中序线索化，首先要有中序遍历的框架，这里采用二叉树中序递归遍历算法，在遍历过程中连接上合适的线索即可。

2）线索化的规则是，左线索指针指向当前结点在中序遍历序列中的前驱结点，右线索指针指向后继结点。因此我们需要一个指针 p 指向当前正在访问的结点，pre 指向 p 的前驱结点，p 的左线索如果存在则让其指向 pre，pre 的右线索如果存在则让其指向 p，因为 p 是 pre 的后继结点，这样就完成了一对线索的连接。如图 6-16 左图所示，某一时刻 p 指向 A，pre 指向了中序遍历过程中 A 的前驱 D，A 是 D 的后继，如果 D 的右线索存在，则指向 A。按照这样的规则一直进行下去，当整棵二叉树遍历完成时，线索化也就完成了。

3）上一步中保持 pre 始终指向 p 前驱的具体过程是，当 p 将要离开一个访问过的结点时，pre 指向 p；当 p 来到一个新结点时，pre 显然指向的是此时 p 所指结点的前驱结点。

通过中序遍历对二叉树线索化的递归算法如下：

```
void InThread(TBTNode *p, TBTNode *&pre)
{
    if(p!=NULL)
    {
        InThread(p->lchild,pre);      //递归，左子树线索化
        if(p->lchild==NULL)
        {                              //建立当前结点的前驱线索
            p->lchild=pre;
            p->ltag=1;
        }
        if(pre!=NULL&&pre->rchild==NULL)
        {                              //建立前驱结点的后继线索
            pre->rchild=p;
            pre->rtag=1;
        }
        pre=p;        //pre 指向当前的 p，作为 p 将要指向的下一个结点的前驱结点指示指针
        p=p->rchild;  //p 指向一个新结点，此时 pre 和 p 分别指向的结点形成了一个前驱后继对，
                      //为下一次线索的连接做准备
        InThread(p,pre);              //递归，右子树线索化
    }
}
```

说明：

上一段代码中的如下 3 句：

```
pre=p;
p=p->rchild;
InThread(p,pre);
```

是为了配合前面的讲解而拆开写的，便于理解，若明白原理之后还是写成如下和递归遍历框架一致的形式比较好，方便老师阅卷。

```
pre=p;
InThread(p->rchild,pre);
```

通过中序遍历建立中序线索二叉树的主程序如下：

```
void createInThread(TBTNode *root)
{
    TBTNode *pre=NULL;                //前驱结点指针
    if(root!=NULL)
    {
        InThread(root,pre);
        pre->rchild=NULL;             //非空二叉树，线索化
        pre->rtag=1;                  //后处理中序最后一个结点
    }
}
```

(2) 遍历中序线索二叉树

访问运算主要是为遍历中序线索二叉树服务的。这种遍历不再需要栈，因为它利用了隐含在线索二叉树中的前驱和后继信息。

求以 p 为根的中序线索二叉树中，中序序列下的第一个结点的算法如下：

```
TBTNode *First(TBTNode *p)
{
    while(p->ltag==0)
        p=p->lchild;                    //最左下结点（不一定是叶结点）
    return p;
}
```

求在中序线索二叉树中，结点 p 在中序下的后继结点的算法如下：

```
TBTNode *Next(TBTNode *p)
{
    if(p->rtag==0)
        return First(p->rchild);
    else
        return p->rchild;               //rtag==1，直接返回后继线索
}
```

如果把程序中 First 的 ltag 和 lchild 换成 rtag 和 rchild，同时把函数名 First 换成 Last，则可得到求中序序列下最后一个结点的函数 Last()；如果把程序中 Next 的 rtag 和 rchild 换成 ltag 和 lchild，并同时把函数 First()换成函数 Last()，再把函数名 Next 改为 Prior，则可得到求中序序列下前驱结点的函数 Prior()。

最后可以很容易地写出在中序线索二叉树上执行中序遍历的算法：

```
void Inorder (TBTNode *root)
{
    for(TBTNode *p=First(root);p!=NULL;p=Next(p))
        Visit(p);//Visit()是已经定义的访问 p 所指结点的函数
}
```

(3) 前序线索二叉树

前序线索化代码和中序线索化代码极为相似，最大的区别是把连接线索的代码提到了两递归入口的前面，这也符合先序递归遍历的框架。

```
void preThread(TBTNode *p, TBTNode *&pre)
{
    if(p!=NULL)
    {
        if(p->lchild==NULL)
        {
            p->lchild=pre;
            p->ltag=1;
        }
        if(pre!=NULL&&pre->rchild==NULL)
        {
            pre->rchild=p;
            pre->rtag=1;
        }
```

```
            pre=p;
        /*注意，这里在递归入口处有限制条件，左、右指针不是线索才继续递归*/
        if(p->ltag==0)
            preThread(p->lchild,pre);
        if(p->rtag==0)
            preThread(p->rchild,pre);
    }
}
```

在前序线索二叉树上执行前序遍历的算法如下：

```
void preorder(TBTNode *root)
{
    if(root!=NULL)
    {
        TBTNode *p=root;
        while(p!=NULL)
        {
            while(p->ltag==0)//左指针不是线索，则边访问边左移
            {
                Visit(p);
                p=p->lchild;
            }
            Visit(p);//此时p左指针必为线索，但还没有被访问，则访问
            p=p->rchild;//此时p左孩子不存在，若右指针非空，
                       //则不论是否为线索都指向其后继
        }
    }
}
```

（4）后序线索二叉树

后序线索化代码和中序线索化代码极为相似，最大的区别是把连接线索的代码放到了两递归入口的后面，这也符合后序递归遍历的框架。

```
void postThread(TBTNode *p, TBTNode *&pre)
{
    if(p!=NULL)
    {
        postThread(p->lchild,pre);  //递归，左子树线索化
        postThread(p->rchild,pre);  //递归，右子树线索化
        if(p->lchild==NULL)
        {                           //建立当前结点的前驱线索
            p->lchild=pre;
            p->ltag=1;
        }
        if(pre!=NULL&&pre->rchild==NULL)
        {                           //建立前驱结点的后继线索
            pre->rchild=p;
```

```
            pre->rtag=1;
        }
        pre=p;
    }
}
```

说明：对于后序线索二叉树的遍历，考研数据结构中出现的题目最多的是手工找出当前结点的后继，因此大家只需记住以下 3 点即可：

1）若结点 x 是二叉树的根，则其后继为空。

2）若结点 x 是其双亲的右孩子，或是其双亲的左孩子且其双亲没有右子树，则其后继即为双亲结点。

3）若结点 x 是其双亲的左孩子，且其双亲有右子树，则其后继为双亲右子树上按后序遍历列出的第一个结点。

说明：本节在考研数据结构选择题中涉及较多的是给出一棵二叉树，让考生指出其中一个结点的线索按照某种线索化方法所应该指向的结点。例如，请画出图 6-17 所示二叉树按照中序线索化方法线索化后，E 结点的右线索的连接情况。解决这类题的方法为：先写出题目所要求的遍历方式下的结点访问序列，根据此序列找出题目要求中结点的前驱和后继，然后连接线索。图 6-17 所示二叉树的中序遍历序列为 D，B，E，A，C。结点 E 的前驱为 B，后继为 A，因此其右线索应该指向 A，结果如图 6-18 所示。

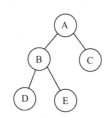
图 6-17 示例二叉树

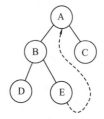
图 6-18 示例二叉树的中序线索结果

6.3 树和森林与二叉树的互相转换

6.3.1 树转换为二叉树

前面提到的树的**孩子兄弟**存储结构是基于二叉链表实现的，即以二叉链表作为树的存储结构，只是结点中的指针域表示的意义不同，对比如下：

1）用二叉链表存储二叉树，结点中一个指针域叫作 lchild，指向左孩子，另一个指针域叫作 rchild，指向右孩子。

2）用二叉链表存储树，结点中一个指针（假设叫 child）指向一个孩子，另一个指针（假设叫 sibling）指向自己的兄弟结点。如图 6-19 所示，最左边是一棵树，最右边是这棵树转化为二叉树后存储在二叉链表中的情形。可以看到，A 结点的 child 指向了自己的一个孩子 B 结点，A 结点没有兄弟结点，因此 sibling 为空；再看 B 结点，B 没有孩子结点，因此 child 为空，B 的 sibling 指向了自己的兄弟结点 C。如果要找到 A 的孩子结点 D，只需要 A->child->sibling->sibling 即可。

孩子兄弟存储结构实质上是一个二叉链表，用它来存储二叉树是最直观方便的，如何把一棵树也能方便地用孩子兄弟存储结构来存储呢？这就是本节的主要内容，将树转化为二叉树。图 6-19 所示即为将一棵树转化成二叉树，并存储在孩子兄弟存储结构中的过程。

以图 6-19 所示的树为例，将其转化为二叉树的过程如下：

1）将同一结点的各孩子结点用线（图 6-20 中的虚线所示）串起来，如图 6-20 所示。

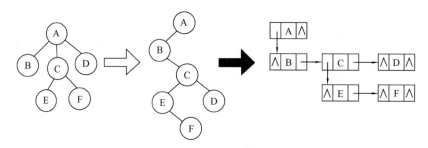

图 6-19 将一棵树转化成二叉树并存储在孩子兄弟存储结构中

2)除了第一个结点以外,其余结点的分支从左往右都剪掉,如图 6-21 所示,即可得到如图 6-22a 所示的二叉树。

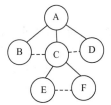
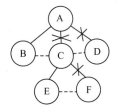

图 6-20 将孩子结点串起来　　　　图 6-21 剪掉右侧结点的父子连线

3)调整结点使之符合二叉树的层次结构,如图 6-22b 所示。

6.3.2 二叉树转换为树

掌握了树转化为二叉树的操作过程,这一节就比较简单了,只要把整个过程逆过来即可,具体过程如图 6-23 所示。

1)图 6-23a 所示是一棵二叉树,先把它从左上到右下分为若干层。如 A 是一层,B、C、D 是一层,E、F 是一层;然后调整成水平方向,如图 6-23b 所示。

2)找到每一层结点在其上一层的父结点。如第三层中,结点 E、F 在上一层的父结点为 C,因为 E 和 C 相连;第二层中,结点 B、C、D 在上一层的父结点为 A,因为 B 和 A 相连。

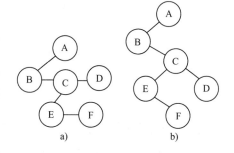

图 6-22 转换成的二叉树
a)调整前　b)调整后

3)将每一层的结点和其父结点相连。如图 6-23c 中虚线所示;然后删除每一层结点之间的连接,如图 6-23c 中×号所示。最后得到的树如图 6-23d 所示。

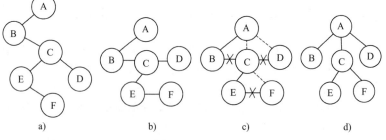

图 6-23 二叉树转化为树的过程

6.3.3 森林转换为二叉树

将森林转化为二叉树可以看作树转化为二叉树的扩展,只不过是由原来的一棵树的转化扩展为多棵树的转化。要注意一点，要求是将森林转化为一棵二叉树，因此将森林中的每棵树分别转化后得到的多棵二叉树应该按照一定的规则连接成一棵二叉树。根据孩子兄弟表示法的规则，由于树的根结点一定是没有右兄弟的，因此转换为二叉树后，根结点一定是没有右孩子的。那么可以将根结点这个空出来的右孩子指针利用起来，即将森林中第二棵树转换成的二叉树，当作第一棵树根的右子树；将森林中第三棵树转换成的二叉树，当作第二棵树根的右子树……以此进行，最终森林就被转换成了一棵二叉树。

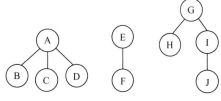

图 6-24　含有 3 棵树的一个森林

下面以图 6-24 为例说明将森林转换为二叉树的过程。

1）按照 6.3.1 节中介绍的方法，先将森林中的 3 棵树分别转换为二叉树，如图 6-25 所示。

2）将第二棵二叉树作为第一棵二叉树根的右子树，将第三棵二叉树作为第二棵二叉树根的右子树，结果如图 6-26 所示。

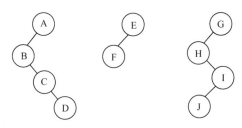

图 6-25　用孩子兄弟法表示每一棵树

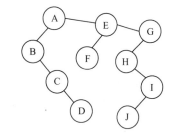

图 6-26　用二叉树来表示一个森林

6.3.4　二叉树转换为森林

掌握了上一节的方法，这一节的问题就变得很容易了。只需要不停地将根结点有右孩子的二叉树的右孩子链接断开，直到不存在根结点有右孩子的二叉树为止；然后将得到的多棵二叉树按照二叉树转化为树的规则依次转化即可。以图 6-26 所示的二叉树为例，初始时只有一棵二叉树，根为 A，存在右孩子结点 E，则断开 A 与 E 之间的链接，得到一棵有右孩子的二叉树，根为 E，存在右孩子结点 G，则断开 E 与 G 之间的链接。此时得到 3 棵二叉树，其根结点分别为 A、E、G，均不存在右孩子，则停止此过程，开始二叉树转化为树的步骤。

6.3.5　树和森林的遍历

1. 树的遍历

树的遍历有两种方式：**先序遍历**和**后序遍历**。先序遍历是先访问根结点，再依次访问根结点的每棵子树，访问子树时仍然遵循先根再子树的规则；后序遍历是先依次访问根结点的每棵子树，再访问根结点，访问子树时仍然遵循先子树再根的规则。例如，对图 6-27 所示的树进行先序遍历和后序遍历的过程分别如下：

（1）先序遍历

先访问根结点，然后先序遍历每一棵子树，以图 6-27 为例：

1）访问根结点 A。

2）访问 A 的第一棵子树，访问子树时先访问根结点 B。

3）访问 B 的第一个孩子 E。

4）访问 B 的第二个孩子 F。

5）访问 A 的第二棵子树，访问子树时先访问根结点 C。

6）访问 C 的第一个孩子 G。

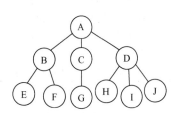

图 6-27　树的遍历

7）访问 A 的第三棵子树，访问子树时先访问根结点 D。

8）访问 D 的第一个孩子 H。

9）访问 D 的第二个孩子 I。

10）访问 D 的第三个孩子 J。

先序遍历的结果为 A，B，E，F，C，G，D，H，I，J。

（2）后序遍历

先后序遍历根结点的每一棵子树，然后再访问根结点，以图 6-27 为例：

1）访问根结点 A 的第一棵子树，访问子树时先访问根 B 的第一个孩子 E。

2）访问 B 的第二个孩子 F。

3）访问 B。

4）访问 A 的第二棵子树，访问子树时先访问根 C 的第一个孩子 G。

5）访问 C。

6）访问 A 的第三棵子树，访问子树时先访问根 D 的第一个孩子 H。

7）访问 D 的第二个孩子 I。

8）访问 D 的第三个孩子 J。

9）访问 D。

10）最后访问根结点 A。

后序遍历的结果为 E，F，B，G，C，H，I，J，D，A。

树转换为二叉树后，树的先序遍历对应二叉树的先序遍历，树的后序遍历对应二叉树的中序遍历（注意不是后序遍历）。所以，可以将树转换为二叉树后，借助遍历二叉树的方法来遍历树。假如一棵树已经转化为二叉树来存储，要得到其先序遍历序列，只需先序遍历这棵二叉树；要得到其后序遍历序列，只需中序遍历这棵二叉树。

2．森林的遍历

森林的遍历方式有两种：**先序遍历和后序遍历**。

先序遍历的过程：先访问森林中第一棵树的根结点，然后先序遍历第一棵树中根结点的子树，最后先序遍历森林中除了第一棵树以外的其他树。

后序遍历的过程：后序遍历第一棵树中根结点的子树，然后访问第一棵树的根结点，最后后序遍历森林中除去第一棵树以后的森林。

如图 6-24 所示的森林，对其进行后序遍历的结果为：B，C，D，A，F，E，H，J，I，G，其实就是对森林中的每一棵树分别进行后序遍历的结果。

将图 6-25 所示的森林转化为二叉树即得到图 6-26。

对其进行中序遍历得到：B，C，D，A，F，E，H，J，I，G，与森林的后序遍历序列相同。

在森林转换为二叉树的过程中，森林的**先序遍历**对应二叉树的**先序遍历**，森林的**后序遍历**对应二叉树的**中序遍历**。

注意：对于森林的第二种遍历方式，即本节中提到的森林的后序遍历，在不同的书或不同学校的考卷中有不同的表述方式，如有的称其为森林的中序遍历。据笔者调查，更多的情况下描述为森林的后序遍历，包括国外一些权威的教材和教学网站。因此这里大家要留心，对于考研数据结构，出现森林的中序和后序遍历，就当描述的是同一件事情即可。

6.4 树与二叉树的应用

6.4.1 二叉排序树与平衡二叉树

说明：二叉排序树和平衡二叉树与查找的关系密切，因此将其放到查找一章讲解。

6.4.2 赫夫曼树和赫夫曼编码

说明：在下面要讲的 1~4 点内容中，默认赫夫曼树为二叉树。

1. 与赫夫曼树相关的一些概念

赫夫曼树又叫作最优二叉树，它的特点是**带权路径最短**。首先需要说明几个关于路径的概念。

1) **路径**：路径是指从树中一个结点到另一个结点的分支所构成的路线。
2) **路径长度**：路径长度是指路径上的分支数目。
3) **树的路径长度**：树的路径长度是指从根到每个结点的路径长度之和。
4) **带权路径长度**：结点具有权值，从该结点到根之间的路径长度乘以结点的权值，就是该结点的带权路径长度。
5) **树的带权路径长度（WPL）**：树的带权路径长度是指树中所有**叶子结点**的带权路径长度之和。

本节重点是要理解最后三个概念，下面通过一个例子来说明它们。假设图 6-28 所示二叉树的 4 个叶子结点 a、b、c、d 的权值分别为 7、5、2、4。因为 a 到根结点的分支数目为 2，所以 a 的**路径长度**为 2，a 的**带权路径长度**为 7×2=14。同样，b、c、d 的带权路径长度分别为 5×2=10、3×2=6、4×2=8。于是这棵二叉树的带权路径长度为 WPL=14+10+6+8=38。

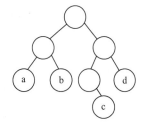

图 6-28　有 4 个叶子结点的二叉树

2. 赫夫曼树的构造方法

给定 n 个权值，用这 n 个权值来构造赫夫曼树的算法描述如下：

1) 将这 n 个权值分别看作只有根结点的 n 棵二叉树，这些二叉树构成的集合记为 F。
2) 从 F 中选出两棵根结点的权值最小的树（假设为 a、b）作为左、右子树，构造一棵新的二叉树（假设为 c），新的二叉树的根结点的权值为左、右子树根结点权值之和。
3) 从 F 中删除 a、b，加入新构造的树 c。
4) 重复进行 2)、3) 两步，直到 F 中只剩下一棵树为止，这棵树就是赫夫曼树。

下面通过一个例子来说明赫夫曼树的构造过程，如图 6-29 所示，图中结点下方的数字代表该结点的权值，用图中各结点构造一棵赫夫曼树。

构造步骤如下：

1) 先将 a、b、c、d 看作只有根的 4 棵二叉树。
2) 选出权值最小的两个根 c 和 d，将它们作为左、右子树，构造一棵新的二叉树。新的二叉树的根结点权值为 c 和 d 权值之和，删除 c 和 d，同时将新构造的二叉树加入集合中，结果如图 6-30 所示。
3) 继续选择权值最小的两个根，即权值为 5 和 6 的两个根结点，将它们作为左、右子树，构造一棵新的二叉树，新的二叉树的根结点权值为 5+6=11。删除根权值为 5 和 6 的两棵树，同时将新构造的二叉树加入集合中，结果如图 6-31 所示。
4) 继续选择权值最小的两个根，即权值为 7 和 11 的两个根，将它们作为左、右子树，构造一棵新的二叉树，新的二叉树的根结点权值为 7+11=18。删除根权值为 7 和 11 的两棵树，同时将新构造的二叉树加入集合中，最终结果如图 6-32 所示。
5) 此时，集合中只剩下一棵二叉树，这棵二叉树就是赫夫曼树，至此赫夫曼树的构造结束。计算其 WPL=7×1+5×2+2×3+4×3=35。在以 a、b、c、d 这 4 个结点为叶子结点的所有二叉树

图 6-29　带有权值的结点

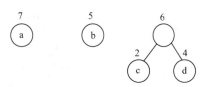

图 6-30　将结点 c、d 构成二叉树

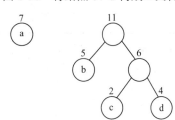

图 6-31　将结点 b 加进去

中，赫夫曼树的 WPL 是最小的。

3. 赫夫曼树的特点

1）权值越大的结点，距离根结点越近。
2）树中没有度为 1 的结点。这类树又叫作正则（严格）二叉树。
3）树的带权路径长度最短。

4. 赫夫曼编码

前边关于赫夫曼树的讲解中，提到了很多次"最"这个字，如最优二叉树、最短带权路径长度等。"最"可以理解为在一群事物中独特的存在，具有一些突出的特性。能不能利用赫夫曼树最的特性做一些事情呢？如在存储文件时，对于包含同一内容的文件有多种存储方式，是不是可以找出一种最节省空间的存储方式？答案是肯定的，这就是赫夫曼编码的用途。常见的.zip 压缩文件和.jpeg 图片文件的底层技术都用到了赫夫曼编码。

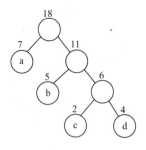

图 6-32　最终形成的二叉树

这里用一个简单的例子来说明赫夫曼编码是如何实现对文件进行压缩存储的。如这样一串字符"S=AAABBACCCDEEA"，选三位二进制数为各个字符编码（二进制数位数随意，只要满足能编码所有不同的字符都可），编码规则见表 6-2。

表 6-2　三位二进制数对 A～E 的编码规则

A	B	C	D	E
000	001	010	011	100

根据表 6-2 可以把 S 串编码为：

T(S)=000000000001001000100100011100100000

并将其存储在计算机中,用的时候就可以按照表 6-2 所示的编码规则，对每三位一个字符进行解码得到 S 串。

T(S)长度为 39，有没有办法使得这个编码串变短一些，且能准确地解码得到原字符串？我们用**赫夫曼编码**方法来试试。首先统计一下各个字符在字符串中出现的次数，见表 6-3。

以字符为根结点，以对应的出现次数为权值，构造一棵赫夫曼树，如图 6-33 所示。

对图 6-33 中赫夫曼树每个结点的左、右分支进行编号，左 0 右 1，则从根到每个结点的路径上的数字序列即为每个字符的编码，见表 6-4。

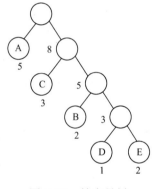

图 6-33　赫夫曼树

表 6-3　字符在字符串中出现的次数统计

A	B	C	D	E
5次	2次	3次	1次	2次

表 6-4　对 A～E 的赫夫曼编码规则

A	B	C	D	E
0	110	10	1110	1111

因此 S 串的编码为：

H(S)=00011011001010101110111111110

上述由赫夫曼树导出每个字符的编码，进而得到对整个字符串的编码的过程称为**赫夫曼编码**。H(S)串长度为 29，比 T(S)串短了很多。如果原字符串很长，这种压缩带来的空间节约就会更加明显。

这里有同学会提问，前面对 S 串的编码方式是采取定长码，每三位代表一个字符，解码时只要每三位解码一次就可以解码出原字符串；而现在的这种编码方式是不定长的，不同的字符可能出现不同长度的编码串，如果出现一个字符的编码串是另一个字符编码串的前缀，岂不是会出现解码的歧义？假如 A 的编码串是 0，B 的编码串是 00，对于 00 这个编码串，是应该解码为 AA 还是 B 呢？这个问题可以用**前缀码**来解决。在前缀码中，**任一字符的编码串都不是另一字符编码串的前缀**（这里以被编码的对象是字符为例）。用前缀编码，在解码时就不会出现歧义了，观察图 6-34，由赫夫曼编码规则产生的恰好是前缀码，如 H(S)即是一串前缀码。因为被编码的字符都处于叶子结点上，而**根通往任一叶子结点的路径都不可能是通往其余叶子结点路径的子路径**，因此任一编码串不可能是其他编码串的子串。

对 H(S)**解码**需要用到图 6-34 中的赫夫曼树，以 H(S)串为指示，一次次沿着根结点走向叶子结点并读出字符的过程即是解码过程。如 H(S)串第一个字符为 0，从根开始沿着 0 方向走到叶子结点，解码出 A；回到根，重复上述过程，解码出后面两个 A；此时遇到 1，从根沿着 1 方向走，遇到的不是叶子结点，继续读 H(S)串，下一个字符是 1，继续沿着 1 走，仍然不是叶子结点，继续读 H(S)串，下一个字符是 0，则沿着 0 方向走到叶子结点，读出 B，回到根结点。如此进行下去，直到将所有字符解码出来。

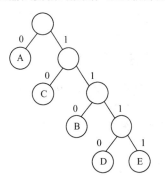

图 6-34　赫夫曼编码

到这里，可能有同学又要问了："我随便画一棵二叉树，同样可以构造出前缀码，为什么非要用赫夫曼树？"由赫夫曼树的特性可知，其树的带权路径长度是最短的。赫夫曼编码过程中，每个字符的权值是在字符串中出现的次数，路径长度即为每个字符编码的长度，出现次数越多的字符编码长度越短，因此就使得其整个字符串被编码后的前缀码长度最短。这里就引出了另一个重要结论，**赫夫曼编码产生的是最短前缀码**。

注意：对于同一组结点，构造出的赫夫曼树可能不是唯一的。例如，a、b、c、d 这 4 个结点的权值分别为 3、2、2、2，先选取权值最小的结点时，有两种可能的选择，即先以 b、c 构造一棵树或者先以 c、d 构造一棵树，这样就会产生两棵不同的赫夫曼树，同样也会产生不同的前缀码，在考研答卷时也会出现不同的答案。但是对于同一组结点，只要按照赫夫曼树以及前缀码的构造规则，得到的赫夫曼树 WPL 都是相同的，得到的前缀码长度都是最短的，写出的答案也都是正确的。

说明：即便题目给出的一组权值都是互不相同的，且构造过程中产生的二叉树根权值也是互不相同的，照样能构造出不同的赫夫曼树和前缀码。例如，只需调换一下左、右子树的位置即可产生满足要求的不同结果。虽然这些结果在实际应用中都是等价的，但据笔者调查，几乎所有考研题目中出现的赫夫曼树构造结果都是左子树根权值小于右子树根权值，两子树根权值相同则较矮的子树在左边。难道这是考研出题者的一种"潜规则"？希望大家在做题时也按照这个规则来答卷，毕竟两棵都满足答案要求的赫夫曼树在长相上可能差别很大，导致阅卷老师误判的概率增加，所以还是选择一个阅卷老师最熟悉的形态结果比较好。

5．赫夫曼 n 叉树

说明：很多参考书上说赫夫曼树就是二叉树，这显然是不对的，因为不论是从赫夫曼树的发明者 David A. Huffman 的论文中，还是在往年考题中，都出现过赫夫曼 n 叉树（n>2）。

赫夫曼二叉树是赫夫曼 n 叉树的一种特例，对于结点数目大于等于 2 的待处理序列，都可以构造赫夫曼二叉树，但却不一定能构造赫夫曼 n 叉树。当发现无法构造时，需要补上权值为 0 的结点让整个序列凑成可以构造赫夫曼 n 叉树的序列。如序列 A(1)、B(3)、C(4)、D(6)（括号内为权值）就不能直接构造赫夫曼三叉树，需要补上一个权值为 0 的结点。此时新结点序列为：H(0)、A(1)、B(3)、C(4)、D(6)，这样就可以类比赫夫曼二叉树的构造方法，每次挑选权值最小的三个结点构造一棵三叉树，以此类推，直到所有结点都被并入树中。具体的构造方法以及结果如下：

1）选取当前权值较小的三个结点 H、A、B 构造一棵三叉树 T，根结点权值为 4。

2）选取结点 C、D 和上一步的生成树 T 的根结点，构造一棵三叉树，根结点权值为 14，即为结果赫夫曼三叉树，如图 6-35 所示。

这棵赫夫曼三叉树的 **WPL**=(0×2)+(1+3)×2+(4+6)×1=18。

从这个结果的表达式可以发现，H 结点的存在对 WPL 值没有影响，因此得到的依然是最小 WPL，因此这种补结点的做法是可行的。

说明：在考研数据结构中，要根据具体情况来判断题目考查的是赫夫曼二叉树还是多叉树，在题目没有明确指出的情况下，一般按照赫夫曼二叉树来处理。

6.4.3　并查集及其应用（2022 统考大纲新增内容）

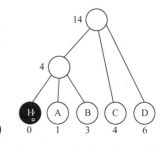

图 6-35　一棵赫夫曼三叉树

说明：本节为 2022 统考大纲中的新增内容。并查集虽是一种树状结构，但在考研中图那一章（第 7 章）涉及的构建最小生成树的应用场景中出现得最为频繁。因此该知识点将放在图那一章，并结合构造最小生成树的知识点来讲解，这样便于大家理解。

▲真题仿造

已知二叉树的结点按先序遍历的序列存储在一维数组 pre[L1，…，R1]中，按中序遍历的序列存储在一维数组 in[L2，…，R2]中（其中，L1、R1 与 L2、R2 指示了数组中元素（类型为 char 型）存储的下标范围），假设二叉树中结点数据值互不相同。试写出由 pre[L1，…，R1]和 in[L2，…，R2]构造二叉树的算法。

（1）给出基本设计思想。

（2）根据设计思想，采用 C 或 C++语言描述算法，并在关键之处给出注释。

真题仿造答案与解析

解：

（1）算法设计思想

先序遍历序列中第一个元素 a 即为树的根结点数值。在中序遍历序列中找到 a，由 a 将中序遍历序列分成两个子序列，左边子序列中的元素构成左子树，右边子序列中的元素构成右子树。再对左、右两个子序列用同样的方法处理，直到所处理的子序列只剩下一个元素时二叉树构造结束。

（2）算法描述

```
BTNode *CreateBT(char pre[],char in[],int L1,int R1,int L2,int R2)
/*本函数返回所构造的二叉树的根结点指针*/
{
    BTNode *s;
    int i;
    if(L1>R1)return NULL;        //如果序列中没有元素，则树为空，返回 NULL
                                 //关于这句话请看下面的微信答疑
    s=(BTNode *)malloc(sizeof(BTNode));//申请一个结点空间
    s->lchild=s->rchild=NULL;
    for(i=L2;i<=R2;++i)          //查找等于当前子树根的结点在 in[]中的位置
        if(in[i]==pre[L1])
            break;
    s->data=in[i];               //将当前子树根结点值赋给新申请的结点
/*通过在 in[]中找到的分界点 i，确定在 pre[]和 in[]中当前子树的左子树的范围，并参照之前的方法（递归处理）建立左子树，将左子树根连接在 s 的左指针域上*/
```

```
        s->lchild=CreateBT(pre,in,L1+1,L1+i-L2,L2,i-1);
/*通过在 in[]中找到的分界点 i，确定在 pre[]和 in[]中当前子树的右子树的范围，并参照之前
的方法（递归处理）建立右子树，将右子树根连接在 s 的右指针域上*/
        s->rchild=CreateBT(pre,in,L1+i-L2+1,R1,i+1,R2);
        return s;                      //当前子树处理完毕，返回根结点 s
}
```

微信答疑

提问：

"if(L1>R1)return NULL"这个语句在答题中是否可有可无？因为下面对 L2 和 R2 就没有这个判断语句了。

回答：

不可以去掉，L1>R1 代表处理序列长度为 0，因此要将对应的指针设置为空。而对于 L2 和 R2 不需要进行判断，因为 in[]数组对于这个题目来说只是一个参照数组，是用来确定左、右子树结点范围的。

习题+真题精选

微信扫码看本章题目讲解视频：

一、习题

（一）选择题

1. 树最适合用来表示（　　）。
   A．有序元素　　　　　　　　　　B．无序元素
   C．元素之间具有分支层次关系的数据　D．元素之间无联系的数据
2. 按照二叉树的定义，具有 3 个结点的二叉树有（　　）种。
   A．3　　　　　B．4　　　　　C．5　　　　　D．6
3. 有 10 个叶子结点的二叉树中有（　　）个度为 2 的结点。
   A．8　　　　　B．9　　　　　C．10　　　　　D．11
4. 如果一棵二叉树有 10 个度为 2 的结点，5 个度为 1 的结点，则度为 0 的结点个数为（　　）。
   A．9　　　　　B．11　　　　　C．15　　　　　D．不确定
5. 一棵完全二叉树上有 1001 个结点，其中叶子结点的个数是（　　）。
   A．250　　　　B．500　　　　C．505　　　　D．501
6. 一棵高度为 4 的完全二叉树至少有（　　）个结点。
   A．15　　　　B．7　　　　　C．8　　　　　D．16
7. 一棵高度为 5 的完全二叉树至多有（　　）个结点。
   A．16　　　　　B．32
   C．31　　　　　D．10
8. 假设高度为 h 的二叉树上只有度为 0 和度为 2 的结点，则此类二叉树中所包含的结点数至少为（　　）。
   A．2h　　　　　B．2h-1
   C．2h+1　　　　D．h+1
9. 如果图 6-36 所示的二叉树是由森林转化而来的，那么

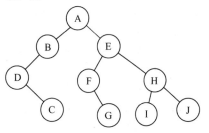

图 6-36　选择题第 9 题图

原森林有（　　　）个叶子结点。

A．4　　　　　　　　　　　　　　B．5
C．6　　　　　　　　　　　　　　D．7

10．一棵二叉树的先序遍历序列和其后序遍历序列正好相反，则该二叉树一定是（　　　）。

A．空树或者只有一个结点　　　　　B．完全二叉树
C．二叉排序树　　　　　　　　　　D．高度等于其结点数

11．一棵二叉树的先序遍历序列为 A，B，C，D，E，F，中序遍历序列为 C，B，A，E，D，F，则后序遍历序列为（　　　）。

A．C，B，E，F，D，A　　　　　　B．F，E，D，C，B，A
C．C，B，E，D，F，A　　　　　　D．不确定

12．一棵二叉树的后序遍历序列为 D，A，B，E，C，中序遍历序列为 D，E，B，A，C，则先序遍历序列为（　　　）。

A．A，C，B，E，D　　　　　　　B．D，E，C，B，A
C．D，E，A，B，C　　　　　　　D．C，E，D，B，A

13．一棵二叉树的先序遍历序列为 E，F，H，I，G，J，K，中序遍历序列为 H，F，I，E，J，K，G，则该二叉树根结点的右孩子为（　　　）。

A．E　　　　　B．F　　　　　C．G　　　　　D．H

14．根据使用频率为 5 个字符设计的赫夫曼编码，不可能的是（　　　）。

A．111，110，10，01，00　　　　　B．000，001，010，011，1
C．100，11，10，1，0　　　　　　 D．001，000，01，11，10

15．假设赫夫曼二叉树中只有度为 0 或 2 的结点，根据使用频率为 5 个字符设计的赫夫曼编码，不可能的是（　　　）。（本题与 14 题不同）

A．000，001，010，011，1　　　　B．0000，0001，001，01，1
C．000，001，01，10，11　　　　　D．00，100，101，110，111

16．设有 13 个值，用它们组成一棵赫夫曼树，则赫夫曼树共有（　　　）个结点。

A．13　　　　　B．12　　　　　C．26　　　　　D．25

17．已知一算术表达式的中缀形式为 A+B×C-D/E，后缀形式为 ABC×+DE/-，其前缀形式为（　　　）。

A．-A+B×C/DE　　　　　　　　　B．-A+B×CD/E
C．-+×ABC/DE　　　　　　　　　D．-+A×BC/DE

18．设树 T 的度为 4，其中度为 1、2、3 和 4 的结点个数分别为 4、2、1、1，则 T 中的叶子数为（　　　）。

A．5　　　　　B．6　　　　　C．7　　　　　D．8

19．设森林 F 对应的二叉树为 B，它有 m 个结点，B 的根为 p，p 的右子树结点个数为 n，森林 F 中第一棵树的结点个数是（　　　）。

A．m-n　　　　　　　　　　　　　B．m-n-1
C．n+1　　　　　　　　　　　　　D．条件不足，无法确定

20．在一棵三叉树中，度为 3 的结点数为 2 个，度为 2 的结点数为 1 个，度为 1 的结点数为 2 个，则度为 0 的结点数为（　　　）个。

A．4　　　　　B．5　　　　　C．6　　　　　D．7

21．假设赫夫曼二叉树中只有度为 0 或 2 的结点，有 n 个叶子的赫夫曼树的结点总数为（　　　）。

A．不确定　　　　　　　　　　　　B．2n
C．2n+1　　　　　　　　　　　　　D．2n-1

22．有关二叉树下列说法正确的是（　　　）。

A．二叉树的度为 2　　　　　　　　B．一棵二叉树的度可以小于 2
C．二叉树中至少有一个结点的度为 2　D．二叉树中任何一个结点的度都为 2

23．树的后序遍历序列等同于该树对应的二叉树的（　　）。
  A．先序遍历序列　　　　B．中序遍历序列　　　　C．后序遍历序列
24．若二叉树采用二叉链表存储结构，要交换其所有分支结点左、右子树的位置，利用（　　）遍历方法最合适。
  A．前序　　　　　　B．中序　　　　　　C．后序　　　　　　D．按层次
25．在二叉树结点的先序序列、中序序列和后序序列中，所有叶子结点在遍历序列中的先后顺序（　　）。
  A．都不相同　　　　　　　　　　B．完全相同
  C．先序和中序相同，而与后序不同　　D．中序和后序相同，而与先序不同
26．若 X 是二叉中序线索树中一个有左孩子的结点，且 X 不为根，则 X 的前驱为（　　）。
  A．X 的双亲　　　　　　　　　　B．X 的右子树中最左边的结点
  C．X 的左子树中最右边的结点　　D．X 的左子树中最右边的叶结点
27．引入二叉线索树的目的是（　　）。
  A．加快查找结点的前驱或后继的速度　　B．为了能在二叉树中方便地进行插入与删除
  C．为了能方便地找到双亲　　　　　　　D．使二叉树的遍历结果唯一
28．n 个结点的线索二叉树上含有的线索数为（　　）。
  A．2n　　　　　　B．n-1　　　　　　C．n+1　　　　　　D．n
29．在一棵非空二叉树的中序遍历序列中，根结点的右边（　　）。
  A．只有右子树上的所有结点　　B．只有右子树上的部分结点
  C．只有左子树上的部分结点　　D．只有左子树上的所有结点
30．设 n 与 m 为一棵二叉树上的两个结点，在中序遍历时，n 在 m 前的条件是（　　）。
  A．n 在 m 的右方　　　　　B．n 是 m 的祖先
  C．n 在 m 的左方　　　　　D．n 是 m 的子孙
31．一棵高度为 h 的完全二叉树**至少有**（　　）个结点。
  A．2^h-1　　　B．$2^{h-1}-1$　　　C．2^{h-1}　　　D．2^h
32．一棵高度为 h 的完全二叉树**至多有**（　　）个结点。
  A．2^h-1　　　B．$2^{h-1}-1$　　　C．2^{h-1}　　　D．2^h
33．一棵具有 1025 个结点的二叉树高度 h 为（　　）。
  A．11　　　　　B．10　　　　　C．11～1025　　　　D．12～1024
34．对一棵满二叉树，共有 n 个结点和 m 个叶子结点，高度为 h，则（　　）。
  A．n=h+m　　　B．h+m=2h　　　C．m=h-1　　　D．$n=2^h-1$
35．判断线索二叉树中 p 结点有右孩子结点的条件是（　　）。
  A．p！=NULL　　　　　　　B．p->rchild!=NULL
  C．p->rtag==0　　　　　　D．p->rtag==1
36．若度为 m 的赫夫曼树中，叶结点个数为 n，则非叶子结点的个数为（　　）。
  A．n-1　　　　　　　　　　B．$\lfloor n/m \rfloor -1$
  C．$\lceil (n-1)/(m-1) \rceil$　　　D．$\lceil n/(m-1) \rceil -1$

（二）综合应用题
1．基础题
（1）设二叉树根结点所在层次为 1，树的深度 d 为距离根最远的叶结点所在的层次。
  1）试精确给出深度为 d 的完全二叉树的不同二叉树棵数。
  2）试精确给出深度为 d 的满二叉树的不同二叉树棵数。
（2）假设二叉树采用二叉链存储结构，设计一个算法，计算一棵给定二叉树的所有结点数。
（3）假设二叉树采用二叉链存储结构，设计一个算法，计算一棵给定二叉树的所有叶结点数。

（4）假设二叉树采用二叉链存储结构，设计一个算法，利用结点的右孩子指针 rchild 将一棵二叉树的叶子结点按照从左往右的顺序串成一个单链表（在题目中定义两个指针 head 与 tail，其中 head 指向第一个叶子结点，head 初值为 NULL，tail 指向最后一个叶子结点）。

（5）在二叉树的二叉链存储结构中，增加一个指向双亲结点的 parent 指针，设计一个算法，给这个指针赋值，并输出所有结点到根结点的路径。

（6）假设满二叉树 b 的先序遍历序列已经存在于数组中（在解题过程中，此数组名称可自定义，长度为 n），设计一个算法将其转换为后序遍历序列。

（7）假设二叉树采用二叉链存储结构，设计一个算法，求二叉树 b 中值为 x 的结点的层次号。

（8）以数据集合{2，5，7，9，13}为权值构造一棵赫夫曼树，并计算其带权路径长度。

（9）对于一个堆栈，若其入栈序列为 1，2，3，…，n，不同的出入栈操作将产生不同的出栈序列。其出栈序列的个数正好等于结点个数为 n 的二叉树的个数，且与不同形态的二叉树一一对应。请简要叙述一种从堆栈输入（固定为 1，2，3，…，n）和输出序列对应一种二叉树形态的方法，并以入栈序列 1，2，3（n=3）为例确定所有的二叉树。

（10）二叉树的双序遍历是指：对于二叉树的每一个结点来说，先访问这个结点，再按双序遍历它的左子树，然后再一次访问这个结点，接下来按双序遍历它的右子树。试写出执行这种双序遍历的算法。

（11）设中序线索二叉树的类型为 TBTNode* InThTree，完成以下算法设计：
1）设计算法，在一棵中序线索二叉树中寻找结点 t 的子树上中序下的最后一个结点。
2）设计算法，在一棵中序线索二叉树中寻找结点 t 的中序下的前驱。
3）设计算法，在一棵中序线索二叉树中寻找结点 t 的前序下的后继。

2．思考题

（1）假设二叉树采用二叉链存储结构，设计一个算法，输出根结点到每个叶子结点的路径。

（2）一个高度为 L 的满 K 叉树有以下性质：第 L 层上的结点都是叶子结点，其余各层上每个结点都有 K 棵非空子树，如果从上到下、自左至右对 K 叉树中全部结点进行编号（根结点编号为 1），求：
1）各层的结点的数目是多少？
2）编号为 n 的结点的双亲结点（若存在）的编号是多少？
3）编号为 n 的结点的第 i 个孩子结点（若存在）的编号是多少？
4）编号为 n 的结点有右兄弟的条件是什么？如果有，其右兄弟的编号是多少？

提示：K 叉树中编号为 i 的结点从右往左数，第二个孩子结点的编号为 K×i。

二、真题精选

1．给定二叉树如图 6-37 所示。设 N 代表二叉树的根，L 代表根结点的左子树，R 代表根结点的右子树。若遍历后的结点序列为 3，1，7，5，6，2，4，则其遍历方式是（　　）。

A．LRN 　　　　　　　B．NRL
C．RLN 　　　　　　　D．RNL

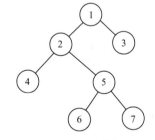

图 6-37　真题精选第 1 题图

2．在图 6-38 所示的二叉排序树中，满足平衡二叉树定义的是（　　）。（此题可在读完第 9 章查找的相关内容后再做）

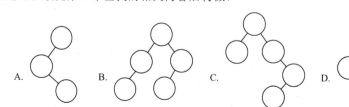

图 6-38　真题精选第 2 题图

3. 已知一棵完全二叉树的第6层（设根为第1层）有8个叶结点，则该完全二叉树的结点个数最多是（　　）。
   A．39　　　　　B．52　　　　　C．111　　　　D．119

4. 将森林转换为对应的二叉树，若在二叉树中，结点 u 是结点 v 的父结点的父结点，则在原来的森林中，u 和 v 可能具有的关系是（　　）。
   Ⅰ．父子关系
   Ⅱ．兄弟关系
   Ⅲ．u 的父结点与 v 的父结点是兄弟关系
   A．只有Ⅱ　　　B．Ⅰ和Ⅱ　　　C．Ⅰ和Ⅲ　　　D．Ⅰ、Ⅱ和Ⅲ

5. 在图 6-39 所示的线索二叉树中（用虚线表示线索），符合后序线索树定义的是（　　）。

图 6-39　真题精选第 5 题图

6. 在图 6-40 所示的平衡二叉树中，插入关键字 48 后得到一棵新平衡二叉树，在新平衡二叉树中，关键字 37 所在结点的左、右子结点中保存的关键字分别是（　　）。（此题可在读完第 9 章查找的相关内容后再做）
   A．13，48　　　B．24，48　　　C．24，53　　　D．24，90

7. 在一棵度数为 4 的树 T 中，若有 20 个度为 4 的结点，10 个度为 3 的结点，1 个度为 2 的结点，10 个度为 1 的结点，则树 T 的叶结点个数是（　　）。
   A．41　　　　　B．82　　　　　C．113　　　　D．122

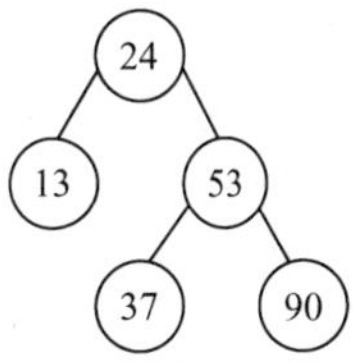

8. 对 n（n≥2）个权值均不相同的字符构成赫夫曼树，下列关于该赫夫曼树的叙述中，错误的是（　　）。
   A．该树一定是一棵完全二叉树
   B．树中一定没有度为 1 的结点
   C．树中两个权值最小的结点一定是兄弟结点
   D．树中任一非叶结点的权值一定不小于下一层任一结点的权值

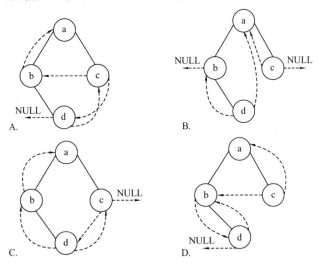

图 6-40　真题精选第 6 题图

9. 若一棵完全二叉树有 768 个结点，则该二叉树中叶子结点的个数是（　　）。
   A．257　　　　B．258　　　　C．384　　　　D．385

10. 若一棵二叉树的前序遍历序列和后序遍历序列分别为 1，2，3，4 和 4，3，2，1，则该二叉树的中序遍历序列不会是（　　）。
    A．1，2，3，4　　　　　　　B．2，3，4，1
    C．3，2，4，1　　　　　　　D．4，3，2，1

11. 已知一棵有2011个结点的树，其叶结点个数为116，该树对应的二叉树中无右孩子的结点的个数是（   ）。
    A. 115   B. 116   C. 1895   D. 1896
12. 对于下列关键字序列，不可能构成某二叉排序树中一条查找路径的序列是（   ）。（此题可在读完第9章查找的相关内容后再做）
    A. 95，22，91，24，94，71   B. 92，20，91，34，88，35
    C. 21，89，77，29，36，38   D. 12，25，71，68，33，34
13. 若一棵二叉树的前序遍历序列为a、e、b、d、c，后序遍历序列为b、c、d、e、a，则根结点的孩子结点（   ）。
    A. 只有e   B. 只有e、b   C. 只有e、c   D. 无法确定
14. 若平衡二叉树的高度为6，且所有非叶结点的平衡因子均为1，则该平衡二叉树的结点总数为（   ）。（此题可在读完第9章查找的相关内容后再做）
    A. 12   B. 20   C. 32   D. 33
15. 若将关键字1，2，3，4，5，6，7依次插入到初始为空的平衡二叉树T中，则T中平衡因子为0的分支结点的个数是（   ）。（此题可在读完第9章查找的相关内容后再做）
    A. 0   B. 1   C. 2   D. 3
16. 已知三叉树T中6个叶结点的权分别是2，3，4，5，6，7，T的带权（外部）路径长度最小是（   ）。
    A. 27   B. 46   C. 54   D. 56
17. 若X是后序线索二叉树中的叶结点，且X存在左兄弟结点Y，则X的右线索指向的是（   ）。
    A. X的父结点   B. 以Y为根的子树的最左下结点
    C. X的左兄弟结点Y   D. 以Y为根的子树的最右下结点
18. 在任意一棵非空二叉排序树T_1中，删除某结点v之后形成二叉排序树T_2，再将v插入T_2形成二叉排序树T_3。下列关于T_1与T_3的叙述中，正确的是（   ）。（此题可在读完第9章查找的相关内容后再做）
    Ⅰ. 若v是T_1的叶结点，则T_1与T_3不同
    Ⅱ. 若v是T_1的叶结点，则T_1与T_3相同
    Ⅲ. 若v不是T_1的叶结点，则T_1与T_3不同
    Ⅳ. 若v不是T_1的叶结点，则T_1与T_3相同
    A. 仅Ⅰ、Ⅲ   B. 仅Ⅰ、Ⅳ   C. 仅Ⅱ、Ⅲ   D. 仅Ⅱ、Ⅳ
19. 若对图6-41所示的二叉树进行中序线索化，则结点x的左、右线索指向的结点分别是（   ）。
    A. c，c   B. c，a
    C. d，c   D. b，a

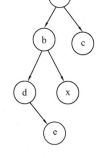

图6-41 真题精选第19题图

习题答案+真题精选答案

一、习题答案

（一）选择题

1. C。本题考查树的基本概念。

2. C。本题考查二叉树的性质。含有n个结点的二叉树共有 $\dfrac{C_{2n}^n}{n+1}$ 种，因此本题选C。

3. B。

4．B。**3、4** 这两道题都考查二叉树的性质。叶子结点个数比度为 2 的结点的个数多 1，可知本题选 B。

5．D。本题考查完全二叉树的性质。本题可分两种情况讨论：①没有单分支结点，设叶子结点的个数为 n，n 为整数，则有 n+n-1=1001，解得 n=501；②有 1 个单分支结点，则有 n+n-1+1=1001，n 无解。综上可知此题选 D。

6．C。本题考查完全二叉树结点个数的计算。其 1～3 层是一个满二叉树，结点数为 7，而第 4 层至少有 1 个结点，因此本题选 C。

7．C。本题考查完全二叉树结点个数的计算。高度一定，结点数最多的完全二叉树即为同高度的满二叉树。高度为 5 的完全二叉树结点最多有 $2^5-1=31$（个），因此本题选 C。

8．B。本题考查二叉树的基本性质。高度一定，结点最少的情况如图 6-42 所示。

除了最上层有一个结点以外，其余 h-1 层均有两个结点，结点总数为 2(h-1)+1=2h-1。因此本题选 B。

9．C。本题考查森林和二叉树的转化。由二叉树与森林的转化方法可知其中 C、D、F、G、I、J 是叶子结点。因此本题选 C。

10．D。本题考查二叉树的遍历。对于高度等于其结点数的二叉树，每层只有一个结点，假设从上向下分别为 A，B，C，D，E，F，则其先序遍历序列为 A，B，C，D，E，F，后序遍历序列为 F，E，D，C，B，A，如图 6-43 所示。

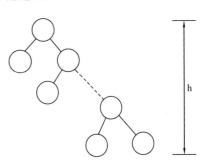

图 6-42　选择题第 8 题答案

提示：在数据结构的考题中，尤其是树和图的选择题部分，很多题目都可以用特殊情况验证的方法来解决。如本题，可以画出一个简单的二叉树来排除其他情况。

11．A。本题考查根据遍历序列确定二叉树。根据题目中的两个遍历序列确定二叉树的过程如下：

1）先序序列第一个结点即为整棵树的根结点。在中序序列中，根结点左边为左子树上的结点，右边为右子树上的结点。由此得到如图 6-44 所示的结果。

2）对于左子树中的结点 C、B，由先序序列可知，B 是根结点；由中序序列可知，C 是 B 的左子树根结点。对于右子树中的结点 E、D、F，由先序序列可知，D 是根结点；由中序序列可知，E 是其左子树根结点，F 是其右子树根结点。由此可得到如图 6-45 所示的结果。

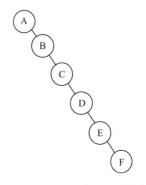

图 6-43　选择题第 10 题答案

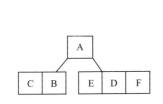

图 6-44　选择题第 11 题答案一

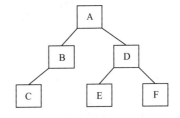

图 6-45　选择题第 11 题答案二

根据图 6-45 可知，后序遍历序列为 C，B，E，F，D，A，因此本题选 A。

12．D。本题考查根据遍历序列确定二叉树。做法类似于第 11 题，后序序列中的最后一个结点为整棵树的根结点，根据中序序列判断左、右子树中结点的情况。最终做出的二叉树如图 6-46 所示。

由图 6-46 可知，先序遍历序列为 C，E，D，B，A，因此本题选 D。

13．C。本题考查根据遍历序列确定二叉树。解法同第 11 题。

14．C。本题考查赫夫曼二叉树的应用。赫夫曼编码为前缀码，即编码中任何一个序列都不是另一个序列的前缀。选项 C 中，10 是 100 的前缀，不是赫夫曼编码。

15．D。本题考查赫夫曼树的性质。赫夫曼树中只有度为 0 或 2 的结点，由选项 D 可以做出如图 6-47 所示的二叉树。

由赫夫曼树的性质知道，树中不含单分支结点，因此 D 选项不可能。

16．D。本题考查赫夫曼树的性质。13 个值肯定是 13 个叶子结点，又因为赫夫曼树没有单分支结点，所以双分支结点的个数为 13-1=12 个，因此总结点数为 13+12=25 个，本题选 D。

17．D。本题考查由二叉树的遍历序列确定二叉树。平时用的中缀式其实是一棵以运算符为双分支结点，以操作数为叶子结点的二叉树按照中序遍历所得的序列。对应的后缀式是这个二叉树按照后序遍历所得的序列，相应的前缀式即为其先序遍历所得的序列。根据两序列做出相应的二叉树，对其进行先序遍历，就可得到其前缀式的形式。所做的二叉树如图 6-48 所示。

对这棵二叉树进行先序遍历得-+A×BC/DE，因此本题选 D。

说明：之前讲过由中缀式不一定能得出唯一的后缀式或唯一的前缀式，原因就在于只知道中缀式不能唯一地确定一棵二叉树。考生在学了本章后应能通过二叉树来深入理解第 3 章中讲过的中缀式与前缀式或后缀式的转换问题。

18．D。本题考查树的性质。直接套用二叉树性质 1 扩展部分所讲的公式：$n_0=1+n_2+2n_3+\cdots+(m-1)n_m$，可得 T 中叶子结点数为 $1+2+2×1+3×1=8$。因此本题选 D。

19．A。本题考查森林和二叉树的转换。由转换规则可知，二叉树中除了左子树和根结点来源于原森林中第一棵树，其余结点来源于森林中的其他树，其他树的结点总数为 n，则第一棵树的结点个数为 m-n。因此本题选 A。

20．C。本题考查树的性质。由公式 $n_0=1+n_2+2n_3+\cdots+(m-1)n_m$ 可知，度为 0 的结点个数为 $1+1+2×2=6$。因此本题选 C。

21．D。本题考查赫夫曼树的性质。赫夫曼树中只有度为 2 与度为 0 的结点，由二叉树性质 1 可知，n 个叶子结点的赫夫曼树有 n-1 个度为 2 的结点，则总结点数为 2n-1。因此本题选 D。

22．B。本题考查树与二叉树的性质。由树的度的定义可知，树中各个结点度的最大值为树的度，单个结点也可以称为一棵树。因此，对于一棵二叉树，当只有一个结点的时候，其度为 0。因此本题选 B。

23．B。本题考查树的遍历与对应二叉树遍历的关系。树的先序遍历对应于二叉树的先序遍历。树的后序遍历对应于二叉树的中序遍历。因此本题选 B。

24．C。本题考查二叉树遍历的应用。要实现交换所有分支结点左、右子树的位置，可以递归地进行如下操作：先递归交换左子树中的所有分支结点，再递归交换右子树中的所有分支结点，最后对根结点交换其所有子树位置。这对应了先遍历左子树，再遍历右子树，最后访问根结点的后序遍历方式。因此本题选 C。

25．B。本题考查二叉树的遍历。通过本章所讲的重要技巧提示可以清楚地看出，不论哪一种遍历方式，所得遍历序列中叶子结点的相对位置是不变的。

26．C。本题考查二叉树的遍历以及线索二叉树的相关知识。在中序线索二叉树中，X 的前驱即为中序遍历序列中 X 的前驱。对于中序遍历，要访问 X，必须把 X 左子树中的结点都访问完才可以，因此 X 左子树中最后一个被访问的结点即为 X 的前驱结点；而 X 左子树中的最右边的结点即为左子树中最后一个被访问的结点。因此本题选 C。

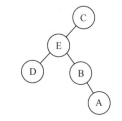

图 6-46 选择题第 12 题答案

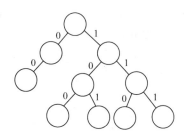

图 6-47 选择题第 15 题答案

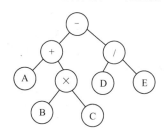

图 6-48 选择题第 17 题答案

27．A。本题考查线索二叉树的作用。在一般的二叉树中，我们只知道某个结点的左、右孩子，并不能知道某个结点的直接前驱和直接后继，如果能够知道"前驱"和"后继"信息，就可以把二叉树看作一个链表结构，从而可以像遍历链表那样来遍历二叉树，提高效率。因此本题选 A。

28．C。本题考查二叉树性质 1 的灵活应用。在二叉树性质 1 中已经讲过。

29．A。本题考查二叉树的中序遍历。中序遍历的规则为：先中序遍历左子树，然后访问根结点，最后中序遍历右子树。在中序遍历序列中，根结点将左子树上的所有结点与右子树上的所有结点分割开来。根左边的序列包含左子树上的所有结点，根右边的序列包含右子树上的所有结点。因此本题选 A。

30．C。本题考查二叉树的中序遍历。本题用排除法比较好。通过反例排除了 A、B、D 3 个选项，如图 6-49 所示。

如图 6-49a 所示，n 在 m 的右方，遍历序列中 m 与 n 的相对位置为：…，m，…，n，…，因此选项 A 错，将其排除。

如图 6-49b 所示，n 是 m 的祖先，遍历序列中 m 与 n 的相对位置为：…，m，…，n，…，因此选项 B 错，将其排除。

如图 6-49c 所示，n 是 m 的子孙，遍历序列中 m 与 n 的相对位置为：…，m，…，n，…，因此选项 D 错，将其排除。

因此本题选 C。

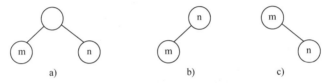

图 6-49　选择题第 30 题答案

a）选项 A　b）选项 B　c）选项 D

31．C。本题考查完全二叉树的性质。高度为 h 的完全二叉树，结点最少时即为最底层只有 1 个结点的情况，因此只需求前 h-1 层的结点数，然后对结果加 1 即可。前 h-1 层的结点数为 $2^{h-1}-1$ 个，因此高度为 h 的完全二叉树，结点最少为 2^{h-1} 个。

32．A。本题考查完全二叉树的性质。高度为 h 的完全二叉树，结点最多时，其结点数等于同高度的满二叉树的结点数，因此高度为 h 的完全二叉树结点最多为 2^h-1 个。

33．C。本题考查二叉树的性质。当每层只有一个结点时，二叉树高度最高，为 1025；当每层结点数与同高度的完全二叉树对应层的结点数相同时，二叉树高度最低。完全二叉树结点数与高度的关系为 h=$\lceil \log_2(n+1) \rceil$=$\lceil \log_2(1025+1) \rceil$=11。因此本题选 C。

34．D。本题考查完全二叉树的性质。对于高度为 h 的满二叉树，n=$2^0+2^1+2^2+\cdots+2^{h-1}=2^h-1$，m=$2^{h-1}$。因此本题选 D。

35．C。本题考查线索二叉树的定义。

在线索二叉树中：

1）如果 lTag 等于 0，则表示 lchild 为指针，指向结点的左孩子；如果 lTag 等于 1，则表示 lchild 为线索，指向结点的直接前驱。

2）如果 rTag 等于 0，则表示 rchild 为指针，指向结点的右孩子；如果 rTag 等于 1，则表示 rchild 为线索，指向结点的直接后继。

因此本题选 C。

36．C。本题考查赫夫曼树基本知识的扩展。在构造度为 m 的赫夫曼树的过程中，每次把 m 个叶子结点合并为一个父结点（第一次合并可能少于 m 个子结点），每次合并减少 m-1 个结点，从 n 个叶子结点减少到最后只剩一个父结点共需要 $\lceil (n-1)/(m-1) \rceil$ 次合并，每次合并增加一个非叶子结点。因此本题选 C。

（二）综合应用题

1. 基础题

（1）答

1）根据二叉树的性质，在第 d 层最多有 2^{d-1} 个结点。因此，深度为 d 的不同完全二叉树有 2^{d-1} 棵。

2）深度为 d 的满二叉树只有 1 棵。

（2）分析

解法一：给出一棵二叉树，怎样求它含有的结点数呢？最直接的想法就是去遍历这棵二叉树。可以设置一个全局变量 n，初值为 0，每当经过一个结点，就让全局变量自动增 1，这样遍历结束后，n 中就保存了整个树中结点的个数。任何一种遍历方式都可以对树中所有结点各访问一次，因此采用任何一种遍历方式都可以解决此题。这里采用先序遍历，代码如下：

```
int n = 0;                         //初值设为0
void count(BTNode* p)
{
    if(p!=NULL)
    {
        ++n;                       //来到一个结点的时候，n自动增1
        count(p->lchild);
        count(p->rchild);
    }
}
```

解法二：我们换一种角度想问题，给出一棵二叉树，可以分几步来找出其结点数。一种可行的方法是，如果这棵二叉树是空树，则直接得出其结点数为 0；如果二叉树非空，则先数出其左子树的结点数 n1，再数出其右子树的结点数 n2，最后得出 n1+n2+1 就是整棵树的结点数，这对应了树的后序遍历方式。将此过程翻译成程序语言，即可写出以下代码：

```
int count(BTNode* p)
{
    int n1,n2;
    if(p==NULL)
        return 0;
    else
    {
        n1=count(p->lchild);       //数左子树中的结点个数并返回给n1
        n2=count(p->rchild);       //数右子树中的结点个数并返回给n2
        return n1+n2+1;            //返回总的结点个数
    }
}
```

（3）分析

明白了上一题，此题就很容易解决，只需在上一题中对访问到的结点加上一定的判断条件，即叶子结点必须满足左子树和右子树都为空。

解法一代码：

其他同上一题解法一，只需将其中的：

```
++n;
```

改为：

```
if(p->lchild==NULL&&p->rchild==NULL)
```

```
    ++n;
```
解法二代码:
```
int count(BTNode* p)
{
    int n1,n2;
    if(p==NULL)
        return 0;                              //如果空树,则返回0
    else if(p->lchild==NULL&&p->rchild==NULL)//如果左、右子树为空,则返
                                             //回1,代表有1个叶子结点
        return 1;
    else
    {
        n1=count(p->lchild);      //求出左子树的叶子结点数并返回给n1
        n2=count(p->rchild);      //求出右子树的叶子结点数并返回给n2
        return n1+n2;             //返回n1与n2的和,即为总的叶子结点数
    }
}
```

（4）分析

图 6-50 所示的二叉树即为链接完成后的二叉树。要想解决本题,显然需要遍历这棵二叉树。通过遍历此二叉树,能访问到每一个叶子结点,并在访问时对其 rchild 指针进行修改,以达到将叶子结点串成一条单链表的目的。通过**重要技巧提示**可以看出,不论哪种遍历方式都可以对其叶子结点按照从左到右的顺序进行访问（这点在结点的先序、中序、后序遍历序列中也可以看出,不管哪种遍历序列,叶子结点在序列中的相对位置总是不变的）。我们所需要做的只是在访问每个结点的过程中,判断此结点是否是叶子结点,如果是,就对 rchild 指针修改,如果不是,就什么都不做。这里采用先序遍历方式来解此题。

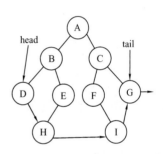

图 6-50　基础题第（4）题答案

经过以上分析后,此题已经基本解决,剩下的就是应用单链表中的知识了。因为题目中提到要用 head 和 tail 指针分别来指示遍历过程中第一个叶子结点和最后一个叶子结点,所以要对第一个叶子结点进行区分,并让 head 指向它,而且 tail 始终指向当前链表中的最后一个结点,即每当一个新结点来到时,通过 tail 可以将这个结点链接到表尾,并将 tail 指向它。

本题代码如下:
```
void link(BTNode *p, BTNode *&head, BTNode *&tail)
{
    if(p!=NULL)
    {
        /*关键步骤开始*/
        if(p->lchild==NULL&&p->rchild==NULL)  //判断是不是叶子结点
        {
            if(head==NULL)          //看head是不是为NULL,如果是,说明当前
                                    //是第一个叶子结点,则将head和tail都指向它
            {
                head=p;
```

```
                    tail=p;
                }
                else      //如果head不为NULL,说明head已经指向第一个叶子结点,因此
                          //这不是第一个叶子结点,则将此结点连接到链表的尾部,并且将
                          //tail指向它,即指向新的表尾结点
                {
                    tail->rchild=p;
                    tail=p;
                }
            }
            /*关键步骤结束*/
            link(p->lchild,head,tail);           //(1)
            link(p->rchild,head,tail);           //(2)
        }
    }
```

说明:经过以上的分析可以知道,上述程序段的关键步骤部分还可以放在(1)与(2)之间,或者之后,即中序、后序遍历一样可以得到同样的结果。

(5) 分析

本题需要分3步解答:第1)步,修改二叉链结点的数据结构;第2)步,将所有结点的parent指针指向其双亲结点;第3)步,打印所有结点到根结点的路径。

1) 修改数据结构。

```
typedef struct BTNode
{
    char  data;
    struct  BTNode *parent;     //此句是新增部分
    struct  BTNode *lchild;
    struct  BTNode *rchild;
}BTNode;
```

2) 给各个结点的parent赋值。

因为要访问所有结点,显然要用遍历来做,修改遍历模板即可。在每访问到一个新结点时,都要知道其双亲结点的地址,才可以将其parent指针指向它,为此需要一个指针来指向其双亲结点。代码如下:

```
void triBtree(BTNode *p,BTNode *q)        //此处参数q始终指向当前访问结点p的双亲
                                          //结点。当p为根结点时,q应为NULL
{
    if(p!=NULL)
    {
        p->parent=q;                 //将当前所访问的结点的parent指针指向q
                                     //即指向其双亲结点
        q=p;                         //将q指向p,因为下面将要对p的左孩子和右孩子的
                                     //parent指针进行赋值,显然p是其双亲结点
        triBtree(p->lchild,q);       //修改其左子树中所有结点的parent指针
        triBtree(p->rchild,q);       //修改其右子树中所有结点的parent指针
    }
}
```

3）打印路径。

上一步已经完成了 parent 的赋值，这样就可以很容易地打印出各个结点到根结点的路径了。可以分两步来完成：

① 任给一个结点，怎样打印出这个结点到根结点的路径呢？只需打印出此结点，然后通过 parent 找到其双亲结点。如此重复，直到 parent 为 NULL（上一步中已经提到，根结点的 parent 为 NULL）即可。

代码如下：

```
void printPath(BTNode *p)
{
    while(p!=NULL)              //p 不为空时就打印其 data 域值
    {
        cout<<p->data<<" "<<endl;
        p=p->parent;            //找到其双亲结点
    }
}
```

② 怎样打印出所有路径？要打印所有路径，必须找到所有结点并逐一打印，因此这里又用到了遍历，显然任何一种遍历方式都可以。

代码如下：

```
void allPath(BTNode *p)
{
    if(p!=NULL)
    {
        printPath(p);           //每到一个结点时就调用①中的函数 printPath()
                                //来打印这个结点到根结点的路径
        allPath(p->lchild);
        allPath(p->rchild);
    }
}
```

（6）分析

本题已知先序遍历序列，则序列中第一个元素即为根结点。将除去第一个元素之外的元素序列分成前后相等长度的两半，前一半为左子树上的结点，后一半为右子树上的结点。只需将根结点移动到整个序列的末尾，然后分别递归地去处理序列的前一半和后一半即可。

假设原序列在 pre[]数组内，转化后的序列存在 post[]数组内。

本题算法如下：

```
void change(char pre[],int L1,int R1,char post[],int L2,int R2)
{
    if(L1<=R1)
    {
        post[R2]=pre[L1];  //将pre[]中的第一个元素放在post[]的末尾
/*递归地处理pre[]中的前一半序列，将其存在post[]数组中对应的前一半位置*/
        change(pre,L1+1,(L1+1+R1)/2,post,L2,(L2+R2-1)/2);
/*递归地处理pre[]中的后一半序列，将其存在post[]数组中对应的后一半位置*/
        change(pre,(L1+1+R1)/2+1,R1,post,(L2+R2-1)/2+1,R2-1);
    }
}
```

(7) 分析

本题可以用层次遍历中例题所讲述的方法来解决，这里我们用另一种方法。题目中要求给出值为 x 的结点所在的层次号，这里就包含一个查找操作，即要在二叉树中找到这个结点。因此我们自然而然地想到要用遍历来做。题目又要求给出其层次号，因此在遍历过程中，当访问到一个新结点时，就要算出其层次号。这里还要用到**重要技巧提示**中的路线图以及对应的程序模板。

根据图 6-9 中指针 p 的行走路径的特点可以发现，p 总是由上层走向下层，一直走到最底层，然后返回上层，如此往复。因此，可以用一个变量 L 来记录当前 p 所在的层次号，当 p 由上层走向下层时，++L；当 p 由下层走向上层时，--L。怎样实现 L 随着 p 的走向不同而自增或者自减呢？对于图 6-9 中的程序模板，在（1）处添加代码，代表 p 第一次来到这个结点或者 p 将要由这个结点走向下层结点时要做的事情；在（3）处添加代码，代表 p 第三次来到这个结点或者 p 将要由这个结点返回上层结点的时候要做的事情。因此，在（1）处添加++L，在（3）处添加--L，就可以实现由 L 来指出当前 p 的层次号。

对图 6-9 中的程序模板进行修改，得出以下代码：

```
int L = 1;                  //L 是全局变量，初值为 1，用来记录当前所访问的结点层次号
void leno(BTNode *p,char x)
{
    if(p!=NULL)
    {
        if(p->data==x)      //当第一次来到这个结点时，对其 data 域进行检查，看是否等
                            //于 x，如果相等，则打印出其层次号 L
        {
            cout<<L<<endl;
        }
        ++L;                //打印完层次号之后，指针 p 将要进入下一层结点，如图 6-9
                            //所示，因此 L 要自增 1，代表下一层的层次号
        leno(p->lchild,x);
        leno(p->rchild,x);
        --L;                //p 指针将要由下一层返回上一层，因此 L 要自减 1，代表
                            //上一层次号
    }
}
```

(8) 分析

此题很简单，按照赫夫曼二叉树的构造过程直接构造即可，如图 6-51 所示。

$$WPL=(2+5)\times 3+(7+9+13)\times 2=79$$

说明：在赫夫曼二叉树的构造过程中，每次需要选取权值最小的两个结点来生成新结点。如果有 3 个以上的结点值相同，则可以任取两个来生成新结点，虽然得到的二叉树不同，但是其带权路径长度总是相同的。

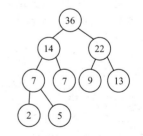

图 6-51 基础题第（8）题答案

(9) 分析

我们讲过的二叉树的遍历都是递归的，递归要用到系统栈。其实在二叉树的遍历序列中，先序遍历序列即为各结点在入栈时进行打印所得的序列，中序遍历序列即为各结点在出栈时进行打印所得的序列。明白了这一点，本题就容易解决了。

答：

1) 由于二叉树先序遍历序列和中序遍历序列可唯一确定一棵二叉树，因此若入栈序列为 1，2，3，

…，n，相当于先序遍历序列是1，2，3，…，n，出栈序列就是对应的二叉树的中序遍历序列。有了进栈和出栈序列，相当于知道了一棵二叉树的先序和中序遍历序列，即确定了对应的二叉树。

2）当结点入栈序列为{1，2，3}时，出栈序列可能为{3，2，1}、{2，3，1}、{2，1，3}、{1，3，2}、{1，2，3}。因此，依次构造的二叉树如图6-52所示（树下方为生成这棵树的两个序列）。

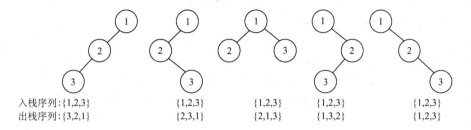

图 6-52　基础题第（9）题答案

（10）解

只要稍改一下二叉树的前序或中序遍历算法即可。算法代码如下：

```
void Double_order(BTNode *t)
{
    if(t!=NULL)
    {
        Visit(t);              //Visit()是已经定义的访问t的函数
        Double_order(t->lchild);
        Visit(t);
        Double_order(t->rchild);
    }
}
```

（11）解

1）在一棵中序线索二叉树中，寻找某结点t为根的子树上中序的最后一个结点。

算法的思路：沿结点 t 的右子树链一直走下去，直到遇到其右指针为右线索的结点为止，该结点即为所求。

算法代码如下：

```
TBTNode* inLast (TBTNode *t)
{
    TBTNode *p=t;
    while (p && !p->rtag)
        p=p->rchild;
    return p;
}
```

2）在一棵中序线索二叉树中，寻找某结点t的中序下的前驱。

算法的思路：若结点 t 有左线索，则其左线索所指结点即为其中序前驱；若无左线索，则其左子树中中序的最后一个结点即为它的中序前驱。

算法代码如下：

```
TBTNode* inPrior(TBTNode *t)
{
    TBTNode *p=t->lchild;
```

```
        if (p && !t->ltag)
            p=inLast(p);
    return p;
}
```

3) 在一棵中序线索二叉树中，寻找结点 t 的前序下的后继。图 6-53 所示的二叉树是一棵中序线索二叉树，前序遍历的结果是 a，b，d，g，c，e，h，f。分析这个示例可知：

① a 有左子女 b，a 的前序下的后继为 b。

② d 无左子女但有右子女 g，d 的前序下的后继是 g。

③ g 既无左子女又无右子女，g 的前序下的后继为 c，c 可从 g 沿右线索链到 a，a 的右子女即为 g 的前序下的后继。

算法代码如下：

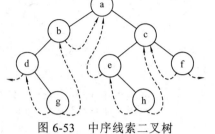

图 6-53 中序线索二叉树

```
TBTNode* treNext(TBTNode *t)
{
    TBTNode *p;
    if(!t->ltag)
        p=t->lchild;
    else if (!t->rtag)
        p=t->rchild;
    else
    {
        p=t;
        while (p && p->rtag)
            p=p->rchild;
        if(p)
            p=p->rchild;
    }
    return p;
}
```

2. 思考题

(1) 分析

如果已经理解了基础题中的第（7）题，此题就容易解决了，此题同样可以用**重要技巧提示**中讲到的技巧去解决。这里用一个栈来保存路径上的结点，当 p 自上至下走时，将所经过的结点依次入栈；当 p 自下至上走时，将 p 所经过的结点依次出栈；当 p 来到叶子结点时，自底至顶输出栈中元素就是根到叶子的路径。因此可以写出以下代码：

```
int i;
int top=0;                      //此处两句定义了存储路径用的栈，这里采用先入栈
char pathstack[maxSize];        //然后++top 的方式，因此 top 初值为 0
void allPath(BTNode *p)
{
    if(p!=NULL)
    {
        pathstack[top]=p->data; //此处即为图 6-9 中程序模板的（1）处，在此处让
                                //所访问结点入栈，即 p 自上至下走时结点入栈
```

```
        ++top;
        if(p->lchild==NULL&&p->rchild==NULL)    //如果当前结点是叶子结点，则
                                                //打印路径
        {
            for(i=0;i<top;++i)
                cout<<pathstack[i];
        }
        allPath(p->lchild);
        allPath(p->rchild);
        --top;                                  //此处即为图6-9中程序模板的（3）处，在此处让
                                                //所访问结点出栈，即p自下至上走时结点出栈
    }
}
```

（2）解

1）满 K 叉树各层的结点数构成一个首项为 1、公比为 K 的等比数列，则各层结点数为 K^{h-1}，其中 h 为层次号。

2）因为该树每层上均有 K^{h-1} 个结点，从根开始编号为 1，则结点 i 从右向左数第 2 个孩子的结点编号为 K×i。设 n 为结点 i 的子女，则关系式(i-1)×K+2≤n≤i×K+1 成立。因 i 是整数，故结点 n 的双亲 i 的编号为 $\lfloor \frac{n-2}{k} \rfloor + 1$。

3）结点 n 的前一结点编号为 n-1，其最右边子女编号是(n-1)×K+1，故结点 n 的第 i 个孩子的编号是 (n-1)×K+1+i。

4）结点 n 有右兄弟的条件是，它不是双亲的从右数的第一个子女，即(n-1) mod K ≠ 0，其右兄弟编号是 n+1。

二、真题精选答案

1. D。根据遍历结果，很容易看出右子树先被访问，相当于左、右颠倒的中序遍历。

2. B。根据平衡二叉树的定义，任意结点左、右子树的高度差的绝对值不超过 1。选项 A、C、D 的根结点左、右子树差都不满足定义。因此本题选 B。

3. C。根据完全二叉树的定义，此树的前 6 层应该是满二叉树，共有 $2^6-1=63$ 个结点。第 6 层有 8 个叶子结点，说明另外 32-8=24 个结点不是叶子结点，最多各有 2 个孩子结点。而该树不可能有第 8 层存在，所以结点总数最多是 63+24×2=111 个。

4. B。若 u 和 v 的关系如图 6-54 所示，则根据左孩子右兄弟原则，v 跟自己的父结点是兄弟关系，都是 u 的孩子。所以图 6-54 对应的是父子关系。

若 u 和 v 的关系如图 6-55 所示，则根据左孩子右兄弟原则，v 跟自己的父结点以及 u 是兄弟关系，都是 u 的父结点的孩子。所以图 6-55 对应的是兄弟关系。

图 6-54 真题精选第 4 题答案一

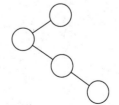

图 6-55 真题精选第 4 题答案二

若在森林中（注意不是在二叉树中），u 的父结点与 v 的父结点是兄弟关系，则转换成二叉树后，它

们形成单边右斜的关系,而 u 和 v 分别在它们各自的左子树内,不可能在同一条路径上,所以Ⅲ是不可能的。

5. D。线索二叉树利用二叉链表的空链域来存放结点的前驱和后继信息。题目中所给二叉树的后序序列为 d,b,c,a。结点 d 无前驱和左子树,左链域空,无右子树,右链域指向其后继结点 b;结点 b 无左子树,左链域指向其前驱结点 d;结点 c 无左子树,左链域指向其前驱结点 b,无右子树,右链域指向其后继结点 a。

6. C。插入关键字 48 以后,该二叉树根结点的平衡因子由-1 变为-2,失去平衡,进行平衡调整,过程如图 6-56 所示。

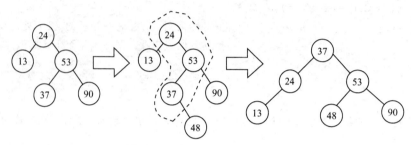

图 6-56　真题精选第 6 题答案

7. B。设树中度(指的是子树根结点的分支数)为 i(i=0,1,2,3,4)的结点数为 N_i,树中总结点数为 N,则树中各结点的度之和等于 N-1,即有

$$N=1+1\times N_1+2\times N_2+\cdots+i\times N_i=N_0+N_1+\cdots+N_i$$

根据题目中的数据,可得到叶子结点的个数是 82。

8. A。赫夫曼树为带权路径长度最小的二叉树,但不一定是完全二叉树。赫夫曼树中没有度为 1 的结点,故选项 B 正确。构造赫夫曼树时,最先选取两个权值最小的结点作为左、右子树,构造一棵新的二叉树,故选项 C 正确。赫夫曼树中任一非叶结点 P 的权值为其左、右子树根结点权值之和,其权值不小于其左、右子树根结点的权值,在与结点 P 的左、右子树根结点处于同一层的结点中,若存在权值大于结点 P 权值的结点 Q,那么结点 Q 与其兄弟结点中权值较小的一个应该与结点 P 作为左、右子树构造新的二叉树,综上可知,赫夫曼树中任一非叶结点的权值一定不小于下一层任一结点的权值,故选项 D 正确。因此选项 A 是错误的。

9. C。由完全二叉树的高度和结点个数的关系,可得本题完全二叉树的高度为 10。第 10 层上的结点个数为 768-(2^9-1)=257(这些全为叶子结点),第 9 层上的非叶结点为(257-1)/2+1= 129,则第 9 层上的叶子结点个数为 2^9-129=127,则叶子结点总数为 257+127=384。

10. C。满足题干的二叉树必须满足树中不存在双分支结点,则可以画出图 6-57 所示的 3 种二叉树来排除选项。

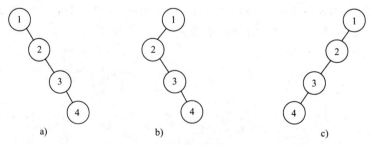

图 6-57　真题精选第 10 题答案
　　　a)选项 A　b)选项 B　c)选项 D

可以看出 A、B、D 三项都是可以的。

11．D。可以采用特殊情况法来解此题。可举以下特例：

如图 6-58 所示，则对应的二叉树中仅有前 115 个结点有右孩子。

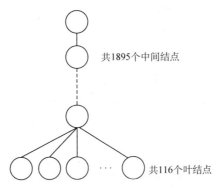

图 6-58　真题精选第 11 题答案

12．A。由选项 A 做出查找路径的一部分，如图 6-59 所示，发现在 91 的左子树中出现了大于 91 的 94，因此选项 A 不可能。

13．A。根据题干的前序和后序遍历序列很容易看出选项 C 是不可能的。做出满足先序遍历序列的选项 A 和选项 B 的所有情况，如图 6-60 所示。

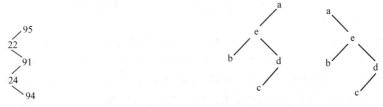

图 6-59　真题精选第 12 题答案　　　　　图 6-60　真题精选第 13 题答案

可以看出图 6-60 中，第一棵二叉树是不符合遍历序列的，因此本题选 A。

14．B。根据第 9 章选择题第 31 题的结论可知，高度为 6 的平衡二叉树最少有 20 个结点，题干指出每个非叶子结点的平衡因子均为 1，即暗示了这种最少结点的极端情况，因为增加一个结点可以使得某个结点的平衡因子变为 0，而不会破坏平衡性。因此本题选 B。

15．D。利用 7 个关键字构建平衡二叉树 T，平衡因子为 0 的分支结点个数为 3，构建的平衡二叉树如图 6-61 所示。

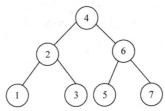

图 6-61　真题精选第 15 题答案

16．B。**本题考查赫夫曼 n 叉树的构造方法。**赫夫曼二叉树是赫夫曼 n 叉树的一种特例，对于结点数目大于等于 2 的待处理序列，都可以构造赫夫曼二叉树，但是不一定能构造赫夫曼 n 叉树。当发现无法构造时，需要补上权值为 0 的结点让整个序列凑成可以构造赫夫曼 n 叉树的序列。例如，序列 2，3，4，5，6，7 就不能直接构造赫夫曼三叉树，需要补上一个权值为 0 的结点。此时结点序列为：0，2，3，4，5，6，7。这样就可以类比赫夫曼二叉树的构造方法，每次挑选权值最小的三个结点构造一棵三叉树，根结点权值取为这三个结点的权值之和，从原结点集删除这三个结点，并将树根结点加入结点集；重复上述过程，从新的结点集中选取结点构造三叉树，直到所有结点都加入生成树中。本题具体求解过程如下：

1）选取结点 0，2，3 构造三叉树，根权值为 5。

2）选取结点 5，4，5 构造三叉树，根权值为 14。

3）选取结点 14，6，7 构造三叉树，根权值为 27，构造过程结束，生成树如图 6-62 所示。

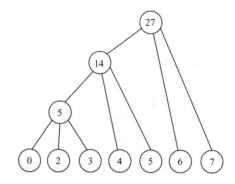

图 6-62　生成树

外部路径长度最小是：(0+2+3)×3 +(4+5)×2+(6+7)×1 = 46，本题选 B。

下边是 wiki 上的一段相关讲解，大家可以参考一下（与本题相关的信息已用下画线标出）。

n-ary Huffman coding：

The n-ary Huffman algorithm uses the {0, 1,⋯, n-1} alphabet to encode message and build an n-ary tree. This approach was considered by Huffman in his original paper. The same algorithm applies as for binary (n equals 2) codes, except that the n least probable symbols are taken together, instead of just the 2 least probable. <u>Note that for n greater than 2, not all sets of source words can properly form an n-ary tree for Huffman coding. In this case, additional 0-probability place holders must be added.</u> This is because the tree must form an n to 1 contractor; for binary coding, this is a 2 to 1 contractor, and any sized set can form such a contractor. If the number of source words is congruent to 1 modulo n-1, then the set of source words will form a proper Huffman tree.

17．A。根据后序线索二叉树的定义，X 结点为叶子结点且有左兄弟，那么这个结点为右孩子结点，利用后序遍历的方式可知 X 结点的后继是其父结点，即其右线索指向的是父结点。

18．C。在一棵二叉排序树中删除一个结点后再将此结点插入到二叉排序树中，如果删除的结点是叶子结点，那么在插入结点后，后来的二叉排序树与删除结点之前相同。如果删除的结点不是叶子结点，那么再插入这个结点后，后来的二叉树可能发生变化，不完全相同。

19．D。如图 6-63 所示，二叉树进行中序线索化，则元素 x 的左、右线索指向的元素为 b 和 a，因此本题选 D。

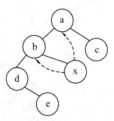

图 6-63　真题精选第 19 题答案

第 7 章 图

大纲要求

- ▲ 图的基本概念
- ▲ 图的存储结构及基本操作
- ▲ 图的遍历
- ▲ 图的基本应用

考点与要点分析

核心考点

1. (★★★) 图的基本概念
2. (★★) 邻接矩阵法、图的遍历（深度优先搜索和广度优先搜索）
3. (★★) 图的基本应用：最小（代价）生成树

基础要点

1. 图的基本概念
2. 图的存储结构及基本操作

知识点讲解

7.1 图的基本概念

1. 图

图由结点的有穷集合 V 和边的集合 E 组成。为了与树形结构进行区别，在图结构中常常将结点称为顶点，边是顶点的有序偶对。若两个顶点之间存在一条边，则表示这两个顶点具有相邻关系。

2. 有向图和无向图

在图 7-1 中，图 7-1a 是有向图，即每条边都有方向；图 7-1b 是无向图，即每条边都没有方向。

3. 弧

在有向图中，通常将边称为弧，含箭头的一端称为弧头，另一端称为弧尾，记作<v_i, v_j>，它表示从顶点 v_i 到顶点 v_j 有一条边。

说明：本书中将弧和边统一称为边。

4. 顶点的度、入度和出度

在无向图中，边记为 (v_i, v_j)，它等价于在有向图中

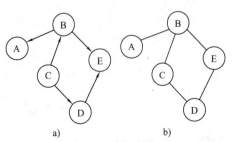

图 7-1 有向图和无向图
a）有向图 b）无向图

存在<v_i, v_j>和<v_j, v_i>两条边。与顶点 v 相关的边的条数称为顶点 v 的度。如在图 7-1b 中，顶点 D 的度为 2。在有向图中，指向顶点 v 的边的条数称为顶点 v 的入度，由顶点 v 发出的边的条数称为顶点 v 的出度。如在图 7-1a 中，顶点 C 的入度为 0、出度为 2，顶点 D 的入度为 1、出度为 1。

5．有向完全图和无向完全图

若有向图中有 n 个顶点，则最多有 n(n-1) 条边（图中任意两个顶点都有两条边相连），将具有 n(n-1) 条边的有向图称为有向完全图。若无向图中有 n 个顶点，则最多有 n(n-1)/2 条边（任意两个顶点之间都有一条边），将具有 n(n-1)/2 条边的无向图称为无向完全图。

6．路径和路径长度

在一个图中，路径为**相邻顶点序偶**所构成的序列。路径长度是指路径上边的数目。例如，在图 7-1a 中，<C，B>、<B，A>是一条路径，长度为 2；在图 7-1b 中，（D，C）、（C，B）、（B，A）是一条路径，长度为 3。

7．简单路径

序列中顶点不重复出现的路径称为简单路径。

8．回路

若一条路径中第一个顶点和最后一个顶点相同，则这条路径是一条回路。

9．连通、连通图和连通分量

在无向图中，如果从顶点 v_i 到顶点 v_j 有路径，则称 v_i 和 v_j 连通。如果图中**任意两个顶点之间都连通**，则称该图为连通图；否则，图中**极大连通子图称为连通分量**。如在图 7-2 中，图 7-2c 是一个非连通图，它由图 7-2a 和图 7-2b 组成，图 7-2a 和图 7-2b 都是连通图。对于图 7-2c，图 7-2a 和图 7-2b 就是它的两个连通分量。

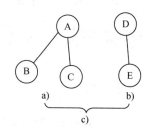

图 7-2　非连通图
a）连通图 1　b）连通图 2
c）组成非连通图

10．强连通图和强连通分量

在有向图中，若从 v_i 到 v_j 有路径，则称从 v_i 到 v_j 是连通的。如果对于每一对顶点 v_i 和 v_j，从 v_i 到 v_j 和从 v_j 到 v_i 都有路径，则称该图为强连通图；否则，将其中的**极大强连通子图称为强连通分量**。

11．权和网

图中每条边都可以附有一个对应的数，这种与边相关的数称为权。权可以表示从一个顶点到另一个顶点的距离或者花费的代价。边上带有权的图称为带权图，也称为网。

说明：本书中将网和图统称为图。

微信答疑

提问：

极大连通子图中的"极大"两字的确切含义是什么？例如，极小连通子图中的"极小"表示添加一条边就会有环，那么"极大"又是什么意思呢？

回答：

极大连通子图中的"极大"，通俗地理解即不能再大，下面以图 7-3 为例进行说明。

在图 7-3 中，A—B 是一个连通子图，但不是极大连通子图，因为它还可以再扩充一个顶点 C。同理，D—E—F 是一个连通子图，但也不是极大连通子图，因为它还可以再扩充一个顶点 G。因此，A—B—C 和 D—E—F—G 这两个子图才是极大连通子图，它们都无法再扩充顶点。

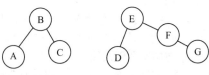

图 7-3　极大连通子图

综上所述，一个图中的极大连通子图可以这样得到：从一个顶点开始作为一个子图，逐个添加和这个子图有边相连的顶点，直到所有相连的顶点都被纳入图中，所生成的子图就是一个极大连通子图。

7.2　图的存储结构

说明：图有多种存储方式，考研中要用到的只有两种，即邻接矩阵和邻接表。

7.2.1 邻接矩阵

邻接矩阵是表示顶点之间相邻关系的矩阵。设 G=(V，E)是具有 n 个顶点的图，顶点序号依次为 0, 1, ···, n-1，则 G 的邻接矩阵是具有如下定义的 n 阶方阵 **A**：

A[i][j]=1 表示顶点 i 与顶点 j 邻接，即 i 与 j 之间存在边或者弧。

A[i][j]=0 表示顶点 i 与顶点 j 不邻接（0≤i, j≤n-1）。

邻接矩阵是图的**顺序存储结构**，由邻接矩阵的行数或列数可知图中的顶点数。对于无向图，邻接矩阵是对称的，矩阵中"1"的个数为图中总边数的两倍，矩阵中第 i 行或第 i 列的元素之和即为顶点 i 的度。对于有向图，矩阵中"1"的个数为图的边数，矩阵中第 i 行的元素之和即为顶点 i 的出度，第 j 列元素之和即为顶点 j 的入度。

如图 7-4a 所示，顶点 4 的出度为 1，入度为 2，反映到其对应的邻接矩阵中，i=4 这一行中有 1 个"1"，j=4 这一列中有两个"1"。

图 7-4b 所示是有向有权图，即图的边都是有权重的，反映到其对应的邻接矩阵中，不再像无权图那样，矩阵中只有"0"和"1"代表两顶点之间有无边存在，而是有边存在，则无权图中的"1"改为边的权值；若无边存在，则无权图中的"0"改为"∞"（在具体的程序中，"∞"用一个比图中所有权值还要大的数来表示）。

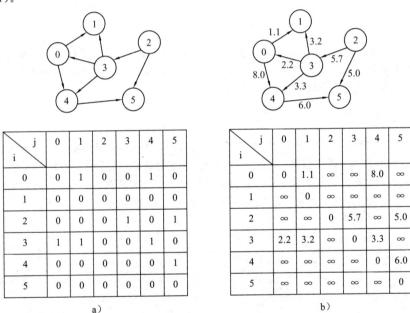

图 7-4 图用邻接矩阵存储
a）无权图　b）有权图

说明：对于有权图的存储，不同的书对某顶点到其自身的路径长度有不同的规定，有的规定为 0，表示自己到自己距离为 0；有的规定为无穷大，表示自己到自己没有路径。本书采用第一种规定。

邻接矩阵的结构型定义如下：

```
typedef struct
{
    int no;                    //顶点编号
    char info;                 //顶点其他信息，这里默认是 char 型，这一句在一般题
                               //目中很少用到，因此题目不做特殊要求的话可以不写
}VertexType;                   //顶点类型
```

```
typedef struct                          //图的定义
{
    int edges[maxSize][maxSize];
    //邻接矩阵定义,如果是有权图,则在此句中将 int 改为 float
    int n,e;                            //分别为顶点数和边数
    VertexType vex[maxSize];            //存放结点信息
}MGraph;                                //图的邻接矩阵类型
```

说明：邻接矩阵的定义在考研中的用法分为以下两种情况。

1）如果题目明确说明图采用邻接矩阵表示,并且要求写出邻接矩阵的定义,则需要将上述代码全部写出。

2）如果题目没有要求写出邻接矩阵的定义,只是说图采用邻接矩阵表示,此时不需要写出以上代码。但是要记住以上代码,因为在解题中要引用结构体的各成员,下面以一个函数为例说明其用法。

```
void f(MGraph G)
{
    int a=G.n;
    int b=G.e;
    ......
}
```

函数 f()的参数是一个表示图的结构体变量 G,要记住 G 的各个成员名称,以便在题目中对其进行引用。例如,若要取图的顶点数赋值给 a,就可以直接写成 a=G.n；若要检测一下编号为 i 的顶点和编号为 j 的顶点是否邻接,则看 G.edges[i][j]是否等于 1。

7.2.2 邻接表

邻接表是图的一种**链式存储结构**。所谓邻接表就是对图中的每个顶点 i 建立一个单链表,每个单链表的第一个结点存放有关顶点的信息,把这一结点看作链表的表头,其余结点存放有关边的信息。因此,邻接表由单链表的表头形成的顶点表和单链表其余结点形成的边表两部分组成。一般顶点表存放顶点信息和指向第一个边结点的指针,边表结点存放与当前顶点相邻接顶点的序号和指向下一个边结点的指针。

邻接表存储表示的定义如下：

```
typedef struct ArcNode
{
    int adjvex;                         //该边所指向的结点的位置
    struct ArcNode *nextarc;            //指向下一条边的指针
    int info;                           //该边的相关信息（如权值）,这一句用得不多,
                                        //题目不做特殊要求可以不写
}ArcNode;
typedef struct
{
    char data;                          //顶点信息
    ArcNode *firstarc;                  //指向第一条边的指针
}VNode;
typedef struct
{
    VNode adjlist[maxSize];             //邻接表
    int n,e;                            //顶点数和边数
```

}AGraph;   //图的邻接表类型

图 7-5 所示为一个简化的邻接表存储结构，边结点的数据域只有顶点编号，顶点表数组只含有指针信息，用数组下标来代表顶点编号，对应到邻接表存储结构的定义代码中，就是删去语句 int info;和 char data;以后所剩的代码。这种简化的邻接表存储结构在考研中用得比较多。

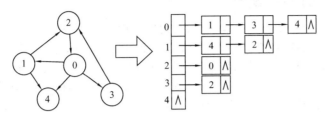

图 7-5 图的邻接表存储

说明：对于本章图的这两种存储结构的定义，一定要能熟练地默写出来，这是求解本章题目的一项重要的基本功。

7.2.3 邻接多重表

邻接多重表和十字链表类似，也是由顶点表和边表组成的，每一条边用一个结点表示，其顶点表结点结构和边表结点结构如图 7-6 所示。

vertex	firstedge

a）

mark	ivex	ilink	jvex	jlink	info

b）

图 7-6 邻接多重表结构

a）邻接多重表顶点结构　b）邻接多重表边表结构

其中，顶点表由两个域组成，vertex 域存储和该顶点相关的信息，firstedge 域指示第一条依附于该顶点的边；边表结点由 6 个域组成，mark 为标记域，可用于标记该条边是否被搜索过，ivex 和 jvex 为该边依附的两个顶点在图中的位置，ilink 指向下一条依附于顶点 ivex 的边，jlink 指向下一条依附于顶点 jvex 的边，info 为指向与边相关的各种信息的指针域。

图 7-7 所示为无向图的邻接多重表。在邻接多重表中，所有依附于同一顶点的边串联在同一链表中，由于每条边依附于两个顶点，因此每个边结点同时链接在两个链表中。可见，对无向图而言，其邻接多重表和邻接表的差别仅仅在于，同一条边在邻接表中用两个结点表示，而在邻接多重表中只有一个结点。因此，除了在边结点中增加一个标志域外，邻接多重表所需的存储量和邻接表相同。对于邻接多重表，其各种基本操作的实现也和邻接表相似。

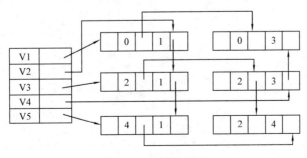

图 7-7 邻接多重表

7.3 图的遍历算法操作

7.3.1 深度优先搜索遍历

图的深度优先搜索遍历（DFS）类似于二叉树的先序遍历。它的基本思想是：首先访问出发点 v，并将其标记为已访问过；然后选取与 v 邻接的未被访问的任意一个顶点 w，并访问它；再选取与 w 邻接的未被访问的任一顶点并访问，以此重复进行。当一个顶点所有的邻接顶点都被访问过时，则依次退回到最近被访问过的顶点，若该顶点还有其他邻接顶点未被访问，则从这些未被访问的顶点中取一个并重复上述访问过程，直至图中所有顶点都被访问过为止。图 7-8 所示即为一个图的深度优先搜索遍历过程。

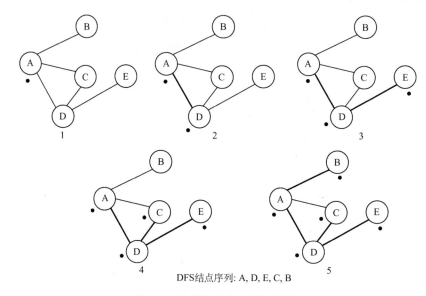

DFS结点序列: A, D, E, C, B

图 7-8　深度优先搜索遍历过程

算法执行过程：任取一个顶点，访问之，然后检查这个顶点的所有邻接顶点，递归访问其中未被访问过的顶点。

以邻接表为存储结构的图的深度优先搜索遍历算法如下：

```
int visit[maxSize];
/* v 是起点编号，visit[]是一个全局数组，作为顶点的访问标记，初始时所有元素均为 0，表
示所有顶点都未被访问。因图中可能存在回路，当前经过的顶点在将来还可能再次经过，所以要对每个
顶点进行标记，以免重复访问*/
void DFS(AGraph *G,int v)
{
    ArcNode *p;
    visit[v]=1;                       //置已访问标记
    Visit(v);                         //函数 Visit()代表了一类访问顶点 v 的操作
    p=G->adjlist[v].firstarc;         //p 指向顶点 v 的第一条边
    while(p!=NULL)
    {
        if(visit[p->adjvex]==0)       //若顶点未访问，则递归访问它
            DFS(G,p->adjvex);         //(1)
```

```
            p=p->nextarc;           //p指向顶点v的下一条边的终点
    }
}
```
与图的DFS算法对照，再次写出二叉树的先序遍历算法，具体如下：
```
void preorder(btnode * p)
{
    if(p!=NULL)
    {
        visit(p);
        preorder(p->left); //(2)
        preorder(p->right);//(3)
    }
}
```
说明：前面提到图的深度优先搜索遍历类似于二叉树的先序遍历。上面再次写出了二叉树的先序遍历算法代码，对比一下，这种相似到底体现在哪里？在二叉树的先序遍历代码中，（2）和（3）两句为递归访问当前结点的两个分支，对应于图的深度优先搜索遍历代码中的while循环内的语句（1），实现了递归访问当前顶点的多个分支，两者十分相似。图的深度优先搜索遍历和二叉树的先序遍历的区别只是在于：二叉树的先序遍历对于每个结点要递归地访问两个分支，图的深度优先搜索遍历则是要递归地访问多个分支。

将图的深度优先搜索遍历过程中所经历的边保留，其余的边删掉，就会形成一棵树，称为**深度优先搜索生成树**。

7.3.2 广度优先搜索遍历

图的广度优先搜索遍历（BFS）类似于树的层次遍历。它的基本思想是：首先访问起始顶点v，然后选取与v邻接的全部顶点w_1，…，w_n进行访问，再依次访问与w_1，…，w_n邻接的全部顶点（已经访问过的除外），以此类推，直到所有顶点都被访问过为止。

广度优先搜索遍历图时，需要用到一个队列（二叉树的层次遍历也要用到队列），算法执行过程可简单概括如下：

1）任取图中一个顶点访问，入队，并将这个顶点标记为已访问。
2）当队列不空时循环执行：出队，依次检查出队顶点的所有邻接顶点，访问没有被访问过的邻接顶点并将其入队。
3）当队列为空时跳出循环，广度优先搜索即完成。

以邻接表为存储结构的广度优先搜索遍历算法如下：
```
void BFS(AGraph *G, int v, int visit[maxSize])
//visit[]数组被初始化为全0
{
    ArcNode *p;
    int que[maxSize],front=0,rear=0;   //这是队列定义的简单写法
    int j;
    Visit(v);                          //任意访问顶点v的函数
    visit[v]=1;
    rear=(rear+1)%maxSize;             //当前顶点v进队
    que[rear]=v;
    while(front!=rear)                 //队空时说明遍历完成
```

```
            {
                front=(front+1)%maxSize;        //顶点出队
                j=que[front];
                p=G->adjlist[j].firstarc;       //p 指向出队顶点 j 的第一条边
                while(p!=NULL)                  //将 p 的所有邻接点中未被访问的入队
                {
                    if(visit[p->adjvex]==0)     //当前邻接顶点未被访问，则进队
                    {
                        Visit(p->adjvex);
                        visit[p->adjvex]=1;
                        rear=(rear+1)%maxSize;  //该顶点进队
                        que[rear]=p->adjvex;
                    }
                    p=p->nextarc;               //p 指向 j 的下一条边
                }
            }
        }
```

说明：对于图的广度优先搜索，可以对应之前已经掌握的二叉树的层次遍历来理解记忆，两者除了在有无 **visit[]** 访问标记数组上存在不同外，其他都十分类似。

以上两种遍历方法是针对连通图的。对非连通图进行遍历，只需将上述遍历函数放在一个循环中，循环用来检测图中的每一个顶点，如果当前顶点没有被访问，则调用上述函数从这个顶点遍历，否则什么也不做。

（1）深度优先搜索遍历

```
void dfs(AGraph *g)
{
    int i;
    for(i=0;i<g->n;++i)
        if(visit[i]==0)
            DFS(g,i);
}
```

（2）广度优先搜索遍历

```
void bfs(AGraph *g)
{
    int i;
    for(i=0;i<g->n;++i)
        if(visit[i]==0)
            BFS(g,i,visit);
}
```

说明：上面介绍的两种遍历方式的代码描述，需要在理解的基础上达到能够熟练默写的程度，因为遍历操作是本章中其他一切操作的基础，也是考研中的重中之重。

7.3.3 例题选讲

【例 7-1】 设计一个算法，求不带权无向连通图 G 中距离顶点 v 最远的一个顶点（所谓最远就是到达 v 的路径长度最长）。

分析：

图的广度优先搜索遍历方式体现了由图中某个顶点开始，以由近向远层层扩展的方式遍历图中结点的过程，因此广度优先搜索遍历过程中的最后一个顶点一定是距离给定顶点最远的顶点。因此，只需修改广度优先搜索遍历算法，返回最后一个顶点即可。

由此可写出以下算法代码：

```
int BFS(AGraph *G,int v)
{
    ArcNode *p;
    int que[maxSize],front=0,rear=0;
    int visit[maxSize];
    int i,j;
    for(i=0;i<G->n;++i)visit[i]=0;
    rear=(rear+1)%maxSize;
    que[rear]=v;
    visit[v]=1;
    while(front!=rear)
    {
        front=(front+1)%maxSize;
        j=que[front];
        p=G->adjlist[j].firstarc;
        while(p!=NULL)
        {
            if(visit[p->adjvex]==0)
            {
                visit[p->adjvex]=1;
                rear=(rear+1)%maxSize;
                que[rear]=p->adjvex;
            }
            p=p->nextarc;
        }
    }
    return j;//队空时，j保存了遍历过程中的最后一个顶点
}
```

说明：考试时在本题代码前要加上一句"假设本题用邻接表作为图的存储结构"，以便阅卷老师对代码中结构体成员的引用的理解。

【例7-2】 设计一个算法，判断无向图G是否是一棵树。若是树，返回1，否则返回0。

分析：

一个无向图是一棵树的条件是有 n-1 条边的连通图，n 为图中顶点的个数。边和顶点的数目是否满足条件可由图的信息直接判断，连通与否可以用遍历能否访问到所有顶点来判断。

由此可写出以下算法代码：

```
void DFS2(AGraph *G,int v,int &vn,int &en)
{
    ArcNode *p;
    visit[v]=1;
```

```
        ++vn;              //本题中对当前顶点的访问即为 vn 计数器自增 1
        p=G->adjlist[v].firstarc;
        while(p!=NULL)
        {
            ++en;          //边数自增 1
            if(visit[p->adjvex]==0)
                DFS2(G,p->adjvex,vn,en);
            p=p->nextarc;
        }
    }
    int GisTree(AGraph *G)
    {
        int vn=0,en=0,i;
        for(i=0;i<G->n;++i)
            visit[i]=0;
        DFS2(G,1,vn,en);
        if(vn==G->n&&(G->n-1)==en/2)
        /*如果遍历过程中访问过的顶点数和图中的顶点数相等,且边数等于顶点数减 1,则证明是树,
返回 1,否则返回 0*/
            return 1;
        else
            return 0;
    }
```

注意：最后一个 **if** 语句中的第二个表达式为什么是 **(G->n-1)==en/2**，而不是**(G->n-1)==en** 呢？在每次来到一个新顶点时，**en** 中都累加了当前访问顶点的所有边。例如，在图 7-9 中，最后 **en** 等于 10，正好是实际边数的两倍，可见 **(G->n-1)==en/2** 这种写法是正确的。

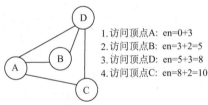

图 7-9 en 的变化过程

【**例 7-3**】图采用邻接表存储，设计一个算法，判别顶点 i 和顶点 j（i!=j）之间是否有路径。

分析：
从顶点 i 开始进行一次深度搜索遍历，若遍历过程中遇到 j 说明 i 与 j 之间有路径，否则没有路径。
算法代码如下：

```
    int DFSTrave(AGraph *G,int i,int j)
    {
        int k;
        for(k=0;k<G->n;++k)
            visit[k]=0;
        DFS(G,i);              //这里换成"BFS(G,i);"也可以
        if(visit[j]==1)        //visit[j]等于 1 则证明访问过程中遇到了 j
            return 1;
        else
            return 0;
    }
```

7.4 最小（代价）生成树

7.4.1 普里姆算法和克鲁斯卡尔算法（含 2022 统考大纲新增内容并查集的讲解）

1．普里姆算法

（1）普里姆算法思想

从图中任意取出一个顶点，把它当成一棵树，然后从与这棵树相接的边中选取一条最短（权值最小）的边，并将这条边及其所连接的顶点也并入这棵树中，此时得到一棵有两个顶点的树。然后从与这棵树相接的边中选取一条最短的边，并将这条边及其所连顶点并入当前树中，得到一棵有 3 个顶点的树。以此类推，直到图中所有顶点都被并入树中为止，此时得到的生成树就是最小生成树。

例如，图 7-10a 所示的带权无向图采用普里姆算法求解最小生成树的过程如图 7-10b～图 7-10e 所示，以顶点 0 为起点，生成树的生成过程如下：

1）如图 7-10a 所示，此时候选边的边长分别为 5、1 和 2，最小边长为 1。

2）如图 7-10b 所示，选择边长为 1 的边，此时候选边的边长分别为 5、3、2、6 和 2，其中最小边长为 2。

3）如图 7-10c 所示，选择边长为 2 的边，此时候选边的边长分别为 5、3、2 和 3，其中最小边长为 2。

4）如图 7-10d 所示，选择边长为 2 的边，此时候选边的边长分别为 3、4 和 5，其中最小边长为 3。

5）如图 7-10e 所示，选择边长为 3 的边，此时所有顶点都已并入生成树中，生成树的求解过程完毕。

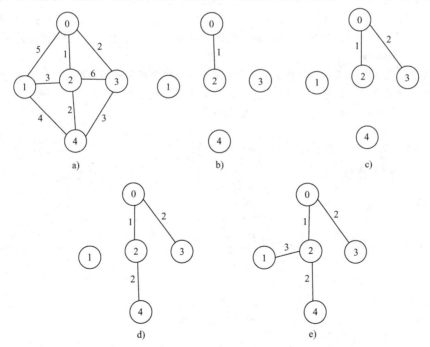

图 7-10 普里姆算法求解最小生成树的过程

a）带权无向图 b）选择边长为 1 的边 c）选择边长为 2 的边 d）选择边长为 2 的边 e）选择边长为 3 的边

用普里姆算法构造最小生成树的过程中，需要建立两个数组 vset[]和 lowcost[]。vset[i]=1 表示顶点 i 已经被并入生成树中，vset[i]=0 表示顶点 i 还未被并入生成树中。lowcost[]数组中存放当前**生成树到剩余**

各顶点最短边的权值。

说明：对"当前生成树到剩余各顶点最短边的权值"这句话的理解需要注意以下两点。

1）这句话说的是树这一整体到其余顶点的权值，而不是针对树中的某一顶点。

2）当前生成树到某一顶点可能有多条边。例如，对于顶点 i，lowcost[i]中保存的是当前生成树到点 i 的多条边中最短的一条边的权值。lowcost[]中有多个最短边的权值，最短边条数对应于剩余顶点个数，已并入生成树的边不在考虑范围内。例如，在图 7-11 中，已并入树中的顶点为 0、2、3，边为（0，2）、（0，3），剩余顶点为 1、4。当前生成树到顶点 4 有两条边，最短的边为（2，4），权值为 2，因此 lowcost[4]=2；当前生成树到顶点 1 有两条边，最短的边为（2，1），权值为 3，因此 lowcost[1]=3。

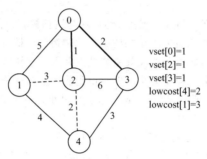

图 7-11　当前生成树到其余顶点的最短边

（2）普里姆算法执行过程

从树中某一个顶点 v_0 开始，构造生成树的算法执行过程如下：

1）将 v_0 到其他顶点的所有边当候选边。

2）重复以下步骤 n-1 次，使得其他 n-1 个顶点被并入到生成树中。

① 从候选边中挑选出权值最小的边输出，并将与该边另一端相接的顶点 v 并入生成树中；

② 考查所有剩余顶点 v_i，如果（v，v_i）的权值比 lowcost[v_i]小，则用（v，v_i）的权值更新 lowcost[v_i]。

普里姆算法代码如下：

说明：形参写成 MGraph g 会使参数传入因复制了一个较大的变量而变得低效，不过考研中一般不考虑这些。关于"用引用型避免函数参数复制"的问题讲解请读者自行查找相关资料。

```
void Prim(MGraph g,int v0,int &sum)
{
    int lowcost[maxSize],vset[maxSize],v;
    int i,j,k,min;
    v=v0;
    for(i=0;i<g.n;++i)
    {
        lowcost[i]=g.edges[v0][i];
        vset[i]=0;
    }
    vset[v0]=1;          //将 v0 并入树中
    sum=0;               //sum 清零用来累计树的权值
    for(i=0;i<g.n-1;++i)
    {
        min=INF;         //INF 是一个已经定义的比图中所有边权值都大的常量
        /*下面这个循环用于选出候选边中的最小者*/
        for(j=0;j<g.n;++j)
```

```
            if(vset[j]==0&&lowcost[j]<min)  //选出当前生成树到其余顶点
            {                                //最短边中的最短的一条（注意这里两个最短的含义）
                min=lowcost[j];
                k=j;
            }
        vset[k]=1;
        v=k;
        sum+=min;                    //这里用 sum 记录最小生成树的权值
        /*下面这个循环以刚并入的顶点 v 为媒介更新候选边*/
        for(j=0;j<g.n;++j)
            if(vset[j]==0&&g.edges[v][j]<lowcost[j])    //此处对应算法
                lowcost[j]=g.edges[v][j];               //执行过程中的第 2) 步
    }
}
```

（3）普里姆算法时间复杂度分析

观察（2）中算法代码，图采用的是邻接矩阵作为存储结构，普里姆算法的主要部分是一个双重循环，外层循环内有两个并列的单层循环，单层循环内的操作都是常量级的，因此可以取任一个单层循环内的操作作为基本操作。例如，取 min=lowcost[j];这一句作为基本操作，其执行次数为 n^2，因此在邻接矩阵存储结构下，普里姆算法的时间复杂度为 $O(n^2)$。

2．克鲁斯卡尔算法

（1）克鲁斯卡尔算法思想

每次找出候选边中权值最小的边，就将该边并入生成树中。重复此过程直到所有边都被检测完为止。

说明：克鲁斯卡尔算法思想较为简单，因此在考研中需要手工构造生成树时，一般多用此方法。图 7-12 所示为用克鲁斯卡尔算法求解最小生成树的过程。

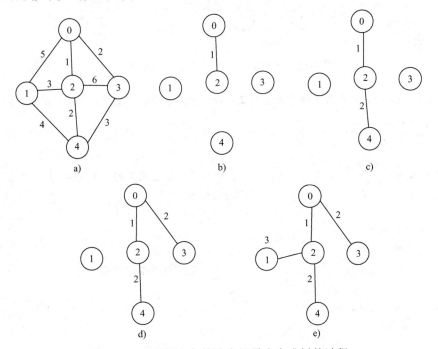

图 7-12 克鲁斯卡尔算法求解最小生成树的过程

a）原图 b）引入第 1 条边 c）引入第 2 条边 d）引入第 3 条边 e）引入第 4 条边，生成树构建完成

（2）克鲁斯卡尔算法执行过程

1）将图中边按照权值从小到大排序，然后从最小边开始扫描各边，并检测当前边是否为候选边，即是否该边的并入会构成回路，如不构成回路，则将该边并入当前生成树中，直到所有边都被检测完为止。

2）并查集。判断是否产生回路要用到并查集。并查集中保存了一棵或者几棵树，这些树有这样的特点：通过树中一个结点，可以找到其双亲结点，进而找到根结点（其实就是之前讲过的**树的双亲存储结构**）。这种特性有两个好处：**一是可以快速地将两个含有很多元素的集合并为一个**。两个集合就是并查集中的两棵树，只需找到其中一棵树的根，然后将其作为另一棵树中任何一个结点的孩子结点即可。**二是可以方便地判断两个元素是否属于同一个集合**。通过这两个元素所在的结点找到它们的根结点，如果它们有相同的根，则说明它们属于同一个集合，否则属于不同集合。并查集可以用一维数组来简单地表示。图 7-13 所示即为并查集在数组中的表示及合并过程。

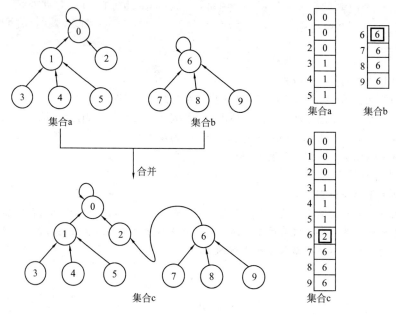

图 7-13 并查集在数组中的表示及合并过程

假设 road[]数组中已经存放了图中各边及其所连接的两个顶点的信息，且排序函数已经存在，克鲁斯卡尔算法代码如下：

```
typedef struct
{
    int a,b;                //a 和 b 为一条边所连的两个顶点
    int w;                  //边的权值
}Road;
Road road[maxSize];
int v[maxSize];             //定义并查集数组
int getRoot(int a)          //在并查集中查找根结点的函数
{
    while(a!=v[a])a=v[a];
    return a;
}
void Kruskal(MGraph g,int &sum,Road road[])
```

```
{
    int i;
    int N,E,a,b;
    N=g.n;
    E=g.e;
    sum=0;
    for(i=0;i<N;++i)v[i]=i;
    sort(road,E);              //对 road 数组中的 E 条边按其权值从小到大排序
    for(i=0;i<E;++i)
    {
        a=getRoot(road[i].a);
        b=getRoot(road[i].b);
        if(a!=b)
        {
            v[a]=b;
            sum+=road[i].w;    //求生成树的权值,这句并不是本算法的固定
                               //写法,也可以改成其他的。例如,将生成树中的
                               //各边输出,或者存放在数组里
        }
    }
}
```

说明：上述克鲁斯卡尔算法中的函数 sort()，在考试中要根据题目对算法时间复杂度的要求选择合适的排序函数来写出。本节中讲到的两个算法是考研中的重点，要将算法思想、算法执行过程和程序代码在理解的基础上牢记。

（3）克鲁斯卡尔算法时间复杂度分析

从上述克鲁斯卡尔算法代码中可以看出，算法时间花费在函数 sort() 和单层循环上。循环是线性级的，可以认为算法时间主要花费在函数 sort() 上。因为排序算法时间复杂度一般都大于常量级，所以，克鲁斯卡尔算法的时间复杂度主要由选取的排序算法决定。排序算法所处理数据的规模由图的边数 E 决定，与顶点数无关，因此克鲁斯卡尔算法适用于稀疏图。

注意：普里姆算法和克鲁斯卡尔算法都是针对于无向图的。

7.4.2 例题选讲

【例 7-4】 什么样的图其最小生成树是唯一的？

分析：

在构造最小生成树的过程中，要从剩余边中选择权值最小的并入当前生成树中，如果有多条边权值相同且同为最小值，则可任选其中一条边并入，这样就会产生多种最小生成树。要产生唯一一棵最小生成树，所有边的权值都不相同的图才能满足条件。

答：在构造最小生成树时，如果图中所有边的权值均不相等，则其最小生成树是唯一的。

思考：一定要求图中所有边权值各不相同才能使生成树唯一吗？不一定，反例很好举，假如图 G 是一棵树（有 n-1 条边的连通图），它本身就是最小生成树，即使此图中所有边权值都相等，其最小生成树也是唯一的。对于此题，更为严谨的答案为：所有权值均不相等，或者有相等的边，但是在构造最小生成树的过程中权值相等的边都被并入生成树的图，其最小生成树唯一。

【例 7-5】 已知带权连通图的邻接表表示如图 7-14 所示，请画出该图，并且分别以深度优先和广度优先遍历该图，写出遍历中结点的序列，并画出该图 G 的一棵最小生成树。其中表结点的 3 个域如下：

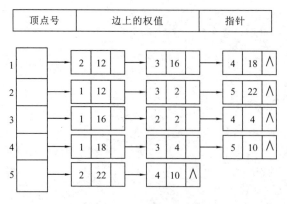

图 7-14　图的邻接表

答：该图 G 如图 7-15 所示，从顶点 1 出发，深度优先遍历序列为 1，2，3，4，5；广度优先遍历序列为 1，2，3，4，5；最小生成树如图 7-16 所示。

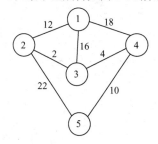
　　图 7-15　无向图
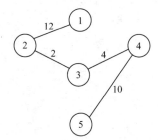
　　图 7-16　最小生成树

7.5　最短路径

7.5.1　迪杰斯特拉算法

通常采用迪杰斯特拉算法求图中某一顶点到其余各顶点的最短路径。

1. 迪杰斯特拉算法思想

设有两个顶点集合 S 和 T，集合 S 中存放图中已找到最短路径的顶点，集合 T 存放图中剩余顶点。初始状态时，集合 S 中只包含源点 v_0，然后不断从集合 T 中选取到顶点 v_0 路径长度最短的顶点 v_u 并入到集合 S 中。**集合 S 每并入一个新的顶点 v_u，都要修改顶点 v_0 到集合 T 中顶点的最短路径长度值。**不断重复此过程，直到集合 T 的顶点全部并入到 S 中为止。

在理解"集合 S 每并入一个新的顶点 v_u，都要修改顶点 v_0 到集合 T 中顶点的最短路径长度值"时需要注意，在 v_u 被选入 S 中后，v_u 被确定为最短路径上的顶点，此时 v_u 就像 v_0 到达 T 中顶点的中转站，多了一个中转站，就会多一些到达 T 中顶点的新的路径，而这些新的路径有可能比之前 v_0 到 T 中顶点的路径要短，因此需要修改原有 v_0 到 T 中其他顶点的路径长度。此时对于 T 中的一个顶点 v_k，有两种情况：一种是 v_0 不经过 v_u 到达 v_k 的路径长度为 a（旧的路径长度），另一种是 v_0 经过 v_u 到达 v_k 的路径长度为 b（新的路径长度）。如果 a≤b，则什么也不做；如果 a＞b，则用 b 来代替 a。用同样的方法处理 T 中其他顶点。当 T 中所有顶点都被处理完之后，会出现一组新的 v_0 到 T 中各顶点的路径，这些路径中有一条最短的，对应了 T 中一个顶点，就是新的 v_u，将其并入 S。重复上述过程，最后 T 中所有的顶点都会被并入 S 中，此时就可以得到 v_0 到图中所有顶点的最短路径。

2. 迪杰斯特拉算法执行过程

引进 3 个辅助数组 dist[]、path[]和 set[]。

dist[v_i]表示当前已找到的从 v_0 到每个终点 v_i 的最短路径的长度。它的初态为：若从 v_0 到 v_i 有边，则 dist[v_i]为边上的权值，否则置 dist[v_i]为∞。

path[v_i]中保存从 v_0 到 v_i 最短路径上 v_i 的前一个顶点，假设最短路径上的顶点序列为 v_0，v_1，v_2，…，v_{i-1}，v_i，则 path[v_i]=v_{i-1}。path[]的初态为：如果 v_0 到 v_i 有边，则 path[v_i]=v_0，否则 path[v_i]=-1。

set[]为标记数组，set[v_i]=0 表示 v_i 在 T 中，即没有被并入最短路径；set[v_i]=1 表示 v_i 在 S 中，即已经被并入最短路径。set[]初态为：set[v_0]=1，其余元素全为 0。

迪杰斯特拉算法执行过程如下：

1）从当前 dist[]数组中选出最小值，假设为 dist[v_u]，将 set[v_u]设置为 1，表示当前新并入的顶点为 v_u。

2）循环扫描图中顶点，对每个顶点进行以下检测：

假设当前顶点为 v_j，检测 v_j 是否已经被并入 S 中，即看是否 set[v_j]=1。如果 set[v_j]=1，则什么都不做；如果 set[v_j]=0，则比较 dist[v_j]和 dist[v_u]+w 的大小，其中 w 为边<v_u, v_j>的权值。这个比较就是要看 v_0 经过旧的最短路径到达 v_j 和 v_0 经过含有 v_u 的新的最短路径到达 v_j 哪个更短，如果 dist[v_j]>dist[v_u]+w，则用新的路径长度来更新旧的，并把顶点 v_u 加入路径中，且作为路径上 v_j 之前的那个顶点，否则什么都不做。

3）对 1）和 2）循环执行 n−1 次（n 为图中顶点个数），即可得到 v_0 到其余所有顶点的最短路径。

迪杰斯特拉算法比较复杂，为便于理解，下面通过一个例子来体会一下用迪杰斯特拉算法求解最短路径的过程。

对图 7-17 所示的有向图，用迪杰斯特拉算法求从顶点 0 到其余各顶点最短路径的过程如下。

初始态：dist[0]置 0，dist[1]置 4，dist[2]置 6，dist[3]置 6，其余元素置∞。

path[1]置 0，path[2]置 0，path[3]置 0，其余元素置-1。

set[0]置 1，其余元素置 0。

假设图的邻接矩阵用二维数组 g[][]表示，则 g[i][j]为边<i, j>的权值。

1）从通往当前剩余顶点的路径中选出长度最短的，是 0→1，长度为 dist[1]=4，因此将顶点 1 并入最短路径中，set[1]置 1，结果如图 7-18 所示。

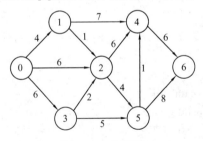 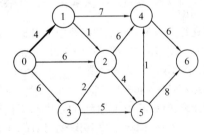

图 7-17　初始态　　　　　　　图 7-18　结果 1

以 1 为中间点检测剩余顶点{2，3，4，5，6}：

① dist[2]=6>dist[1]+g[1][2]=5，因此 dist[2]重置 5，path[2]重置 1。

② dist[3]=6<dist[1]+g[1][3]=∞，因此 dist[3]不变，path[3]不变。

③ dist[4]=∞>dist[1]+g[1][4]=11，因此 dist[4]重置 11，path[4]重置 1。

④ dist[5]=∞=dist[1]+g[1][5]=∞，因此 dist[5]不变，path[5]不变。

⑤ dist[6]=∞=dist[1]+g[1][6]=∞，因此 dist[6]不变，path[6]不变。

此时各数组值见表 7-1。

2）从通往当前剩余顶点的路径中选出长度最短的，是 0→1→2，长度为 dist[2]=5，因此将顶点 2 并入最短路径中，set[2]置 1，结果如图 7-19 所示。

以 2 为中间点检测剩余顶点{3，4，5，6}：

表 7-1 以 1 为中间点检测剩余顶点时各数组值

数组	下标						
	0	1	2	3	4	5	6
dist[]	0	4	5	6	11	∞	∞
path[]	-1	0	1	0	1	-1	-1
set[]	1	1	0	0	0	0	0

注：表中方框内的数据代表本次检测中发生改变的数据。

① dist[3]=6<dist[2]+g[2][3]=∞，因此 dist[3]不变，path[3]不变。

② dist[4]=11=dist[2]+g[2][4]=11，因此 dist[4]不变，path[4]不变。

③ dist[5]=∞>dist[2]+g[2][5]=9，因此 dist[5]重置 9，path[5]重置 2。

④ dist[6]=∞=dist[2]+g[2][6]=∞，因此 dist[6]不变，path[6]不变。

此时各数组值见表 7-2。

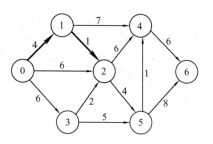

图 7-19 结果 2

表 7-2 以 2 为中间点检测剩余顶点时各数组值

数组	下标						
	0	1	2	3	4	5	6
dist[]	0	4	5	6	11	9	∞
path[]	-1	0	1	0	1	2	-1
set[]	1	1	1	0	0	0	0

注：表中方框内的数据代表本次检测中发生改变的数据。

3）从通往当前剩余顶点的路径中选出长度最短的，是 0→3，长度为 dist[3]=6，因此将顶点 3 并入最短路径中，set[3]置 1，结果如图 7-20 所示。

以 3 为中间顶点检测剩余顶点{4，5，6}：

① dist[4]=11<dist[3]+g[3][4]=∞，因此 dist[4]不变，path[4]不变。

② dist[5]=9<dist[3]+g[3][5]=11，因此 dist[5]不变，path[5]不变。

③ dist[6]=∞=dist[3]+g[3][6]=∞，因此 dist[6]不变，path[6]不变。

此时各数组值见表 7-3。

表 7-3 以 3 为中间顶点检测剩余顶点时各数组值

数组	下标						
	0	1	2	3	4	5	6
dist[]	0	4	5	6	11	9	∞
path[]	-1	0	1	0	1	2	-1
set[]	1	1	1	1	0	0	0

注：表中方框内的数据代表本次检测中发生改变的数据。

4）从通往当前剩余顶点的路径中选出长度最短的，是 0→1→2→5，长度为 dist[5]=9，因此将顶点 5 并入最短路径中，set[5]置 1，结果如图 7-21 所示。

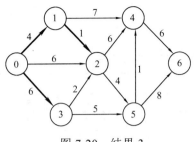

图 7-20　结果 3

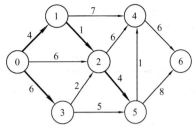

图 7-21　结果 4

以 5 为中间顶点检测剩余顶点{4，6}：

① dist[4]=11>dist[5]+g[5][4]=10，因此 dist[4]重置 10，path[4]重置 5。
② dist[6]=∞>dist[5]+g[5][6]=17，因此 dist[6]重置 17，path[6]重置 5。

此时各数组值见表 7-4。

表 7-4　以 5 为中间顶点检测剩余顶点时各数组值

数组	下标						
	0	1	2	3	4	5	6
dist[]	0	4	5	6	10	9	17
path[]	-1	0	1	0	5	2	5
set[]	1	1	1	1	0	1	0

注：表中方框内的数据代表本次检测中发生改变的数据。

5）从通往当前剩余顶点的路径中选出长度最短的，是 0→1→2→5→4，长度为 dist[4]=10，因此将顶点 4 并入最短路径中，set[4]重置 1，结果如图 7-22 所示。

以 4 为中间顶点检测剩余顶点{6}：

dist[6]=17>dist[4]+g[4][6]=16，因此 dist[6]重置 16，path[6]重置 4。

此时各数组值见表 7-5。

表 7-5　以 4 为中间顶点检测剩余顶点时各数组值

数组	下标						
	0	1	2	3	4	5	6
dist[]	0	4	5	6	10	9	16
path[]	-1	0	1	0	5	2	4
set[]	1	1	1	1	1	1	0

注：表中方框内的数据代表本次检测中发生改变的数据。

6）从通往当前剩余顶点的路径中选出长度最短的，是 0→1→2→5→4→6，长度为 dist[6]=16，因此将顶点 6 并入最短路径中，set[6]重置 1，结果如图 7-23 所示。

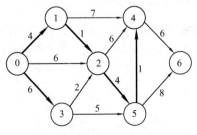

图 7-22　结果 5

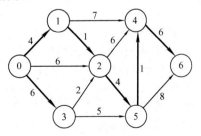

图 7-23　结果 6

此时所有顶点都已经并入最短路径中,求解过程结束。
此时各数组值见表 7-6。

表 7-6　所有顶点都并入最短路径时各数组值

数组	下标						
	0	1	2	3	4	5	6
dist[]	0	4	5	6	10	9	16
path[]	-1	0	1	0	5	2	4
set[]	1	1	1	1	1	1	1

注：表中方框内的数据代表本次检测中发生改变的数据。

由表 7-6 可知：

顶点 0 到顶点 1 的最短路径为 0→1，长度为 4。
顶点 0 到顶点 2 的最短路径为 0→1→2，长度为 5。
顶点 0 到顶点 3 的最短路径为 0→3，长度为 6。
顶点 0 到顶点 4 的最短路径为 0→1→2→5→4，长度为 10。
顶点 0 到顶点 5 的最短路径为 0→1→2→5，长度为 9。
顶点 0 到顶点 6 的最短路径为 0→1→2→5→4→6，长度为 16。

以上就是用迪杰斯特拉算法求最短路径的标准过程,考生务必在理解的基础上熟练掌握,这是考研中的重点。考研中很容易出类似上面例子中的手工求解最短路径的题目,过程写得很详细,是为了方便考生理解。如果考研中遇到这样的题目,答卷时不必写得这么烦琐,可以根据自己的理解提取要点,总结出应对这类题目的答题模板。对于以上例子,下面这种写法是一种适合作为答案的简写方法。

解：

已并入的顶点	剩余的顶点	dist[] 0　1　2　3　4　5　6	path[] 0　1　2　3　4　5　6
0	1, 2, 3, 4, 5, 6	0, 4, 6, 6, ∞, ∞, ∞	-1, 0, 0, 0, -1, -1, -1
0, 1	2, 3, 4, 5, 6	0, 4, 5, 6, 11, ∞, ∞	-1, 0, 1, 0, 1, -1, -1
0, 1, 2	3, 4, 5, 6	0, 4, 5, 6, 11, 9, ∞	-1, 0, 1, 0, 1, 2, -1
0, 1, 2, 3	4, 5, 6	0, 4, 5, 6, 11, 9, ∞	-1, 0, 1, 0, 1, 2, -1
0, 1, 2, 3, 5	4, 6	0, 4, 5, 6, 10, 9, 17	-1, 0, 1, 0, 5, 2, 5
0, 1, 2, 3, 5, 4	6	0, 4, 5, 6, 10, 9, 16	-1, 0, 1, 0, 5, 2, 4
0, 1, 2, 3, 5, 4, 6	无顶点剩余	0, 4, 5, 6, 10, 9, 16	-1, 0, 1, 0, 5, 2, 4

由上表可知,从顶点 0 到顶点 1～6 的最短路径长度分别为 4, 5, 6, 10, 9, 16。
此时的 path[] 数组为:

-1	0	1	0	5	2	4
0	1	2	3	4	5	6

path[] 数组中其实保存了一棵树,这是一棵用**双亲存储结构**存储的树,通过这棵树可以打印出从源点到任何一个顶点最短路径上所经过的所有顶点。树的双亲表示法只能直接输出由叶子结点到根结点路径上的结点,而不能逆向输出,因此需要借助一个栈来实现逆向输出,打印路径函数如下：

```
void printfPath(int path[],int a)
{
    int stack[maxSize],top=-1;
    /*这个循环以由叶子结点到根结点的顺序将其入栈*/
```

```
    while(path[a]!=-1)
    {
        stack[++top]=a;
        a=path[a];
    }
    stack[++top]=a;
    while(top!=-1)
        cout<<stack[top--]<<" ";//出栈并打印出栈元素，实现了顶点的逆序打印
    cout<<endl;
}
```

由上述讲解可以写出如下迪杰斯特拉算法代码：
```
void Dijkstra(MGraph g,int v,int dist[],int path[])
{
    int set[maxSize];
    int min,i,j,u;
    /*从这句开始对各数组进行初始化*/
    for(i=0;i<g.n;++i)
    {
        dist[i]=g.edges[v][i];
        set[i]=0;
        if(g.edges[v][i]<INF)
            path[i]=v;
        else
            path[i]=-1;
    }
    set[v]=1;path[v]=-1;
    /*初始化结束*/
    /*关键操作开始*/
    for(i=0;i<g.n-1;++i)
    {
        min=INF;
        /*这个循环每次从剩余顶点中选出一个顶点，通往这个顶点的路径在通往所有剩余顶点的
        路径中是长度最短的*/
        for(j=0;j<g.n;++j)
            if(set[j]==0&&dist[j]<min)
            {
                u=j;
                min=dist[j];
            }
        set[u]=1;   //将选出的顶点并入最短路径中
        /*这个循环以刚并入的顶点作为中间点，对所有通往剩余顶点的路径进行检测*/
        for(j=0;j<g.n;++j)
        {
            /*这个if语句判断顶点u的加入是否会出现通往顶点j的更短的路径，如果出现，则
```

改变原来路径及其长度，否则什么都不做*/
```
            if(set[j]==0&&dist[u]+g.edges[u][j]<dist[j])
            {
                dist[j]=dist[u]+g.edges[u][j];
                path[j]=u;
            }
        }
    }
    /*关键操作结束*/
}
```
/*函数结束时，dist[]数组中存放了 v 点到其余顶点的最短路径长度，path[]中存放 v 点到其余各顶点的最短路径*/

3. 迪杰斯特拉算法时间复杂度分析

由算法代码可知，本算法主要部分为一个双重循环，外层循环内部有两个并列的单层循环，可以任取一个循环内的操作作为基本操作，基本操作执行的总次数即为双重循环执行的次数，为 n^2 次，因此本算法的时间复杂度为 $O(n^2)$。

7.5.2 弗洛伊德算法

迪杰斯特拉算法是求图中某一顶点到其余各顶点的最短路径，如果求图中任意一对顶点间的最短路径，则通常用弗洛伊德算法。

考试中涉及最多的是求用四阶方阵表示的图中每两点之间的最短路径的过程，方阵的阶数高了，计算量就比较大，考试中不会涉及太多。本算法的代码写起来要比迪杰斯特拉算法简单得多，因此在考试中，如果对时间复杂度要求不过于苛刻，尽量写本算法的代码，以减少错误。

对于本算法，需要掌握它的求解过程和程序代码，这两点比较简单，记住即可。对于考研要求，不需要钻研太多。下面就通过一个例子来总结用本算法求解最短路径的一般方法。

图 7-24 所示为一个有向图，各边的权值如图所示，用弗洛伊德算法求解其最短路径的过程如下。

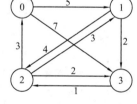

图 7-24 有向图

对于图 7-24，对应的邻接矩阵如下：

$$\begin{pmatrix} 0 & 5 & \infty & 7 \\ \infty & 0 & 4 & 2 \\ 3 & 3 & 0 & 2 \\ \infty & \infty & 1 & 0 \end{pmatrix}$$

初始时要设置两个矩阵 **A** 和 **Path**，**A** 用来记录当前已经求得的任意两个顶点最短路径的长度，**Path** 用来记录当前两顶点间最短路径上要经过的中间顶点。

1) 初始时有：$\mathbf{A}_{-1}=\begin{pmatrix} 0 & 5 & \infty & 7 \\ \infty & 0 & 4 & 2 \\ 3 & 3 & 0 & 2 \\ \infty & \infty & 1 & 0 \end{pmatrix}$ $\mathbf{Path}_{-1}=\begin{pmatrix} -1 & -1 & -1 & -1 \\ -1 & -1 & -1 & -1 \\ -1 & -1 & -1 & -1 \\ -1 & -1 & -1 & -1 \end{pmatrix}$（矩阵名的下标代表每一步中所选的中间顶点，图的顶点编号从 0 开始，初始的时候没有中间点，因此下标设为-1）。

2) 以 0 为中间点，参照上一步矩阵中的结果，检测所有顶点对：{0, 1}，{0, 2}，{0, 3}，{1, 0}，{1, 2}，{1, 3}，{2, 0}，{2, 1}，{2, 3}，{3, 0}，{3, 1}，{3, 2}，假设当前所检测的顶点对为{i, j}，如果 A[i][j]>A[i][0]+A[0][j]，则将 A[i][j]改为 A[i][0]+A[0][j]的值，并且将 Path[i][j]改为 0。

经本次检测与修改，所得矩阵如下：

$$A_0=\begin{pmatrix} 0 & 5 & \infty & 7 \\ \infty & 0 & 4 & 2 \\ 3 & 3 & 0 & 2 \\ \infty & \infty & 1 & 0 \end{pmatrix} \qquad Path_0=\begin{pmatrix} -1 & -1 & -1 & -1 \\ -1 & -1 & -1 & -1 \\ -1 & -1 & -1 & -1 \\ -1 & -1 & -1 & -1 \end{pmatrix}$$

3）以 1 为中间点，参照上一步矩阵中的结果，检测所有顶点对，其中有 A[0][2]>A[0][1]+A[1][2]= 5+4=9，因此将 A[0][2]改为 9，Path[0][2]改为 1。

经本次检测与修改，所得矩阵如下：

$$A_1=\begin{pmatrix} 0 & 5 & 9 & 7 \\ \infty & 0 & 4 & 2 \\ 3 & 3 & 0 & 2 \\ \infty & \infty & 1 & 0 \end{pmatrix} \qquad Path_1=\begin{pmatrix} -1 & -1 & 1 & -1 \\ -1 & -1 & -1 & -1 \\ -1 & -1 & -1 & -1 \\ -1 & -1 & -1 & -1 \end{pmatrix}$$

4）以 2 为中间点，参照上一步矩阵中的结果，检测所有顶点对，其中有 A[1][0]>A[1][2]+A[2][0]= 4+3=7，A[3][1]>A[3][2]+A[2][1]=1+3=4，A[3][0]>A[3][2]+A[2][0]= 1+3=4，因此将 A[1][0]改为 7，将 A[3][1] 改为 4，将 A[3][0]改为 4，将 Path[1][0]、Path[3][0]和 Path[3][1]都改为 2。

经本次检测与修改，所得矩阵如下：

$$A_2=\begin{pmatrix} 0 & 5 & 9 & 7 \\ 7 & 0 & 4 & 2 \\ 3 & 3 & 0 & 2 \\ 4 & 4 & 1 & 0 \end{pmatrix} \qquad Path_2=\begin{pmatrix} -1 & -1 & 1 & -1 \\ 2 & -1 & -1 & -1 \\ -1 & -1 & -1 & -1 \\ 2 & 2 & -1 & -1 \end{pmatrix}$$

5）以 3 为中间点，参照上一步矩阵中的结果，检测所有顶点对，其中有 A[0][2]>A[0][3]+A[3][2]= 7+1=8，A[1][0]>A[1][3]+A[3][0]=2+4=6，A[1][2]>A[1][3]+A[3][2]= 2+1=3，因此将 A[0][2]改为 8，将 A[1][0] 改为 6，将 A[1][2]改为 3，将 Path[0][2]、Path[1][0]和 Path[1][2]都改为 3。

经本次检测与修改，所得矩阵如下：

$$A_3=\begin{pmatrix} 0 & 5 & 8 & 7 \\ 6 & 0 & 3 & 2 \\ 3 & 3 & 0 & 2 \\ 4 & 4 & 1 & 0 \end{pmatrix} \qquad Path_3=\begin{pmatrix} -1 & -1 & 3 & -1 \\ 3 & -1 & 3 & -1 \\ -1 & -1 & -1 & -1 \\ 2 & 2 & -1 & -1 \end{pmatrix}$$

至此，得最终的矩阵 **A** 与 **Path** 如下：

$$A=\begin{pmatrix} 0 & 5 & 8 & 7 \\ 6 & 0 & 3 & 2 \\ 3 & 3 & 0 & 2 \\ 4 & 4 & 1 & 0 \end{pmatrix} \qquad Path=\begin{pmatrix} -1 & -1 & 3 & -1 \\ 3 & -1 & 3 & -1 \\ -1 & -1 & -1 & -1 \\ 2 & 2 & -1 & -1 \end{pmatrix}$$

由矩阵 **A** 可以查出图中任意两点间的最短路径长度。例如，要求得顶点 1 到顶点 3 的最短路径长度，可查得 A[1][3]为 2。

由矩阵 **A** 和矩阵 **Path** 可以算出任意两点间最短路径上的顶点序列或边序列。例如，要求顶点 1 到顶点 0 最短路径上的顶点序列，可按照如下步骤进行。

① 由 A[1][0]=6 可知，顶点 1 到顶点 0 存在路径且最短，则可执行下面的步骤（若 A[1][0]=∞，则说明 1 到 0 不存在路径，路径顶点序列计算结束）；

② 由 Path[1][0]=3 可知，从顶点 1 到顶点 0 要经过顶点 3，将 3 作为下一步的起点；

③ 由 Path[3][0]=2 可知，从顶点 3 到顶点 0 要经过顶点 2，将 2 作为下一步的起点；

④ 由 Path[2][0]=-1 可知，从顶点 2 有直接指向顶点 0 的边，求解结束。

由此得到从顶点 1 到顶点 0 的最短路径为 1→3→2→0。

注意：细心的同学现在应该看出，上面输出两点间路径的步骤是一个递归过程。反映其执行过程的伪代码如下：

```
void printPath(int u,int v,int path[][max], int A[][max])
//输出从 u 到 v 的最短路径上的顶点序列
{
    if(A[u][v] == INF)              //INF 是已定义的常量,数值很大,不可能小于图
                                    //中边的权值,代表无穷大时输出无路径提示;
    else
    {
        if(path[u][v]==-1)
            直接输出边<u,v>;
        else
        {
            int mid=path[u][v];
            printPath(u,mid,path,A);  //处理 mid 前半段路径
            printPath(mid,v,path,A);  //处理 mid 后半段路径
        }
    }
}
```

从上述示例中可以总结出用弗洛伊德算法求解最短路径的一般过程，具体如下：

1) 设置两个矩阵 **A** 和 **Path**，初始时将图的**邻接矩阵**赋值给 **A**，将矩阵 **Path** 中元素全部设置为-1。

2) 以顶点 k 为中间顶点，k 取 0～n-1（n 为图中顶点个数），对图中所有顶点对{i, j}进行如下检测与修改：

如果 A[i][j]>A[i][k]+A[k][j]，则将 A[i][j]改为 A[i][k]+A[k][j]的值，将 Path[i][j]改为 k，否则什么都不做。

由上述弗洛伊德算法求解最短路径的一般过程可写出以下弗洛伊德算法代码，其中定义两个二维数组 A[][]和 Path[][]，用来保存上述矩阵 **A** 和 **Path**。

```
void Floyd(MGraph* g,int Path[][maxSize],int A[][maxSize])
{   //图 g 的边矩阵中,用 INF 来表示两点之间不存在边
    int i,j,k;
    /*这个双循环对数组 A[][]和 Path[][]进行了初始化*/
    for(i=0;i<g->n;++i)
        for(j=0;j<g->n;++j)
        {
            A[i][j]=g->edges[i][j];
            Path[i][j]=-1;
        }
    /*下面这个三层循环是本算法的主要操作,完成了以 k 为中间点对所有的顶点对(i,j)进行检
测和修改*/
    for(k=0;k<g->n;++k)
        for(i=0;i<g->n;++i)
            for(j=0;j<g->n;++j)
                if(A[i][j]>A[i][k]+A[k][j])
                {
                    A[i][j]=A[i][k]+A[k][j];
```

```
                Path[i][j]=k;
            }
}
```

弗洛伊德算法的时间复杂度分析:

由算法代码可知,本算法的主要部分是一个三层循环,取最内层循环的操作作为基本操作,则基本操作执行次数为 n^3,因此时间复杂度为 $O(n^3)$。

7.6 拓扑排序

7.6.1 AOV 网

活动在顶点上的网(Activity On Vertex network,AOV 网)是一种可以形象地反映出整个工程中各个活动之间的先后关系的有向图。图 7-25 所示为制造一个产品的 AOV 网。制造该产品需要 3 个环节,第一个环节获得原材料,第二个环节生产出 3 个部件,第三个环节由 3 个部件组装成成品。在原材料没有准备好之前不能生产部件,在 3 个部件全部被生产出来之前不能组装成成品,这样一个工程的各个活动之间的先后次序关系就可以用一个有向图来表示,称为 AOV 网。

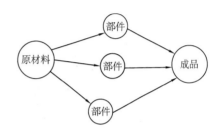

图 7-25 反映一个产品生产过程
先后次序的 AOV 网

考试中,只要知道 AOV 网是一种以顶点表示活动、以边表示活动的先后次序且没有回路的有向图即可。因为 AOV 网有实际意义,所以出现回路就代表一项活动以自己为前提,这显然违背实际。

7.6.2 拓扑排序核心算法

对一个有向无环图 G 进行拓扑排序,是将 G 中所有顶点排成一个线性序列,使得图中任意一对顶点 u 和 v,若存在由 u 到 v 的路径,则在拓扑排序序列中一定是 u 出现在 v 的前面。

在一个有向图中找到一个拓扑排序序列的过程如下:

1)从有向图中选择一个没有前驱(入度为 0)的顶点输出。
2)删除 1)中的顶点,并且删除从该顶点发出的全部边。
3)重复上述两步,直到剩余的图中不存在没有前驱的顶点为止。

以邻接表为存储结构,怎样实现拓扑排序的算法呢?因为上述步骤中提到要选取入度为 0 的结点并将其输出,所以要对邻接表表头结构定义进行修改,可加上一个统计结点入度的计数器,修改如下:

```
typedef struct
{
    char   data;
    int  count;              //此句为新增部分,count 来统计顶点当前的入度
    ArcNode *firstarc;
}VNode;
```

假设图的邻接表已经生成,并且各个顶点的入度都已经记录在 count 中,在本算法中要设置一个栈,用来记录当前图中入度为 0 的顶点,还要设置一个计数器 n,用来记录已经输出的顶点个数。

算法开始时置 n 为 0,扫描所有顶点,将入度为 0 的顶点入栈。然后在栈不空时循环执行:出栈,将出栈顶点输出,执行++n,并且将由此顶点引出的边所指向的顶点的入度都减 1,将入度变为 0 的顶点入栈;出栈,…,栈空时循环退出,排序结束。循环退出后判断 n 是否等于图中的顶点个数。如果相等则返回 1,拓扑排序成功;否则返回 0,拓扑排序失败。

由此可以写出以下算法代码：

```cpp
int TopSort(AGraph *G)
{
    int i,j,n=0;
    int stack[maxSize],top=-1;        //定义并初始化栈
    ArcNode *p;
    /*这个循环将图中入度为0的顶点入栈*/
    for(i=0;i<G->n;++i)               //图中顶点从0开始编号
        if(G->adjlist[i].count==0)
            stack[++top]=i;
    /*关键操作开始*/
    while(top!=-1)
    {
        i=stack[top--];               //顶点出栈
        ++n;                          //计数器加1，统计当前顶点
        cout<<i<<" ";                 //输出当前顶点
        p=G->adjlist[i].firstarc;
        /*这个循环实现了将所有由此顶点引出的边所指向的顶点的入度都减少1，并将这个过程中入度变为0的顶点入栈*/
        while(p!=NULL)
        {
            j=p->adjvex;
            --(G->adjlist[j].count);
            if(G->adjlist[j].count==0)
                stack[++top]=j;
            p=p->nextarc;
        }
    }
    /*关键操作结束*/
    if(n==G->n)
        return 1;
    else
        return 0;
}
```

注意：拓扑排序序列可能不唯一。从算法过程中可以看出，在选择入度为0的顶点输出时，对顶点没有其他要求，只需入度为0即可。当前步骤中有多个入度为0的顶点时，可以任选一个输出，这就造成了拓扑排序序列不唯一。

若AOV网中考查各顶点的出度并以下列步骤进行排序，则将这种排序称为逆拓扑排序，输出的结果称为逆拓扑有序序列。

1）在网中选择一个没有后继的顶点（出度为0）输出。
2）在网中删除该顶点，并删除所有到达该顶点的边。
3）重复上述两步，直到AOV网中已无出度为0的顶点为止。

注意：当有向图无环时，还可以采用深度优先搜索遍历的方法进行拓扑排序。由于图中无环，当由图中某顶点出发进行深度优先搜索遍历时，最先退出算法的顶点即为出度为0的顶点，它是拓扑有序

序列中的最后一个顶点。因此，按照 DFS 算法的先后次序记录下的顶点序列即为逆向的拓扑有序序列。

关于这个注意的内容，有不少同学通过微信反映理解上有困难，下面就其中两句话详细解释一下。

1. "最先退出算法的顶点即为出度为 0 的顶点。"
2. "按照 DFS 算法的先后次序记录下的顶点序列。"

第 1 句中退出算法是指所遍历的顶点退出当前系统栈。

第 2 句中按照 DFS 算法的先后次序并不是指最终的遍历结果序列，而是顶点退出系统栈的顺序。

例如，图{A->B，A->C，B->D，C->D}的一种深度优先遍历进出栈过程为：

A 入栈（栈中元素为 A）；
B 入栈（栈中元素为 AB）；
D 入栈（栈中元素为 ABD）；
D 出栈（栈中元素为 AB，D 为第一个出栈元素）；
B 出栈（栈中元素为 A，B 为第二个出栈元素）；
C 入栈（栈中元素为 AC）；
C 出栈（栈中元素为 A，C 为第三个出栈元素）；
A 出栈（栈空，A 为第四个出栈元素）。因此各个元素出栈先后序列为 DBCA，为拓扑序列 ACBD 的逆拓扑序列。

7.6.3 例题选讲

【例 7-6】 分析本节中拓扑排序算法的时间复杂度。

分析：

本算法的主体部分为一个单层循环和一个双重循环。单层循环执行次数为 n。对于双重循环，直接根据循环条件分析循环执行的次数比较困难，故换个角度分析。首先看进栈操作，因为在无环情况下，每个结点恰好进栈一次，故进栈操作的执行次数为 n；其次分析入度减 1 操作，在无环情况下，当排序结束时，每个边恰好被逻辑删除一次，故入度减 1 操作的执行次数为 e。因此，本算法中基本操作执行次数为 n+n+e，因此时间复杂度为 O(n+e)。

答：拓扑排序算法的时间复杂度为 O(n+e)，其中 n 为图中顶点个数，e 为图中边的条数。

【例 7-7】 求图 7-26 所示的一个拓扑有序序列，要求写出求解步骤。

解：

① 由图 7-26 可知，入度为 0 的顶点为顶点 0。输出 0 并删除其出度，得一新图。

② 由新图可知，入度为 0 的顶点为顶点 1、3。输出 1 并删除其出度，得一新图。

③ 由新图可知，入度为 0 的顶点为顶点 2、3。输出 3 并删除其出度，得一新图。

④ 由新图可知，入度为 0 的顶点为顶点 2。输出 2 并删除其出度，得一新图。

⑤ 由新图可知，入度为 0 的顶点为顶点 5。输出 5 并删除其出度，得一新图。

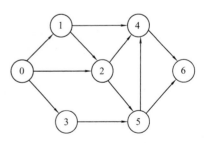

图 7-26　例 7-7 图

⑥ 由新图可知，入度为 0 的顶点为顶点 4。输出 4 并删除其出度，得一新图。

⑦ 由新图可知，入度为 0 的顶点为顶点 6。输出 6 并删除其出度，顶点全部输出，拓扑排序过程结束。

由以上步骤得拓扑有序序列为 0，1，3，2，5，4，6。

说明：对于拓扑排序这一部分，重点掌握手工进行拓扑排序的过程（本节开始时讲的 3 步操作）。对于拓扑排序算法代码无须像最短路径算法代码那样当成模板来记忆使用，只需能够根据手工排序过程写出适合自己的代码即可。

7.7 关键路径

7.7.1 AOE网

对于活动在边上的网（Activity On Edge network，AOE网）可以和AOV网对比着来记忆。

两者的相同点：**都是有向无环图**。

两者的不同点：AOE网的边表示活动，边有权值，边代表活动持续时间；顶点表示事件，事件是图中新活动开始或者旧活动结束的标志。AOV网的顶点表示活动，边无权值，边代表活动之间的先后关系。

对于一个表示工程的AOE网，只存在一个入度为0的顶点，称为**源点**，表示整个工程的开始；也只存在一个出度为0的顶点，称为**汇点**，表示整个工程的结束。

说明：对于AOE网，虽然考研大纲中没有明确指出，但是这部分和本节其他内容的联系紧密，属于大纲模糊范围内的内容，考生最好还是掌握。

7.7.2 关键路径核心算法

在AOE网中，从源点到汇点的所有路径中，具有**最大路径长度**的路径称为关键路径。完成整个工程的最短时间就是关键路径长度所代表的时间。关键路径上的活动称为关键活动。关键路径是个特殊的概念，它**既代表了一个最短，又代表了一个最长**，它是图中的**最长路径**，又是整个工期所完成的**最短时间**。这句话的含义考生要好好理解。考研中所涉及本节的题目，主要是手工求关键路径的过程，下面通过一个例子来总结求关键路径的一般方法。

图7-27所示为一个AOE网，下面一步一步地求出它的关键路径，注意每一步的操作以及各步之间的联系。

1）设ve(k)为顶点k代表的事件（以下称事件k）的最早发生时间，即从源点到顶点k的路径中的**最长者**（注意下面求解过程中的max{}），即ve(k)为ve(j)+<j, k>权值后所得结果中的最大者，其中j为k的前驱事件，j可能有多个。为什么是最长者

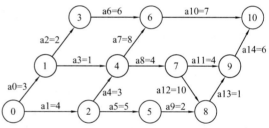

图7-27 AOE网

呢？因为在AOE网中，如果事件k要发生，则必须在事件k之前的活动都已经完成的情况下才可能，k事件之前的活动是为k的发生做准备的；由源点到k的路径不止一条，每一条都代表为事件k的发生所做的准备工作，这些准备工作是同时开始进行的，显然k之前的所有准备工作的完成时间，可以用其中持续时间最长的准备工作的时间来表示，因此要取从源点到顶点k的路径中的最长者。在图7-27中，事件4的最早发生时间是路径<0, 2, 4>（长度为7）所代表的时间，而不是路径<0, 1, 4>（长度为4）所代表的时间。

为了求出关键路径，必须求出图中每个事件的最早发生时间，根据图7-27，具体过程如下：

① 对图7-27进行**拓扑排序**，得到各顶点的拓扑有序序列为0, 1, 2, 3, 4, 5, 6, 7, 8, 9, 10。
② 按照上述拓扑有序序列的顺序，依次求出各顶点所代表事件的最早发生时间。

初始时，将事件0的开始时间设置为0，即ve(0)=0。于是求得：

ve(1)=ve(0)+a0=0+3=3

ve(2)=ve(0)+a1=0+4=4

ve(3)=ve(1)+a2=3+2=5

ve(4)=max{ve(1)+a3, ve(2)+a4}=max{3+1, 4+3}=7

ve(5)=ve(2)+a5=4+5=9

ve(6)=max{ve(3)+a6, ve(4)+a7}=max{5+6, 7+8}=15

ve(7)=ve(4)+a8=7+4=11

ve(8)=max{ve(7)+a12,ve(5)+a9}=max{11+10,9+2}=21

ve(9)=max{ve(7)+a11,ve(8)+a13}=max{11+4,21+1}=22

ve(10)=max{ve(6)+a10,ve(9)+a14}=max{15+7,22+6}=28

2）设 vl(k)为事件 k 的最迟发生时间，**事件 k 的最迟发生时间是在不推迟整个工程完成的前提下，该事件最迟必须发生的时间**。vl(k)为 vl(j)-<k, j>权值后所得结果中的**最小者**（注意下面求解过程中的 min{}），其中 j 为 k 的后继事件，j 可能有多个。事件 k 的发生，一定不能推迟其所有后继事件的最迟发生时间，因此 k 要尽可能早地发生，而 vl(j)-<k, j>所得结果越小表明 k 发生越早，因此要取其中的最小者。图 7-27 中的事件 10 是个特殊的事件，它的最早发生时间是整个工程的结束时间，因此它的最早发生时间也是最迟发生时间，即 vl(10)=ve(10)。如果事件 10 推迟发生，则整个工程必定推迟完成。于是可以从顶点 10 开始逐一推算出其他事件的最迟发生时间，具体步骤如下：

① 对图 7-27 进行逆拓扑排序，得到各顶点的逆拓扑有序序列为 10, 9, 6, 8, 5, 7, 3, 4, 1, 2, 0。

② 按照上述逆拓扑有序序列的顺序，依次求出各顶点所代表事件的最迟发生时间。

vl(10)=ve(10)=28

vl(9)=vl(10)-a14=28-6=22

vl(6)=vl(10)-a10=28-7=21

vl(8)=vl(9)-a13=22-1=21

vl(5)=vl(8)-a9=21-2=19

vl(7)=min{vl(9)-a11,vl(8)-a12}=min{22-4,21-10}=11

vl(3)=vl(6)-a6=21-6=15

vl(4)=min{vl(6)-a7,vl(7)-a8}=min{21-8,11-4}=7

vl(1)=min{vl(3)-a2,vl(4)-a3}=min{15-2,7-1}=6

vl(2)=min{vl(5)-a5,vl(4)-a4}=min{19-5,7-3}=4

vl(0)=min{vl(1)-a0,vl(2)-a1}=min{6-3,4-4}=0

3）由 1）、2）两步，求出图 7-27 中事件的最早和最迟发生时间。下面来求每个活动的最早和最迟发生时间。分别用 e(ak)和 l(ak)来表示当前活动 ak 的最早和最迟发生时间。图中**事件代表一个新活动的开始或旧活动的结束**，因此事件的最早发生时间就是由这个事件所发出的活动的最早发生时间。活动的最迟发生时间怎样求得呢？我们知道图中事件的最迟发生时间代表了以它为结束点的活动的最迟结束时间，因此用事件的最迟发生时间减去以它为结束点的活动的持续时间，就得到活动的最迟发生时间。

由以上分析，可以求出各个活动的最早和最迟发生时间。

① 求最早发生时间：

e(a0)=e(a1)=ve(0)=0

e(a2)=e(a3)=ve(1)=3

e(a4)=e(a5)=ve(2)=4

e(a6)=ve(3)=5

e(a7)=e(a8)=ve(4)=7

e(a9)=ve(5)=9

e(a10)=ve(6)=15

e(a11)=e(a12)=ve(7)=11

e(a13)=ve(8)=21

e(a14)=ve(9)=22

② 求最迟发生时间：

l(a0)=vl(1)-3=3

l(a1)=vl(2)-4=0

l(a2)=vl(3)-2=13
l(a3)=vl(4)-1=6
l(a4)=vl(4)-3=4
l(a5)=vl(5)-5=14
l(a6)=vl(6)-6=15
l(a7)=vl(6)-8=13
l(a8)=vl(7)-4=7
l(a9)=vl(8)-2=19
l(a10)=vl(10)-7=21
l(a11)=vl(9)-4=18
l(a12)=vl(8)-10=11
l(a13)=vl(9)-1=21
l(a14)=vl(10)-6=22

把①和②两步中所得数据整理成一个表，见表 7-7。

表 7-7 中用"▲"指出了关键活动，最早发生时间和最迟发生时间相同的活动就是关键活动。这里还要介绍一个量，就是活动的剩余时间。剩余时间等于活动的最迟发生时间减去活动的最早发生时间。剩余时间反映了活动完成的一种松弛度。例如，导师交给你一项任务，以你的水平可以 3 天完成，而导师给了你 5 天的时间，这样你就有 2 天的剩余时间。你只要在前两天内的任何一个时刻开始执行任务都不会影响最终任务的完成。通过表 7-7 可以看出，**关键活动的剩余时间为 0**，这体现了关键活动在整个工程中的重要性，关键活动没有缓期执行的余地。关键活动组成了关键路径，本例中的关键路径如图 7-28 所示。

表 7-7 图 7-27 中活动的最早发生时间和最迟发生时间

活动	最早发生时间	最迟发生时间	关键活动
a0	0	3	
a1	0	0	▲
a2	3	13	
a3	3	6	
a4	4	4	▲
a5	4	14	
a6	5	15	
a7	7	13	
a8	7	7	▲
a9	9	19	
a10	15	21	
a11	11	18	
a12	11	11	▲
a13	21	21	▲
a14	22	22	▲

图 7-28 关键路径

由图 7-28 可知：a1+a4+a8+a12+a13+a14=28。

图 7-28 反映了关键路径所持续的时间就是整个工程所持续的时间。

说明：上述步骤写得比较详细，是为了方便大家理解。考试中如果出现这种手工求关键路径的题目大可不必这样写，大家可以在理解的基础上总结出适合自己的简洁的答题步骤。

由以上求解过程可以总结出求关键路径的一般方法，具体内容如下：

1）根据图求出拓扑有序序列 a 和逆拓扑有序序列 b。

2）根据序列 a 和 b 分别求出每个事件的最早发生时间和最迟发生时间，求解方法如下：

① 一个事件的最早发生时间为指向它的边（假设为 a）的权值加上发出 a 这条边的事件的最早发生时间。如果有多条边，则逐一求出对应的时间并选其中最大的结果作为当前事件的最早发生时间。

② 一个事件的最迟发生时间为由它所发出的边（假设为 b）所指向的事件的最迟发生时间减去 b 这条边的权值。如果有多条边，则逐一求出对应的时间并选其中最小的结果作为当前事件的最迟发生时间。

3）根据 2）中结果求出每个活动的最早发生时间和最迟发生时间。

4）根据 3）中结果找出最早发生时间和最迟发生时间相同的活动，即为关键活动。由关键活动所连成的路径即为关键路径。

说明：考试中对于关键路径这一部分，可能出选择题，也可能出大题，只要根据上述讲解熟练掌握关键路径的手工求解过程，无论是选择题还是大题，都可以迎刃而解。

微信答疑

提问：

一个工程的完成仅仅需要执行关键活动吗？还是说关键活动完成的同时其他普通活动也已经完成了呢？

回答：

不是的，图中所表示的所有活动都要执行，只不过关键路径执行所需的时间就是整个图中所有活动完成的时间。

▲真题仿造

1．试写一算法，判断以邻接表方式存储的有向图中是否存在由顶点 v_i 到顶点 v_j 的路径。

（1）给出算法的基本设计思想。

（2）根据设计思想，采用 C 或 C++语言描述算法，并在关键之处给出注释。

（3）分析算法的时间复杂度。

2．在有向图 G 中，如果 r 到 G 中的每个结点都有路径可达，则称结点 r 为 G 的根结点。编写一个算法判断有向图 G 是否有根，若有，则打印出所有根结点的值。假设图已经存在于邻接表 g 中。

（1）给出算法的基本设计思想。

（2）根据设计思想，采用 C 或 C++语言描述算法，并在关键之处给出注释。

真题仿造答案与解析

1．解

（1）算法基本设计思想

判断图中从 v_i 到 v_j 是否有路径，可以采取遍历的方法。遍历的起点为 v_i，在一次 BFS 退出之前遇到 v_j，则证明有路径，否则没有路径。

（2）算法描述

```
int BFS(AGraph *G,int vi, int vj)        //将函数返回值类型改为int型
{
    ArcNode *p;
    int que[maxSize],front=0,rear=0;
    int visit[maxSize];
    int i,j;
    for(i=0;i<G->n;++i)visit[i]=0;
    rear=(rear+1)%maxSize;
    que[rear]=vi;
    visit[vi]=1;
    while(front!=rear)
    {
        front=(front+1)%maxSize;
        j=que[front];
        if(j==vj)//此处为修改处，将对顶点的访问函数换成判断当前顶点是否为vj即可
            return 1;
        p=G->adjlist[j].firstarc;
        while(p!=NULL)
        {
```

```
            if(visit[p->adjvex]==0)
            {
                rear=(rear+1)%maxSize;
                que[rear]=p->adjvex;
                visit[p->adjvex]=1;
            }
            p=p->nextarc;                    //p 指向 j 的下一条边
        }
    }
    return 0;
}
```

（3）时间复杂度分析

本算法的主体部分为一个双重循环，基本操作有两种：一种是顶点进队，另一种是边的访问。最坏情况为遍历图中的所有顶点后才找到通路，此时所有顶点都进队一次，所有边都被访问一次，因此基本操作的总次数为 n+e（其中，n 为图中顶点数，e 为图中边数），即本题的时间复杂度为 O(n+e)。

2．解

（1）算法基本设计思想

判断顶点 r 到 G 中的每个顶点是否有路径可达，可以通过深度优先搜索遍历的方法。以 r 为起点进行深度优先搜索遍历，若在函数 dfs()退出前已经访问过所有顶点，则 r 为根。要打印出所有的根结点，可以对图中的每个顶点都调用一次函数 dfs()，如果是根则打印。

（2）算法描述

```
int visit[maxSize],sum;//假设常量 maxSize 已经定义
/*以下是深度优先搜索遍历算法*/
void DFS(AGraph *G,int v)
{
    ArcNode *p;
    visit[v]=1;
    ++sum;                    //此处为 DFS 算法的修改部分，将函数 visit()换成了++sum
                              //即每次访问一个顶点时计数器加 1
    p=G->adjlist[v].firstarc;
    while(p!=NULL)
    {
        if(visit[p->adjvex]==0)
            DFS(G,p->adjvex);
            p=p->nextarc;
    }
}
void print(AGraph *G)
{
    int i,j;
    for(i=0;i<G->n;++i)
    {
        sum=0;                //每次选取一个新起点时计数器清零
        for(j=0;j<G->n;++j)   //每次进行 DFS 时访问标记数组清零
```

```
            visit[j]=0;
        DFS (G,i);
        if(sum==G->n)        //当图中顶点全部被访问时则判断为根，输出
            cout<<i<<endl;
    }
}
```

习题+真题精选

微信扫码看本章题目讲解视频：

一、习题

（一）选择题

1. 图中有关路径的定义是（　　）。
   A. 由相邻顶点序偶所形成的序列　　B. 由不同顶点所形成的序列
   C. 由不同边所形成的序列　　　　　D. 上述定义都不是
2. 设无向图的顶点个数为n，则该图最多有（　　）条边。
   A. n-1　　B. n(n-1)/2　　C. n(n+1)/2　　D. 0　　E. n^2
3. 含有n个顶点的连通无向图，其边的个数至少为（　　）。
   A. n-1　　B. n　　C. n+1　　D. $nlog_2n$
4. 要连通具有n个顶点的有向图，至少需要（　　）条边。
   A. n-1　　B. n　　C. n+1　　D. 2n
5. n个结点的完全有向图含有边的数目为（　　）。
   A. n^2　　B. n(n+1)　　C. n/2　　D. n(n-1)
6. 一个有n个结点的无向图，最少有（　　）个连通分量，最多有（　　）个连通分量。
   A. 0　　B. 1　　C. n-1　　D. n
7. 在一个无向图中，所有顶点的度数之和等于所有边数的（　　）倍；在一个有向图中，所有顶点的入度之和等于所有顶点出度之和的（　　）倍。
   A. 1/2　　B. 2　　C. 1　　D. 4
8. 用有向无环图描述表达式(A+B)*((A+B)/A)，至少需要顶点的数目为（　　）。
   A. 5　　B. 6　　C. 8　　D. 9
9. 用DFS遍历一个无环有向图，并在DFS算法退栈返回时打印相应的顶点，则输出的顶点序列是（　　）。
   A. 逆拓扑有序　　B. 拓扑有序　　C. 无序的
10. （　　）的邻接矩阵是对称矩阵。
    A. 有向图　　　　　　　　　　　B. 无向图
    C. AOV 网　　　　　　　　　　　D. AOE 网
11. 由邻接矩阵 $A = \begin{pmatrix} 0 & 1 & 0 \\ 1 & 0 & 1 \\ 0 & 1 & 0 \end{pmatrix}$ 可以看出，该图共有①中的（　　）个顶点；如果是有向图，该图共有②中的（　　）条边；如果是无向图，则共有③中的（　　）条边。

① : A. 9 B. 3 C. 6 D. 1 E. 以上答案均不正确
② : A. 5 B. 4 C. 3 D. 2 E. 以上答案均不正确
③ : A. 5 B. 4 C. 3 D. 2 E. 以上答案均不正确

12. 当一个顶点数为 n 的有向图用邻接矩阵 A 表示时，顶点 i 的度是（　　）。

A. $\sum_{i=1}^{n} A[i,j]$　　　　　　　　B. $\sum_{j=1}^{n} A[i,j]$

C. $\sum_{i=1}^{n} A[j,i]$　　　　　　　　D. $\sum_{j=1}^{n} A[i,j] + \sum_{j=1}^{n} A[j,i]$

13. 下列说法不正确的是（　　）。
A. 图的遍历是从给定的源点出发，每一个顶点仅被访问一次
B. 图的深度优先遍历不适用于有向图
C. 遍历的基本算法有两种：深度优先搜索遍历和广度优先搜索遍历
D. 图的深度遍历是一个递归过程

14. 无向图 G=(V, E)，其中：V={a, b, c, d, e, f}，E={(a, b), (a, e), (a, c), (b, e), (c, f), (f, d), (e, d)}，以顶点 a 为源点，对该图进行深度优先遍历，得到的顶点序列正确的是（　　）。
A. a, b, e, c, d, f　　　　　　B. a, c, f, e, b, d
C. a, e, b, c, f, d　　　　　　D. a, e, d, f, c, b

15. 如图 7-29 所示，在下面的 5 个序列中，符合深度优先遍历的序列有（　　）。序列为：a, e, b, d, f, c; a, c, f, d, e, b; a, e, d, f, c, b; a, e, f, d, c, b; a, e, f, d, b, c。

A. 5 个　　　　　　　　　B. 4 个
C. 3 个　　　　　　　　　D. 2 个

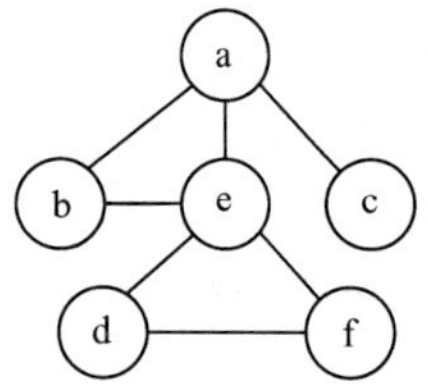

图 7-29　选择题第 15 题图

16. （多选题）（　　）方法可以判断出一个有向图是否有环。
A. 深度优先遍历　　　　　　B. 拓扑排序
C. 求最短路径　　　　　　　D. 求关键路径

17. 当各边上的权值（　　）时，BFS 算法可用来解决单源最短路径问题。
A. 均相等　　　B. 均互不相等　　　C. 不一定相等

18. 求解最短路径的弗洛伊德算法的时间复杂度为（　　）。
A. O(n)　　　　　　　　　B. O(n+e)
C. $O(n^2)$　　　　　　　　D. $O(n^3)$

19. 已知有向图 G=(V, E)，其中 V={v_1, v_2, v_3, v_4, v_5, v_6, v_7}，E={<v_1, v_2>, <v_1, v_3>, <v_1, v_4>, <v_2, v_5>, <v_3, v_5>, <v_3, v_6>, <v_4, v_6>, <v_5, v_7>, <v_6, v_7>}，G 的拓扑序列是（　　）。
A. v_1, v_3, v_4, v_6, v_2, v_5, v_7　　　　B. v_1, v_3, v_2, v_6, v_4, v_5, v_7
C. v_1, v_3, v_4, v_5, v_2, v_6, v_7　　　　D. v_1, v_2, v_5, v_3, v_4, v_6, v_7

20. 若一个有向图的邻接矩阵中，主对角线以下的元素均为零，则该图的拓扑有序序列（　　）。
A. 一定存在　　　B. 不一定存在　　　C. 一定不存在

21. 一个有向无环图的拓扑排序序列（　　）是唯一的。
A. 一定　　　　　　　　　B. 不一定

22. 在有向图 G 的拓扑序列中，若顶点 v_i 在顶点 v_j 之前，则下列情形不可能出现的是（　　）。
A. G 中有边<v_i, v_j>　　　　　B. G 中有一条从 v_i 到 v_j 的路径
C. G 中没有边<v_i, v_j>　　　　D. G 中有一条从 v_j 到 v_i 的路径

23. 关键路径是事件结点图中（　　）。
A. 从源点到汇点的最长路径　　B. 从源点到汇点的最短路径
C. 最长回路　　　　　　　　　D. 最短回路

24. 下列关于 AOE 网的叙述中，不正确的是（　　）。
A．关键活动延期完成就会影响整个工程的完成时间
B．任何一个关键活动提前完成，那么整个工程将会提前完成
C．所有的关键活动提前完成，那么整个工程将会提前完成
D．某些关键活动提前完成，那么整个工程可能提前完成

25. 对于一个具有 n 个顶点的无向图，若采用邻接矩阵表示，则该矩阵的大小是（　　）。
A．n　　　　　B．$(n-1)^2$　　　　C．n-1　　　　D．n^2

26. 带权有向图 G 用邻接矩阵 A 存储，则顶点 i 的入度等于 A 中（　　）。
A．第 i 行非∞的元素之和　　　　B．第 i 列非∞的元素之和
C．第 i 行非∞且非 0 元素个数　　D．第 i 列非∞且非 0 元素个数

27. 无向图的邻接矩阵是一个（　　）。
A．对称矩阵　　B．零矩阵　　C．上三角矩阵　　D．对角矩阵

28. 如果从无向图的任一顶点出发,进行一次深度优先搜索即可访问所有顶点,则该图一定是（　　）。
A．完全图　　B．连通图　　C．有回路　　D．一棵树

29. 图的深度优先遍历算法类似于二叉树的（　　）算法。
A．先序遍历　　B．中序遍历　　C．后序遍历　　D．层次遍历

30. 对图进行广度优先搜索遍历类似于二叉树的（　　）算法。
A．先序遍历　　B．中序遍历　　C．后序遍历　　D．层次遍历

31. 一个有向图 G 的邻接表存储结构如图 7-30 所示，现按深度优先搜索遍历，从 1 出发，所得到的顶点序列是（　　）。
A．1，2，3，4，5　　　　B．1，2，3，5，4
C．1，2，4，5，3　　　　D．1，2，5，3，4

32. 对于图 7-31 进行从顶点 1 开始的深度优先搜索遍历，可得到的顶点访问序列是（　　）。
A．1，2，4，3，5，7，6　　B．1，2，4，3，5，6，7
C．1，2，4，5，6，3，7　　D．1，2，3，4，5，6，7

33. 对图 7-31 所示的图进行从顶点 1 开始的广度优先搜索遍历，可得到的顶点访问序列为（　　）。
A．1，3，2，4，5，6，7　　B．1，2，4，3，5，6，7
C．1，2，3，4，5，7，6　　D．2，5，1，4，7，3，6

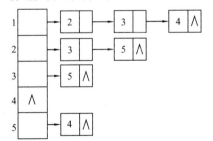

图 7-30　选择题第 31 题图

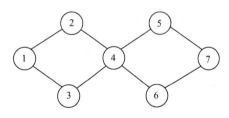

图 7-31　选择题第 32 题图

34. 对于含有 n 个顶点的带权连通图，它的最小生成树是指图中任意一个（　　）。
A．由 n-1 条权值最小的边构成的子图
B．由 n-1 条权值之和最小的边构成的子图
C．由 n-1 条权值之和最小的边构成的连通子图
D．由 n 个顶点构成的边的权值之和最小的连通子图

35. 若一个有向图中的顶点不能排成一个拓扑序列，则断定该有向图（　　）。
A．含有多个出度为 0 的顶点　　　　B．是个强连通图

C．含有多个入度为 0 的顶点　　　　D．含有顶点数目大于 1 的强连通分量

（二）综合应用题

1．基础题

（1）用邻接矩阵表示图时，矩阵元素的个数与顶点个数是否有关？与边的条数是否有关？

（2）请回答关于图的下列问题：

1）有 n 个顶点的有向强连通图最多有多少条边？最少有多少条边？

2）对于一个有向图，不用拓扑排序，实现判断图中是否存在经过给定顶点 v_0 的环的算法。

（3）设 G=(V，E)以邻接表存储，如图 7-32 所示，试画出图的深度优先和广度优先生成树。

（4）图 7-33 所示为一个地区的通信网，边表示城市间的通信线路，边上的权表示架设线路花费的代价，如何选择能沟通每个城市且总代价最省的 n-1 条线路，画出所有可能的选择。

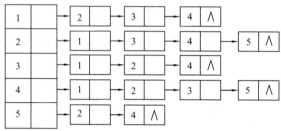

图 7-32　基础题第（3）题图　　　　　　图 7-33　基础题第（4）题图

（5）有一图的邻接矩阵 **A** 如下。顶点编号从 0 开始，试给出用**弗洛伊德算法**求各点间最短距离的矩阵序列 A_0, A_1, A_2, A_3，其中矩阵下标代表当前所取的中间顶点，如 A_2 即为将顶点 2 作为中间顶点时已求出的最短路径矩阵。

$$A = \begin{pmatrix} 0 & 2 & \infty & \infty \\ \infty & 0 & 1 & 6 \\ 5 & \infty & 0 & 4 \\ 3 & \infty & \infty & 0 \end{pmatrix}$$

（6）对于图 7-34 所示的带权有向图，采用**迪杰斯特拉算法**求出从顶点 1 到其他顶点的最短路径，要求给出求解过程。

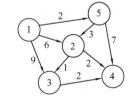

图 7-34　基础题第（6）题图

（7）写出从图的邻接表表示转换成邻接矩阵表示的算法，图为无权图。

（8）设有向图用邻接表表示，图有 n 个顶点，图采用简化的表示方法，顶点信息与其在数组中的下标相同，表示为 0～n-1，试写一个算法求顶点 k 的入度。

（9）写出以邻接表为存储结构的图的深度优先搜索 DFS 算法的非**递归**算法。

2．思考题

（1）省政府"畅通工程"的目标是使全省任何两个村庄间都可以实现公路交通（但不一定有直接的公路相连，只要能间接通过公路到达即可）。现得到城镇道路统计表，表中列出了任意两城镇间修建道路的费用，以及该道路是否已经修通的状态，全省一共有 N 个村庄，编号为 0～N-1。编写程序，计算出全省畅通需要的最低成本。

道路信息保存在 road[]数组中，road[]数组定义如下：

```
typedef struct
{
    int a,b;        //a、b 为道路两端的两个村庄
    int cost;       //如果 a、b 间需要修路，则 cost 为修路费用
    int is;         //is 等于 0 代表 a、b 间还未修路，is 等于 1 代表 a、b 间已经修路
```

```
}Road;                    //道路结构体类型
Road road[M];             //村庄间的道路信息已存在于 road[]中,M 为已定义常量,假设已修
                          //以及待修道路一共有 M 条
```

（2）如图 7-35 所示，A 处有 M 个城市，B 处有 N 个城市，A、B 之间有一些城市，A、B 及其之间所有的城市构成了一个图，图的信息已经全部存储在邻接矩阵存储结构中。问如何从 A 处选择一个城市 a，从 B 处选择一个城市 b，使得由 a 到 b 的路径最短。要求给出 a、b 的选择和求出 a、b 间最短路径长度的方法描述，无须写代码，只描述解决办法即可（迪杰斯特拉或者弗洛伊德算法可以直接选用）。

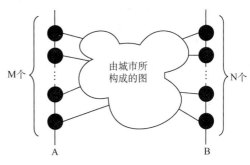

图 7-35　思考题第（2）题图

二、真题精选

（一）选择题

1．下列关于无向连通图特性的叙述中，正确的是（　　）。
Ⅰ．所有顶点的度之和为偶数　　　Ⅱ．边数大于顶点个数减 1
Ⅲ．至少有一个顶点的度为 1
A．只有Ⅰ　　　　　　　　　　　B．只有Ⅱ
C．Ⅰ和Ⅱ　　　　　　　　　　　D．Ⅰ和Ⅲ

2．对图 7-36 进行拓扑排序，可以得到不同的拓扑序列的个数是（　　）。
A．4　　　　　　　　　　　　　 B．3
C．2　　　　　　　　　　　　　 D．1

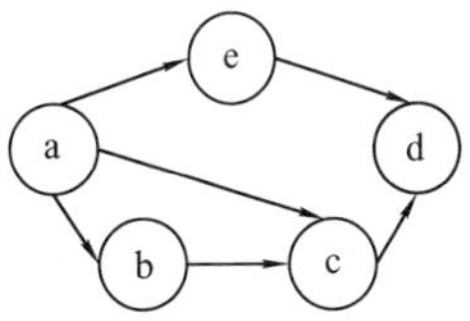

3．下列关于图的叙述中，正确的是（　　）。
① 回路是简单路径
② 存储稀疏图，用邻接矩阵比邻接表更省空间
③ 若有向图中存在拓扑序列，则该图不存在回路
A．仅①　　　　　　　　　　　　B．仅①、②
C．仅③　　　　　　　　　　　　D．仅①、③

图 7-36　真题精选选择题第 2 题图

4．对有 n 个顶点、e 条边且使用邻接表存储的有向图进行广度优先遍历，其算法时间复杂度是（　　）。
A．O(n)　　　　　　　　　　　　B．O(e)
C．O(n+e)　　　　　　　　　　 D．O(n×e)

5．若用邻接矩阵存储有向图，矩阵中主对角线以下的元素均为零，则关于该图拓扑序列的结论是（　　）。
A．存在，且唯一　　　　　　　　B．存在，且不唯一
C．存在，可能不唯一　　　　　　D．无法确定是否存在

6．对图 7-37 所示的有向带权图，若采用迪杰斯特拉算法求从源点 a 到其他各顶点的最短路径，则得到的第一条最短路径的目标顶点是 b，第二条最短路径的目标顶点是 c，后续得到的其余各最短路径的目标顶点依次是（　　）。

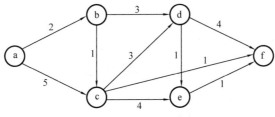

图 7-37　有向带权图

A. d、e、f　　　　　　　　　　B. e、d、f
C. f、d、e　　　　　　　　　　D. f、e、d

7. 下列关于最小生成树的叙述中，正确的是（　　）。

Ⅰ．最小生成树的代价唯一
Ⅱ．所有权值最小的边一定会出现在所有的最小生成树中
Ⅲ．使用普里姆算法从不同顶点开始得到的最小生成树一定相同
Ⅳ．使用普里姆算法和克鲁斯卡尔算法得到的最小生成树总不相同

A. 仅Ⅰ　　　　B. 仅Ⅱ　　　　C. 仅Ⅰ、Ⅲ　　　　D. 仅Ⅱ、Ⅳ

8. 设图的邻接矩阵 **A** 如下所示，则各顶点的度依次是（　　）。

$$\mathbf{A} = \begin{pmatrix} 0 & 1 & 0 & 1 \\ 0 & 0 & 1 & 1 \\ 0 & 1 & 0 & 0 \\ 1 & 0 & 0 & 0 \end{pmatrix}$$

A. 1，2，1，2　　　　　　　　B. 2，2，1，1
C. 3，4，2，3　　　　　　　　D. 4，4，2，2

9. 若对图 7-38 所示的无向图进行遍历，则下列选项中，不是广度优先遍历序列的是（　　）。

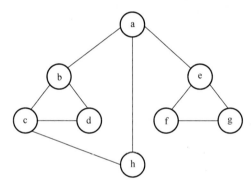

图 7-38　无向图

A. h, c, a, b, d, e, g, f　　　　　B. e, a, f, g, b, h, c, d
C. d, b, c, a, h, e, f, g　　　　　D. a, b, c, d, h, e, f, g

10. 图 7-39 所示的 AOE 网表示一项包含 8 个活动的工程。通过同时加快若干活动的进度可以缩短整个工程的工期。下列选项中，加快其进度就可以缩短工程工期的是（　　）。

A. c 和 e　　　　B. d 和 e　　　　C. f 和 d　　　　D. f 和 h

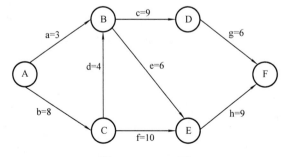

图 7-39　AOE 网

11. 对图 7-40 所示的有向图进行拓扑排序，得到的拓扑序列可能是（　　）。

A．3，1，2，4，5，6　　　　　　B．3，1，2，4，6，5
C．3，1，4，2，5，6　　　　　　D．3，1，4，2，6，5

（二）综合应用题

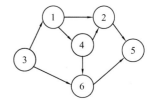

图7-40　有向图

1．带权图（权值非负，表示边连接的两顶点间的距离）的最短路径问题是找出从初始顶点到目标顶点之间的一条最短路径。假定从初始顶点到目标顶点之间存在路径，现有一种解决该问题的方法：

① 设最短路径初始时仅包含初始顶点，令当前顶点u为初始顶点；
② 选择离u最近且尚未在最短路径中的一个顶点v，加入到最短路径中，修改当前顶点u=v；
③ 重复步骤②，直到u是目标顶点时为止。
请问上述方法能否求得最短路径？若该方法可行，请证明之；否则，请举例说明。

2．已知一个有6个顶点（顶点编号0～5）的有向带权图G，其邻接矩阵A为上三角矩阵，它的压缩存储为：

| 4 | 6 | ∞ | ∞ | ∞ | 5 | ∞ | ∞ | ∞ | 4 | 3 | ∞ | ∞ | 3 | 3 |

要求：
（1）写出图G的邻接矩阵A；
（2）画出有向带权图G；
（3）求图G的关键路径，并计算关键路径的长度。

习题答案+真题精选答案

一、习题答案
（一）选择题

1．A。**本题考查图的基本概念**。在一个图中，一条路径是由相邻顶点序偶所形成的序列。因此本题选A。

2．B。**本题考查图基本概念的应用**。对于无向图，边数最多的情况就是任意两个顶点之间都有一条边，即n个顶点里面任取两个顶点的组合数：$C_n^2 = \dfrac{n(n-1)}{2}$，此时的无向图也叫完全无向图。因此本题选B。

3．A。**本题考查图和树基本概念的应用**。一个连通图边数最少的情况就是这个图中没有回路的情况，实际上这个图是一棵树。对于树，分支和结点的关系为：分支数比结点数少1。因此本题应选A。

4．B。**本题考查图基本概念的应用**。在有向图中，若从v_i到v_j有路径，则称v_i与v_j是连通的。有向图是连通图的要求是任意两个顶点之间都有路径，即v_i到v_j有路径，同时v_j到v_i也有路径。图7-41所示即为有向图是连通的且边的数目是最少的情况。从图中可以看出，有n个顶点的有向图正好需要n条边来实现整个图的连通。例如，v_1到v_n有路径<v_1, v_2>, <v_2, v_3>, …, <v_{n-1}, v_n>，而v_n到v_1也有路径<v_n, v_1>。因此本题选B。

5．D。**本题考查图基本概念的应用**。若图中的每两个顶点之间都存在一条边，则称该图为完全图。完全无向图有 n(n-1)/2 条边，完全有向图有 n(n-1) 条边。因此本题选D。

图7-41　选择题第4题答案

6．B，D。**本题考查图基本概念的应用**。图的连通分量为图的极大连通子图，如果图中没有边，则单个顶点就是一个连通分量，此时有n个连通分量。如果图是连通的，则图只有1个连通分量，就是它本身。因此本题选B、D。

7．B，C。**本题考查图基本概念的应用**。在无向图中，每一条边连接两个顶点，这两个顶点因这条边而各有一个度，对于整个图，各个顶点度数的总和是图中边数总和的两倍。在有向图中，一条边使一个顶点产生一个出度，则必使另一个顶点产生一个入度，即出度和入度是成对出现的，因此两者总数相

225

等。因此本题选 B、C。

8. A。**本题考查图的应用**。用图可以表示表达式,图中顶点表示参与运算的一种操作数和运算符(注意是一种而不是一个),用边来确定各种运算以及运算优先顺序。(A+B)*((A+B)/A)表达式中有 3 种运算符:+、*、/,有两种操作数:A、B,因此图中顶点数至少为 5。表示表达式的图如图 7-42 所示,图中 A 与 B 结合运算符"+"做运算,将所得结果与"A"结合运算符"/"做运算,上两步的结果再结合运算符"*"做运算,得到最终结果。本题比较灵活,属于在掌握基础后的能力扩展。

9. A。**本题考查深度优先搜索遍历的应用**。当有向图中不存在环的时候,也可以采用深度优先遍历的方法来进行拓扑排序。由于图中无环,当从图中某顶点出发进行深度优先遍历时,最先退出算法的顶点即为出度为零的顶点。它是拓扑有序序列中的最后一个顶点,因此按照深度优先搜索遍历的先后次序记录下的顶点序列即为逆向的拓扑有序序列。

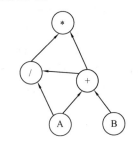

图 7-42　选择题第 8 题答案

10. B。**本题考查图的存储结构**。无向图采用邻接矩阵做存储结构,则邻接矩阵一定是对称的,无向图中两顶点间的边相当于有向图中两顶点间的两条边,即(v_i,v_j)等价于<v_i,v_j>并上<v_j,v_i>,因此反映在邻接矩阵中必定有:如果 $a_{i,j}=1$,则 $a_{j,i}=1$。A、C、D 3 个选项都是有向图,邻接矩阵不一定对称,因此本题选 B。

11. B,B,D。**本题考查图的存储结构**。对于邻接矩阵,行数或者列数代表其所表示的图的顶点数,因此①处选 B。邻接矩阵如果是对称的,则它所表示的既可能是有向图,又可能是无向图。表示有向图时,邻接矩阵中 1 的个数就是有向图中的边数;表示无向图时,邻接矩阵中 1 的个数正好是图中边数的两倍,因此②处选 B,③处选 D。

12. D。**本题考查图的存储结构**。有向图中,一个顶点的度是它的入度和出度之和,反映在邻接矩阵上,顶点 i 的出度就是第 i 行中 1 的个数,入度就是第 i 列中 1 的个数,第 i 行中 1 的个数为 $\sum_{j=1}^{n}A[i,j]$,第 i 列中 1 的个数为 $\sum_{j=1}^{n}A[j,i]$,因此本题选 D。

13. B。**本题考查图的遍历**。本章中所讲的两种图的遍历方法——广度优先搜索遍历和深度优先搜索遍历,对于任何图都是适用的,并没有限制是针对有向图还是无向图的遍历。

14. D。**本题考查图的遍历**。依照题目给出的顶点和边的信息将图画出,然后根据深度优先搜索的过程可知序列 a,e,d,f,c,b 是深度优先搜索的结果,因此答案选 D。

15. D。**本题考查深度优先搜索遍历**。由深度优先搜索遍历的方式特征可知第一个和最后一个序列满足条件,因此选 D。从本题也可以看出**深度优先搜索遍历产生的顶点序列不一定是唯一的**。

16. A,B。**本题考查深度优先搜索遍历和拓扑排序**。用两者都可以判断有向图中是否有回路。用深度优先搜索的方法,如果从有向图上某个顶点 v 出发的遍历,在 dfs(v)结束之前出现一条从顶点 j 到 v 的边,由于 j 在生成树上是 v 的子孙,则图中必定存在包含 v 和 j 的环,因此 A 正确。用拓扑排序的方法,在拓扑排序过程中,每次要删去一个没有前驱的顶点,如果最后图中所有的顶点都被删除,则表示没有环,否则有环,因此 B 正确。

17. A。**本题考查广度优先搜索遍历**。对于无权图,广度优先搜索总是按照距离源点由近到远来遍历图中每个顶点(这里的距离是指当前顶点到源点路径上顶点的个数),如图 7-43 所示。图中各顶点分布在 3 个层上,同一层上的顶点距离源点的距离是相同的。广度优先搜索就是沿着从 1 到 3 的层次顺序来遍历各个顶点,并在遍历的过程中形成了一棵树,称为广度优先搜索生成树,树的分支总是连接不同层上的顶点,如图中粗线所连。由源点沿生成树分支

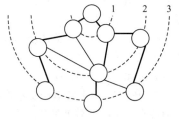

图 7-43　选择题第 17 题答案

到达其余顶点的距离都是最近的（可以用层次号来描述其远近）。对于无权图，可用广度优先搜索遍历的方法来求最短路径。而对于有权图，当图中各个边的权值相同时，就可以类比为无权图（无权图可理解为各边权值为1），因为各边没有了权的大小之分，同样可以用广度优先搜索遍历的方式来求最短路径，因此本题选 A。

18．D。**本题考查弗洛伊德算法。**以下代码是弗洛伊德算法的主体部分，可知基本操作为最内层循环中 if 语句内的部分，基本操作外有 3 层 n 次循环，因此时间复杂度为 $O(n^3)$，故本题选 D。

```
for(k=0;k<g.n;++k)
    for(i=0;i<g.n;++i)
        for(j=0;j<g.n;++j)
            if(A[i][j]>A[i][k]+A[k][j])
            {
                A[i][j]=A[i][k]+A[k][j];
                path[i][j]=k;
            }
```

19．A。**本题考查拓扑排序的排序过程。**这类题的解法是，根据题目中给出的顶点和边的关系画出图，然后按照拓扑排序的过程算出拓扑排序序列。要注意，拓扑排序序列不一定唯一，因此需要结合题目，在排序过程中排除错误选项，这样能提高做题速度。

20．A。**本题考查邻接矩阵存储结构和拓扑排序。**拓扑排序序列存在的条件是图中不存在环。如果邻接矩阵主对角线以下的元素均为零，则代表图中只存在**由编号小的顶点指向编号大的顶点的边**，不存在由编号大的顶点指向编号小的顶点的边，这样图中就不可能出现环。如邻接矩阵：

$$A = \begin{pmatrix} 0 & 1 & 1 & 1 \\ 0 & 0 & 1 & 1 \\ 0 & 0 & 0 & 1 \\ 0 & 0 & 0 & 0 \end{pmatrix}$$

所表示的图中的边为<0，1>，<0，2>，<0，3>，<1，2>，<1，3>，<2，3>，图中不存在环，因此一定存在拓扑排序序列（通过本题可以联想到在操作系统中，给资源编号，按序分配，可以破坏环路，不会产生死锁）。

21．B。**本题考查拓扑排序的排序过程。**如果在拓扑排序过程中，当删除一个入度为 0 的顶点时，出现了多个入度为 0 的顶点，这时其中任何一个入度为 0 的顶点都可以作为当前删除的顶点在拓扑排序序列中的后继顶点，因此拓扑排序序列不一定是唯一的。

22．D。**本题考查拓扑排序的排序过程。**在拓扑排序过程中，在一条路径上的顶点，总是按照由路径尾到路径头（假如有路径<a，b>、<b，c>、<c，d>，则规定 a 是路径尾，d 是路径头）的顺序依次出现在拓扑排序序列中，因为拓扑排序每次都是选出入度为 0 的顶点，并在图中删除这个顶点及和它相连的边。只有路径尾先被选出来，后序结点才可能变成入度为 0 的结点，才有可能被选出来。由此可知，对于一条路径，路径尾结点总是先于路径头结点出现在拓扑排序序列中。A、B 两选项的描述是可能出现的，D 选项的描述是不可能出现的，C 选项也是可能出现的。如图 7-44 所示，拓扑排序序列可以是 v_i，v_j，v_3，v_4，而 v_i 与 v_j 之间没有边。

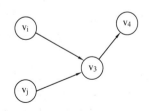

图 7-44 选择题第 22 题答案

23．A。**本题考查关键路径的定义。**在 AOE 网中，从源点到汇点的所有路径中，具有最大路径长度的路径称为关键路径。完成整个工程的最短时间就是网中关键路径的长度，也就是网中关键路径上各种活动持续时间的总和。把关键路径上的活动称为关键活动。

24．B。**本题考查关键路径的性质。**关键活动组成了关键路径，关键路径是图中的最长路径，关键路径长度代表整个工期的最短完成时间。关键活动延期完成，必将导致关键路径长度增加，即整个工期的最短完成时间增加，因此 A 选项正确。关键路径并不唯一，当有多条关键路径存在时，其中一条关键路径上的关键活动时间缩短，只能导致本条关键路径变成非关键路径，而无法缩短整个工期，因为其他关键路径没有变化，因此 B 选项不正确。对于 A、B 两选项要搞懂的是，任何一条关键路径上的关键活动变长了，都会使这条关键路径变成更长的关键路径，并且导致其他关键路径变成非关键路径（如果关键路径不唯一），因此整个工期延长。而某些关键活动缩短，则不一定缩短整个工期。理解了 A、B 两选项，C、D 两选项就很容易理解了。

25．D。本题考查图的邻接矩阵存储结构。图的邻接矩阵规模为图中顶点数的二次方，顶点有 n 个，因此邻接矩阵大小为 n^2。

26．D。本题考查图的邻接矩阵存储结构。有向图的邻接矩阵中，0 和 ∞ 表示的都不是有向边，而入度是由邻接矩阵的列中元素计算出来的。某一列中，非 0 和非 ∞ 元素的个数即为该列所表示的顶点的入度。

27．A。本题考查图的邻接矩阵存储结构。图的邻接矩阵存储结构中，行中 1 的个数为该行所对应顶点的出度，列中 1 的个数为该列所对应顶点的入度。对于无向图，与顶点相连的每一条边相当于同时存在一条入边和一条出边，即无向图相当于每个顶点的入度等于出度的有向图。反映在邻接矩阵中即为每个顶点所对应的行中 1 的个数等于该顶点所对应的列中 1 的个数，这样的邻接矩阵必为对称矩阵。

28．B。本题考查图的遍历及连通图的性质。图的一次深度优先搜索遍历，可以遍历图中一个连通分量中所有的顶点。如果图是连通的，则图只含有一个连通分量，即图本身，这样一次深度优先搜索遍历即可遍历完图中所有的顶点。因此本题选 B。无向完全图相当于在连通图上加了更严格的条件，即任意两个顶点间都存在边。满足本题的要求不需要完全图，连通图就足够了。

29．A。本题考查图与二叉树遍历方式的理解与联系。图 7-45a 所示是一个无向图，图 7-45b 所示为对图 7-45a 进行深度优先搜索的过程，得深度优先搜索遍历序列为 1，2，5，6，3，4。图 7-45c 所示为对应的深度优先搜索生成树，将其转化为二叉树如图 7-45d 所示。对图 7-45d 进行先序遍历，可以得到一个与原图进行深度优先搜索遍历相同的序列：1，2，5，6，3，4。这就是图的深度优先搜索与树的先序遍历的相似之处之一。

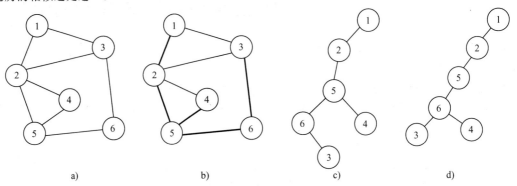

图 7-45　选择题第 29 题答案

a）无向图　b）深度优先搜索　c）深度优先搜索生成树　d）二叉树

30．D。本题考查图与二叉树遍历方式的理解与联系。此题类似于第 29 题，答案为 D。

31．B。本题考查以邻接表为存储结构的图的深度优先搜索遍历。本题遍历过程如下：起点为 1，1 先输出；与 1 的第一个邻接点为 2，2 输出；与 2 的第一个邻接点为 3，3 输出；与 3 的第一个邻接点为 5，5 输出；与 5 的第一个邻接点为 4，4 输出；所有顶点遍历完全。因此遍历序列为 1，2，3，5，4。

注意：此题不可以将图画出后进行深度优先搜索遍历，然后找出答案。因一般图中对于每个顶点的邻接点是没有次序规定的，如图 7-30 中顶点 1 的 3 个邻接点 2、3、4，反映在一般的图中，没有先后次序之分，当访问完顶点 1 之后，可任选 2、3、4 之中的一个进行访问。图用邻接表进行存储之后，则对顶点的邻接点进行了次序的规定。如图 7-30 在进行遍历时，访问完顶点 1 之后必须访问顶点 2，而不能先访问顶点 3 或 4。由此还可以知道，对于一般的图，其深度优先搜索遍历序列不一定是唯一的，但如果图用邻接表进行存储，则其深度优先搜索遍历序列被唯一确定。

32．A。**本题考查图的深度优先搜索遍历**。图的深度优先搜索遍历并不一定唯一，因此解此类题目的快速做法为：当遍历完图中某一顶点之后，参照题目中的选项来选择下一顶点进行访问。选项中对于1、2两顶点已经确定。从 2 开始，下一步只有一个顶点 4 可以选择，因此排除选项 D。访问完 4 之后，待选顶点为 3、5、6，此时 A、B、C 3 选项都可以，因 A、B 两选项在 4 之后都选择了 3 进行访问（如果访问 3 是错误的，则可以同时排除两个选项），因此此步访问 3。3 访问过之后，3 的邻接点都已经被访问，退回 4，此时只有 5、6 两个待选顶点，同上一步，选择 5 进行访问。5 访问完之后，只有 7 可供选择，而 B 选项中在 5 之后却选择了访问 6，因此排除 B 选项。A 选项中选择了 7 进行访问，满足要求。之后访问最后一个顶点 6，完成遍历。

33．A。**本题考查图的广度优先搜索遍历**。本题做法类似于第 32 题。

34．D。**本题考查最小生成树的定义**。一个连通图的最小生成树一定包含图中的 n 个顶点，A、B、C 3 选项不一定包含 n 个顶点。

35．D。**本题考查拓扑排序**。若有向图中的顶点不能排成一个拓扑序列，则该有向图中一定含有环。顶点数目大于 1 的强连通图一定含有环，因此本题选 D。A、C 两选项显然不对。对于 B 选项，顶点数目为 1 的图也是强连通图，这是一种特例。

（二）综合应用题

1．基础题

（1）答：用邻接矩阵表示图时，矩阵元素个数为 n^2，这个表达式中只涉及一个自变量 n，n 是图中顶点个数，因此矩阵元素只与顶点个数有关，而与边数无关。

（2）分析

1）强连通图的定义：图中任意两个顶点 v_i 和 v_j 之间都连通，即从 v_i 到 v_j 和从 v_j 到 v_i 都有路径，则称图为强连通图。在保证图是连通的情况下，n 个顶点的有向图中，边最多的情况就是每两个顶点之间都有两条边，最少的情况是图中所有顶点通过边串成一个环。

答：最多有 n(n-1) 条边，最少有 n 条边。

2）由深度优先搜索算法可知，在一个顶点 v 的所有边都被检查过之后，则要返回顶点 v，进而退回上一个顶点，重新开始检查上一个顶点的其他边。假如图中不存在回路，则在 v 处遍历 v 的其他邻接顶点的过程结束前，不会出现一条指向 v 的边，可以通过检查是否有这样一条边来判断是否存在回路，实现算法如下：

```
bool DFSForCircle(AGraph* G,int v,bool visited[])
{
  bool flag;
  ArcNode* p;
  visited[v]=true;
  for(p=G->adjList[v].first;p!=NULL;p=p->next)
  {
    if(visited[p->adjV]==true)
      return true;
    else
      flag=DFSForCircle(G,p->adjV,visited);

    if(flag==true)
      return true;
    visited[p->adjV]=0;//递归返回时抹除遍历痕迹
  }
```

```
    return false;
}
```
函数调用之前 visited[] 数组已被全部初始化为 0。

调用格式：

isCircle=DFSForCircle(&AG,v0,visited);

其中 isCircle 是定义好的 bool 型变量，用来接收函数返回结果，返回 false 代表无环，返回 true 代表有环。

说明：

1）对于无向图来说，若深度优先遍历过程中遇到了回边，即检测到 visit[i] 不为 0，此时可能有两种情况：

① 存在环。

② 存在双向边，无向图中任一条无向边<a, b>都可以等效为存在两条有向边<a, b>和<b, a>，此时如果题目规定双向边不构成环，即 a->b->a 不是环时，则需要将其过滤掉，具体可以这么做：访问某个顶点 a 时，给它编号为 i，给它的孩子结点 b 编号 i+1（经过一条边从 a 访问到 b，称 b 为 a 的孩子结点，b 从未访问过），如果访问过程中来到了一个结点 c，即将访问它的孩子结点 d，而 d 已经被访问过，则判断 c 的编号是否等于 d 的编号值+1，如果相等则证明是双向边，把它过滤掉即可。

2）对于有向图有特殊情况，当检测到"回边"时，这条"回边"可能是指向深度优先生成森林中另一棵树上的顶点的边。例如，图 7-46 所示即为由深度优先遍历产生一个深度优先生成森林，森林中有两棵树。虽然图中没有回路，但是在遍历过程中，当遍历到顶点 e 时同样会检测到"回边"<e, d>，即指向生成森林中另一棵树的"回边"，但不是真正的回边，不存在环，因此要正确地判断是否有环，需要在算法中排除这种情况，本题答案注释中的"递归返回时抹除遍历痕迹"即为排除这种情况的操作。

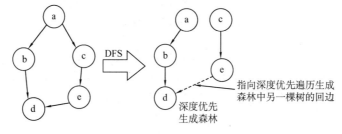

图 7-46　基础题第（2）题答案

补充：这里要说明一下深度优先搜索生成树和生成森林。对于一个图，如图 7-46 中的左图，若将边<e, d>删去，则可以看作原图的一个深度优先搜索生成树，这是遍历整个图的结果。如果以每一次 DFS 为单位都做一棵生成树，则原图就会产生一个深度优先生成森林，如图 7-46 中的右图。

（3）分析

在图的遍历过程中，由图中顶点作为树的结点，所经历的边作为树的分支，所构成的树叫作按某种方式遍历生成树，有深度优先生成树和广度优先生成树。因此要画出图的生成树，只需按照某种方式遍历图，然后记下遍历过程中所经历的边，根据边及其所连顶点就可以画出生成树。

解：根据邻接表可画出图 7-47。

① 深度优先遍历序列，以边来表示为：

<1, 2>, <2, 3>, <3, 4>, <4, 5>

由边的序列可画出深度优先生成树，如图 7-48 所示。

② 广度优先遍历序列，以边来表示为：

<1, 2>, <1, 3>, <1, 4>, <2, 5>

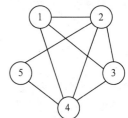

图 7-47　根据邻接表画出的图

由边的序列可画出广度优先生成树,如图 7-49 所示。

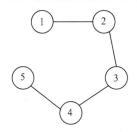
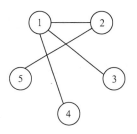

图 7-48 深度优先生成树　　　　图 7-49 广度优先生成树

(4) 分析

本题为最小生成树问题,可以采取普里姆或者克鲁斯卡尔算法来求最小生成树,这里采用克鲁斯卡尔算法。题目中要求画出所有可能的情况,通过观察可知,图 7-33 中除了权值为 6 的边之外,其余边都各不相同。权值为 6 的边有两条,并且在求解过程中,这两条边不可能同时被选为最小生成树的分支,因此最小生成树有两种可能,差别只在权值 6 的边这里。

解:由题目可知最小生成树有两种可能,依照克鲁斯卡尔算法,得到最小生成树如图 7-50 所示。

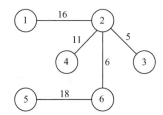
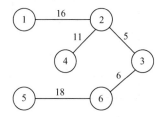

图 7-50 最小生成树

(5) 解

按照弗洛伊德算法,求解过程如下。

1) 将顶点 0 作为中间顶点,检查所有顶点对,有:
A[2][1]=∞>A[2][0]+A[0][1]=5+2=7,因此 A[2][1]改为 7。
A[3][1]=∞>A[3][0]+A[0][1]=3+2=5,因此 A[3][1]改为 5。

$$因此 \mathbf{A}_0 = \begin{pmatrix} 0 & 2 & \infty & \infty \\ \infty & 0 & 1 & 6 \\ 5 & 7 & 0 & 4 \\ 3 & 5 & \infty & 0 \end{pmatrix}$$

2) 将顶点 1 作为中间顶点,检查所有顶点对,有:
A[0][2]=∞>A[0][1]+A[1][2]=2+1=3,因此 A[0][2]改为 3。
A[0][3]=∞>A[0][1]+A[1][3]=2+6=8,因此 A[0][3]改为 8。
A[3][2]=∞>A[3][1]+A[1][2]=5+1=6,因此 A[3][2]改为 6。

$$因此 \mathbf{A}_1 = \begin{pmatrix} 0 & 2 & 3 & 8 \\ \infty & 0 & 1 & 6 \\ 5 & 7 & 0 & 4 \\ 3 & 5 & 6 & 0 \end{pmatrix}$$

3) 将顶点 2 作为中间顶点,检查所有顶点对,有:
A[0][3]=8>A[0][2]+A[2][3]=3+4=7,因此 A[0][3]改为 7。
A[1][0]=∞>A[1][2]+A[2][0]=1+5=6,因此 A[1][0]改为 6。
A[1][3]=6>A[1][2]+A[2][3]=1+4=5,因此 A[1][3]改为 5。

因此 $\mathbf{A}_2 = \begin{pmatrix} 0 & 2 & 3 & 7 \\ 6 & 0 & 1 & 5 \\ 5 & 7 & 0 & 4 \\ 3 & 5 & 6 & 0 \end{pmatrix}$

4）将顶点 3 作为中间顶点，检查所有顶点对后，可知本步无须修改。

因此 $\mathbf{A}_3 = \begin{pmatrix} 0 & 2 & 3 & 7 \\ 6 & 0 & 1 & 5 \\ 5 & 7 & 0 & 4 \\ 3 & 5 & 6 & 0 \end{pmatrix}$

（6）解

用数组 dist[]存放最短路径长度，用数组 path[]存放最短路径。具体求解过程见表 7-8。

表 7-8　基础题第（6）题求解过程

已并入的顶点	dist[]					path[]				
	1	2	3	4	5	1	2	3	4	5
1	0	6	9	∞	2	-1	1	1	-1	1
1, 5	0	5	9	9	2	-1	5	1	5	1
1, 2, 5	0	5	6	7	2	-1	5	2	2	1
1, 2, 3, 5	0	5	6	7	2	-1	5	2	2	1
1, 2, 3, 4, 5	0	5	6	7	2	-1	5	2	2	1

由表 7-8 可知：

顶点 1 到顶点 2 的最短路径长度为 5，最短路径为 1→5→2；

顶点 1 到顶点 3 的最短路径长度为 6，最短路径为 1→5→2→3；

顶点 1 到顶点 4 的最短路径长度为 7，最短路径为 1→5→2→4；

顶点 1 到顶点 5 的最短路径长度为 2，最短路径为 1→5。

（7）分析

本题只需扫描邻接表中所有的边结点，然后根据其所连接的顶点号，将邻接矩阵对应位置设为 1 即可。由此可写出以下算法代码：

```
void AGraphToMGraph(MGraph &g1,AGraph* g2)
{
    ArcNode *p;
    int i,j;
    /*这个双重循环将 g1 的邻接矩阵清零*/
    for(i=0;i<g1.n;++i)
        for(j=0;j<g1.n;++j)
            g1.edges[i][j]=0;
    /*这个循环实现了用 p 指针扫描邻接表中的所有边结点*/
    for(i=0;i<g2->n;++i)
    {
        p=g2->adjlist[i].firstarc;
        while(p)
        {
            g1.edges[i][p->adjvex]=1;
```

```
                p=p->nextarc;
            }
        }
        g1.n=g2->n;
        g1.e=g2->e;
    }
```

（8）分析

要求解顶点 k 的入度，必须检查表中所有的边结点，看边结点所指顶点是否为 k，若是则证明 k 有一个入度，做一次统计。因此，还要设置一个计数器 sum 来统计 k 的入度。

由以上分析可写出如下算法代码：

```
int count(AGraph* g,int k)
{
    ArcNode *p;                      //p指针用来扫描每个顶点所发出的边
    int i,sum;
    sum=0;                           //计数器清零
    for(i=0;i<g->n;++i)
    {
        p=g->adjlist[i].firstarc;
        while(p!=NULL)
        {
            if(p->adjvex==k)         //若顶点 i 所发出的边的另一端是顶点 k，则计数器加 1
            {
                ++sum;
                break;
            }
            p=p->nextarc;
        }
    }
    return sum;                      //返回 k 的入度
}
```

说明：在函数的参数定义中，如 **f(变量类型 变量名)**，当调用 **f(a)** 时（将 a 作为参数传入 f），f 函数会在内部复制一个 a 出来，函数内所有对 a 的操作实际上都施加在了 a 的副本上，这样如果 a 是构造得比较大的结构体类型，则每次执行 f 时所伴随的对 a 的复制操作将是很大的一笔开销。因此对于函数参数的定义，我们可以定义成 a 变量同类型的指针型参数，调用函数的格式为 **f(&a)**；或者定义成 a 变量的引用型，调用函数的格式为 **f(a)**。这样就可以避免大结构体的复制，如上面（7）和（8）题的两段代码定义了 **AGraph** 的指针型参数，就可以避免对图这种大型结构体的复制操作，提高了效率。

（9）分析

递归的本质就是调用了系统已有的栈来帮助我们解决问题，题目要求用非递归来完成 DFS 算法，因此本题关键在于自己写一个栈来代替系统栈，除此之外还要知道栈在 DFS 算法中到底起什么作用。为了说明这点，可以看如图 7-51 所示的例子，图中反映了在以顶点 1 为起点的 DFS 算法中，遍历图中各顶点的过程。从顶点 1 开始，沿着路线①一直走到顶点 4，然后沿着路线②走到顶点 5，最后沿着路线③返回到起点。在这个过程中，每当来到一个新顶点时要做两件事情：第一，对这个顶点访问（如输出顶点等操作），并且将顶点标记为已访问；第二，看看有没有可以通往下一个顶点的边（这里指的是所指顶点没有被访问过的边），如果有则找出一条，沿着这条边走向下一个顶点，如果没有则原路返回。

如果当前被访问的顶点还有其他边可以通往其他顶点，这就说明即便是已经沿着选出的边走向另一个顶点，对于当前顶点的处理依然没有完成。如图 7-51 中的顶点 2，即便已经离开了顶点 2 走向顶点 3，但是对于顶点 2 的另一个邻接顶点——顶点 5 还没有访问。所以必须记下当前顶点的位置，待之后的顶点处理完后再返回来处理，这就要用到栈。当问题执行到一个状态，以现有的条件无法完全解决时，必须先记下当前状态，然后继续往下进行，等条件成熟之后再返回来解决。这一类的问题可以用栈来解决，这一点之前已经重点讲解过。

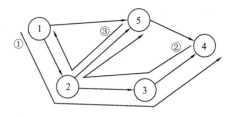

图 7-51　基础题第（9）题答案

由此可以写出以下算法代码：

```
void DFS1(AGraph *g,int v)
{
    ArcNode *p;
    int stack[maxSize],top=-1;  //定义一个栈来记录访问过程中的顶点
    int i,k;
    int visit[maxSize];         //顶点访问标记数组
    for(i=0;i<g->n;++i)
        visit[i]=0;
    Visit(v);                   //假设此函数已经声明，包含对顶点访问的各种操作
    visit[v]=1;                 //标记起始顶点已被访问
    stack[++top]=v;             //起始顶点入栈
    /*以下是本算法的关键部分*/
    while(top!=-1)
    {
        k=stack[top];           //取栈顶元素
        p=g->adjlist[k].firstarc;//p 指向该顶点的第一条边
        /*下面这个循环是 p 沿着边行走并将图中经过的顶点入栈的过程*/
        while(p!=NULL&&visit[p->adjvex]==1)
            p=p->nextarc;       //找到当前顶点第一个没访问过的邻接顶点或者 p 走到当
                                //前链表尾部时，while 循环停止
        if(p==NULL)             //如果 p 到达当前链表尾部，则说明当前顶点的所有点都
            --top;              //访问完毕，当前顶点出栈
        else                    //否则访问当前邻接点并入栈
        {
            Visit(p->adjvex);
            visit[p->adjvex]=1;
            stack[++top]=p->adjvex;
        }
    }
}
```

2．思考题

（1）分析

本题考查的是最小生成树算法的应用，要实现全省各个村庄间都有道路相通且通路总花费最小，只需根据道路统计表，建立最小生成树即可。因为有些村庄间道路已经存在，所以只在此基础上继续建立。

这里采用克鲁斯卡尔算法,代码如下:

```
int getRoot(int a,int set[])     //找并查集中根结点的函数
{
    while(a!=set[a])
        a=set[a];
    return a;
}
int Lowcost(Road road[])         //本算法返回最小花费
{
    int i;
    int a,b,min;
    int set[maxSize];            //定义并查集,maxSize为已定义的宏常量
    min=0;
    for(i=0;i<N;++i)
        set[i]=i;                //初始化并查集,各村庄是孤立的,因此自己就是根结点
    for(i=0;i<M;++i)
    {
        /*下面这个if语句将已经有道路相连的村庄合并为一个集合*/
        if(road[i].is==1)
        {
            a=getRoot(road[i].a,set);
            b=getRoot(road[i].b,set);
            set[a]=b;
        }
    }
/*假设函数sort()已经定义,即对road[]中的M条道路按照花费进行递增排序*/
    sort(road,M);
/*下面这个循环从road[]数组中逐个挑出应修的道路*/
    for(i=0;i<M;++i)
        if(road[i].is==0 &&
           (a=getRoot(road[i].a,set))!=(b=getRoot(road[i].b,set)))
/*当a、b不属于一个集合,并且a、b间没有道路时,将a、b并入同一集合,并记录下修建a、b间道路所需的花费*/
        {
            set[a]=b;
            min+=road[i].cost;
        }
    return min;                  //返回最小花费
}
```

(2) 分析

一种可行的解决办法:在图的存储结构中添加两个顶点信息,一个为起点,另一个为终点,如图7-52所示。

使得起点到A处所有城市都有路径相通,B处所有城市到终点都有路径相通,并使得新添加的路径长度均为固定值L。

选用迪杰斯特拉算法求从起点到图中其余各点的最短路径(当然包括终点)。从最后所得的最短路径数组中可以查出从起点到终点的最短路径上的顶点序列，则序列中第二个顶点即为所找的 a，倒数第二个顶点即为所找的 b；从最短路径长度数组中可以查出从起点到终点的最短路径长度值为 S，则 S-2L 即为从 a 到 b 的最短路径长度。

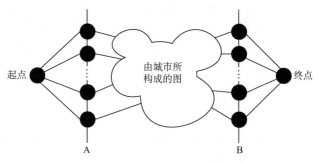

图 7-52　添加两个顶点

说明：本题为迪杰斯特拉算法的灵活运用。当然也可以对 A 处所有城市用一次迪杰斯特拉算法，最后从 M 个最短路径数组中找出最短的一条，或者用弗洛伊德的算法求出图中任意两点间的最短路径，然后找出最短的。但这样不如上述方法高效。

二、真题精选答案

（一）选择题

1．A。3 个命题中，Ⅱ 显然不对，当图是一棵树的时候，正好有边数等于顶点个数减 1。Ⅲ 也不对，例如，一个连接所有顶点的环，边数等于顶点个数，每个顶点的度都是 2。

2．B。拓扑排序的步骤如下：

1）在有向图中选一个没有前驱的顶点并输出。

2）从图中删除该顶点和所有以它为尾的弧。

重复上述两步，直至全部顶点均已输出。由于没有前驱的顶点可能不唯一，所以拓扑排序的结果也不唯一。

题中所给的图有 3 个不同的拓扑排序序列，分别为 a, b, c, e, d；a, b, e, c, d；a, e, b, c, d。

3．C。

1）若路径中除了开始点和结束点可以相同以外，其余顶点均不相同，则称这条路径为简单路径。

2）若一条路径中第一个顶点和最后一个顶点相同，则这条路径是一条回路（回路中可能存在既不是起点也不是终点的相同点）。

3）不管图是稀疏还是稠密，邻接矩阵取的都是最大的存储空间，因此不如邻接表更适合存储稀疏矩阵。

4）用拓扑排序的方法可以判断图中是否存在回路，如果对一个图可以完成拓扑排序，则此图不存在回路。

4．C。

5．C。

6．C。

7．A。

8．C。各顶点的度是矩阵中此结点对应的横行和纵列非零元素之和。

9．D。

10．C。根据 AOE 网的定义可知，关键路径上的活动时间同时减少，可以缩短工期。

11．D。本题较简单，拓扑排序可能的结果为 3，1，4，2，6，5，因此选 D。

（二）综合应用题

1．解析

该方法求得的路径不一定是最短路径。例如，对于图 7-53 所示的带权图，如果按照题中的原则，从 A 到 C 的最短路径为 A→B→C，事实上其最短路径为 A→D→C。

图 7-53　带权图

2．解析

（1）由题意可以写出待定上三角矩阵如下（其中"？"为待定元素）：

$$\begin{pmatrix} 0 & ? & ? & ? & ? & ? \\ \infty & 0 & ? & ? & ? & ? \\ \infty & \infty & 0 & ? & ? & ? \\ \infty & \infty & \infty & 0 & ? & ? \\ \infty & \infty & \infty & \infty & 0 & ? \\ \infty & \infty & \infty & \infty & \infty & 0 \end{pmatrix} \begin{matrix} 5 \\ 4 \\ 3 \\ 2 \\ 1 \end{matrix}$$

可以看出，第 1 行至第 5 行主对角线上方的元素分别为 5、4、3、2、1 个，由此可以画出压缩存储数组中的元素所属行的情况，如图 7-54 所示。

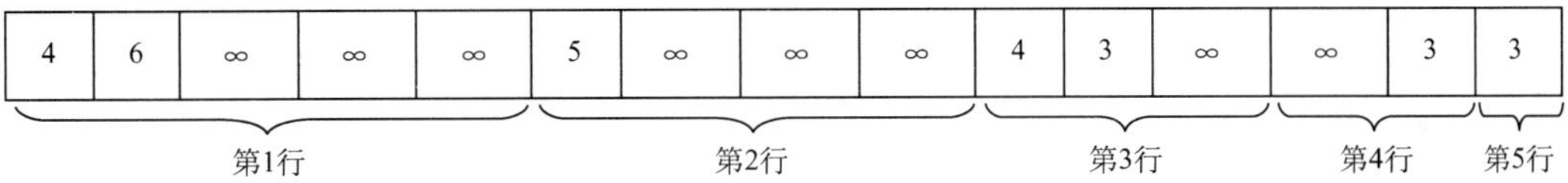

| 4 | 6 | ∞ | ∞ | ∞ | 5 | ∞ | ∞ | ∞ | 4 | 3 | ∞ | ∞ | 3 | 3 |

第1行　　　　第2行　　　第3行　第4行 第5行

图 7-54　综合应用题第 2 题答案

将各元素填入各行即得到邻接矩阵：

$$\mathbf{A} = \begin{pmatrix} 0 & 4 & 6 & \infty & \infty & \infty \\ \infty & 0 & 5 & \infty & \infty & \infty \\ \infty & \infty & 0 & 4 & 3 & \infty \\ \infty & \infty & \infty & 0 & \infty & 3 \\ \infty & \infty & \infty & \infty & 0 & 3 \\ \infty & \infty & \infty & \infty & \infty & 0 \end{pmatrix}$$

（2）根据第（1）步所得矩阵 **A** 容易画出有向带权图 G，如图 7-55 所示。

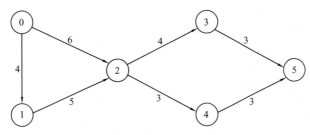

图 7-55　有向带权图

（3）由图 7-56 中粗线箭头所标识的 4 个活动组成图 G 的关键路径。

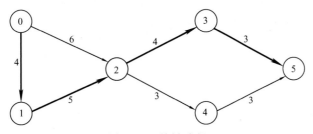

图 7-56　关键路径

由图 7-56 容易求得图的关键路径长度为 4+5+4+3=16。

第8章 排　序

大纲要求

- ▲ 内部排序的基本概念
- ▲ 插入排序
  1. 直接插入排序
  2. 折半插入排序
  3. 希尔排序
- ▲ 选择排序
  1. 简单选择排序
  2. 堆排序
- ▲ 交换排序
  1. 起泡排序
  2. 快速排序
- ▲ 二路归并排序
- ▲ 基数排序
- ▲ 外部排序
- ▲ 各种排序算法的比较
- ▲ 排序算法的应用

考点与要点分析

核心考点

1. （★★）各种排序算法的比较
2. （★★★）排序算法的应用

基础要点

1. 排序的基本概念
2. 排序算法的原理

知识点讲解

8.1 排序的基本概念

8.1.1 排序

所谓排序，即将原本无序的序列重新排列成有序序列的过程。这个序列中的每一项可能是单独的数据元素，也可能是一条记录（记录是由多个数据元素组成的，如一个学生记录就是由学号、姓名、年龄、专业等数据元素组成的）。如果是记录，则既可以按照记录的主关键字排序（主关键字唯一标识一条记录，如学生记录中的学号就是主关键字，学号不能重复，用来唯一标识一个学生），也可以按照记录的次关键字排序（如学生记录中的姓名、专业等都是次关键字，次关键字是可以重复的）。

8.1.2 稳定性

所谓**稳定性**，是指当待排序序列中有两个或两个以上相同的关键字时，排序前和排序后这些关键字的相对位置如果没有发生变化就是稳定的，否则就是不稳定的。例如，某序列有两个关键字都是50，以50(a)和50(b)来区分它们，用某种算法A对其排序，排序前50(a)在50(b)之前，如果排序后50(a)仍然在50(b)之前，则A是稳定的；如果能找出一种情况，使排序后50(a)在50(b)之后，则A是不稳定的。

如果关键字不能重复，则排序结果是唯一的，那么选择的排序算法稳定与否就无关紧要；如果关键字可以重复，则在选择排序算法时，就要根据具体的需求来考虑选择稳定还是不稳定的排序算法。

8.1.3 排序算法的分类

1. 插入类的排序

在一个已经有序的序列中，插入一个新的关键字，就好比军训排队，已经排好了一个纵队。这时，有人要临时加到这个队里来，于是教官大声喊道："新来的，迅速找到你的位置，入队！"于是新来的"插入"到这个队伍的合适位置中。这就是"插入"类的排序。属于这类排序的有**直接插入排序**、**折半插入排序**、**希尔排序**。

2. 交换类的排序

交换类排序的核心是"交换"，即每一趟排序，都通过一系列的"交换"动作，让一个关键字排到它最终的位置上。还是军训排队的例子，设想军训刚开始，一群学生要排队，教官说："你比你旁边的高，你俩换一下。怎么换完还比下一个高？继续换……"最后这个同学将被换到最终位置。这就是"交换"类的排序。属于这类排序的有**起泡排序**（刚才排队的例子）、**快速排序**。

3. 选择类的排序

选择类排序的核心是"选择"，即每一趟排序都选出一个最小（或最大）的关键字，把它和序列中的第一个（或最后一个）关键字交换，这样最小（或最大）的关键字到位。继续军训排队，教官说："你们都站着别动，我看谁个子最小。"然后教官选出个子最小的同学，说："第一个位置是你的了，你和第一个同学换一下，剩下的同学我继续选。"这就是"选择"类的排序。属于这类排序的有**简单选择排序**、**堆排序**。

4. 归并类的排序

所谓归并就是将两个或两个以上的有序序列合并成一个新的有序序列，归并类排序就是基于这种思想。我们继续排队，这次教官想了个特别的方法，他说："你们每个人，先和旁边的人组成一个二人组，二人组内部先排好。"看到大家排好了，继续说："二人组和旁边的二人组继续组成一个四人组，每个四人组内部排好，动作快！"这样不停排下去，最后全部学生都归并到了一个组中，同时也就排好序了。这就是"归并"类的排序。这个例子正是**二路归并排序**，特点是每次都把两个有序序列归并成一个新的有序序列。

5. 基数类的排序

基数类的排序是最特别的一类，跟前面的思想完全不同（前面都是要进行"比较"和"移动"这两个操作）。基数类的排序基于**多关键字排序**的思想，把一个逻辑关键字拆分成多个关键字。例如，对一副去掉大小王的52张扑克牌进行基数排序，可以先按花色排序（如按红桃、黑桃、方片和梅花的顺序），这样就分成了4堆，然后每一堆再按照从A到K的顺序，排序使这副牌最终有序。具体的排序过程将在后面细致讲解。

说明：如果没有特殊说明，本章所有的排序算法都是非递减排序，注意非递减不等于递增，因为有可能出现相同的关键字。

8.2 插入类排序

8.2.1 直接插入排序

1. 执行流程

先通过一个例子来体会一下插入排序的执行流程。例如，对原始序列{49, 38, 65, 97, 76, 13, 27, <u>49</u>}进行插入排序的具体流程如下（序列中有两个49，其中一个加下划线，加以区分）。

原始序列：49 38 65 97 76 13 27 <u>49</u>

1）一开始只看49，一个数当然是有序的。

49   38 65 97 76 13 27 <u>49</u>

2）插入38。38<49，所以49向后移动一个位置，38插入到49原来的位置，这趟排序后的结果为：

38 49   65 97 76 13 27 <u>49</u>

3）插入65。65>49，所以不需要移动，65就应该在49之后，这趟排序后的结果为：

38 49 65   97 76 13 27 <u>49</u>

4）插入97。97>65，所以不需要移动，97就应该在65之后，这趟排序后的结果为：

38 49 65 97   76 13 27 <u>49</u>

5）插入76。76<97，所以97向后移动一个位置；继续比较，76>65，65不需要移动，76应该插入在65之后、97之前，这趟排序后的结果为：

38 49 65 76 97   13 27 <u>49</u>

6）插入13。13<97，97后移；13<76，76后移；这样逐个向前比较，发现13应该插入在最前面，这趟排序后的结果为：

13 38 49 65 76 97   27 <u>49</u>

7）插入27。还是从后向前进行比较，确定27应该插入在13之后、38之前，这趟排序后的结果为：

13 27 38 49 65 76 97   <u>49</u>

8）最后插入<u>49</u>，同样从后向前逐个比较，直到49=<u>49</u><65，它的位置确定，直接插入排序全过程完成。最后的排序结果为：

13 27 38 49 <u>49</u> 65 76 97

2. 算法思想

根据上述例子可以总结出直接插入排序的算法思想：每趟将一个待排序的关键字按照其值的大小插入到已经排好的部分有序序列的适当位置上，直到所有待排关键字都被插入到有序序列中为止。

由此可以写出直接插入排序的算法代码：

```
void InsertSort(int R[],int n)//待排关键字存储在R[]中，默认为整型，个数为n
{
    int i,j;
```

```
    int temp;
    for(i=1;i<n;++i)
    {
        temp=R[i];        //将待插入关键字暂存于 temp 中
        j=i-1;
/*下面这个循环完成了从待排关键字之前的关键字开始扫描，如果大于待排关键字，则后移一位*/
        while(j>=0&&temp<R[j])
        {
            R[j+1]=R[j];
            --j;
        }
        R[j+1]=temp;      //找到插入位置，将 temp 中暂存的待排关键字插入
    }
}
```

3．算法性能分析

（1）时间复杂度分析

由插入排序算法代码可知，可以选取最内层循环中的 R[j+1]=R[j];这一句作为基本操作。

1）考虑最坏的情况，即整个序列是逆序的，则内层循环中 temp<R[j]这个条件是始终成立的。此时对于每一次外层循环，最内层循环的执行次数（也是基本操作的执行次数）达到最大值，为 i 次（如当外层循环进行到 i 等于 5 时，内层循环 j 取从 4 到 0，执行 5 次）。i 取值为 1 到 n-1，由此可得基本操作总的执行次数为 n(n-1)/2，可以看出时间复杂度为 $O(n^2)$。

2）考虑最好的情况，即整个序列已经有序，则对于内层循环中 temp<R[j]这个条件是始终不成立的。此时内层循环始终不执行，双层循环就变成了单层循环，循环内的操作皆为常量级，显然时间复杂度为 O(n)。

综合上述两种情况，本算法的平均时间复杂度为 $O(n^2)$。

（2）空间复杂度分析

算法所需的辅助存储空间不随待排序列规模的变化而变化，是个常量，因此空间复杂度为 O(1)。

说明：对于直接插入排序，一趟排序后并不能确保使一个关键字到达其最终位置。考虑这样的序列：1、2、3、4、5、0，对这个序列进行直接插入排序，在最后插入 0 时，前面 5 个数都要向后移动，所以在最后一趟排序前，这个序列没有任何一个关键字到达其最终位置。这是插入类排序算法的共同特点。

8.2.2 折半插入排序

折半插入排序的基本思想和直接插入排序类似，区别是查找插入位置的方法不同，折半插入排序是采用折半查找法来查找插入位置的。

折半查找法的一个基本条件是序列已经有序，而从直接插入排序的流程中可以看出，每次都是在一个已经有序的序列中插入一个新的关键字，因此可以用折半查找法在这个有序序列中查找插入位置。

1．执行流程

举一趟排序为例：

现在的序列是 13 38 49 65 76 97   27 <u>49</u>

将要插入 27，此时序列在数组中的情况为：

关键字	已经排序						未排序	
关键字	13	38	49	65	76	97	27	49
数组下标	0	1	2	3	4	5	6	7

1）low=0，high=5，m=⌊(0+5)/2⌋=2，下标为 2 的关键字是 49，27<49，所以 27 应该插入到 49 的低半区，改变 high=m-1=1，low 仍然是 0。

2）low=0，high=1，m=⌊(0+1)/2⌋=0，下标为 0 的关键字是 13，27>13，所以 27 应该插入到 13 的高半区，改变 low=m+1=1，high 仍然是 1。

3）low=1，high=1，m=⌊(1+1)/2⌋=1，下标为 1 的关键字是 38，27<38，所以 27 应该插入到 38 的低半区，改变 high=m-1=0，low 仍然是 1，此时 low>high，折半查找结束，27 的插入位置在下标为 high 的关键字之后，即 13 之后。

4）依次向后移动关键字 97，76，65，49，38，然后将 27 插入，这一趟折半插入排序结束。

执行完这一趟排序的结果为：

13 27 38 49 65 76 97 <u>49</u>

2．算法性能分析

（1）时间复杂度分析

折半插入排序适合关键字数较多的场景，与直接插入排序相比，折半插入排序在查找插入位置上面所花的时间大大减少。折半插入排序在关键字移动次数方面和直接插入排序是一样的，所以其时间复杂度和直接插入排序还是一样的。

折半插入排序的关键字比较次数和初始序列无关。因为每趟排序折半查找插入位置时，折半次数是一定的（都是在 low>high 时结束），折半一次就要比较一次，所以比较次数是一定的。

由此可知折半插入排序的时间复杂度的最好情况为 $O(n\log_2 n)$，最差情况为 $O(n^2)$，平均情况为 $O(n^2)$。

（2）空间复杂度分析

空间复杂度同直接插入排序一样，为 O(1)。

8.2.3 希尔排序

1．算法介绍

希尔排序又叫作**缩小增量排序**，其本质还是插入排序，只不过是将待排序列按某种规则分成几个子序列，分别对这几个子序列进行直接插入排序。这个规则的体现就是**增量**的选取，如果增量为 1，就是直接插入排序。例如，先以增量 5 来分割序列，即将下标为 0、5、10、15…的关键字分成一组，将下标为 1、6、11、16…的关键字分成另一组等，然后分别对这些组进行直接插入排序，这就是一趟希尔排序。将上面排好序的整个序列，再以增量 2 分割，即将下标为 0、2、4、6、8…的关键字分成一组，将下标为 1、3、5、7、9…的关键字分成另一组等，然后分别对这些组进行直接插入排序，这又完成了一趟希尔排序。最后以增量 1 分割整个序列，其实就是对整个序列进行一趟直接插入排序，从而完成整个希尔排序。

注意到增量 5、2、1 是逐渐缩小的，这就是缩小增量排序的由来。前面讲过，直接插入排序适合于序列基本有序的情况，希尔排序的每趟排序都会使整个序列变得更加有序，等整个序列基本有序了，再来一趟直接插入排序，这样会使排序效率更高，这就是希尔排序的思想。

2．执行流程

原始序列：49 38 65 97 76 13 27 <u>49</u> 55 04

1）以增量 5 分割序列，得到以下几个子序列。

子序列 1：49   13

子序列 2：   38   27

子序列 3：   65   <u>49</u>

子序列 4：   97   55

子序列 5：   76   04

分别对这 5 个子序列进行直接插入排序，得到：

子序列 1：13   49

子序列 2: 　　　27　　　　　　　　38
子序列 3: 　　　　　49　　　　　　　　65
子序列 4: 　　　　　　55　　　　　　　　97
子序列 5: 　　　　　　　04　　　　　　　　76
一趟希尔排序结束，结果为：
13　27　49　55　04　49　38　65　97　76
2）再对上面排序的结果以增量 3 分割，得到以下几个子序列。
子序列 1: 13　　　　　55　　　　　38　　　　　76
子序列 2: 　　27　　　　　04　　　　　65
子序列 3: 　　　　49　　　　　49　　　　　97
分别对这 3 个子序列进行直接插入排序，得到
子序列 1: 13　　　　　38　　　　　55　　　　　76
子序列 2: 　　04　　　　　27　　　　　65
子序列 3: 　　　　49　　　　　49　　　　　97
又一趟希尔排序结束，结果为：
13　04　49　38　27　49　55　65　97　76
观察发现，现在已经基本有序了。
3）最后以增量 1 分割，即对上面结果的全体关键字进行一趟直接插入排序，从而完成整个希尔排序。最后希尔排序的结果为：
04　13　27　38　49　49　55　65　76　97
观察发现，两个 49 在排序前后位置颠倒了，所以希尔排序是不稳定的。

说明：对于希尔排序，考研中的重点是上面所讲的执行流程，考题经常给出一个待排序列，让考生写出每一趟排序的执行情况。而对于希尔排序的算法代码，考研要求得不多，考生应在熟练掌握上述过程后，有时间再去掌握算法代码。严版《数据结构》书上有算法代码。

3．算法性能分析

（1）时间复杂度分析

希尔排序的时间复杂度和增量选取有关，希尔排序的增量选取规则有很多，而考研数据结构中常见的增量选取规则有以下两个。

1）希尔（Shell）自己提出的：

$\lfloor n/2 \rfloor$、$\lfloor n/4 \rfloor$、…、$\lfloor n/2^k \rfloor$、…、2、1

即每次将增量除以 2 并向下取整，其中 n 为序列长度，此时时间复杂度为 $O(n^2)$。

2）帕佩尔诺夫和斯塔舍维奇（Papernov & Stasevich）提出的：

2^k+1、…、65、33、17、9、5、3、1

其中，k 为大于等于 1 的整数，2^k+1 小于待排序列长度，增量序列末尾的 1 是额外添加的。此时时间复杂度为 $O(n^{1.5})$。

说明：希尔排序的时间复杂度分析过程十分复杂，因此考研数据结构中不会涉及分析过程的题目，只需记住上述两个常见的结果即可。

关于希尔排序的一个考点：

请回答希尔排序增量选取时需要注意的地方。

答：

1）增量序列的最后一个值一定取 1。

2）增量序列中的值应尽量没有除 1 之外的公因子。

（2）空间复杂度分析

希尔排序的空间复杂度同直接插入排序一样，为 $O(1)$。

8.3 交换类排序

8.3.1 起泡排序

1. 算法介绍

起泡排序又称冒泡排序。它是通过一系列的"交换"动作完成的。首先第一个关键字和第二个关键字比较，如果第一个大，则二者交换，否则不交换；然后第二个关键字和第三个关键字比较，如果第二个大，则二者交换，否则不交换……。一直按这种方式进行下去，最终最大的那个关键字被交换到了最后，一趟起泡排序完成。经过多趟这样的排序，最终使整个序列有序。在这个过程中，大的关键字像石头一样"沉底"，小的关键字像气泡一样逐渐向上"浮动"，起泡排序的名字由此而来。

2. 算法流程

原始序列：49 38 65 97 76 13 27 <u>49</u>

下面进行第一趟起泡排序。

1）1号和2号比较，49>38，交换。

结果：38 49 65 97 76 13 27 <u>49</u>

2）2号和3号比较，49<65，不交换。

结果：38 49 65 97 76 13 27 <u>49</u>

3）3号和4号比较，65<97，不交换。

结果：38 49 65 97 76 13 27 <u>49</u>

4）4号和5号比较，97>76，交换。

结果：38 49 65 76 97 13 27 <u>49</u>

5）5号和6号比较，97>13，交换。

结果：38 49 65 76 13 97 27 <u>49</u>

6）6号和7号比较，97>27，交换。

结果：38 49 65 76 13 27 97 <u>49</u>

7）7号和8号比较，97><u>49</u>，交换。

结果：38 49 65 76 13 27 <u>49</u> 97

至此一趟起泡排序结束，最大的 97 被交换到了最后，97 到达了它最后的位置。接下来对序列 38 49 65 76 13 27 <u>49</u> 按照同样的方法进行第二趟起泡排序。经过若干趟起泡排序后，最终序列有序。要注意的是，**起泡排序算法结束的条件是在一趟排序过程中没有发生关键字交换。**

起泡排序算法代码如下：

```
void BubbleSort(int R[],int n)//默认待排序关键字为整型
{
    int i,j,flag;   int temp;
    for(i=n-1;i>=1;--i)
    {
        flag=0;                    //变量flag用来标记本趟排序是否发生了交换
        for(j=1;j<=i;++j)
            if(R[j-1]>R[j])
            {
                temp=R[j];
                R[j]=R[j-1];
                R[j-1]=temp;
```

```
            flag=1;              //如果没发生交换，则 flag 的值为 0；如果发生
                                 //交换，则 flag 的值改为 1
        }
    if(flag==0)                  //一趟排序过程中没有发生关键字交换，则证明序列
        return;                  //有序，排序结束
    }
}
```

3．算法性能分析

（1）时间复杂度分析

由起泡排序算法代码可知，可选取最内层循环中的关键字交换操作作为基本操作。

1）最坏情况，待排序列逆序，此时对于外层循环的每次执行，内层循环中 if 语句的条件 R[j]<R[j-1] 始终成立，即基本操作执行的次数为 n-i。i 的取值为 1～n-1。因此，基本操作总的执行次数为 (n-1+1)(n-1)/2=n(n-1)/2，由此可知时间复杂度为 $O(n^2)$。

2）最好情况，待排序列有序，此时内层循环中 if 语句的条件始终不成立，交换不发生，且内层循环执行 n-1 次后整个算法结束，可见时间复杂度为 $O(n)$。

综合以上两种情况，平均情况下的时间复杂度为 $O(n^2)$。

（2）空间复杂度分析

由算法代码可以看出，额外辅助空间只有一个 temp，因此空间复杂度为 $O(1)$。

8.3.2 快速排序

1．算法介绍

快速排序也是"交换"类的排序，它通过多次划分操作来实现排序。以升序为例，其执行流程可以概括为：每一趟选择当前所有子序列中的一个关键字（通常是第一个）作为枢轴，将子序列中比枢轴小的移到枢轴前面，比枢轴大的移到枢轴后面；当本趟所有子序列都被枢轴以上述规则划分完毕后会得到新的一组更短的子序列，它们成为下一趟划分的初始序列集。

2．执行流程

原始序列：49 38 65 97 76 13 27 <u>49</u>
　　　　　i　　　　　　　　　　　　 j　（i 和 j 开始时分别指向头、尾关键字）

进行第一趟快速排序，以第一个数 49 作为枢轴，整个过程是一个交替扫描和交换的过程。

1）使用 j，从序列最右端开始向前扫描，直到遇到比枢轴 49 小的数 27，j 停在这里。

49 38 65 97 76 13 27 <u>49</u>
i　　　　　　　　　　　　 j

2）将 27 交换到序列前端 i 的位置。

27 38 65 97 76 13   <u>49</u>
i　　　　　　　　　　　　 j

3）使用 i，变换扫描方向，从前向后扫描，直到遇到比枢轴 49 大的数 65，i 停在这里。

27 38 65 97 76 13   <u>49</u>
　　　　i　　　　　　　　 j

4）将 65 交换到序列后端 j 的位置。

27 38   97 76 13 65 <u>49</u>
　　　　i　　　　　　　　 j

5）使用 j，变换扫描方向，从后向前扫描，直到遇到比枢轴 49 小的数 13，j 停在这里。

27 38   97 76 13 65 <u>49</u>
　　　　i　　　 j

6）将 13 交换到 i 的位置。

27　38　13　97　76　　　65　<u>49</u>
　　　　　i　　　　　j

7）使用 i, 变换扫描方向, 从前向后扫描, 直到遇到比枢轴 49 大的数 97, i 停在这里。

27　38　13　97　76　　　65　<u>49</u>
　　　　　　　i　　　j

8）将 97 交换到 j 的位置。

27　38　13　　　76　97　65　<u>49</u>
　　　　　　　i　　　j

9）使用 j, 变换扫描方向, 从后向前扫描, 直到遇到比枢轴 49 小的数, 当扫描到 i 与 j 相遇时, 说明扫描过程结束了。

27　38　13　　　76　97　65　<u>49</u>
　　　　　　　　ij

10）此时 i 等于 j 的这个位置就是枢轴 49 的最终位置, 将 49 放入这个位置, 第一趟快速排序结束。

27　38　13　49　76　97　65　<u>49</u>
　　　　　　　　ij

可以看出第一趟划分后, 将原来的序列以 49 为枢轴, 划分为两部分, 49 左边的数都小于或等于它, 右边的数都大于或等于它。接下来按照同样的方法对序列{27　38　13}和序列{76　97　65　<u>49</u>}分别进行排序。经过几趟这样的划分, 最终会得到一个有序的序列。

注意：快速排序中对每一个子序列的一次划分算作一趟排序, 每一趟结束之后有一个关键字到达最终位置。

快速排序算法代码如下：

```
void QuickSort(int R[],int low,int high)
//对从 R[low]到 R[high]的关键字进行排序
{
    int temp;
    int i=low,j=high;
    if(low<high)
    {
        temp=R[low];
/*下面这个循环完成了一趟排序, 即将数组中小于 temp 的关键字放在左边, 大于 temp 的关键字放在右边*/
        while(i<j)
        {
            while(j>i&&R[j]>=temp) --j;//从右往左扫描, 找到一个小于 temp 的关键字
            if(i<j)
            {
                R[i]=R[j];              //放在 temp 左边
                ++i;                    //i 右移一位
            }
            while(i<j&&R[i]<temp) ++i; //从左往右扫描, 找到一
                                       //个大于 temp 的关键字
            if(i<j)
            {
```

```
                R[j]=R[i];                    //放在 temp 右边
                --j;                          //j 左移一位
            }
        }
        R[i]=temp;                            //将 temp 放在最终位置
        QuickSort (R,low,i-1);                //递归地对 temp 左边的关键字进行排序
        QuickSort (R,i+1,high);               //递归地对 temp 右边的关键字进行排序
    }
}
```

3．算法性能分析

（1）时间复杂度分析

快速排序最好情况下的时间复杂度为 $O(n\log_2 n)$，待排序列越接近无序，本算法的效率越高。最坏情况下的时间复杂度为 $O(n^2)$，待排序列越接近有序，本算法的效率越低。平均情况下的时间复杂度为 $O(n\log_2 n)$。快速排序的排序趟数和初始序列有关。

说明：后面还会出现多个时间复杂度同为 $O(n\log_2 n)$ 的排序算法，但仅有本节的算法称为快速排序，原因是这些算法的基本操作执行次数的多项式最高次项为 $X \times n\log_2 n$（X 为系数），快速排序的 X 最小。可见它在同级别的算法中是最好的，因此叫作快速排序。

（2）空间复杂度分析

本算法的空间复杂度为 $O(\log_2 n)$。快速排序是递归进行的，递归需要栈的辅助，因此它需要的辅助空间比前面几类排序算法大。

8.4 选择类排序

8.4.1 简单选择排序

1．算法介绍

选择类排序的主要动作是"选择"，简单选择排序采用最简单的选择方式，从头至尾顺序扫描序列，找出最小的一个关键字，和第一个关键字交换，接着从剩下的关键字中继续这种选择和交换，最终使序列有序。

2．执行流程

原始序列：49 38 65 97 76 13 27 <u>49</u>

在进行选择排序的过程中，把整个序列分成有序部分和无序部分。开始时，整个序列为无序序列，如下所示：

无序							
49	38	65	97	76	13	27	<u>49</u>

进行第一趟排序，从无序序列中选取一个最小的关键字 13，使其与无序序列中的第一个关键字交换，则此时产生了仅含有一个关键字的有序序列，而无序序列中的关键字减少 1 个，如下所示：

有序	无序						
13	38	65	97	76	49	27	<u>49</u>

重复上述步骤，直到无序序列中的关键字变为 0 个为止。

本算法代码如下：

```
void SelectSort(int R[],int n)
```

```
{
    int i,j,k;
    int temp;
    for(i=0;i<n;++i)
    {
        k=i;
        /*这个循环是算法的关键,它从无序序列中挑出一个最小的关键字*/
        for(j=i+1;j<n;++j)
            if(R[k]>R[j])
                k=j;
        /*下面3句完成最小关键字与无序序列第一个关键字的交换*/
        temp=R[i];
        R[i]=R[k];
        R[k]=temp;
    }
}
```

3．算法性能分析

（1）时间复杂度分析

通过本算法代码可以看出,两层循环的执行次数和初始序列没有关系,外层循环执行 n 次,内层循环执行 n-1 次,将最内层循环中的比较操作视为关键操作,其执行次数为 (n-1+1)(n-1)/2=n(n-1)/2,即时间复杂度为 $O(n^2)$。

（2）空间复杂度分析

算法所需的辅助存储空间不随待排序列规模的变化而变化,是个常量,因此空间复杂度为 O(1)。

8.4.2 堆排序

1．算法介绍

堆是一种数据结构,可以把堆看成一棵完全二叉树,这棵完全二叉树满足：任何一个非叶结点的值都不大于（或不小于）其左、右孩子结点的值。若父亲大孩子小,则这样的堆叫作**大顶堆**；若父亲小孩子大,则这样的堆叫作**小顶堆**。

根据堆的定义知道,代表堆的这棵完全二叉树的根结点的值是最大（或最小）的,因此将一个无序序列调整为一个堆,就可以找出这个序列的最大（或最小）值,然后将找出的这个值交换到序列的最后（或最前）,这样,有序序列关键字增加 1 个,无序序列中关键字减少 1 个,对新的无序序列重复这样的操作,就实现了排序。这就是堆排序的思想。

堆排序中最关键的操作是**将序列调整为堆**。整个排序的过程就是通过不断调整,使得不符合堆定义的完全二叉树变为符合堆定义的完全二叉树。

2．执行流程

原始序列：49 38 65 97 76 13 27 <u>49</u>

（1）建堆

先将这个序列调整为一个大顶堆。原始序列对应的完全二叉树如图 8-1 所示。

在这个完全二叉树中,结点 76、13、27、<u>49</u> 是叶子结点,它们没有左、右孩子,所以它们满足堆的定义。从 97 开始,按 97、65、38、49 的顺序依次调整。

1）调整 97。97><u>49</u>,所以 97 和它的孩子 <u>49</u> 满足堆的定义,

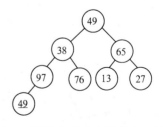

图 8-1　原始序列对应的完全二叉树

不需要调整。

2）调整 65。65>13，65>27，所以 65 和它的孩子 13、27 满足堆的定义，不需要调整。

3）调整 38。38<97，38<76，不满足堆定义了，需要调整。在这里，38 的两个孩子结点值都比 38 大，应该和哪个交换呢？显然应该和两者中较大的交换，即和 97 交换。如果和 76 交换，则 76<97 仍然不满足堆的定义。因此，将 38 和 97 交换。交换后 38 成了 49 的根结点，38<49，仍然不满足堆定义，需要继续调整，将 38 和 49 交换，结果如图 8-2 所示。

4）调整 49。49<97，49<65 不满足堆定义，需要调整，找到较大的孩子 97，将 49 和 97 交换。交换后 49<76 仍不满足堆定义，继续调整，将 49 与 76 交换，结果如图 8-3 所示。

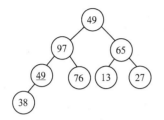 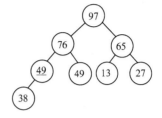

图 8-2　调整 38 后的结果　　　　图 8-3　调整 49 后的结果

（2）插入结点

需要在插入结点后保持堆的性质，即完全二叉树形态与父大子小的性质（以大顶堆为例），因此需要先将要插入的结点 x 放在最底层的最右边，插入后满足完全二叉树的特点；然后把 x 依次向上调整到合适位置以满足父大子小的性质。

（3）删除结点

当删除堆中的一个结点时，原来的位置就会出现一个孔，填充这个孔的方法就是把最底层最右边的叶子的值赋给该孔并下调到合适位置，最后把该叶子删除。

（4）排序

可以看到，此时已经建立好了一个大顶堆。对应的序列为：97　76　65　49　49　13　27　38。将堆顶关键字 97 和序列最后一个关键字 38 交换。第一趟堆排序完成。97 到达其最终位置。将除 97 外的序列 38　76　65　49　49　13　27 重新调整为大顶堆。**现在这个堆只有 38 是不满足堆定义的，其他的关键字都满足，所以只需要调整一个 38 就够了。**

调整 38，结果如图 8-4 所示。

现在的序列为：76　49　65　38　49　13　27　97。将堆顶关键字 76 和最后一个关键字 27 交换，第二趟堆排序完成。76 到达其最终位置，此时序列为：27　49　65　38　49　13　76　97。然后对除 76 和 97 的序列依照上面的方法继续处理，直到树中只剩 1 个结点时排序完成。

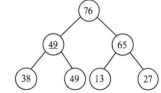

图 8-4　再次调整 38 后的结果

堆排序的执行过程描述（以大顶堆为例）如下：

1）从无序序列所确定的完全二叉树的最后一个非叶子结点开始，从右至左，从下至上，对每个结点进行调整，最终将得到一个大顶堆。

对结点的调整方法：将当前结点（假设为 a）的值与其孩子结点进行比较，如果存在大于 a 值的孩子结点，则从中选出最大的一个与 a 交换。当 a 来到下一层时重复上述过程，直到 a 的孩子结点值都小于 a 的值为止。

2）将当前无序序列中的第一个关键字，反映在树中是根结点（假设为 a）与无序序列中最后一个关键字交换（假设为 b）。a 进入有序序列，到达最终位置。无序序列中关键字减少 1 个，有序序列中关键字增加 1 个。此时只有结点 b 可能不满足堆的定义，对其进行调整。

3）重复第 2）步，直到无序序列中的关键字剩下 1 个时排序结束。

本算法代码如下：

```c
/*本函数完成在数组R[low]到R[high]的范围内对位置low上的结点的调整*/
void Sift(int R[],int low,int high)      //这里关键字的存储设定为从数组下标1开始
{
    int i=low,j=2*i;                     //R[j]是R[i]的左孩子结点
    int temp=R[i];
    while(j<=high)
    {
        if(j<high&&R[j]<R[j+1])          //若右孩子较大，则把j指向右孩子
            ++j;                         //j变为2*i+1
        if(temp<R[j])
        {
            R[i]=R[j];                   //将R[j]调整到双亲结点的位置上
            i=j;                         //修改i和j的值，以便继续向下调整
            j=2*i;
        }
        else
            break;                       //调整结束
    }
    R[i]=temp;                           //被调整结点的值放入最终位置
}
/*堆排序函数*/
void heapSort(int R[],int n)
{
    int i;
    int temp;
    for(i=n/2;i>=1;--i)                  //建立初始堆
        Sift(R,i,n);
    for(i=n;i>=2;--i)                    //进行n-1次循环，完成堆排序
    {
        /*以下3句换出了根结点中的关键字，将其放入最终位置*/
        temp=R[1];
        R[1]=R[i];
        R[i]=temp;
        Sift(R,1,i-1);                   //在减少了1个关键字的无序序列中进行调整
    }
}
```

3．算法性能分析

（1）时间复杂度分析

对于函数Sift()，显然j走了一条从当前结点到叶子结点的路径，完全二叉树的高度为$\lceil \log_2(n+1) \rceil$，即对每个结点调整的时间复杂度为$O(\log_2 n)$。对于函数heapSort()，基本操作总次数应该是两个并列的for循环中的基本操作次数之和，第一个循环的基本操作次数为$O(\log_2 n) \times n/2$，第二个循环的基本操作次数为$O(\log_2 n) \times (n-1)$，因此整个算法的基本操作次数为$O(\log_2 n) \times n/2 + O(\log_2 n) \times (n-1)$，化简后得其时间复杂度为$O(n\log_2 n)$。

（2）空间复杂度分析

算法所需的辅助存储空间不随待排序列规模的变化而变化，是个常量，因此空间复杂度为 O(1)。

说明：上面对时间复杂度的分析不太严格，但是通过上面的方法去大体计算一个算法的时间复杂度，这在考研中运用得比较多，也符合考研对算法时间复杂度分析的要求。例如，一个算法中主要进行了在一棵完全二叉树中从某个结点走向叶子结点的操作，完全二叉树的高度为 $\lceil \log_2(n+1) \rceil$，其时间复杂度就可以认为是 $O(\log_2 n)$，而不必十分严格地去考虑是从根结点出发到达叶子结点，还是从中间某个结点出发到达叶子结点。

堆排序在最坏情况下的时间复杂度也是 $O(n\log_2 n)$，这是它相对于快速排序的最大优点。堆排序的空间复杂度为 O(1)，在所有时间复杂度为 $O(n\log_2 n)$ 的排序中是最小的，这也是其一大优点。堆排序适合关键字数很多的情况，典型的例子是从 10 000 个关键字中选出前 10 个最小的，这种情况用堆排序最好。如果关键字数较少，则不提倡使用堆排序。

8.5 二路归并排序

1．执行流程

原始序列：49 38 65 97 76 13 27

1）将原始序列看成 7 个只含有一个关键字的子序列，显然这些子序列都是有序的。

子序列 1：49

子序列 2：38

子序列 3：65

子序列 4：97

子序列 5：76

子序列 6：13

子序列 7：27

2）两两归并，形成若干有序二元组，即 49 和 38 归并成{38 49}，65 和 97 归并成{65 97}，76 和 13 归并成{13 76}，27 没有归并对象，保持原样。第一趟二路归并排序结束，结果如下：

{38 49}，{65 97}，{13 76}，{27}

3）再将这个序列看成若干二元组子序列。

子序列 1：38 49

子序列 2：65 97

子序列 3：13 76

子序列 4：27

最后一个子序列长度可能是 1，也可能是 2。

4）继续两两归并，形成若干有序四元组（同样，最后的子序列中不一定有 4 个关键字），即{38 49}和{65 97}归并形成{38 49 65 97}，{13 76}和{27}归并形成{13 27 76}。第二趟二路归并排序结束，结果如下：

{38 49 65 97}，{13 27 76}

5）最后只有两个子序列了，再进行一次归并，就可完成整个二路归并排序，结果如下：

13 27 38 49 65 76 97

由以上分析可知，归并排序可以看作一个分而治之的过程（关于分治法，可以看本书最后一章的讲解）：先将整个序列分为两半，对每一半分别进行归并排序，将得到两个有序序列，然后将这两个序列归并成一个序列即可。假设待排序列存在数组 A 中，用 low 和 high 两个整型变量代表需要进行归并排序的关键字范围，由此可以写出如下代码：

```
void mergeSort(int A[], int low, int high)
```

```
{
    if (low<high)
    {
        int mid=(low+high)/2;
        mergeSort(A, low, mid);      //归并排序前半段
        mergeSort(A, mid+1, high);   //归并排序后半段
        merge(A, low, mid, high);    //这里直接修改调用了线性表那一章的函数merge(),
                                     //它的功能是把A数组中low到mid和mid+1到
                                     //high范围内的两段有序序列归并成一段有序序列
    }
}
```

2．算法性能分析

（1）时间复杂度分析

归并排序中可选取函数 merge() 内的"归并操作"作为基本操作。函数 merge() 的作用是将两个有序序列归并成一个整体有序的序列。"归并操作"即为将待归并表中的关键字复制到一个存储归并结果的表中的过程。在顺序表中，函数 merge() 的"归并操作"执行次数为要归并的两个子序列中关键字个数之和，这在线性表一章有所体现。由归并排序的过程可知：

第 1 趟归并需要执行 $2×(n/2)=n$ 次基本操作（其中，2 为两子序列关键字个数之和，n/2 为要归并的**子序列对**的个数；每个子序列对执行一次函数 merge()，也就是两次基本操作）。

第 2 趟归并需要执行 $4×(n/4)=n$ 次基本操作。

第 3 趟归并需要执行 $8×(n/8)=n$ 次基本操作。

⋮

第 k 趟归并需要执行 $2^k×n/2^k=n$ 次基本操作。

⋮

当 $n/2^k=1$ 时，即需要归并的两个子序列长度均为原序列的一半，只需执行一次函数 merge() 归并排序即可结束。此时 $k=\log_2 n$，即总共需要进行 $\log_2 n$ 趟排序，每趟排序执行 n 次基本操作，因此整个归并排序中总的基本操作执行次数为 $n\log_2 n$，时间复杂度为 $O(n\log_2 n)$。

可见归并排序时间复杂度和初始序列无关，即平均情况下、最好情况下、最坏情况下均为 $O(n\log_2 n)$。

（2）空间复杂度分析

因归并排序需要转存整个待排序列，因此空间复杂度为 $O(n)$。

8.6 基数排序

1．算法介绍

基数排序的思想是"多关键字排序"，前面已经讲过了。基数排序有两种实现方式：第一种叫作**最高位优先**，即先按最高位排成若干子序列，再对每个子序列按次高位排序。举扑克牌的例子，就是先按花色排成 4 个子序列，再对每种花色的 13 张牌进行排序，最终使所有扑克牌整体有序。第二种叫作**最低位优先**，这种方式不必分成子序列，每次排序全体关键字都参与。最低位可以优先这样进行，不通过比较，而是通过"分配"和"收集"。还是扑克牌的例子，可以先按数字将牌分配到 13 个桶中，然后从第一个桶开始依次收集；再将收集好的牌按花色分配到 4 个桶中，然后还是从第一个桶开始依次收集。经过两次"分配"和"收集"操作，最终使牌有序。

2．执行流程

下面通过一个例子来体会基数排序过程，初始桶如图 8-5 所示。

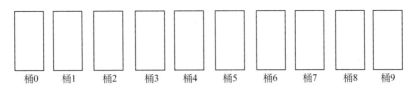

图 8-5 初始桶

原始序列：278 109 063 930 589 184 505 269 008 083

每个关键字的每一位都是由"数字"组成的，数字的范围是 0～9，所以准备 10 个桶用来放关键字。要注意的是，组成关键字的每一位不一定是数字。例如，如果关键字的某一位是扑克牌的花色，因为花色有 4 种，所以在按花色那一位排序时，要准备 4 个桶。同理，如果关键字有一位是英文字母，那么按这一位排序时，就要准备 26 个桶（假设不区分大小写）。这里所说的"桶"，其实是一个先进先出的队列（从桶的上面进，下面出）。

1）进行第一趟分配和收集，要按照最后一位。

① 分配过程如下（注意，关键字从桶的上面进入）：

278 的最低位是 8，放到桶 8 中，如图 8-6 所示。

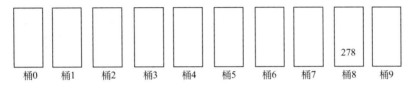

图 8-6 278 放桶 8 中

109 的最低位是 9，放到桶 9 中，如图 8-7 所示。

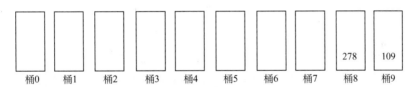

图 8-7 109 放桶 9 中

按照这样的方法，依次（按原始序列顺序）将原始序列的每个数放到对应的桶中。第一趟分配过程完成，结果如图 8-8 所示。

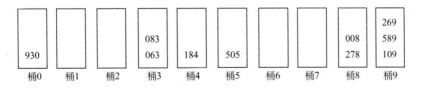

图 8-8 第一趟结果

② 收集过程是这样的：按桶 0 到桶 9 的顺序收集，注意关键字从桶的下面出。

桶 0：930

桶 1：没关键字，不收集

桶 2：没关键字，不收集

桶 3：063，083

⋮

桶 8：278，008

桶 9：109，589，269

将每桶收集的关键字依次排开，所以第一趟收集后的结果为：

930　063　083　184　505　278　008　109　589　269

注意观察，最低位有序了，这就是第一趟基数排序后的结果。

2）在第一趟排序结果的基础上，进行第二趟分配和收集，这次按照中间位。

① 第二趟分配过程如下：

930 的中间位是 3，放到桶 3 中，如图 8-9 所示。

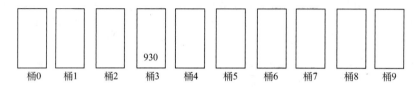

图 8-9　930 放桶 3 中

063 的中间位是 6，放到桶 6 中，如图 8-10 所示。

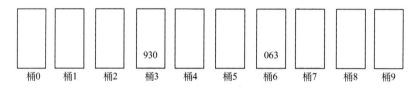

图 8-10　063 放桶 6 中

按照同样的方法，将其余关键字依次入桶，结果如图 8-11 所示。

图 8-11　第二趟结果

② 进行第二趟收集。

桶 0：505，008，109

桶 1：没关键字，不收集

桶 2：没关键字，不收集

桶 3：930

⋮

桶 8：083，184，589

桶 9：没关键字，不收集

第二趟收集结果为：

505　008　109　930　063　269　278　083　184　589

此时中间位有序了，并且中间位相同的那些关键字，其最低位也是有序的，第二趟基数排序结束。

3）在第二趟排序结果的基础上，进行第三趟分配和收集，这次按照最高位。

① 第三趟分配过程如下：

505 的最高位是 5，放到桶 5 中，如图 8-12 所示。

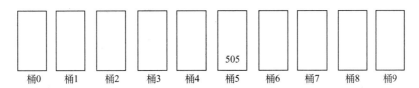

图 8-12　505 放桶 5 中

008 的最高位是 0，放到桶 0 中，如图 8-13 所示。

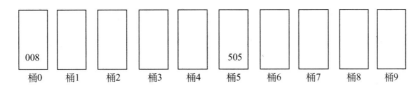

图 8-13　008 放桶 0 中

按照同样的方法，将其余关键字依次入桶，结果如图 8-14 所示。

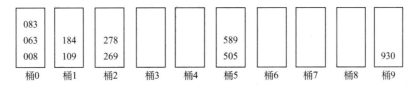

图 8-14　第三趟结果

② 进行第三趟收集。

桶 0：008，063，083

桶 1：109，184

桶 2：269，278

桶 3：没关键字，不收集

⋮

桶 8：没关键字，不收集

桶 9：930

第三趟收集结果为：

008　063　083　109　184　269　278　505　589　930

现在最高位有序，最高位相同的关键字按中间位有序，中间位相同的关键字按最低位有序（这里没体现出来），于是整个序列有序，基数排序过程结束。

3．算法性能分析

时间复杂度：平均和最坏情况下都是 $O(d(n+r_d))$。

空间复杂度：$O(r_d)$。

其中，n 为序列中的关键字数；d 为关键字的关键字位数，如 930，由 3 位组成，d=3；r_d 为关键字基的个数，这里的基指的是构成关键字的符号，如关键字为数值时，构成关键字的符号就是 0~9 这些数字，一共有十个，即 r_d=10。

这里简单讲解基数排序时间复杂度的记忆方法。基数排序每一趟都要进行"分配"和"收集"。"分配"需要依次对序列中的每个关键字进行，即需要顺序扫描整个序列，所以有 n 这一项；"收集"需要依次对每个桶进行，而桶的数量取决于关键字的取值范围，如放数字的桶有 10 个，放花色的桶有 4 个等，刚好是 r_d 的值，所以有 r_d 这一项，因此一趟"分配"和"收集"需要的时间为 n+r_d。整个排序需要多少趟的"分配"和"收集"呢？需要 d 趟，即关键字的关键字位数有几位，就需要几趟。例如上面的例子，关键字由 3 位组成，所以要进行 3 趟。

因此，时间复杂度为 $O(d(n+r_d))$。

至于空间复杂度，因为每个桶实际上是一个队列，需要头尾指针，共有 r_d 个桶，所以需要 $2r_d$ 个存放指针的空间，因此是 $O(r_d)$。

说明：基数排序适合的场景是序列中的关键字很多，但组成关键字的关键字的取值范围较小，如数字 0～9 是可以接受的。如果关键字的取值范围也很大，如 26 个字母，并且序列中大多数关键字的最高位关键字都不相同，那么这时可以考虑使用“最高位优先法”，先根据最高位排成若干子序列，然后分别对这些子序列进行直接插入排序。

8.7 外部排序

8.7.1 概念与流程

1．基本概念

所谓外部排序，即对外存中的记录进行排序（相对于内部排序而言）。有了内部排序算法，为什么还要外部排序？因为外存中记录规模太大，内存放不下。外部排序可以概括为一句话：将内存作为工作空间来辅助外存数据的排序。

说明：本节是 2012 年统考数据结构考研大纲的新增内容。

说明：外排序的对象有记录、页等（注意区别于内部排序的“关键字”），本节中一律称之为记录。

2．流程解析

外部排序最常用的算法是**归并排序**。归并排序之所以常用，是因为它不需要将全部记录都读入内存即可完成排序。因此，可以解决由于内存空间不足导致的无法对大规模记录排序的问题。

假设要对外存中一组大规模无序记录进行归并排序，则可以按照如下步骤进行。

1）将这组记录假设为 n 个，分为 m 个规模较小的记录段（记录段的长度不一定相等），并对这些小记录段排序。一般情况下这些记录段都足够小，可以整段读入内存并选择合适的排序算法对其排序。

2）将这 m 个有序记录段每 k 段分为一组，得到 $\lceil m/k \rceil$ 组记录段。取其中一组，如图 8-15 所示（假设 k 等于 5），每行一段，将每段段首的记录读入内存，如图中灰色处所示。

9	8	7	6	3		
8	7	5	4			
11	10	9	8			
15	11	9	4	3	1	
11	10	9	8	7	6	2

图 8-15　5 个有序记录段为一组

3）用某种算法从读入内存的这组记录中选出最小的，如图 8-16 所示。

9	8	7	6	3		
8	7	5	4			
11	10	9	8			
15	11	9	4	3	1	
11	10	9	8	7	6	2

图 8-16　选出最小值 1

4）将上一步中选出的最小值写回外存，并将其所在记录段的次小值读入内存以补上空位置，如图 8-17 所示。

图 8-17 将最小值 1 写回外存中，此时得到含有一个记录的有序段

5）重复以上过程，如图 8-18 所示。

图 8-18 将最小值 2 写回外存中，此时得到含有两个记录的有序段

6）当此组记录全部导出之后，就会在外存中得到一个较长的有序记录段。以此方法将剩下的所有组记录段都归并成较长的记录段，就得到了 $\lceil m/k \rceil$ 个较长有序记录段。将这 $\lceil m/k \rceil$ 个较长有序记录段按照同样的方法分组、归并，并重复此过程，最终就可以完成对这 n 个记录的排序。可以看到，整个过程中只用了 k 个内存空间，达到了用较小的内存空间完成较大规模记录排序的目的。

说明：上面的算法称为 k 路归并算法，如果 k 等于 2，就是我们之前熟悉的二路归并排序算法的外存版。

3．重要子算法

1）**置换-选择排序**。上面步骤 1）中的 m 个有序记录段称为**初始归并段**。如果被划分的每个小记录段规模不够小，仍然无法完全读入内存，则无法用内排序得到初始归并段，因此需要一种适用于初始归并段规模的、高效的且不受内存空间限制的排序算法，即**置换-选择排序**。

2）**最佳归并树**。将当前的 m 组（每组含有 k 个有序记录段）记录归并为 m 个有序记录段的过程称为一趟归并，可见每个记录在每趟归并中需要两次 I/O 操作（读、写操作各一次）。读、写操作是非常耗时的，可见减少归并次数可以提高效率。为了使得归并次数最少，需用到**最佳归并树**。

3）**败者树**。归并排序算法中有一个多次出现的步骤是从当前 k 个值中用某种算法选出最值，可见提高选最值的效率也是整个归并排序算法效率提高的关键。这就需要用到**败者树**。

8.7.2 置换-选择排序

采用置换-选择排序算法构造初始归并段的过程：根据缓冲区大小，由外存读入记录，当记录充满缓冲区后，选择最小的（假设升序排序）写回外存，其空缺位置由下一个读入记录来取代，输出的记录成为当前初始归并段的一部分。如果新输入的记录不能成为当前生成的归并段的一部分，即它比生成的当前归并段中最大的记录要小（如例 8-1 中的关键字 11 比 15 要小，则暂时不能出现在当前归并段中），则它将成为生成其他初始归并段的选择。反复进行上述操作，直到缓冲区中的所有记录都比当前初始归并段最大的记录小时（如表 8-1 中步数 9 中的所有关键字都比 83 小，则以 83 为结尾的归并段生成完毕），就生成了一个初始归并段。用同样的方法继续生成下一个初始归并段，直到全部记录都处理完毕为止。这就是置换-选择排序法。

下面通过例题来具体说明一下。

【**例 8-1**】 设一组输入记录为：

15，19，04，83，12，27，11，25，16，34，26，07，10，90，06⋯

假设内存缓冲区可容纳 4 个记录，生成初始归并段。表 8-1 给出了生成初始归并段过程中各步的缓

冲区内容和输出结果。

表 8-1 初始归并段生成过程

步数	1	2	3	4	5	6	7	8	9	10	11	12	13	...
缓冲区内容	15	15	15	11	11	11	11	11	11	11	11	06	...	...
	19	19	19	19	25	16	16	16	16	16	16	16	...	...
	04	12	27	27	27	27	34	26	26	26	26	26	...	...
	83	83	83	83	83	83	83	83	07	10	90	90	...	...
输出结果	04	12	15	19	25	27	34	83	07	10	11	16	...	...
	所生成的第一初始归并段								所生成的第二初始归并段				...	

注：表中下划线数字即为生成下一归并段的候选数字。

说明：上一节提到的限制排序算法的内存空间就是指本题中的缓冲区，在其他场合还可能有其他叫法，这里考生要注意。

由例 8-1 可知，通过置换-选择排序算法得到的 m 个初始归并段长度可能是不同的。不同的归并策略可能导致归并次数的不同，即意味着需要的 I/O 操作次数不同，因此需要找出一种归并次数最少的归并策略来减少 I/O 操作次数，以提高排序效率。这就引出下一个知识点——最佳归并树。

8.7.3 最佳归并树

归并过程可以用一棵树来形象地描述，这棵树称为**归并树**，如图 8-19 即为一棵归并树，树中结点代表当前归并段长度。初始记录经过置换-选择排序之后，得到的是长度不等的初始归并段，归并策略不同，所得的归并树也不同，树的带权路径长度（带权路径长度与 I/O 次数的关系为：I/O 次数=带权路径长度×2）也不同。为了优化归并树的带权路径长度，可将之前讲过的赫夫曼树运用到这里来，对于 k 路归并算法，可以用构造 k 叉赫夫曼树的方法来构造最佳归并树。

【**例 8-2**】 设由置换-选择排序法得到 9 个初始归并段，其长度（记录个数）依次为 9，30，12，18，3，17，2，6，24。请做出 3-路归最佳归并树，并计算 I/O 次数。

解：仿照赫夫曼树的构造方法，可得 3-路归最佳归并树，如图 8-19 所示。

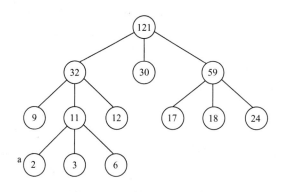

图 8-19　3-路归最佳归并树

I/O 次数=2×(2×3+3×3+6×3+9×2+12×2+17×2+18×2+24×2+30×1)=446

说明：对于某初始归并段，其路径长度就等于其参加归并的次数。如图 8-19 中 a 结点代表的归并段，参加第一次归并进入长度为 11 的归并段，参加第二次归并进入长度为 32 的归并段，参加第三次归并进入最终归并段，共参加了 3 次归并，等于其路径长度 3。a 结点代表的归并段长度为 2，即有两个记录，每个记录同样参加了 3 次归并，每次归并有两次 I/O 操作（入（I）算一次，出（O）算一次），因此对于 a 结点所代表的归并段,一共有 2×3×2 次 I/O 操作,同理可算出树中所有叶子结点代表的归并段总的 I/O 操作次数,结果同样也是整棵树的带权路径长度。

8.7.4 败者树

在 k 路归并中,若不使用败者树,则每次对读入的 k 个值需进行 k-1 次比较才能得到最值。若引入败者树(由 k 个关键字构造成败者树),则每次不需要 k-1 次比较(除了第一次建树之外),只需要约 $\log_2 k$ 次即可,因此在归并排序中选最值那一步常用败者树来完成。

败者树中含有两种不同类型的结点。

第一种:叶子结点,其值为从当前参与归并的归并段中读入的段首记录。叶子结点的个数为当前参与归并的归并段数,即 k 路归并叶子数为 k。

第二种:非叶子结点,都是度为 2 的结点,其值为叶子结点的序号,同时也指示了当前参与选择的记录所在的归并段。

1. 建立败者树

因树中有两种类型的结点,因此对其的处理方法稍有不同,建树方法如下(以最小值败者树为例):

1)对当前读入的 k 个记录,构造 k 个叶子结点,任意两个结点为一组,建二叉树,如果结点数不是偶数,则多余的那个结点放在下一趟处理。

2)如果当前参与建树的是两个叶子结点,则以败者(记录值较大者)所在归并段的序号构造新结点作为其父结点(T),胜者(记录值较小者)所在归并段的序号构造新结点作为 T 的父结点建一棵二叉树。

3)如果当前参与建树的两个结点是非叶根结点(必为单分支结点),则以败者(胜负关系通过结点中序号所指示的记录值大小判断)为这两个根结点子树的新根结点(T),胜者为 T 的父结点,建立一棵二叉树。

4)如果当前参与建树的两个结点,一个是叶子结点,一个是非叶根结点,则有以下两种情况。

① 如果叶子结点是胜者(胜负关系通过叶子结点记录值与非叶结点中序号所指示的记录值大小来判断),则叶子结点挂在非叶根结点的空分支上,并以叶子结点记录值所在归并段序号构造新结点作为非叶根结点的父结点建一棵二叉树。

② 如果叶子结点是败者,则以叶子结点记录值所在归并段序号构造新结点作为叶子结点和非叶根结点子树的新根结点(T),原非叶根结点作为 T 的父结点建一棵二叉树。

下面通过一个例题来体验一下此建树过程。

【例 8-3】 有 5 个有序的归并段,段后数字为其序号,请以各段首记录建一棵最小值败者树。

F1:{17, 21, …}, 0
F2:{5, 44, …}, 1
F3:{10, 12, …}, 2
F4:{29, 32, …}, 3
F5:{15, 56, …}, 4

1)依次读取各归并段的第一个记录作为叶子结点:17、5、10、29、15,对应的序号依次为 0、1、2、3、4。17 和 5 相比,17 为败者,5 为胜者(小的为胜),则叶子结点 17 的下标 0 作为 17 和 5 的父结点,叶子结点 5 的下标 1 向上一级,成为下标 0 的父结点,如图 8-20 所示。

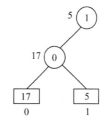

图 8-20　17 与 5 比较

2)29 和 15 相比,29 为败者,15 为胜者,则叶子结点 29 的下标 3 作为 29 和 15 的父结点,叶子结点 15 的下标 4 向上一级,成为下标 3 的父结点,如图 8-21 所示。

3)步骤 1)中胜者 5 与第三个叶子结点 10 比较,10 为败者,5 为胜者,因此 10 的下标 2 替换到 5 的下标 1 的位置,5 的下标 1 向上一级,成

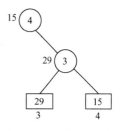

图 8-21　29 与 15 比较

为下标 2 的父结点,如图 8-22 所示。

4) 由步骤 2) 和步骤 3) 的中间结果开始,5 与 15 比较,15 为败者,5 为胜者,则 15 的下标 4 取代 5 的下标 1 的位置,成为下标 2 和 3 的父结点,而 5 的下标 1 向上一级,成为下标 4 的父结点,如图 8-23 所示,得到最终败者树,得到最终胜者 5,为当前最小值。

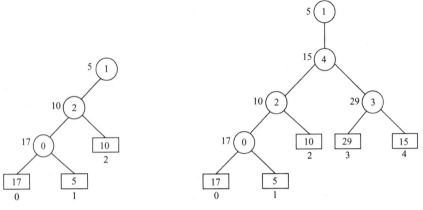

图 8-22　10 与 5 比较　　　　　　图 8-23　最终得到的败者树

说明:可能有同学要问,这里为什么要以序号而不是记录值构造新结点?在下面的调整败者树中会给出答案。

2. 调整败者树

由图 8-23 得到的败者树结果可知,来自序号为 1 的归并段的值为 5 的记录是当前选出的最小值记录,将会被存回外存。由此可以看出,由序号构造结点的好处是不仅可以找到记录值,还可以找到其所在的归并段,以便于下一个记录读入内存取代刚选出的最值。此时 5 被存回,用归并段 1 中的下一个值 44 来替换 5,得到一棵待调整的败者树,如图 8-24 所示。

调整过程:

1) 44 和 17 比较,44 败,17 胜,因此 44 所在序号 1 作为两者父结点,17 所在序号 0 作为 1 候选父结点,如图 8-25 方框内所示。

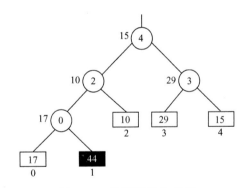

图 8-24　待调整的败者树

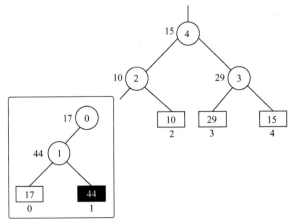

图 8-25　调整中间过程,0 为候选父结点,等待与 2 分出胜负

2)0 和 2 比较，0 败，2 胜，因此 0 作为 1 和叶子结点 10 的父结点，2 作为 0 的候选父结点，如图 8-26 所示。

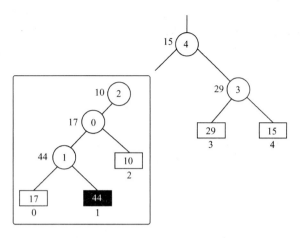

图 8-26　调整中间过程，2 为候选父结点，等待与 4 分出胜负

3）2 和 4 比较，4 败，2 胜，因此 4 作为 0 和 3 的父结点，2 作为根结点，得到最终调整结果，记录 10 为本次调整选出的最小值，如图 8-27 所示。

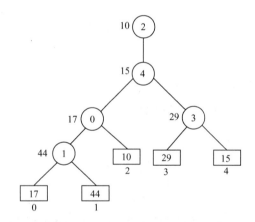

图 8-27　调整结束，记录 10 为本次调整所选出的最小值

8.7.5　时间与空间复杂度相关问题

1．时间复杂度

外部排序的时间复杂度涉及很多方面，且分析较为复杂，一般考试不会让考生分析整个流程中与时间复杂度相关的每一个细节，因此只需注意以下几点即可：

1）m 个初始归并段进行 k 路归并，归并的趟数为 $\lceil \log_k m \rceil$。
2）每一次归并，所有记录都要进行两次 I/O 操作。
3）置换-选择排序这一步中，所有记录都要进行两次 I/O 操作。
4）置换-选择排序中，选最值那一步的时间复杂度要根据考试要求的选择算法而定。
5）k 路归并的败者树的高度为 $\lceil \log_2 k \rceil + 1$，因此利用败者树从 k 个记录中选出最值需要进行 $\lceil \log_2 k \rceil$ 次比较，即时间复杂度是 $O(\log_2 k)$。
6）k 路归并败者树的建树时间复杂度为 $O(k \log_2 k)$。

注意：k 路归并败者树，不是 k 叉败者树，是一棵二叉树，且高度不包含最上层选出的结点，如图

8-27 中最上边的 2 结点。

说明：败者树和其他选择树的原理类似，如之前堆排序中的堆。做法都是先用一个较大的时间复杂度将待排关键字建成一棵满足一定要求的树，然后就可以从中取出一个满足要求的关键字，并将新来的关键字放在刚取出的关键字的位置上。这样只会在一点上对树的结构造成破坏而不会造成全局的破坏，因此只需用较小的时间复杂度进行局部调整即可将被破坏的结构恢复正常，无须重新建树。局部调整即可恢复结构，从而降低时间复杂度，这就是选择树的精髓。

2．空间复杂度

显然所有步骤中的空间复杂度都是常量，因此是 O(1)。

8.8 排序知识点小结

说明：本章不同于其他章，需要记忆的东西比较多，下面做一下小结，以方便考生记忆。

1．复杂度总结

（1）时间复杂度

平均情况下，快速排序、希尔排序（复杂度了解即可）、归并排序和堆排序的时间复杂度均为 $O(nlog_2n)$，其他都是 $O(n^2)$。一个特殊的是基数排序，其时间复杂度为 $O(d(n+r_d))$。

最坏情况下，快速排序的时间复杂度为 $O(n^2)$，其他都和平均情况下相同。

故事助记：如军训时，教官说：" **快些以 nlog₂n 的速度归队**。"其中，"快"指快速排序，"些"指希尔排序（发音近似），"归"指归并排序，"队"指堆排序（谐音），这 4 种排序的平均复杂度都是 $O(nlog_2n)$。

（2）空间复杂度

记住几个特殊的就好，快速排序为 $O(log_2n)$，归并排序为 $O(n)$，基数排序为 $O(r_d)$，其他都是 $O(1)$。

（3）其他

直接插容易插变成 O(n)，起泡起得好变成 O(n)，所谓"容易插"或"起得好"都是指初始序列已经有序。

2．算法稳定性总结

一句话记忆："考研复习痛苦啊，情绪不稳定，快些选一堆好友来聊天吧"。

这里，"快"指快速排序，"些"指希尔排序，"选"指简单选择排序，"堆"指堆排序，这 4 种是不稳定的，其他自然都是稳定的。

注意：关于简单选择排序，按照本书的算法（同时也是绝大多数学校在考研数据结构中所使用的算法）来实现，一定是不稳定的。例如，对于序列"4(1)、3、4(2)、1、5"进行简单选择排序，括号中标出了相同关键字的前后顺序，第一趟选出 1 为当前最小值，与 4(1)交换，得到的序列为 1、3、4(2)、4(1)、5，显然是不稳定的。如果把交换操作换成插入操作，即每次选出的最小值都插入到已排好的有序序列尾部，则此算法变成了稳定的。

由此可见，简单选择排序算法有两个版本——交换版和插入版。在以数组为关键字载体的情况下，显然用交换版比较合适，因为在数组上执行插入操作需要移动大量关键字；而对于以链表为关键字载体的情况，用插入版就比较合适，且能得到稳定的结果。

对于简单选择排序，在考研数据结构中出现最多的在于对其算法稳定性的考查。在题目没有明确说明以链表为关键字载体且没有说明算法具体执行流程的情况下，答案都应该是不稳定的。

3．其他细节（与排序原理有关）

1）经过一趟排序，能够保证一个关键字到达最终位置，这样的排序是交换类的那两种（起泡、快速）和选择类的那两种（简单选择、堆）。

2）排序算法的**关键字比较次数**和原始序列无关——简单选择排序和折半插入排序。

3）排序算法的**排序趟数**和原始序列有关——交换类的排序。

4．再次比较直接插入排序和折半插入排序

二者最大的区别在于查找插入位置的方式不同。直接插入按**顺序查找**的方式，而折半插入按**折半查找**的方式。这里将排序和查找两章的内容结合，大家在复习时也应该融会贯通，计算机的知识都是相通的。

5．一个有用的结论

借助于"比较"进行排序的算法，在最坏情况下的时间复杂度至少为 $O(n\log_2 n)$。

▲真题仿造

1．设计一个算法，使得在尽可能少的时间内重排数组，将所有取负值的关键字放在所有取非负值的关键字之前，假设关键字存储在 R[0, ⋯, n-1]中。

（1）给出算法的基本设计思想。

（2）根据设计思想，采用 C 或 C++语言描述算法，并在关键之处给出注释。

（3）分析本算法的时间复杂度和空间复杂度。

2．设向量 **A**[0, ⋯, n-1]中存有 n 个互不相同的整数，每个关键字的值均在 0~n-1。试写一个算法，将向量 **A** 排序，结果输出到另一个向量 **B**[0, ⋯, n-1]中。

（1）给出算法的基本设计思想。

（2）根据设计思想，采用 C 或 C++语言描述算法，并在关键处给出注释。

（3）分析本算法的时间复杂度与空间复杂度。

真题仿造答案与解析

1．解

（1）算法的基本设计思想

因为只需将负数关键字排在前面而无须进行精确排列顺序，因此本算法采用两端扫描的方法，类似于快速排序中的划分方法，左边扫描到非负数时停止，开始扫描右边，遇到负数时与左边的当前关键字交换。如此交替进行，一趟下来就可以完成排序。

（2）算法描述

```
void ReSort(int R[],int n)        //重排数组,使负值关键字在前
{
    int i=0,j=n-1;
    int temp;                     //temp 为辅助空间
    while(i<j)                    //i<j 表示尚未扫描完毕
    {
        while(i<j&&R[i]<0)++i;    //遇到负数则继续扫描
        temp=R[i];
        while(i<j&&R[j]>=0)--j;   //遇到正数则继续向左扫描
        R[i++]=R[j];
        R[j--]=temp;              //交换当前两个关键字并移动指针
    }
}
```

（3）时间复杂度与空间复杂度分析

1）本算法的主体部分虽然是双重循环，但在任何情况下循环的总执行次数均为 n，即基本操作执行次数为 n，因此时间复杂度为 $O(n)$。

2）本算法中的额外空间只有一个 temp，因此空间复杂度为 $O(1)$。

2．解

（1）算法的基本设计思想

A[]数组地址范围为 0～n-1，数值范围也是 0～n-1，且数值各不相同，由此可知，对每个关键字来说，关键字值本身即指出了这个关键字在数组中的位置。因此，只需根据关键字值将其存入数组 B[]中合适的位置即可。

（2）算法描述

```
void Sort(int A[],int B[],int n)
{
    int i;
    for(i=0;i<n;++i)
        B[A[i]]=A[i];     //数组A[]中每个关键字的值即为本关键字在数组B[]中的地址
}
```

（3）时间复杂度与空间复杂度分析

1）本题为单层循环，B[A[i]]=A[i];为基本操作，执行次数为 n，因此算法时间复杂度为 O(n)。

2）本题用到一个与原序列长度相同的辅助数组，因此空间复杂度为 O(n)。

习题+真题精选

微信扫码看本章题目讲解视频：

一、习题

说明：这一章的题型主要有以下几类：稳定性、复杂度、适用场景和排序过程。做这些题只需两件利器：一是对排序过程的理解掌握，二是对复杂度和稳定性等总结的记忆。

（一）选择题

1．下列排序算法中，（   ）是稳定的。

Ⅰ．直接插入排序　　　　　　　　Ⅱ．快速排序

Ⅲ．堆排序　　　　　　　　　　　Ⅳ．归并排序

A．Ⅰ和Ⅱ　　　　　　　　　　　　B．Ⅱ和Ⅲ

C．Ⅲ和Ⅳ　　　　　　　　　　　　D．Ⅰ和Ⅳ

2．下列排序算法中，平均时间复杂度为 $O(n\log_2 n)$ 的有（   ）。

Ⅰ．起泡排序　　Ⅱ．快速排序　　Ⅲ．堆排序　　Ⅳ．简单选择排序

A．Ⅰ和Ⅱ　　　B．Ⅱ和Ⅲ　　　C．Ⅲ和Ⅳ　　　D．Ⅳ和Ⅰ

3．若要求尽可能快地对序列进行稳定的排序，应该选择（   ）。

A．快速排序　　B．归并排序　　C．冒泡排序　　D．堆排序

4．在下面的排序算法中，辅助空间为 O(n) 的是（   ）。

A．直接插入排序　　B．堆排序　　C．快速排序　　D．归并排序

5．对一个初始状态为递增的序列进行按递增顺序的排序，用（   ）最省时，用（   ）最费时。

A．直接插入排序　　B．堆排序　　C．快速排序　　D．归并排序

6．如果只想得到 1000 个关键字组成的序列中第 5 个最小关键字之前的部分排序的序列，用（   ）最快。

A．起泡排序　　B．快速排序　　C．希尔排序　　D．堆排序

7. 下列排序算法中，（   ）在一趟排序结束后不一定能选出一个关键字放在其最终位置上。
   A．简单选择排序   B．冒泡排序
   C．归并排序   D．堆排序
8. 下列排序算法中，（   ）可能出现这种情况：在最后一趟开始前，所有关键字都不在其最终位置上。
   A．堆排序   B．冒泡排序
   C．快速排序   D．折半插入排序
9. 排序趟数与序列的原始状态有关的排序算法是（   ）。
   A．直接插入排序   B．简单选择排序
   C．冒泡排序   D．基数排序
10. 下面给出的4种排序算法中，排序过程中的比较次数与初始序列无关的是（   ）。
    A．简单选择排序   B．直接插入排序
    C．快速排序   D．冒泡排序
11. 对一组关键字{84，47，25，15，21}排序，关键字的排列次序在排序过程中的变化为：
    （1）{84，47，25，15，21}   （2）{15，47，25，84，21}
    （3）{15，21，25，84，47}   （4）{15，21，25，47，84}
    则采用的排序是（   ）。
    A．简单选择排序   B．冒泡排序
    C．快速排序   D．直接插入排序
12. 有一组关键字{46，79，56，38，40，84}利用快速排序，以第一个关键字为基准得到的一次划分结果为（   ）。
    A．{38，40，46，56，79，84}   B．{40，38，46，79，56，84}
    C．{40，38，46，56，79，84}   D．{40，38，46，84，56，79}
13. 关键字序列{8，9，10，4，5，6，20，1，2}只能是（   ）算法中两趟排序后的结果。
    A．简单选择排序   B．冒泡排序
    C．直接插入排序   D．堆排序
14. 下列序列中，（   ）是执行第一趟快速排序后所得的序列。
    A．{68，11，18，69，23，93，73}   B．{68，11，69，23，18，93，73}
    C．{93，73，68，11，69，23，18}   D．{68，11，69，23，18，73，93}
15. 下列4个序列中，（   ）是堆。
    A．{75，65，30，15，25，45，20，10}
    B．{75，65，45，10，30，25，20，15}
    C．{75，45，65，30，15，25，20，10}
    D．{75，45，65，10，25，30，20，15}
16. 直接插入排序在最好的情况下的时间复杂度为（   ）。
    A．O(n)   B．O(nlog$_2$n)
    C．O(log$_2$n)   D．O(n^2)
17. 对于关键字序列{15，9，7，8，20，-1，4}进行排序，进行一趟后关键字序列变为{9，15，7，8，20，-1，4}，则采用的是（   ）算法。
    A．简单选择排序   B．冒泡排序
    C．直接插入排序   D．堆排序
18. 用直接插入排序对下面4个序列进行递增排序，关键字比较次数最少的是（   ）。
    A．94，32，40，90，80，46，21，69
    B．32，40，21，46，69，94，90，80

C. 21，32，46，40，80，69，90，94
D. 90，69，80，46，21，32，94，40

19. 不稳定的排序算法是（　　）。
A. 冒泡排序　　　　　　　　　B. 直接插入排序
C. 希尔排序　　　　　　　　　D. 归并排序

20. 以下排序算法中，（　　）不能保证每趟排序至少能将一个关键字放在其最终位置上。
A. 快速排序　　　　　　　　　B. 希尔排序
C. 堆排序　　　　　　　　　　D. 冒泡排序

21. 在以下排序算法中，关键字比较的次数与初始排列次序无关的是（　　）。
A. 希尔排序　　　　　　　　　B. 起泡排序
C. 插入排序　　　　　　　　　D. 简单选择排序

22. 采用简单选择排序，比较次数与交换次数满足（　　）。
A. $O(n)$，$O(\log_2 n)$　　　　　　　B. $O(\log_2 n)$，$O(n^2)$
C. $O(n^2)$，$O(n)$　　　　　　　　　D. $O(n\log_2 n)$，$O(n)$

23. 以下序列不是堆的是（　　）。
A. {100，85，98，77，80，60，82，40，20，10，66}
B. {100，98，85，82，80，77，66，60，40，20，10}
C. {10，20，40，60，66，77，80，82，85，98，100}
D. {100，85，40，77，80，60，66，98，82，10，20}

24. 对 n 个关键字进行堆排序，最坏情况下的时间复杂度为（　　）。
A. $O(\log_2 n)$　　B. $O(n)$　　C. $O(n\log_2 n)$　　D. $O(n^2)$

25. 有一组关键字{15，9，7，8，20，-1，7，4}，对其进行建堆，则初始堆为（　　）。
A. {-1，4，8，9，20，7，15，7}　　　B. {-1，7，15，7，4，8，20，9}
C. {-1，4，7，8，20，15，7，9}　　　D. 以上都不是

26. 以下算法中，（　　）算法在关键字基本有序的时候效率最高。
A. 快速排序　　B. 冒泡排序　　C. 堆排序　　D. 简单选择排序

27. 对关键字序列{28，16，32，12，60，2，5，72}进行递增快速排序，第一趟划分的结果为（　　）。
A. {2，5，12，16}28{60，32，72}　　B. {5，16，2，12}28{60，32，72}
C. {2，16，12，5}28{60，32，72}　　D. {5，16，2，12}28{32，60，72}

28. 下列排序算法中，辅助空间为 O(n)的是（　　）。
A. 希尔排序　　　　　　　　　B. 冒泡排序
C. 堆排序　　　　　　　　　　D. 归并排序

29. 归并排序中归并的趟数为（　　）。
A. n　　B. ⌈$\log_2 n$⌉　　C. $n\log_2 n$　　D. n^2

30. 以下排序算法中，（　　）不需要进行关键字的比较。
A. 快速排序　　　　　　　　　B. 归并排序
C. 基数排序　　　　　　　　　D. 堆排序

31. 外排序是指（　　）。
A. 在外存上进行的排序算法
B. 不需要使用内存的排序算法
C. 数据量大，需要人工干预的排序算法
D. 排序前后记录在外存，排序时记录调入内存的排序算法

32. 文件有 m 个初始归并段，采用 k 路归并时，所需的归并趟数是（　　）。
A. $\log_2 k$　　B. $\log_2 m$　　C. $\log_k m$　　D. ⌈$\log_k m$⌉

33．归并排序有两个基本阶段，第一个阶段是（　　）
A．生成初始归并段　　　　　　　B．从归并序列选出最小值（最大值）
C．将记录读入内存　　　　　　　D．进行多遍归并

（二）综合应用题
1．基础题
（1）有一种简单的排序算法叫作计数排序。这种算法对一个待排序表（用数组 A[]表示）进行排序，排序结果存储在另一个新的表中（用数组 B[]表示），表中关键字为 int 型。必须注意的是，表中所有待排序的关键字互不相同，计数排序算法针对表中的每个关键字，扫描待排序表一趟，统计表中有多少个关键字比该关键字小。假设对某一个关键字，统计出数值为 c，那么这个关键字在新的有序表中的位置即为 c。

1）设计实现计数排序算法。
2）对于有 n 个关键字的表，比较次数是多少？
3）与简单选择排序相比，这种方法是否更好？为什么？

（2）有如下快速排序算法，指出该算法是否正确，若不正确，请说明错误的原因。

```
void QuickSort(int R[],int low,int high)
{
    int i=low,j=high;
    int temp;
    if(low<high)
    {
        temp=low;
        while(i!=j)
        {
            while(j>i&&R[j]>R[temp])--j;
            if(i<j)
            {
                R[i]=R[j];
                ++i;
            }
            while(i<j&&R[i]<R[temp])++i;
            if(i<j)
            {
                R[j]=R[i];
                --j;
            }
        }
        R[i]=R[temp];
        QuickSort(R,low,i-1);
        QuickSort(R,i+1,high);
    }
}
```

（3）设计一个双向冒泡排序算法，即在排序过程中交替改变扫描方向。
（4）在堆排序、快速排序和归并排序中：
1）若只从存储空间考虑，则应首选哪种排序算法，其次选取哪种排序算法，最后选取哪种排序算法？

2）若只从排序结果的稳定性考虑，应选取哪种排序算法？
3）若只从平均情况下排序最快考虑，应选取哪种排序算法？
4）若只从最坏情况下排序最快并且要节省内存考虑，应选取哪种排序算法？

（5）给出一组关键字：{29，18，25，47，58，12，51，10}，分别写出按下列各种排序算法进行排序时的变化过程。

1）归并排序，每归并一次书写一个次序。

2）快速排序，每划分一次书写一个次序。

3）堆排序，先建成一个堆（写出一个序列），然后每从堆顶取下一个关键字后，将堆调整一次（每次都写出一个序列），直到排序完成。

（6）给出关键字序列{321，156，57，46，28，7，331，33，34，63}，采用最低位优先算法对其进行基数排序，列出每趟分配和收集的结果。

（7）给出关键字序列{4，5，1，2，8，6，7，3，10，9}的希尔排序过程，对于每一个增量写出一次排序后的序列。

（8）给定一组关键字，创建一个带头结点的链表，设计一个直接插入排序算法，对这个单链表进行递增排序。

（9）已知关键字序列为{53，87，12，61，90，10，97，25，53，46}，设增量序列为{5，3，1}，请画出希尔排序（递增排序）过程的分析图。

（10）假设内存缓冲区可容纳4个记录，设有一组记录为10，20，15，25，12，13，21，30，8，16，10。请建立初始归并段（段内递增排序），列表写出求解过程。

2．思考题

如果在快速排序过程中，每趟总能把当前子序列划分为长度相等的两个子序列，请分析这种情况下的时间复杂度与空间复杂度。

二、真题精选

（一）选择题

1．已知关键序列5，8，12，19，28，20，15，22是小根堆（最小堆），插入关键字3，调整后得到的小根堆是（   ）。

A．3，5，12，8，28，20，15，22，19
B．3，5，12，19，20，15，22，8，28
C．3，8，12，5，20，15，22，28，19
D．3，12，5，8，28，20，15，22，19

2．若关键字序列11，12，13，7，8，9，23，4，5是采用下列排序算法之一得到的第二趟排序后的结果，则该排序算法只能是（   ）。

A．起泡排序　　　B．插入排序　　　C．选择排序　　　D．归并排序

3．采用递归方式对顺序表进行快速排序。下列关于递归次数的叙述中，正确的是（   ）。

A．递归次数与初始关键字的排列次数无关
B．每次划分后，先处理较长的分区可以减少递归次数
C．每次划分后，先处理较短的分区可以减少递归次数
D．递归次数与每次划分后得到的分区的处理顺序无关

4．对一组关键字（2，12，16，88，5，10）进行排序，若前三趟排序结果如下：

第一趟：2，12，16，5，10，88
第二趟：2，12，5，10，16，88
第三趟：2，5，10，12，16，88

则采用的排序算法可能是（   ）。

A．起泡排序　　　B．希尔排序　　　C．归并排序　　　D．基数排序

5．为实现快速排序算法，待排序序列宜采用的存储方式是（　　）。
   A．顺序存储　　　B．散列存储　　　C．链式存储　　　D．索引存储

6．已知序列 25，13，10，12，9 是大根堆，在序列尾部插入新关键字 18，将其再调整为大根堆，调整过程中关键字之间进行的比较次数是（　　）次。
   A．1　　　　　　B．2　　　　　　C．4　　　　　　D．5

7．排序过程中，对尚未确定最终位置的所有关键字进行一遍处理称为一趟排序。下列排序算法中，每一趟排序结束时都至少能够确定一个关键字最终位置的方法是（　　）。
   Ⅰ．简单选择排序　　　Ⅱ．希尔排序　　　Ⅲ．快速排序
   Ⅳ．堆排序　　　　　　Ⅴ．归并排序
   A．仅Ⅰ、Ⅲ、Ⅳ　　　　　　　　B．仅Ⅰ、Ⅲ、Ⅴ
   C．仅Ⅱ、Ⅲ、Ⅳ　　　　　　　　D．仅Ⅲ、Ⅳ、Ⅴ

8．对同一待排序列分别进行折半插入排序和直接插入排序，两者之间可能的不同之处是（　　）。
   A．排序的总趟数　　　　　　　B．关键字的移动次数
   C．使用辅助空间的数量　　　　D．关键字之间的比较次数

9．对给定的关键字序列 110，119，007，911，114，120，122 进行基数排序，则第二趟分配收集后得到的关键字序列是（　　）。
   A．007，110，119，114，911，120，122
   B．007，110，119，114，911，122，120
   C．007，110，911，114，119，120，122
   D．110，120，911，122，114，007，119

10．用希尔排序算法对一个关键字序列进行排序时，若第一趟排序结果为 9，1，4，13，7，8，20，23，15，则该趟排序采用的增量可能是（　　）。
   A．2　　　　　　B．3　　　　　　C．4　　　　　　D．5

11．下列选项中，不可能是快速排序第 2 趟排序结果的是（　　）。
   A．2，3，5，4，6，7，9　　　　　B．2，7，5，6，4，3，9
   C．3，2，5，4，7，6，9　　　　　D．4，2，3，5，7，6，9

（二）综合应用题

设有 6 个有序表 A、B、C、D、E、F，分别含有 10、35、40、50、60 和 200 个关键字，各表中关键字按升序排列。要求通过 5 次两两合并，将 6 个表最终合并成 1 个升序表并在最坏情况下比较的总次数达到最小，请回答以下问题：
（1）给出完整的合并过程，并求出最坏情况下比较的总次数。
（2）根据你的合并过程，描述 n（n≥2）个不等长升序表的合并策略，并说明理由。

习题答案+真题精选答案

一、习题答案

（一）选择题

1．D。**本题考查稳定性。**还记得"心情不稳定，快些选一堆好友来聊天吧"这句话吗？"快""堆"在题目中出现了，因为不稳定，予以排除，故选 D。

2．B。**本题考查时间复杂度。**请教官出场，台词是"快些归队"。"快""队"（堆）出现，于是可立即锁定答案为选项 B。

3．B。**本题综合考查时间复杂度和稳定性。**首先根据稳定性，排除选项 A 和选项 D，然后根据时间复杂度，归并为 $O(n\log_2 n)$，冒泡为 $O(n^2)$。因此本题选 B。

4．D。**本题考查空间复杂度。**

前三个通过实现代码很容易看出来是 O(1)，最后一个归并排序，写出代码如下：

```
void mergesort(int i,int j)
{
    int m;
    if(i!=j)
    {
        m=(i+j)/2;                              //（1）
        mergesort(i,m);                         //（2）
        mergesort(m+1,j);                       //（3）
        merge(i,j,m);//本函数的时间复杂度为O(n)  //（4）
    }
}
```

第（4）句中需要一个额外的数组来辅助归并的完成，长度为 j-i。第（2）和（3）句虽有内部空间消耗，但是每次递归入口函数返回时，开辟的临时辅助空间都被系统回收；每次递归入口函数内开辟的辅助空间长度均比最外层的 j-i 要小。因此，整个归并排序过程中所出现的最大辅助空间开销为 j-i，属于 O(n)的空间复杂度。

5．A，C。**本题考查适用场景**。题意是原始序列已经有序，那么直接插入排序是最好的，快速排序达到最坏情况。因此第一个选 A，第二个选 C。

6．D。**本题考查适用场景**。题意是从 1000 个关键字中选出前 5 个最小的，应该用堆排序。

7．C。**本题考查排序原理**。交换类和选择类的排序每趟结束都有一个关键字到位，排除交换类的 B，排除选择类的 A、D，答案为 C。

8．D。**本题考查排序原理**。直接插入排序和折半插入排序可能出现这种情况：例如，直接插入和折半插入都是在一个已经有序的序列中插入一个新的关键字，那么最后一趟排序前的序列可能是 2，3，4，5，1，和最终有序的序列 1，2，3，4，5 相比较，每个关键字都不在其最终的位置上。所以选 D。

9．C。**本题考查排序原理**。交换类的排序，其趟数和原始序列状态有关，故选 C。顺便分析一下其他选项。选项 A 为直接插入排序，每趟排序都是插入一个关键字，所以排序趟数固定为 n-1（n 为关键字数）；选项 B 为简单选择排序，每趟排序都是选出一个最小（或最大）的关键字，所以排序趟数固定为 n-1（n 为关键字数）；选项 D 为基数排序，每趟排序都要进行"分配"和"收集"，排序趟数固定为 d（d 为关键字位数）。

10．A。**本题考查排序原理**。比较次数与序列原始状态无关的是简单选择排序，因为无论序列初始状态如何，每趟排序选择最小值（或最大值）时，都要顺序扫描序列，依次用当前最小值和序列中的当前关键字进行比较。所以选 A。

11．A。**本题考查排序原理**。这类题目是已知排序结果求排序算法，可以采用两种方法：一种是直接观察序列，另一种是将序列用每个选项的排序算法执行，看哪个选项符合。第二种方法较好，因为有时直接观察是困难的，当然若能直接观察出来更好，这样更快。代入 A 简单选择排序，按流程执行，发现是符合的，所以选 A。另外提一点，做这种题，优先考虑代入简单的排序算法，如直接插入、冒泡、简单选择，因为这些排序手工执行快，有符合的立即选出，节省时间。如果几个简单的都不符合，用排除法也可以确定是剩下的一个选项。

12．C。**本题考查快速排序过程**。根据快速排序的执行过程，可以选出答案为 C。这类题是已知排序算法求排序结果，比第 11 题的类型简单，直接按照排序过程执行一遍即可。

13．C。**本题考查排序过程**。已知排序结果求排序算法，没有告诉初始序列，只告诉排序结果，根据排序原理即可解答。还是采用代入选项的方法。选项 A 简单选择排序，两趟后应该选出两个最小的在最前面，或者两个最大的在最后面，观察序列发现不符合。选项 B 冒泡排序，两趟后应该有最大的两个数沉底，或者最小的两个数上浮，观察序列发现不符合。选项 C 直接插入排序，两趟后插入两个数，那么前三个数应该是有序的,观察序列发现符合,故选 C。选项 D 堆排序,和简单选择排序一样,两趟后应该选出两个最大或最小的数,序列也不符合。

14. C,D。**本题考查快速排序过程**。快速排序第一趟结束后,整个序列会出现以下特点:在序列中一定存在这样一个关键字 a,比 a 大的关键字与比 a 小的关键字分别出现在 a 的两边。据此来检查各个选项,C 与 D 符合,本题选 C、D。

15. C。**本题考查堆的定义**。题目中 4 个选项所表示的完全二叉树如图 8-28 所示,由图可知选项 C 满足堆的定义。

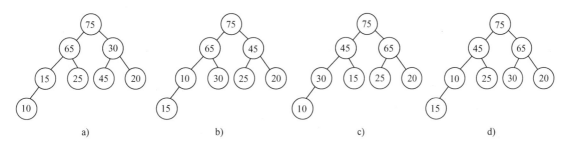

图 8-28 选择题第 15 题答案
a) 选项 A b) 选项 B c) 选项 C d) 选项 D

16. A。**本题考查直接插入排序的时间复杂度**。当序列已经有序时,直接插入排序的时间复杂度为 $O(n)$,因此本题选 A。

17. C。**本题考查排序算法的特点**。本题类似于第 13 题,答案为 C。

18. C。**本题考查直接插入排序的特点**。对于直接插入排序,原始序列越接近有序,则比较次数越少,观察序列,选项 C 最接近有序。

19. C。

20. B。**本题考查各种排序算法的特点**。

选项 A,快速排序,每趟排序后将当前子序列划分为两部分的那个关键字("枢轴")到达了其最终位置。

选项 C,堆排序,每趟排序后,当前待排序列中的最大或者最小关键字到达其最终位置。

选项 D,冒泡排序,每趟排序后,当前待排序列中的最大或者最小关键字到达其最终位置。

选项 B,希尔排序是直接插入排序的改进,每趟排序后不能保证一定有关键字到达最终位置。

因此本题选 B。

21. D。**本题考查各种排序算法的特点**。A、B、C 三项都是原始序列越接近有序,比较次数越少。简单选择排序每次从无序序列中挑出一个最小的,不管原始序列如何,比较次数皆为无序序列中关键字的个数,因此比较次数与初始序列无关。

22. C。**本题考查简单选择排序的时间复杂度**。简单选择排序算法,如果每趟挑出的最小关键字不是在待排序列第一的位置上,则对每个关键字都需要交换一次,关键字个数为 n,交换次数也是 n,因此交换次数满足 $O(n)$;每交换一次之前,查找无序序列中的最小关键字所需的比较次数满足 $O(n)$,有 n 个关键字,则总的比较次数满足 $n \times O(n)$,即 $O(n^2)$。

23. D。**本题考查堆的定义**。假设序列存在数组 a[] 中,序列首关键字存在 a[1] 上,如果是大顶堆,则满足 a[i]>a[2*i] 且 a[i]>a[2*i+1];如果是小顶堆,则满足 a[i]<a[2*i] 且 a[i]<a[2*i+1]。根据这两条检查各个选项,可知只有选项 D 不是堆。

24. C。**本题考查堆排序算法的时间复杂度**。堆排序算法每次调整堆,相当于从一棵完全二叉树的根走到叶子结点的过程,时间复杂度为 $O(\log_2 n)$,初始建堆需要 n 次调整,每趟排序需要一次调整,有 n 趟排序,因此基本操作的执行次数为 $2n \times O(\log_2 n)$,即时间复杂度为 $O(n\log_2 n)$。初始序列如何,对排序过程都没有影响,因此任何情况下堆排序的时间复杂度都是 $O(n\log_2 n)$。

25. C。本题考查堆的定义。由题目选项观察，应该是建立小顶堆，根据小顶堆的定义进行建堆，可知答案选 C。

26. B。本题考查排序算法的特点。堆排序和简单选择排序的时间复杂度都与初始序列无关。而快速排序在序列有序的情况下退化成起泡排序，即序列越接近有序，快速排序越慢。

27. B。本题考查快速排序的过程。根据划分方法进行一趟排序，结果如选项 B 所示。

28. D。

29. B。本题考查归并排序的时间复杂度分析。由本章归并排序时间复杂度的分析可知，归并排序中排序趟数为$\lceil \log_2 n \rceil$。

30. C。

31. D。本题考查外部排序的基本概念。CPU 不能直接操作外存，因此选项 A、B 不对。选项 C 需要人工干预，不对。

32. D。本题考查归并排序时间复杂度相关问题（前面知识点讲解中已经涉及）。

33. A。本题考查归并排序处理过程（前面知识点讲解中已经涉及）。

微信答疑

提问：

选择题第 10 题的答案是 A，A 肯定是无关的，但选项 D 堆排序是就地排序，时间复杂度与初始序列无关，怎么排除选项 D 呢？

回答：

堆排序的初始序列如果是个堆，则比较次数会减少很多，因此 D 是有关的。

（二）综合应用题

1. 基础题

（1）解

1）本题算法如下：

```
void countSort(int A[],int B[],int n)
{
    int i,j,count;
    for(i=0;i<n;++i)              //本题条件特殊，数组从下标 0 开始存储
    {
        count=0;                   //用 count 统计 A 中小于 A[i]的关键字个数
        for(j=0;j<n;++j)
            if(A[j]<A[i])
                ++count;
        B[count]=A[i];
    }
}
```

2）对于 n 个关键字，每个关键字都要与 n 个关键字（含自身）进行比较，因此比较次数为 n^2。

3）简单选择排序比这种计数排序好，因为对有 n 个关键字的序列进行简单排序，只需要进行 1+2+3+…+(n-1)=n(n-1)/2 次比较，并且可在原地进行排序（空间复杂度为常量级）。

（2）答

这个算法是错误的。与正确的快速排序算法进行比较发现，本算法将原来 temp 保存划分关键字的值改为保存划分关键字的下标，由于在后面的比较移动过程中可能改变该 temp 下标所指位置上的关键字，造成了 R[i]=R[temp];这句赋值错误，从而引起排序失败。

（3）分析

本算法可以这样进行：先从底向上在无序区冒出一个最小的关键字，再从上向底在无序区冒出一个

最大的关键字。

双向冒泡排序的算法代码如下：

```
void sort(int array[],int n)
{
    int right=n-1;
    int left=0;
    bool flag=true;
    int i,j;
    while(flag)
    {
        flag=false;             //从左到右扫描，最大的放到右边
        for(i=left;i<right;++i)
        {
            if(array[i]>array[i+1])
            {
                swap(array,i,i+1);
                //swap()是已定义的函数，它交换array数组中i和i+1位置上的关键字
                flag=true;
            }
        }
        --right;                //从右到左扫描，最小的放在左边
        for(j=right;j>left;--j)
        {
            if(array[j]<array[j-1])
            {
                swap(array,j,j-1);
                flag=true;
            }
        }
        ++left;
    }
}
```

（4）解

1）若只从存储空间考虑，则应首选堆排序（O(1)），其次选取快速排序（O($\log_2 n$)），最后选取归并排序（O(n)）。

2）若只从排序结果的稳定性来考虑，则应该选取归并排序。

3）若只从平均情况下排序最快考虑，则应选取快速排序。

说明：从平均情况下来看，在时间复杂度同为 O($n\log_2 n$)的所有算法中，虽然数量级是一样的，但是快速排序的基本操作执行次数是最少的，因此它是最快的。

4）若只从最坏情况下排序最快并且节省内存来考虑，则应选取堆排序。

（5）解

1）二路归并。

第一趟：18，29，25，47，12，58，10，51
第二趟：18，25，29，47，10，12，51，58

第三趟：10，12，18，25，29，47，51，58

2）快速排序。

第一趟：10，18，25，12，29，58，51，47

第二趟：10，18，25，12，29，47，51，58

第三趟：10，12，18，25，29，47，51，58

3）堆排序。

建大堆：58，47，51，29，18，12，25，10

排序：

① 51，47，25，29，18，12，10，58

② 47，29，25，10，18，12，51，58

③ 29，18，25，10，12，47，51，58

④ 25，18，12，10，29，47，51，58

⑤ 18，10，12，25，29，47，51，58

⑥ 12，10，18，25，29，47，51，58

⑦ 10，12，18，25，29，47，51，58

（6）解

将不足 3 位的关键字前面补 0，使各关键字位数相同。

原始序列链：

321→156→057→046→028→007→331→033→034→063

第 1 趟：

分配（按最低位）结果为：

0	1	2	3	4	5	6	7	8	9
	331 321	2	063 033	034		046 156	007 057	028	

收集：321→331→033→063→034→156→046→057→007→028

第 2 趟：

分配（按中间位，依照第 1 趟中结果）结果为：

0	1	2	3	4	5	6	7	8	9
007		028 321	034 033 331	046	057 156	063			

收集：007→321→028→331→033→034→046→156→057→063

第 3 趟：

分配（按最高位，依照第 2 趟中结果）结果为：

0	1	2	3	4	5	6	7	8	9
063 057 046 034 033 028 007	156		331 321						

收集：007→028→033→034→046→057→063→156→321→331

因此最终排序结果为：7，28，33，34，46，57，63，156，321，331。

（7）解

由待排序列知增量序列为5，2，1。

对应于每个增量，排序序列为：

增量d=5：4，5，1，2，8，6，7，3，10，9

增量d=2：1，2，4，3，7，5，8，6，10，9

增量d=1：1，2，3，4，5，6，7，8，9，10

（8）分析

本题的排序思想和对用数组存储的关键字序列进行插入排序的情况一样，只不过是将对数组的操作改为对链表的操作。

具体算法如下：

```
void CreateLink(LNode *&h,char R[],int n)//建立链表存储结构
{
    int i;
    LNode *s,*t;
    h=(LNode*)malloc(sizeof(LNode));
    h->next=NULL;
    t=h;
    for(i=0;i<n;++i)
    {
        s=(LNode*)malloc(sizeof(LNode));
        s->data=R[i];
        t->next=s;
        t=s;
    }
    t->next=NULL;
}
void Sort(LNode *h)              //排序函数
{
    LNode *p,*p1,*q,*pre;
    if(h->next!=NULL)            //链表中至少有一个结点
    {
        p=h->next->next;         //p指向第二个关键字结点
        h->next->next=NULL;      //产生只带一个结点的有序表
        while(p!=NULL)
        {
            pre=h;               //pre指向q的前驱结点
            q=pre->next;
            while(q!=NULL&&q->data<p->data)
            { //在有序表中找到一个结点q，其data值刚好大于p->data
                pre=q;
                q=q->next;
            }
```

```
                p1=p->next;
                p->next=pre->next;    //将 p 插入到 pre 之后
                pre->next=p;
                p=p1;
            }
        }
    }
```

（9）解

希尔排序过程如图 8-29 所示。

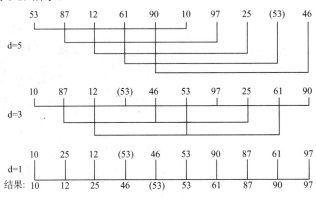

图 8-29 希尔排序过程

（10）解

初始归并段生成过程见表 8-2。

表 8-2 初始归并段生成过程

步数	1	2	3	4	5	6	7	8	9	10	11
缓冲区内容	10	12	13	21	21	21	<u>16</u>	<u>16</u>	16	16	
	20	20	20	20	20	<u>8</u>	<u>8</u>	<u>8</u>			
	15	15	15	15	30	30	30	30			
	25	25	25	25	25	25	25	<u>10</u>	10		
输出结果	10	12	13	15	20	21	25	30	8	10	16
	第一初始归并段								第二初始归并段		

本题较简单，每次从缓冲区中选出最小且比当前归并段最大的关键字还要大的输出，空出来的位置读入新的关键字（参照例 8-1 的解法）。

2．思考题

分析：

（1）时间复杂度分析

1) 对长度为 L 的子序列进行一次划分，其基本操作可取为两指针的移动，显然总共移动 L-1 次。

2) 假设执行 k 趟排序结束，每次划分中基本操作的执行次数（子序列个数）如下。

第 1 次：子序列长度为 $n/2^0$，每个子序列基本操作执行 $n/2^0-1$ 次，子序列有 2^0 个。

第 2 次：子序列长度为 $n/2^1$，每个子序列基本操作执行 $n/2^1-1$ 次，子序列有 2^1 个。

第 3 次：子序列长度为 $n/2^2$，每个子序列基本操作执行 $n/2^2-1$ 次，子序列有 2^2 个。

⋮

第 k 次：子序列长度为 $n/2^{k-1}$，每个子序列基本操作执行 $n/2^{k-1}-1$ 次，子序列有 2^{k-1} 个。

由算法可知，最后一趟子序列长度为 1，因此有 $n/2^{k-1}-1=1$，解得 $k=\log_2 n$，即一共执行 $\log_2 n$ 趟划分。
由各趟分析结果可知，基本操作执行的总次数为：

$(n/2^0-1)\times 2^0+(n/2^1-1)\times 2^1+(n/2^2-1)\times 2^2+\cdots+(n/2^{k-1}-1)\times 2^{k-1}$

$=(n+n+\cdots+n)$（共有 $\log_2 n$ 项）$-(2^0+2^1+\cdots+2^{k-1})$

$=n\log_2 n-(2^k-1)$

$=n\log_2 n-n+1$

因此，时间复杂度为 $O(n\log_2 n)$。

（2）空间复杂度分析

因快速排序是一个递归的过程，递归需要用到系统栈。栈在快速排序中用来存放每次划分后子序列在整个序列中的上下界，因此栈的最大深度取决于划分最大次数。由（1）知，划分最大次数为 $\log_2 n+1$ 次，因此空间复杂度为 $O(\log_2 n)$。

二、真题精选答案
（一）选择题

1. A。由图 8-30 所示可知小根堆为选项 A。

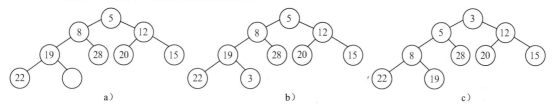

图 8-30　真题精选选择题第 1 题答案
a）原始堆　b）插入 3　c）调整结束

2. B。若是起泡排序或者选择排序，则第二趟后应有两个最大或者最小的关键字正确排列，而结果不符。二路归并排序第二趟后，应形成两个长度为 4 的有序子序列，结果也不符合。所以答案只能是插入排序。两次插入后，前 3 个数字的顺序是对的。

3. D。本题实际考查了快速排序的时间复杂度分析，快速排序的效率与初始序列有关这是显然的，因此选项 A 错。
对于选项 B、C 和 D，快速排序的算法可以简写为：

```
void quicksort(int R[],int low,int high)
{
         ⋮
    quicksort(R,low,i-1);            //①
    quicksort(R,i+1,high);           //②
}
```

快速排序的递归次数由 low 和 high 决定（low 和 high 决定了要处理问题的规模）。将快速排序的递归次数设为 F(low,high)，则按照上述代码中①、②句的执行次序有：
递归次数 F(low,high)=F(low,i-1)+F(i+1,high)　　③
如果将①、②句颠倒，则有：
递归次数 F(low,high)=F(i+1,high)+F(low,i-1)　　④
显然式③和式④是相等的，因此递归次数与每次划分后得到的分区处理顺序无关。

4. A。本题考查起泡排序算法的执行过程。

5. A。快速排序采用顺序结构存储。

6. B。在序列尾部插入 18 后，当前堆如图 8-31 所示。
可见 10<18（第一次比较），需要调整，因此交换 10 和 18，得到如图 8-32 所示的堆。

可见 18<25（第二次比较），不需要再次调整，因此只需要调整两次。

7．A。

8．D。

9．C。基数排序的第一趟排序是按照个位数字来排序的，第二趟排序是按照十位数字的大小进行排序的。

图 8-31　在序列尾部插入 18

10．B。按照希尔排序规则容易看出答案为 B。

11．C。C 选项序列中不可能至少存在两个关键字，使得左边的关键字都小于它，右边的关键字都大于它，因此不可能是快速排序第二趟的排序结果。

图 8-32　交换 10 和 18

（二）综合应用题

本题可以采用构造赫夫曼二叉树的方法来解决，这里给出构造赫夫曼二叉树的方法。

（1）以每个表的长度为赫夫曼二叉树的叶子结点，可以构造出一棵指示归并顺序的赫夫曼二叉树，如图 8-33 所示。

根据图 8-33 中的赫夫曼树，6 个序列的合并过程如下。

第 1 次合并：表 A 与表 B 合并，生成含 45 个关键字的表 AB。

第 2 次合并：表 AB 与表 C 合并，生成含 85 个关键字的表 ABC。

第 3 次合并：表 D 与表 E 合并，生成含 110 个关键字的表 DE。

第 4 次合并：表 ABC 与表 DE 合并，生成含 195 个关键字的表 ABCDE。

第 5 次合并：表 ABCDE 与表 F 合并，生成含 395 个关键字的最终表。

由于合并两个长度分别为 m 和 n 的有序表，最坏情况下需要比较 m+n-1 次，故最坏情况下比较的总次数计算如下。

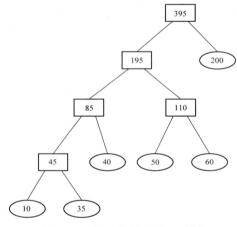

图 8-33　构造的赫夫曼二叉树

第 1 次合并：最多比较 10+35-1=44 次。

第 2 次合并：最多比较 45+40-1=84 次。

第 3 次合并：最多比较 50+60-1=109 次。

第 4 次合并：最多比较 85+110-1=194 次。

第 5 次合并：最多比较 195+200-1=394 次。

综上，比较的总次数最多为 825 次。

（2）各表的合并策略可以描述为：借用赫夫曼树的构造思想，依次选择当前最短的两个归并段进行合并，这样可以获得最少的总 I/O 次数。因为赫夫曼二叉树有最小的带权路径长度，以归并段长度为叶子结点权值的赫夫曼二叉树的带权路径长度值代表了总的 I/O 次数，同时也是最少的 I/O 次数。

第9章 查 找

大纲要求

- ▲ 查找的基本概念、顺序查找法、折半查找法
- ▲ 二叉排序树、平衡二叉树
- ▲ **B-树的基本概念及其基本操作、B+树的基本概念**
- ▲ 散列（Hash）表
- ▲ 查找算法的分析及应用（这部分内容分散在以上 4 节的知识点中，不单独作为一节来讲解）

考点与要点分析

核心考点

1. （★★）二叉排序树、平衡二叉树
2. （★）B-树的基本概念及其基本操作、B+树的基本概念
3. （★★★）散列（Hash）表
4. （★★★）查找算法的分析及应用

基础要点

查找的基本概念、顺序查找法、折半查找法

知识点讲解

9.1 查找的基本概念、顺序查找法、折半查找法

9.1.1 查找的基本概念

查找的定义：给定一个值 k，在含有 n 个记录的表中找出关键字等于 k 的记录。若找到，则查找成功，返回该记录的信息或者该记录在表中的位置；否则查找失败，返回相关的指示信息。

上面是查找的标准定义，其中有两个重要的信息：记录和关键字。在考研中，对于本章算法部分，记录即为关键字，二者不需要过分地去区分。例如，某些数据结构辅导书中定义了一个记录的结构类型如下：

```
typedef struct
{
    int key;            //关键字域，默认为int型，其他类型可自行修改
    ……                  //其他域
}Elemtype;
```

上述语句定义了一个记录，里面包含的内容除了关键字外，还有很多其他内容。而进行查找时是靠关键字域来区分不同的记录的，和记录中的其他内容无关。因此可以把记录简化，让记录中只存在关键字，关键字本身就是记录的全部，上述结构体就可以简化成一句 int key;。考研中对查找题目的考查绝大多数都是这样的，查找表中的记录就是关键字本身，完全没有必要把记录做成一个结构体，凸显出关键字和记录中其他域的区别。记录组织成一个查找表，在进行查找时，可以把表中的记录、记录的关键字理解成同一个概念（虽然这样理解不太严格）。

采用何种方法进行查找的相关因素如下：

1）使用哪种数据结构来表示查找表，即查找表中的记录是按照何种方式组织的。

2）查找表中关键字的次序，即对无序集合查找还是对有序集合查找。

例如，查找表是用顺序表来表示还是用链表来表示，查找表中的关键字是有序的还是无序的，这都关系到查找方法的选取。

由于查找算法的基本操作是关键字的比较，并且关键字的比较次数与**待查找关键字**有关（对于一个查找表来说，对其中不同的关键字进行查找，关键字的比较次数一般不同），因此通常把查找过程中对关键字的**平均比较次数**（也称为**平均查找长度**）作为衡量一个查找算法效率优劣的标准。平均查找长度用 ASL 来表示，其定义为

$$ASL = \sum_{i=1}^{n} p_i \times c_i$$

式中，n 是查找表中记录的个数；p_i 是查找第 i 个记录的概率，在考研题目中 p_i 一般取 1/n；c_i 是找到第 i 个记录所需要进行比较的次数，即查找长度。

这里的平均查找长度其实就相当于之前算法时间复杂度分析中讲到的 f(n)。f(n)反映了算法对于规模为 n 的数据所要执行的基本操作次数。ASL 表达式中的 c_i 是在规模为 n 的查找表中找到第 i 个记录所需要进行的比较次数，即基本操作的执行次数。c_i 可以写为 g(n,i)。由此可见，查找算法中基本操作的执行次数不是由 n 一个变量来决定的，而是由 n 和 i 共同决定的。i 的取值不唯一，为了能近似地反映其基本操作的执行次数，必须根据 i 所有可能的取值来求一个平均值。查找算法的基本操作的执行次数可以表示为 $ASL = \sum_{i=1}^{n} p_i \times c_i$。由此可见，f(n)和 ASL 的地位是一样的，知道了 ASL 就可以求出一个查找算法的时间复杂度。**本节对于查找算法的性能分析重在分析 ASL。**

9.1.2 顺序查找法

顺序查找法是一种最简单的查找方法。它的基本思路是：从表的一端开始，顺序扫描线性表，依次将扫描到的关键字和给定值 k 进行比较，若当前扫描的关键字与 k 相等，则查找成功；若扫描结束后，仍未发现关键字等于 k 的记录，则查找失败。由以上可知，顺序查找法对于顺序表和链表都是适用的。对于顺序表，可以通过数组下标递增来顺序扫描数组中的各个元素；对于链表，则可通过表结点指针（假设为 p）反复执行 p=p->next;来扫描表中各个元素。

下面通过一个简单的例题来讲解本节和上一节内容的综合应用。

【例 9-1】 数组 a[]中有 n 个整数，没有次序，数组从下标 1 开始存储，请写出查找任一元素 k 的算法，若查找成功，则返回元素在数组中的位置；若查找不成功，则返回 0。计算其平均查找长度以及算法的时间复杂度。

分析：

元素没有顺序，因此要扫描数组中的所有元素，逐个和 k 进行比较，相等时证明查找成功，返回元素位置；如果扫描结束时仍没有发现和 k 相等的元素，则查找不成功，返回 0。

由此可以写出以下代码：

```
int Search(int a[], int n, int k)
{
```

```
    int i;
    for(i=1;i<=n;++i)
      if(a[i]==k)
        return i;                //查找成功返回 i
    return 0;                    //查找失败返回 0
}
```

由以上代码可知，根据 k 的不同取值，体现了两种查找长度：一种是查找成功的查找长度，另一种是查找失败的查找长度。ASL 也有两种：一种是查找成功情况下的 ASL_1，另一种是查找失败情况下的 ASL_2。

对于第一种：p_i=1/n，c_i=i，若 k 等于 a[i]，则在扫描到 a[i]之前已经进行了 i-1 次比较，加上最后一次，一共进行了 i 次比较。因此

$$ASL_1 = \sum_{i=1}^{n} \frac{i}{n} = (1/n) \times n \times (1+n)/2 = (n+1)/2$$

对于第二种：k 在 a[]中值之外的范围内取值，则查找不成功。这时 k 的取值是无限的，但是对于 k 的任意一个取值，其查找长度必为 n。根据上述代码中的 if 语句可以看出，对于所有的 i 值，a[i]==k 都不成立，则循环必执行 n 次，即必有 n 次比较。因此 ASL_2=n。

由 ASL_1 的表达式可以求出时间复杂度为 O(n)。由 ASL_2 的表达式同样可以求出时间复杂度为 O(n)。

9.1.3 折半查找法

折半查找要求线性表是**有序的**，即表中记录按关键字有序（假设是递增有序的）。

折半查找的基本思路：设 R[low，…，high]是当前的查找区间，首先确定该区间的中间位置 mid=(low+high)/2；然后将待查的 k 值与 R[mid]比较，若相等，则查找成功，并返回该位置，否则需确定新的查找区间。若 R[mid]>k，则由表的有序性可知 R[mid，…，high]均大于 k，因此若表中存在关键字等于 k 的记录，则该记录必定是在 mid 左边的子表 R[low，…，mid-1]中，故新的查找区间是左子表 R[low，…，mid-1]。类似地，若 R[mid]<k，则要查找的 k 必在 mid 的右子表 R[mid+1，…，high]中，即新的查找区间是右子表 R[mid+1，…，high]。递归地处理新区间，直到子区间的长度小于 1 时查找过程结束。

算法如下：

```
int Bsearch(int R[],int low,int high,int k)
{
    int mid;
    while(low<=high)             //当子表长度大于等于1时进行循环
    {
        mid=(low+high)/2;        //取当前表的中间位置
        if(R[mid]==k)            //找到后返回元素的位置
            return mid;
        else if(R[mid]>k)        //说明需要在R[low,…,mid-1]中查找
            high=mid-1;
        else                     //说明需要在R[mid+1,…,high]中查找
            low=mid+1;
    }
    return 0;                    //查找不成功则返回0，数组R[]从下标1开始存
                                 //查找失败返回0
}
```

折半查找的过程可以用二叉树来表示。把当前查找区间的中间位置上的记录作为树根，左子表和右子表中的记录分别作为根的左子树和右子树，由此得到的二叉树称为**描述折半查找的判定树**。例如，对于序列{1, 2, 3, 4, 5, 6, 7, 8, 9, 10, 11}可以做出一棵判定树，如图9-1所示，图中叶子结点（方框所示）代表查找不成功的位置。由图9-1可知，折半查找的比较次数即为从根结点到待查找元素所经过的结点数，其比较次数最多的情况即为一直走到叶子结点的情况。因此，算法的时间复杂度可以用树的高度来表示。推广到一般情况，对于有 n 个记录的查找表，进行折半查找的时间复杂度为 $\log_2 n$。折半查找的平均查找长度近似为 $\log_2(n+1)-1$，严版课本中有推导过程，了解但可不作为重点。但是对于 **n 为具体值的折半查找判定树的建立，以及平均查找长度的求法需要掌握**，下面用一个例题来体会这个过程。

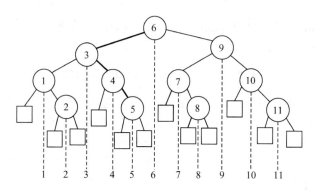

图 9-1 折半查找判定树（查找 5 所走的路径）

【**例 9-2**】 画出对含有 13 个关键字的有序表进行折半查找的判定树，并分别求其在等概率查找表中元素时，查找成功和不成功的平均查找长度 ASL_1、ASL_2。

分析：

本题的关键在于画出判定树，假设 13 个元素的有序表见表 9-1。

表 9-1 13 个元素的有序表

下标	0	1	2	3	4	5	6	7	8	9	10	11	12
关键字	K1	K2	K3	K4	K5	K6	K7	K8	K9	K10	K11	K12	K13

根据表 9-1 建立判定树 T1 的过程如下：

1）确定 T1 中各结点在表中下标范围为 0~12。

2）由 $\lfloor(0+12)/2\rfloor=6$ 可知，T1 根结点为 K7。T1 左子树 T2 下标范围为 0~5，右子树 T3 下标范围为 7~12。

3）由 $\lfloor(0+5)/2\rfloor=2$ 可知，T2 根结点为 K3。T2 左子树 T4 下标范围为 0~1，右子树 T5 下标范围为 3~5。

4）由 $\lfloor(7+12)/2\rfloor=9$ 可知，T3 根结点为 K10。T3 左子树 T6 下标范围为 7~8，右子树 T7 下标范围为 10~12。

5）由 $\lfloor(0+1)/2\rfloor=0$ 可知，T4 根结点为 K1。T4 左子树空，右子树只有一个结点 K2，T4 处理结束。

6）由 $\lfloor(3+5)/2\rfloor=4$ 可知，T5 根结点为 K5。T5 左子树只有一个结点 K4，右子树也只有一个结点 K6，T5 处理结束。

7）由 $\lfloor(7+8)/2\rfloor=7$ 可知，T6 根结点为 K8。T6 左子树为空，右子树只有一个结点 K9，T6 处理结束。

8）由 $\lfloor(10+12)/2\rfloor=11$ 可知，T7 根结点为 K12。T7 左子树只有一个结点 K11，右子树也只有一个结点 K13，T7 处理结束。

由 1）~8）可绘制出图 9-2 所示的判定树，图中方框为空指针，代表查找不成功的位置。

查找成功的情况下，每个结点的比较次数见表 9-2。

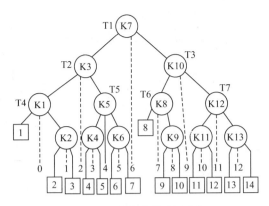

图 9-2 折半查找判定树

表 9-2 每个结点的比较次数

关键字	K1	K2	K3	K4	K5	K6	K7	K8	K9	K10	K11	K12	K13
比较次数	3	4	2	4	3	4	1	3	4	2	4	3	4

由此可知 $ASL_1=(3+4+2+4+3+4+1+3+4+2+4+3+4)/13=41/13$。

查找不成功时，即各空指针处的比较次数见表 9-3。

表 9-3 空指针处的比较次数

查找不成功的位置	1	2	3	4	5	6	7	8	9	10	11	12	13	14
比较次数	3	4	4	4	4	4	4	3	4	4	4	4	4	4

由此可知 $ASL_2=(3+4+4+4+4+4+4+3+4+4+4+4+4+4)/14=27/7$。

说明：一般在无特殊说明的情况下，不要把对空指针的比较次数计算在内。

9.1.4 分块查找

1. 数据结构

分块查找又称为索引顺序查找，其数据结构可以简单地描述为：分块查找把线性表分成若干块，每一块中的元素存储顺序是任意的，但是块与块之间必须按照关键字大小有序排列，即前一块中的最大关键字要小于后一块中的最小关键字。对顺序表进行分块查找需要额外建立一个索引表，表中的每一项对应线性表中的一块，每个索引项都由键值分量和链值分量组成，键值分量存放对应块的最大关键字，链值分量存放指向本块第一个元素和最后一个元素的指针（这里的指针可以是存放线性表数组中的元素下标或者地址，或是任何可以帮助找到这个元素的信息），显然索引表中的所有索引项都是按照其关键字的递增顺序排列的。

索引表定义如下：

```
typedef struct
{
    int key;                //假设表内元素为 int 型
    int low,high;           //记录某块中第一个和最后一个元素的位置
}indexElem;
indexElem index[maxSize];   //定义索引表，maxSize 是已定义的常量
```

图 9-3 所示为分块索引与索引表示意图。

2. 算法描述

分块查找算法非常简单，可以分为两步进行，首先确定待查找的元素属于哪一块，然后在块内精确查找该元素。由于索引表是递增有序的，因此第一步采用二分查找。块内元素的个数一般较少，因此第二步采用顺序查找即可。

分块查找实际上是进行两次查找，整个算法的平均查找长度是两次查找的平均查找长度之和，即二分查找平均查找长度+顺序查找平均查找长度。

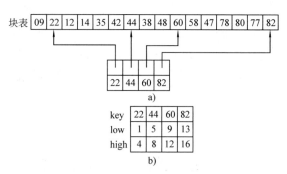

图 9-3 分块索引与索引表
a) 分块索引 b) 索引表

9.2 树型查找

9.2.1 二叉排序树

1. 二叉排序树的定义与存储结构

（1）二叉排序树（BST）的定义

二叉排序树要么是空树，要么是满足以下性质的二叉树：
1) 若它的左子树不空，则左子树上所有关键字的值均不大于（不小于）根关键字的值。
2) 若它的右子树不空，则右子树上所有关键字的值均不小于（不大于）根关键字的值。
3) 左右子树又各是一棵二叉排序树。

说明：由二叉排序树的定义可以知道，如果输出二叉排序树的中序遍历序列，则这个序列是非递减（非递增）有序的，若题目不做说明，排序二叉树结点关键字按左小右大分布。

（2）二叉排序树的存储结构

二叉排序树通常采用二叉链表进行存储，其结点类型定义与一般的二叉树类似。

```
typedef struct BTNode
{
    int key;        //这里将data改为key，代表关键字
    struct BTNode *lchild;
    struct BTNode *rchild;
}BTNode;
```

2. 二叉排序树的基本算法

（1）查找关键字的算法

显然，要找的关键字要么在左子树上，要么在右子树上，要么在根结点上。由二叉排序树的定义可以知道，根结点中的关键字将所有关键字分成了两部分，即大于根结点中关键字的部分和小于根结点中关键字的部分。可以将待查关键字先和根结点中的关键字比较，如果相等则查找成功；如果小于则到左子树中去查找，无须考虑右子树中的关键字；如果大于则到右子树中去查找，无须考虑左子树中的关键字。如果来到当前树的子树根，则重复上述过程；如果来到了结点的空指针域，则说明查找失败。可以看出这个过程和折半查找法十分相似，实际上折半查找法的判定树就是一棵二叉排序树。

由此可以写出以下代码，算法中如果查找成功则返回关键字所在结点的指针，否则返回NULL。

```
BTNode* BSTSearch(BTNode* bt,int key)
{
    if(bt==NULL)
```

```
            return NULL;              //来到了空指针域，查找不成功返回NULL
        else
        {
            if(bt->key==key)
                return bt;     //等于根结点中的关键字，查找成功，返回关键字所在的结点指针
            else if(key<bt->key)        //小于根结点中的关键字时到左子树中查找
                return BSTSearch(bt->lchild,key);//这里的return不要丢了
            else                        //大于根结点中的关键字的时候到右子树中查找
                return BSTSearch(bt->rchild,key);
        }
    }
```

微信答疑

提问：

上述程序中并列的两个 return 有什么实际意思？为什么用两个 return？

回答：

上述程序中有返回值，返回值代表成功与否，return 的作用是逐层将内部函数的返回值传给上层，最终由最外层函数返回，来告诉用户是否执行成功。

（2）插入关键字的算法

二叉排序树是一个查找表，插入一个关键字首先要找到插入位置。对于一个不存在于二叉排序树中的关键字，其查找不成功的位置即为该关键字的插入位置，如图 9-4 所示。

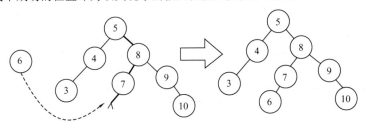

图 9-4　在二叉排序树中插入关键字 6 的过程

因此只需对查找关键字的算法进行修改，在来到空指针时将关键字插入即可。在插入过程中如果待插入关键字已经存在，则返回 0，代表插入不成功；如果待插入关键字不存在，则插入，并返回 1，代表插入成功。算法实现代码如下：

```
int BSTInsert(BTNode *&bt,int key)//再次强调，因为指针bt要改变，所以要用引用型指针
{
    if(bt==NULL)                //当前为空指针时说明找到插入位置，创建新结点进行插入
    {
        bt=(BTNode*)malloc(sizeof(BTNode));//创建新结点
        bt->lchild=bt->rchild=NULL;
        bt->key=key;             //将待插关键字存入新结点内，插入成功，返回1
        return 1;
    }
    else                         //如果结点不空，则查找插入位置，这部分和查找算法类似
    {
        if(key==bt->key)         //关键字已存在于树中，插入失败，返回0
            return 0;
```

```
        else if(key<bt->key)
            return BSTInsert(bt->lchild,key);
        else
            return BSTInsert(bt->rchild,key);
    }
}
```

说明：在二叉排序树中插入的关键字均存储在新创建的叶子上，由于找到的插入位置总是在空指针域上，因此在空指针域上连接的一个新结点必为叶子结点。

（3）二叉排序树的构造算法

掌握了二叉排序树的插入操作以后，二叉排序树的构造就变得非常简单。只需要建立一棵空树，然后将关键字逐个插入到空树中即可构造一棵二叉排序树。算法实现代码如下，假设关键字已经存入数组key[]中。

```
void CreateBST(BTNode *&bt,int key[],int n)
{
    int i;
    bt=NULL;                  //将树清空
    for(i=0;i<n;++i)          //调用插入函数，逐个插入关键字
        BSTInsert(bt,key[i]);
}
```

（4）删除关键字的操作

当在二叉排序树中删除一个关键字时，不能把以该关键字所在的结点为根的子树都删除，而是只删除这一个结点，并保持二叉排序树的特性。

假设在二叉排序树上被删除结点为 p，f 为其双亲结点，则删除结点 p 的过程分为以下 3 种情况。

1）**p 结点为叶子结点**。由于删除叶子结点后不会破坏二叉排序树的特性，因此直接删除即可。

2）**p 结点只有右子树而无左子树，或者只有左子树而无右子树**。此时只需将 p 删掉，然后将 p 的子树直接连接在原来 p 与其双亲结点 f 相连的指针上即可，如图 9-5 所示。

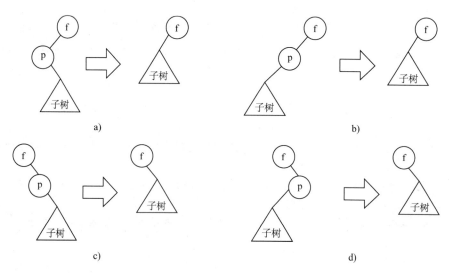

图 9-5 被删结点 p 只有一棵子树的情况

3）**p 结点既有左子树又有右子树**。此时可以将这种情况转化为 1）或 2）中的情况，做法为：先沿着 p 的左子树根结点的右指针一直往右走，直到来到其右子树的最右边的一个结点 r（也可以沿着 p 的

右子树根结点的左指针一直往左走,直到来到其左子树的最左边的一个结点)。然后将 p 中的关键字用 r 中的关键字代替。最后判断,如果 r 是叶子结点,则按照 1)中的方法删除 r;如果 r 是非叶子结点,则按照 2)中的方法删除 r(此时的 r 不可能是有两个子树的结点)。

说明:对于二叉排序树的删除操作应重点掌握其手工操作过程,即给出一棵二叉排序树的简图,能画出删除其中任意一个关键字后的简图,这是考研的重点。因本算法代码考的可能性不高,考生应先熟练掌握手工操作过程,如果时间充裕再去掌握算法代码,算法代码严版课本上有,这里不再给出。

9.2.2 平衡二叉树

1. 平衡二叉树的概念

平衡二叉树又称为 AVL 树,是一种特殊的二叉排序树。其左右子树都是平衡二叉树,且左右子树高度之差的绝对值不超过 1。一句话表述为:以树中所有结点为根的树的左右子树高度之差的绝对值不超过 1。

注意:平衡二叉树首先是二叉排序树。原因是有人先发明了二叉排序树,实现了较高的查找效率。后来发现基于这种查找方法,树越矮查找效率越高,进而又发明了平衡二叉树。平衡二叉树是二叉排序树的改进,因此它是二叉排序树。

为了判断一棵二叉排序树是否是平衡二叉树,引进了平衡因子的概念。平衡因子是针对树中的结点来说的,一个结点的**平衡因子为其左子树的高度减去右子树高度的差**。对于平衡二叉树,树中的所有结点的平衡因子的取值只能是-1、0、1 三个值。

2. 平衡二叉树的建立

建立平衡二叉树的过程和建立二叉排序树的过程基本一样,都是将关键字逐个插入空树中的过程。所不同的是,在建立平衡二叉树的过程中,每插入一个新的关键字都要进行检查,看新关键字的插入是否会使得原平衡二叉树失去平衡,即树中出现平衡因子绝对值大于 1 的结点。如果失去平衡则需要进行平衡调整。本节的重点就是**平衡调整**,这同样也是考研的重点。

3. 平衡调整

假定向平衡二叉树中插入一个新结点后破坏了平衡二叉树的平衡性,则首先要找出插入新结点后失去平衡的最小子树,然后再调整这棵子树,使之成为平衡子树。值得注意的是,**当失去平衡的最小子树被调整为平衡子树后,无须调整原有其他所有的不平衡子树,整个二叉排序树就会成为一棵平衡二叉树**。所谓失去平衡的最小子树是**指距离插入结点最近,且以平衡因子绝对值大于 1 的结点作为根的子树**,又称为最小不平衡子树。

当然,平衡调整必须保持排序二叉树左小右大的性质,平衡调整有 4 种情况,分别为 LL 型、RR 型、LR 型和 RL 型。下面通过一个例题来综合体会一下平衡二叉树的建立、平衡调整以及关键字的删除过程。

【例 9-3】 以关键字序列{16,3,7,11,9,26,18,14,15}构造一棵 AVL 树(平衡二叉树),构造完成后依次删除结点 16、15、11。给出详细的操作过程,要求在结点上方标出平衡因子,用虚线框出需要进行平衡调整的 **3 个**结点。

(1)建立二叉树

1)插入结点 16。此时树空,可直接插入,如图 9-6a 所示。

2)插入结点 3。3 比 16 小,从根结点向左走找到插入位置后插入,没有发生不平衡现象,如图 9-6b 所示。

3)插入结点 7。按照二叉排序树查找方法找到插入位置后插入,如图 9-6c 中左图所示。插入 7 后出现不平衡现象,此时失去平衡的最小子树根结点为 16,进行平衡调整,将 7 作为根结点,3 和 16 分别为其左、右孩子结点,这样仍能保持根大于左小于右的特性,这里进行的是 LR 调整。LR 调整结果如图 9-6c 中右图所示。

4)插入结点 11。没有发生不平衡现象,如图 9-6d 所示。

图 9-6a 插入结点 16

图 9-6b 插入结点 3

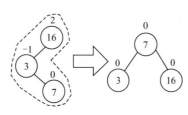
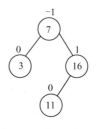

图 9-6c　插入结点 7 并进行 LR 调整　　　　图 9-6d　插入结点 11

5）插入结点 9，如图 9-6e 中左图所示。插入 9 后出现了不平衡现象，此时失去平衡的最小子树根结点为 16。由图中虚线框内的结点可以看出，将 11 作为根结点，9 和 16 分别作为其左、右孩子结点同样满足根大于左小于右的特性，这里进行的是 LL 调整。LL 调整结果如图 9-6e 中右图所示。

6）插入结点 26，如图 9-6f 中左图所示。插入 26 后出现了不平衡现象，此时失去平衡的最小子树根结点为 7。由图中虚线框内的结点可以看出，将 11 作为根结点，7 和 16 分别作为其左、右孩子结点同样满足根大于左小于右的特性，这里进行的是 RR 调整。这样处理后，结点 7 的右子树变为空，可以将结点 9 连接在结点 7 的右子树上。调整后的结果如图 9-6f 中右图所示。

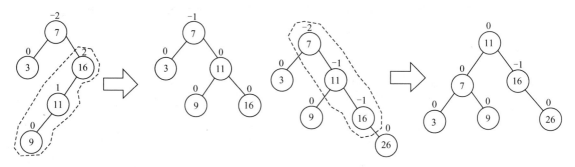

图 9-6e　插入结点 9 并进行 LL 调整　　　　图 9-6f　插入结点 26 并进行 RR 调整

7）插入结点 18，如图 9-6g 中左图所示。插入 18 后出现了不平衡现象，此时失去平衡的最小子树根结点为 16。由图中虚线框内的结点可以看出，将 18 作为根结点，16 和 26 分别作为其左、右孩子结点同样满足根大于左小于右的特性，这里进行的是 RL 调整。RL 调整结果如图 9-6g 中右图所示。

8）插入结点 14，没有发生不平衡现象，如图 9-6h 所示。

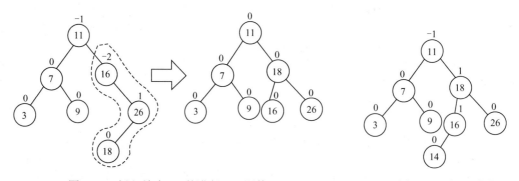

图 9-6g　插入结点 18 并进行 RL 调整　　　　图 9-6h　插入结点 14

9）插入结点 15，如图 9-6i 中左图所示。插入 15 后出现了不平衡现象，此时失去平衡的最小子树根结点为 16。由图中虚线框内的结点可以看出，将 15 作为根结点，14 和 16 分别作为其左、右孩子结点同样满足根大于左小于右的特性，这里进行的是 LR 调整。LR 调整结果如图 9-6i 中右图所示。至此，平衡二叉树建立完成。

（2）删除结点

1）删除结点 16。因结点 16 是叶子结点，应按照删除操作的第一种情况来处理：直接删除，结果如图 9-6j 所示。

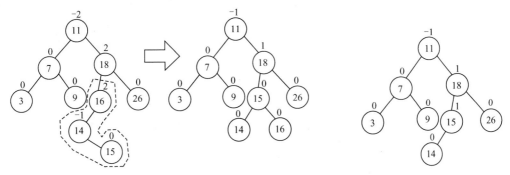

图 9-6i　插入结点 15 并进行 LR 调整　　　　　图 9-6j　删除结点 16

2）删除结点 15。结点 15 含有一棵子树，因此应按照删除操作的第二种情况来处理：删除结点 15，并将结点 15 的子树根连接在 15 与其双亲结点相连的指针上，结果如图 9-6k 所示。

3）删除结点 11。结点 11 含有两棵子树，因此应按照删除操作的第三种情况来处理：沿着结点 11 的左子树根一直往右走，最终来到结点 9，因结点 9 是叶子结点，这样就转化成了删除操作的第一种情况，将结点 9 直接删除。然后将关键字 11 用关键字 9 来代替，结果如图 9-6l 所示。

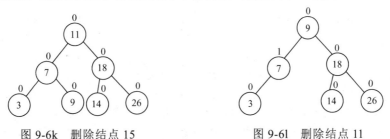

图 9-6k　删除结点 15　　　　　图 9-6l　删除结点 11

（3）平衡调整过程总结

通过上面的例题可以总结如下 4 种可能发生不平衡的情况以及调整方法：

1）如图 9-7a 所示，某时刻在 b 的左子树 Y 上插入一个结点，导致 a 的左子树高度为 h+2，右子树高度为 h，发生不平衡。此时应该将 a 下移一个结点高度，b 上移一个结点高度，也就是将 b 从 a 的左子树取下，然后将 b 的右子树挂在 a 的左子树上，最后将 a 挂在 b 的右子树上以达到平衡，如图 9-7b、c 所示。这就是 **LL 调整**，也叫**右单旋转调整**。如果 b 在 a 的右子树上，且插入的新结点在 b 的右子树上，即与图 9-7a 对称的情况，则此时只需将上述步骤中的左换成右，右换成左，做对称处理即可。这种调整叫 **RR 调整**，也叫**左单旋转调整**。

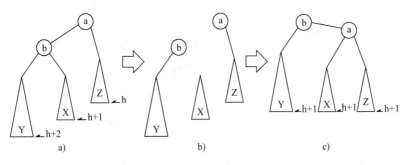

图 9-7　LL 调整过程

2）如图 9-8a 所示，某时刻在 b 的右子树 Y 上插入一个结点导致不平衡。此时需要将子树 Y 拆分成两个子树 U 和 V（见图 9-8b），根结点为 c，并将 b 的右子树、a 的左子树和 c 的左右子树都取下，如图 9-8c 所示。然后将 c 作为 a 和 b 两棵子树的根，b 为左子树，a 为右子树，c 原来的左子树 U 作为 b 的右子树，c 原来的右子树 V 作为 a 的左子树以达到平衡，如图 9-8d 所示。这就是 **LR 调整**，也叫**先左后右双旋转调整**。如果 b 在 a 的右子树上，且插入的结点在 b 的左子树上，即与图 9-8a 对称的情况，则此时只需将上述过程做左右对称处理即可。这种调整叫 **RL 调整**，也叫**先右后左双旋转调整**。

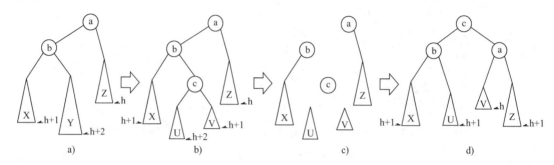

图 9-8　LR 调整过程

说明：图 9-8b 中显示的导致发生不平衡的结点落在子树 U 上只是一种情况，还可能落在 V 上，处理方法不变。

说明：1）和 2）中出现的对调整方式的命名：LL 调整、RR 调整、LR 调整、RL 调整，并不是对调整过程的描述，而是对不平衡状态的描述。如 LL（Left-Left）调整，即新插入结点落在最小不平衡子树根结点的左（L）孩子的左（L）子树上，如图 9-7a 所示，对这种不平衡状态进行调整称之为 LL 调整。又如 LR 调整（Left-Right），即新插入结点落在最小不平衡子树根结点的左（L）孩子的右（R）子树上，如图 9-8a 所示，对这种不平衡状态进行调整称之为 LR 调整。因此大家要在大脑里建立一个 4 个名称到不平衡状态的一一映射，而不是到调整过程的一一映射，从而可以在做题时减少思维量，提高做题速度。在考研数据结构题目中，常常问某种不平衡状态下应采用何种调整方式，从 LL、RR、LR、RL 中选其一，其实问的就是出现了哪种不平衡状态。如果你在大脑里建立的是 4 个名称到不平衡状态的一一映射，就可以直接选出答案。如果你在大脑里建立的是 4 个名称到调整方式的一一映射，则需要在脑海里过一遍调整过程才能选出答案。

9.2.3　红黑树

红黑树是一种特殊的二叉树，因每个结点中都有用来表示颜色（红与黑）的存储位而得名。图 9-9 所示就是一个红黑树（红色结点用白色代替）。

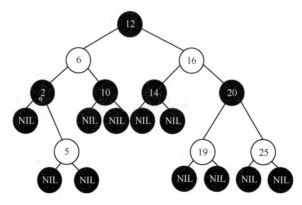

图 9-9　红黑树

1．红黑树的特性

观察图 9-9 可知，红黑树本质上是一棵二叉排序树，除了具有二叉排序树所具备的特性外，还具有其他一些特性，下面对红黑树的性质做个总结：

1）结点包含颜色信息，红色或黑色。
2）根结点是黑色。
3）所有叶子都是黑色[这里的叶子结点不保存数据信息，只保存颜色信息（黑色），标记为 NIL 结点]。
4）每个红色结点必须有两个黑色的子结点（从每个叶子到根的所有路径上不能有两个连续的红色结点）。
5）从任一结点到其每个叶子的所有简单路径都包含相同数目的黑色结点。

性质 4）和 5）使得红黑树有了一个关键特性：从根到叶子的最长的可能路径不多于最短的可能路径的两倍。性质 4）使得路径中不能有两个连续的红色结点。最短的可能路径中全是黑色结点，最长的可能路径中有交替的红色和黑色结点。性质 5）规定所有结点到其每个叶子结点的所有简单路径都包含相同数目的黑色结点，这就表明了没有路径能多于任何其他路径的两倍。因此红黑树在结构上是一棵大致平衡的二叉树排序，具有很高的查找效率。一棵含有 n 个结点的红黑树的高度至多为 2log(n+1)，红黑树的查找时间复杂度为 O(logn)。

红黑树是一个附加了一些约束的排序二叉树，因此红黑树上的只读操作（查找）与普通二叉查找树上的只读操作相同。然而，在红黑树上进行插入和删除操作可能会导致其不再符合红黑树的特性，因此在插入、删除结点之后可能需要一些调整操作使之恢复特性。恢复红黑树的特性需要少量的颜色变更[时间复杂度为 O(logn)]和不超过三次的旋转操作（需要两次插入操作）。插入和删除操作的总时间复杂度为 O(logn)。

2．操作

（1）旋转操作

与平衡二叉树类似，在红黑树的结点插入或删除过程中，可能使其变得不符合红黑树的结构特性，需要通过调整使之恢复红黑树特性。这里的调整操作就是旋转操作，包含左旋转和右旋转两种。

1）左旋转。

图 9-10 展示了对结点 A 进行左旋转操作的过程，旋转后 A 变成了原本其右孩子 B 的左孩子。注意原本的 X、Y、Z 在调整后的位置。

2）右旋转。

图 9-11 展示了对结点 B 进行右旋转操作的过程，旋转后 B 变成了原本其左孩子 A 的右孩子。注意原本的 X、Y、Z 在调整后的位置。

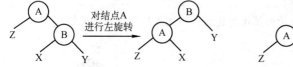

图 9-10　左旋转操作的过程

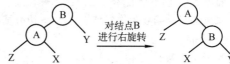

图 9-11　右旋转操作的过程

由 1）和 2）可知，左旋转和右旋转是两个完全对称的操作，或者两个相逆的操作，将 1）和 2）中的过程图合并起来可以看出这一点，如图 9-12 所示。

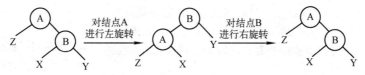

图 9-12　左旋和右旋的合并操作过程

观察上述的旋转操作可以发现，无论是左旋还是右旋，若被旋转的树在旋转前是二叉排序树，则旋转以后仍然是一颗二叉排序树，即旋转操作是一种可以保持二叉排序树特性的操作，因此可以用来进行红黑树的调整。

（2）结点插入

由于红黑树也是一棵二叉排序树，所以其插入操作类似于在二叉排序树上插入新结点的操作，但是只能保证插入后还是一棵二叉排序树，并不一定能保持红黑树的特性，因此需要想办法通过调整使其恢复红黑树的特性。上面介绍的旋转操作可以在不破坏二叉排序树特性的情况下调整结点位置，因此通过旋转操作可能会使插入结点后的树恢复红黑树的特性。

红黑树结点都有一个颜色位来标记颜色，新插入的结点应初始化为什么颜色呢？由于新插入的结点很可能会破坏红黑树特性，因此需要确认插入什么颜色的结点能更少地破坏该特性。如果将要插入的结点初始化为黑色，则必然破坏特性 5)，因为遵循二叉排序树的插入规则，新插入的结点必然落在叶子结点位置，所以必然导致插入结点所在的路径上的黑色结点比其他路径多了一个，违背了特性 5)。因此需要将新插入的结点初始化为红色，这样至少不破坏特性 5)。

细节解释：

由于红黑树的叶子结点不保存数据信息，只保存颜色信息，属于一种辅助结点，因此相较于二叉排序树的结点插入，红黑树中每插入一个新结点，均要为其准备两个叶子结点。如图 9-13 所示，在红黑树中插入结点 11，11 占据了结点 10 的右孩子结点（叶子结点）位置，11 插入后要准备两个叶子结点挂在其左、右孩子位置。

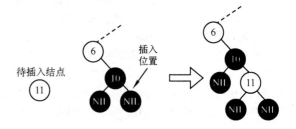

图 9-13　红黑树的结点插入过程

至此，插入操作的第一步可总结为：将待插入的结点初始化为红色，按照二叉排序树的插入规则将其插入到合适位置，并为其挂上叶子结点。

新结点插入后可能会破坏红黑树的特性，需要通过旋转与重新着色操作使之恢复特性。因此第二步为：通过一系列的旋转或着色操作，使之重新成为一颗红黑树。

如何调整？首先要观察插入的结点可能会破坏哪些特性：

对于特性 1)，显然不会破坏。因为我们已经将新插入的结点初始化为红色了。

对于特性 2)，显然也不会破坏。在第一步中，首先将红黑树当作二叉查找树，然后执行插入操作。根据二叉排序树的特点，插入操作不会改变根结点，所以根结点仍然是黑色。

对于特性 3)，显然不会破坏。对于新插入的结点，我们都会为它准备两个新叶子结点，颜色是黑色。

对于特性 4)，是有可能破坏的。

对于特性 5)，也不会破坏，上面已经解释过。

因此调整的目标确定为恢复特性 4)。下边分情况讨论新结点插入后是如何调整的。

1）被插入的结点是根结点。

直接涂为黑色即可。

2）被插入的结点的父结点是黑色结点。

无需调整，因为插入的结点被初始化为红色。

3）被插入的结点的父结点为红色。

此时破坏了特性 5)，并且根据红黑树特性可知，此时被插入的结点必然存在祖父结点和叔叔结点（叔叔结点可能是叶子结点）。

如图 9-14 所示，插入的结点为 20，其父结点为红色的 16，因插入前满足红黑树特性，其祖父结点必然存在，为 12，其叔叔结点也必然存在，在图中为空结点。

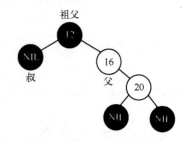

图 9-14　被插入的结点的父结点为红色的操作

根据插入结点的叔叔结点的不同情况，可分为 3 种情形来处理。

情形 1：叔叔结点是红色。

处理方法：

将父结点涂为黑色，将叔叔结点涂为黑色。

将祖父结点涂为红色。将祖父结点设为当前结点，即视其为新插入结点，并将其涂为红色，继续按照上面的 1）、2）、3）这 3 种情况以及情况 3）中的 3 种情形进行处理。

情形 2：叔叔结点是黑色且当前结点是右孩子。

处理方法：

将插入结点的父结点作为新的当前结点，以新的当前结点为支点进行左旋转操作。

情形 3：叔叔结点是黑色且当前结点是左孩子。

处理方法：

将父结点涂为黑色，将祖父结点涂为红色，以祖父结点为支点进行右旋转操作。

下面通过一个例子来展示结点插入的过程。图 9-15 是一棵红黑树。

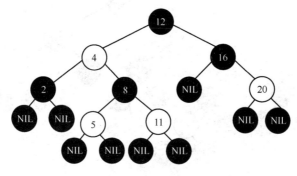

图 9-15 红黑树

首先插入结点 6，按照排序二叉树插入规则，找到正确的位置插入，结果如图 9-16 所示。

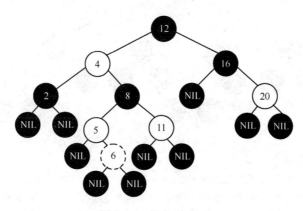

图 9-16 插入结点 6

此时破坏了红黑树特性，连续出现了 5 和 6 两个红色结点，需要调整。观察发现 6 的父结点和叔叔结点都是红色，满足情形 1，因此按情形 1 的方法进行调整得到图 9-17 所示结果。

此时依然不满足红黑树特性，4 和 8 两个连续的红色结点需要调整。观察发现 8 的父结点为红色，叔叔结点为黑色，8 是右孩子，满足情形 2，因此按情形 2 的方法进行调整得到图 9-18 所示结果。

此时依然不满足红黑树特性，4 和 8 两个连续的红色结点需要调整。观察发现 4 的父结点为红色，叔叔结点为黑色，4 是左孩子，满足情形 3，因此按情形 3 的方法进行调整得到图 9-19 所示结果。

此时的结果满足红黑树特性，调整操作完成。

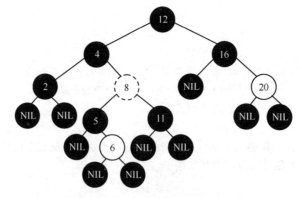

图 9-17 按情形 1 调整

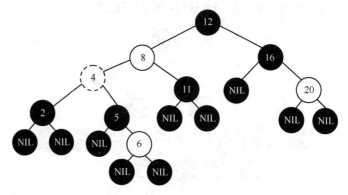

图 9-18 按情形 2 调整

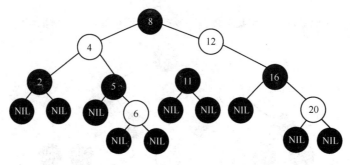

图 9-19 按情形 3 调整

（3）结点删除

和插入操作类似，首先将红黑树按照排序二叉树的删除操作方法来删除结点，结点删除后可能会破坏红黑树特性，此时需要通过一些调整操作，如旋转和重新着色，来使其恢复红黑树特性。删除一个结点后可能破坏红黑树的哪些特性呢？回顾红黑树特性可知：

特性 2) 有可能被破坏。如果删除的结点是根结点，且树中有多于一个的结点，此结点删除后新的根结点可能不是黑色。

特性 4) 有可能被破坏。如果一条路径上的结点是红黑相间的，删除一个黑色结点，则可能得到连续两个红色结点的结果。

特性 5) 有可能被破坏。如果删除的结点是黑色结点，可能导致某条路径上的黑色结点数少于其他路径。

如何调整使红黑树保持 2)、4) 和 5) 三个特性呢？

首先从"顶替"被删结点上来的那个结点开始调整（注意这里强调了顶替一词，不清楚的同学请复习二叉排序树的删除操作）。假设顶替上来的结点为 x，我们认为它有额外的一重黑色，这个黑色是从被删结点继承而来的（如果删除一个结点后特性被破坏，那么被删结点一定是黑色，删除红色结点不会破坏红黑树特性，因此继承来的颜色一定是黑色）。现在 x 有两种颜色，如果 x 原本是红色，现在的颜色便是"红，黑"；如果原本是黑色，现在的颜色便是"黑，黑"。通过这样的假设，特性 5）就不会被破坏，因为黑色结点没有减少，严格来说是黑色没有减少，因为被删除结点的黑色被其他结点继承了。然后在这种假设下，研究如何调整使之恢复所有红黑树特性。

1）x 颜色为"红，黑"。则直接删除其红色，保留黑色，所有特性即可恢复。

2）x 颜色为"黑，黑"且 x 是根结点。无需调整，或者可以理解成无视其中一个黑色，将其视为普通的黑色结点即可。

3）x 颜色为"黑，黑"且 x 不是根结点。此时需要分 4 种情形处理。

情形 1：x 的兄弟结点是黑色，x 的兄弟结点的两个孩子结点都是黑色。

处理方法：

将 x 的兄弟结点涂为红色。设置 x 的父结点为新的 x 结点以便后续处理，如果此时 x 是红色结点，则将其涂为黑色即可结束操作；如果 x 是黑色结点，则 x 变为新的"黑，黑"结点，观察此时 x 的兄弟结点所对应的**情形**，继续进行处理，直到满足结束条件为止。

如图 9-20 所示，x 结点的兄弟结点为 9，9 和其子结点都是黑色，则将 9 涂为红色，然后 x 的父结点设置为新的 x 结点。此时 x 为红色，将其涂为黑色即可。

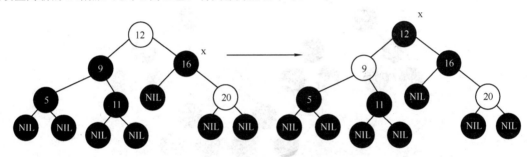

图 9-20　情形 1 的操作过程

情形 2：x 的兄弟结点为红色。

处理方法：

将 x 的兄弟结点涂为黑色；将 x 的父结点涂为红色；对 x 的父结点进行旋转操作，x 是左孩子则左旋转，x 是右孩子则右旋转。

旋转后 x 依然是"黑，黑"结点，观察此时 x 的兄弟结点所对应的**情形**，继续进行处理，直到满足结束条件为止。

以图 9-21 为例展示该情形的操作过程。x 结点的兄弟为 20，20 的两个孩子都是黑色。

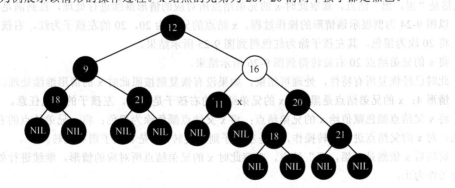

图 9-21　情形 2 的操作过程

将 x 的父结点 16 涂为黑色，兄弟结点 20 涂为红色得到图 9-22 所示结果。

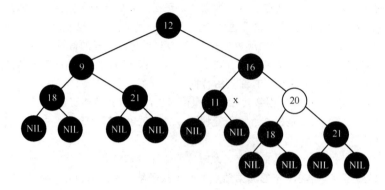

图 9-22　涂色调整

此时 x 为 16 的左孩子，所以对 16 左旋转得到图 9-23 所示结果。

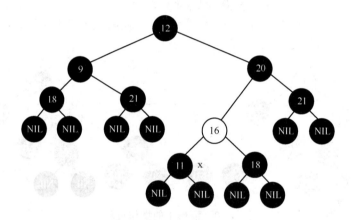

图 9-23　左旋转调整

由得到的结果可知，x 的兄弟结点 18 为黑色，18 的两个孩子都是黑色，则按照此结果对应的情形继续处理 x，发现是**情形 1**，继续按照情形 1 处理。

情形 3：x 的兄弟结点是黑色；x 的兄弟结点的左孩子是红色，右孩子是黑色。

处理方法：

将 x 的兄弟结点的左孩子涂为黑色；将 x 的兄弟结点涂为红色；对 x 的兄弟结点进行右旋，旋转后 x 依然是"黑，黑"结点，观察此时 x 的兄弟结点所对应的**情形**继续进行处理，直到满足结束条件为止。

以图 9-24 为例展示该情形的操作过程。x 结点的兄弟为 20，20 的左孩子为红，右孩子为黑。

将 20 涂为黑色，其左孩子涂为红色得到图 9-25 所示结果。

将 x 的兄弟结点 20 右旋转得到图 9-26 所示结果。

此时已经恢复所有特性，处理可结束，如果没有恢复则按照此时 x 的情形继续处理。

情形 4：x 的兄弟结点是黑色；x 的兄弟结点的右孩子是红色，左孩子的颜色任意。

将 x 父结点颜色赋值给 x 的兄弟结点；将 x 父结点**颜色**涂为黑色；将 x 兄弟结点的右孩子结点涂为黑色；对 x 的父结点进行旋转操作，x 是左孩子则左旋转，x 是右孩子则右旋转。

旋转后 x 依然是"黑，黑"结点，观察此时 x 的兄弟结点所对应的**情形**，继续进行处理，直到满足结束条件为止。

以图 9-27 为例展示该情形的操作过程。x 结点的兄弟为 16，16 的左孩子为黑色，右孩子为红色。

第 9 章 查 找

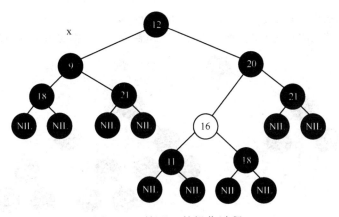

图 9-24 情形 3 的操作过程

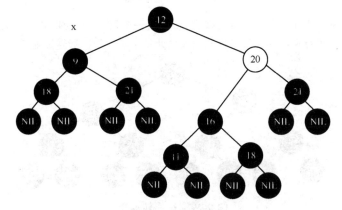

图 9-25 涂色调整

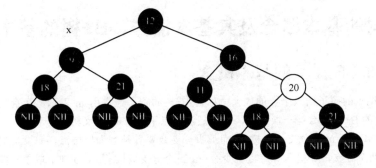

图 9-26 右旋转调整

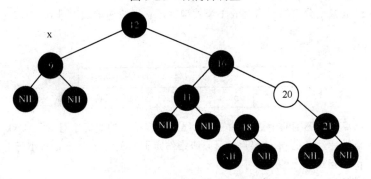

图 9-27 情形 4 的操作过程

将 x 父结点颜色赋值给 x 的兄弟结点，即 16 涂成黑色；此时 x 父结点已经是黑色，如果不是则将其涂为黑色；将 x 兄弟结点的右孩子结点涂为黑色，即 20 涂成黑色，得到图 9-28 所示结果。

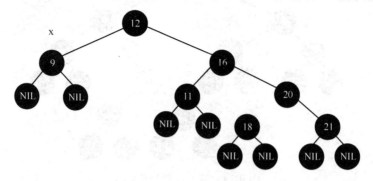

图 9-28　涂色调整

对 x 父结点进行旋转操作，此时 x 是左孩子，则进行左旋转，得到图 9-29 所示结果。此时已经恢复红黑树所有特性，处理可结束，如果没有恢复则按照此结果对应的情形继续处理 x。

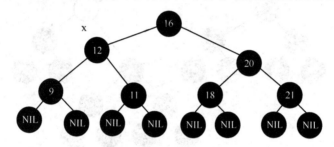

图 9-29　左旋转调整

9.3　B-树的基本概念及其基本操作、B+树的基本概念

9.3.1　B-树（B树）的基本概念

B-树中所有结点的孩子结点个数的最大值称为 B-树的阶，通常用 m 表示，从查找效率考虑，要求 m≥3。一棵 m 阶的 B-树要么是一棵空树，要么是满足以下要求的 m 叉树。

1）每个结点最多有 m 个分支（子树）；而最少分支数要看是否为根结点，如果是根结点且不是叶子结点，则至少有两个分支，非根非叶结点至少有 $\lceil m/2 \rceil$ 个分支（$\lceil a \rceil$ 是对 a 向上取整，即不小于 a 的最小整数）。

2）有 n（k≤n≤m）个分支的结点有 n-1 个关键字，它们按递增顺序排列。k=2（根结点）或 $\lceil m/2 \rceil$（非根结点）。

3）每个结点的结构为：

n	k_1	k_2	...	k_n
p_0	p_1	p_2	...	p_n

其中，n 为该结点中关键字的个数；k_i（1≤i≤n）为该结点的关键字且满足 $k_i < k_{i+1}$；p_i（0≤i≤n）为该结点的孩子结点指针且满足 p_i（1≤i≤n-1）所指结点上的关键字大于 k_i 且小于 k_{i+1}，p_0 所指结点上的关键字小于 k_1，p_n 所指结点上的关键字大于 k_n。

4）结点内各关键字互不相等且按从小到大排列。

5）叶子结点处于同一层；可以用空指针表示，是查找失败到达的位置。

扩展：平衡 m 叉查找树是指每个关键字的左侧子树与右侧子树的高度差的绝对值不超过 1 的查找树，其结点结构与上面提到的 B-树结点结构相同。由此可见，B-树是平衡 m 叉查找树，但限制更强，要求所有叶子结点在同一层。

注意：B-树的高度（深度）在不同的书上定义不同，主要区别在于是否把叶子结点层算在内，本书讨论高度时不包括叶子结点层。但如果已知一棵 B-树的高度，要求得结点数，则要把叶子结点算在内。如图 9-30 所示 B-树高度为 3，总结点数为 30。

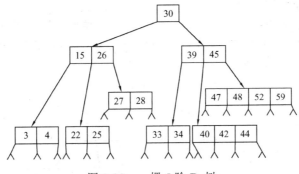

图 9-30　一棵 5 阶 B-树

上面关于 B-树的定义有点抽象，图 9-30 可以形象地帮你理解。

下面以图 9-30 为例来对上面 B-树的 5 个特点逐条解释。

1）结点的分支数等于关键字数加 1，最大的分支数就是 B-树的阶数，因此 m 阶的 B-树中结点最多有 m 个分支。通过图 9-30 可以看出，图中是一棵 5 阶 B-树（这里的阶其实就是树的度）。

2）图 9-30 所示为一棵 5 阶 B-树，因此 $\lceil m/2 \rceil = \lceil 5/2 \rceil = 3$，可以看出，图中除了根结点外，所有的结点至少有 3 个分支。根结点可以不满足这个条件，图中根有两个分支。

3）如果根结点中没有关键字，就没有分支，此时 B-树是空树；如果根结点有关键字，则其分支数必大于或等于 2，因为分支数等于关键字数加 1。

4）由图 9-30 可以看出，除根结点之外，结点中关键字的个数至少为 2，因为分支数至少为 3，分支数比关键字数多 1；还可以看出结点内关键字都是有序的，并且在同一层上，左边结点内的所有关键字均小于右边结点内的所有关键字。例如，第二层上的两个结点，左边结点内的关键字为 15、26，它们均小于右边结点内的关键字 39、45。

B-树中一个很重要的特性是，下层结点内的关键字取值总是落在由上层结点关键字所划分的区间内，具体落在哪个区间内可由指向它的指针看出。例如，图 9-30 中第二层最左边的结点内的关键字划分了 3 个区间：(-∞, 15), (15, 26), (26, +∞)。可以看出，其下层中最左边结点内的关键字均落在 (-∞, 15) 内，从左边数第二个结点内的关键字均落在 (15, 26) 内。可以对照着图看出其他结点均满足这个规律。

5）图 9-30 中所示的 B-树的叶子结点均在第 4 层，代表查找不成功的位置（为了方便理解，本书将其简化为空指针，在实际应用中，此处指针指向一个结点，结点内设置一个标记代表查找不成功的位置，结点中还包含其他的有用信息）。

注意：本节图中所示 B-树中的关键字都是从左到右依次递增的。

9.3.2　B-树的基本操作

1. B-树关键字的查找

B-树关键字的查找很简单，是二叉排序树的扩展，二叉排序树是**二路查找**，B-树是**多路查找**。因为 B-树结点内的关键字是有序的，在结点内进行查找时除了顺序查找之外，还可以用折半查找来提高效率。

B-树的具体查找步骤如下（key 为要查找的关键字）：

先让 key 与根结点中的关键字比较，如果 key 等于 k[i]（k[]为结点内的关键字数组，如 9.3.1 节中结点结构所示），则查找成功。

若 key<k[1]，则到 p[0]所指示的子树中继续进行查找（p[]为结点内的指针数组，如 9.3.1 节中结点结构所示）。

若 key>k[n]，则到 p[n]所指示的子树中继续查找。

若 k[i]<key<k[i+1]，则沿着指针 p[i]所指示的子树继续查找。

如果最后遇到空指针，则证明查找不成功。

例如，在图 9-31 所示的 B-树中查找关键字 42。首先在根结点内查找，因为 42>30，则沿着根结点中指针 p[1]往下走；在子树根中查找，因为 39<42<45，则沿着子树根结点中指针 p[1]往下走，在下层结点中查找关键字 42 成功，查找结束。

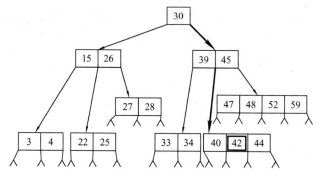

图 9-31　在 B-树中查找关键字 42 的路线

2．B-树关键字的插入和删除

下面通过例子来讲解 B-树的插入和删除操作的一般方法。

【**例 9-4**】　用以下关键字序列{1、2、6、7、11、4、8、13、10、5、17、9、16、20、3、12、14、18、19、15}创建一棵 5 阶 B-树。对于该 B-树，给出删除关键字 8、16、15、4 的过程。

分析：

与二叉排序树的建立一样，B-树的创建过程也是将关键字逐个插入到树中的过程。

在进行插入或者删除之前，要确定每个结点中关键字的个数范围，如果 B-树的阶数为 m，则结点中关键字个数的范围为 ⌈m/2⌉-1～m-1。

对于关键字的插入，需要找到插入位置。在 B-树的查找过程中，当遇到空指针时，则证明查找不成功，同时也找到了插入位置，即根据空指针可以确定在最底层非叶结点中的插入位置，为了方便，以后我们称最底层的非叶结点为**终端结点**。由此可见，**B-树新关键字的插入总是落在终端结点上**。在插入过程中有可能破坏 B-树的特性，如新关键字的插入使得结点中关键字的个数超出规定个数，这时要进行**结点的拆分**。

对于关键字的删除，需要找到待删除关键字。在结点中删除关键字的过程也有可能破坏 B-树的特性，如旧关键字的删除可能使得结点中关键字的个数少于规定个数，这时可能需要向其兄弟结点**借关键字**或者和其孩子结点进行**关键字的交换**，也可能需要进行**结点的合并**。其中，**和当前结点的孩子结点进行关键字交换**的操作可以保证**删除操作总是发生在终端结点上**。

具体的操作步骤如下：

（1）求结点中关键字个数的范围

由于题目要求建立 5 阶 B-树，因此关键字个数的范围为 2～4。

（2）关键字的插入

1）根结点最多可以容纳 4 个关键字，依次插入关键字 1、2、6、7 后的 B-树如图 9-32 所示。

2）当插入关键字 11 时，发现此时结点中的关键字个数变为 5，超出范围，则需拆分。取关键字数组的中间位置，即⌈5/2⌉=3 处的关键字 k[3]=6，独立作为一个结点，即新的根结点；将关键字 6 左、右的关键字分别做成两个结点，作为新根结点的两个分支（如上面提到的根结点不同于其他结点，可以只有两个分支）结点。此时 B-树如图 9-33 所示。

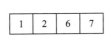

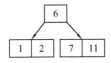

图 9-32　插入关键字 1、2、6、7 后的结果　　　图 9-33　插入关键字 11 后的结果

3）新关键字总是插入在**终端结点**上，插入关键字 4、8、13 后的 B-树如图 9-34 所示。

4）关键字 10 需要插入在关键字 8 和 11 之间，此时又会出现关键字个数超出范围的情况，因此需要拆分。拆分时需要将关键字 10 并入根结点内，并将 10 左、右的关键字做成两个新的结点连接在根结点上。插入关键字 10 并经过拆分操作后的 B-树如图 9-35 所示。

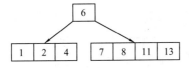

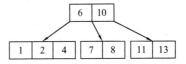

图 9-34　插入关键字 4、8、13 后的结果　　　图 9-35　插入关键字 10 后的结果

5）插入关键字 5、17、9、16 后的 B-树如图 9-36 所示。

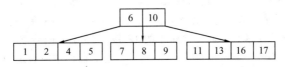

图 9-36　插入关键字 5、17、9、16 后的结果

6）关键字 20 插入在关键字 17 之后，会造成结点关键字个数超出范围，需要拆分，方法同上。关键字 20 被插入后的 B-树如图 9-37 所示。

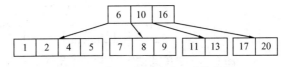

图 9-37　插入关键字 20 后的结果

7）按照上述步骤将关键字 3、12、14、18、19 插入后的 B-树如图 9-38 所示，在插入过程中也需要拆分操作。

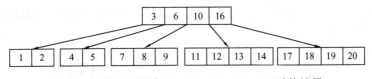

图 9-38　插入关键字 3、12、14、18、19 后的结果

8）插入最后一个关键字 15。15 应该插入到 14 之后，此时会出现关键字个数超出范围的情况，则需进行拆分，将 13 并入根结点；13 并入后又使得根结点中关键字个数超出范围，需再次拆分，将 10 作为新的根结点，并将 10 左、右的关键字做成两个新结点连接到新根结点的指针上，这种插入一个关键字之后出现多次拆分的情况称为**连锁反应**。最终形成的 B-树如图 9-39 所示。

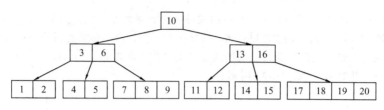

图 9-39　插入关键字 15 后的结果

（3）结点的删除

1）删除关键字 8、16。关键字 8 在终端结点上，并且删除后其所在结点中关键字的个数不会少于 2，因此可以直接删除。关键字 16 不在终端结点上，可以用 17 来覆盖 16，然后将原来的 17 删掉，这就是上面提到的和孩子结点进行关键字交换的操作。为什么不用 15 来覆盖 16，然后删除原来的 15 呢？因为这样做会使 15 所在的结点中关键字的个数小于 2，不满足 B-树的规定。删除关键字 8、16 后的 B-树如图 9-40 所示。

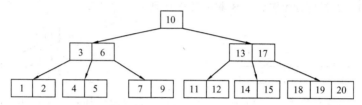

图 9-40　删除关键字 8、16 后的结果

2）删除关键字 15。15 虽然也在终端结点上，但是不能直接删除，因为删除后当前结点中的关键字个数小于 2。这时需要向其兄弟结点借关键字，显然应该向其右兄弟来借关键字，因为左兄弟的关键字个数已经是下限 2。借关键字不能直接将右兄弟中的 18 移到 15 所在的结点上，因为这样会使得 15 所在的结点上出现了比 17 大的关键字，不满足 B-树的规定。正确的借法应该是，先用 17 覆盖 15，再用 18 覆盖原来的 17，最后删除原来的 18。删除关键字 15 后的 B-树如图 9-41 所示。

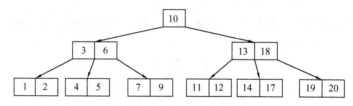

图 9-41　删除关键字 15 后的结果

3）删除关键字 4。此时 4 所在结点中关键字的个数已经是下限，需要借关键字，但其左、右兄弟结点的关键字数也都是下限，这里就要进行关键字的合并。可以先将关键字 4 删除，然后将关键字 5、6、7、9 合并为一个结点连接在关键字 3 右边的指针上，也可以将关键字 1、2、3、5 合并成一个结点连接在关键字 6 左边的指针上，此两种合并方法的局部图如图 9-42 所示，从图中可以看出，**采用不同的合并方法将产生不同的 B-树**。

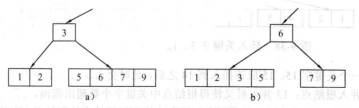

图 9-42　不同方法产生不同的 B-树

a）合并方法 1　b）合并方法 2

显然上述两种情况都已经不满足 B-树的规定，即出现了非根的双分支结点，需要继续进行合并，沿着合并方法 1 的路线往下进行，将关键字 3、10、13、18 合并为一个新的结点，此时的 B-树如图 9-43 所示。

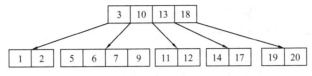

图 9-43　删除关键字 4 后的结果

由上面这个例子可以总结出对于 m 阶的 B-树的插入和删除的一般操作方法。

（1）插入操作

按照 B-树的查找方法找到插入位置（插入位置一定出现在**终端结点**上），然后直接插入。插入后检查被插入结点内关键字的个数，如果关键字个数大于 m-1，则需要进行拆分。进行拆分时，结点内的关键字若已经有 m 个，此时取出第 $\lceil m/2 \rceil$ 个关键字，并将第 1～$\lceil m/2 \rceil$-1 个关键字和第 $\lceil m/2 \rceil$+1～m 个关键字做成两个结点连接在第 $\lceil m/2 \rceil$ 个关键字的左右指针上，并将第 $\lceil m/2 \rceil$ 个关键字插入其父结点相应的位置中；如果在其父结点内又出现了关键字个数超出规定范围的情况，则继续进行拆分操作。**插入操作只会使得 B-树逐渐变高而不会改变叶子结点在同一层的特性。**

（2）删除操作

1）如果要删除的关键字在**终端结点**上，这时有以下 3 种情况。

① 结点内的关键字个数大于 $\lceil m/2 \rceil$-1，这时可以直接删除。

② 结点内的关键字个数等于 $\lceil m/2 \rceil$-1，并且其左、右兄弟结点中存在关键字个数大于 $\lceil m/2 \rceil$-1 的结点，则从关键字个数大于 $\lceil m/2 \rceil$-1 的兄弟结点中借关键字，过程如图 9-44 所示。

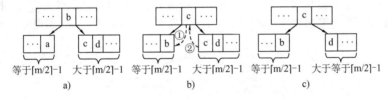

图 9-44　删除关键字 a 的过程（a<b<c）

a）初始状态　b）关键字移动　c）删除原关键字 c

③ 结点内的关键字个数等于 $\lceil m/2 \rceil$-1，并且其左、右兄弟结点中不存在关键字个数大于 $\lceil m/2 \rceil$-1 的结点，这时需要进行结点的合并，过程如图 9-45 所示。

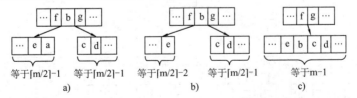

图 9-45　删除关键字 a 后的结点合并过程（a<b<c）

a）初始状态　b）删除关键字 a　c）结点合并后

要注意的是，图 9-45 中删除关键字 a 后使得其父结点中的关键字减少一个，因此有可能使得其父结点中关键字个数少于规定个数，出现这种情况时要对其父结点继续进行合并操作。这就是由于删除结点引起的**连锁反应**。

2）如果要删除的关键字不在终端结点上，则需要先将其转化在终端结点上，然后再按 1）中所述方法进行处理。

在讲这种情况下的删除方法之前，要引入一个**相邻关键字**的概念，对于不在终端结点上的关键字a，它的相邻关键字为其左子树中值最大的关键字或者其右子树中值最小的关键字。找a的相邻关键字的方法为：沿着a的左指针来到其子树根结点，然后沿着根结点中最右端的关键字的右指针往下走，用同样的方法一直走到终端结点上，终端结点上的最右端的关键字即为a的相邻关键字（这里找到的是 a 左边的相邻关键字，找其右边的相邻关键字的方法类似）。这与二叉排序树中找一个关键字的前驱和后继的方法是类似的。如图9-46所示，a的相邻关键字是d和e。要删除关键字a，可以用d来取代a，然后按照1）中所述方法删除终端结点上的d即可（当然用e来取代a，之后删除e也可以）。

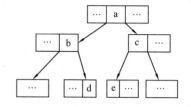

图9-46　a的相邻关键字为d和e

9.3.3　B+树的基本概念

B+树是B-树的一种变形，它和B-树有很多相似之处，可以对比着来记忆B+树的特点。

先举一个例子，用同一组关键字分别建立一棵B-树和一棵B+树，观察一下它们的不同。图9-47所示为同一组关键字所建立的B-树和B+树。

通过图9-47可以看出，m阶的B-树定义中的1）、2）、3）、5）四条同样适用于m阶的B+树，这里主要讨论它们的差别。

1）在B+树中，具有 **n 个关键字的结点含有 n 个分支**；而在B-树中，具有n个关键字的结点含有n+1个分支。

2）在B+树中，每个结点（除根结点以外）中的关键字个数n的取值范围为$\lceil m/2 \rceil \leq n \leq m$，根结点的取值范围为$2 \leq n \leq m$；而在B-树中，它们的取值范围分别是$\lceil m/2 \rceil - 1 \leq n \leq m-1$和$1 \leq n \leq m-1$。

3）在B+树中，**叶子结点包含信息**，并且包含了全部关键字，叶子结点引出的指针指向记录（在本节中，关键字和记录要区分开来理解，之前为了方便写程序，可以认为关键字就是记录）。

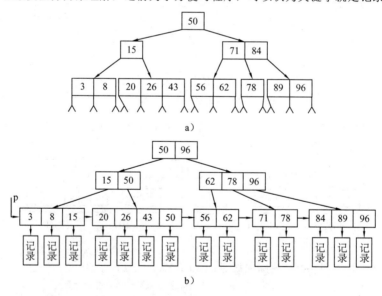

图9-47　同一组关键字所建立的4阶B-树和4阶B+树

a）B-树　b）B+树

4）B+树中的所有非叶子结点仅起到一个索引的作用，即结点中的每个索引项只含有对应子树的最大关键字和指向该子树的指针，不含有该关键字对应记录的存储地址；而在B-树中，每个关键字对应一个记录的存储地址。

5）在 B+树中，有一个指针指向关键字最小的叶子结点，所有叶子结点链接成一个线性链表，而 B-树没有。

9.4 散列表

9.4.1 散列表的概念

对于考研要求范围内的散列（Hash）表这部分，要记住这么一句话：**根据给定的关键字来计算关键字在表中的地址**。这句话是贯穿于整节的思想，也是 Hash 表和之前讲过的其他查找表的不同之处。在其他的查找表中，关键字的地址跟关键字之间不存在确定的关系；而在 Hash 表中，关键字和关键字的地址是有确定关系的。这种关系可以用 Hash 函数 H 来表示。例如，关键字为 key，则 H(key)称为 Hash 地址，即 key 在查找表中的地址。

9.4.2 散列表的建立方法以及冲突解决方法

9.4.1 节中对 Hash 表介绍的同时，也介绍了 Hash 表的建立方法，即根据给定的关键字依照函数 H 来计算关键字 key 在表中的地址，并把 key 存在这个地址上。下面用一个例子来说明 Hash 表的构造方法。

【例 9-5】 关键字序列为{7，4，1，14，100，30，5，9，20，134}，设 Hash 函数为 H(key)=key Mod 13，试给出表长为 13 的 Hash 表。

求解过程见表 9-4。

表 9-4 求解过程

关键字	用 Hash 函数计算地址	地址
7	7 Mod 13	7
4	4 Mod 13	4
1	1 Mod 13	1
14	14 Mod 13	1
100	100 Mod 13	9
30	30 Mod 13	4
5	5 Mod 13	5
9	9 Mod 13	9
20	20 Mod 13	7
134	134 Mod 13	4

根据表 9-4 中所求各个关键字的地址，将关键字填入 Hash 表中，结果如表 9-5 所示。

表 9-5 Hash 表中有冲突

地址	0	1	2	3	4	5	6	7	8	9	10	11	12
关键字		1 14			4 30 134	5		7 20		100 9			

由表 9-5 可以进行关键字的查找。例如，要查找关键字 5，则只需将 5 代入 Hash 函数，由 H(5)=5 可知关键字在 Hash 表中的地址为 5。但是从表 9-5 中还可以发现，有多个关键字共用一个地址，如地址 4 上就有 4、30、134 这 3 个关键字，这种情况称为冲突（当 **key1≠key2**，而 **H(key1)=H(key2)**时，称发

生了冲突,这时也称 key1 和 key2 是 Hash 函数 H 的同义词),这是不允许出现的。因此要做一些处理来解决冲突,使得每个地址对应一个关键字。

解决冲突的一种可行的方法是从冲突发生的地址 d 开始,**依次探测 d 的下一个地址**(当到达下标为 m-1 的 Hash 表表尾时,下一个探查的地址是表首地址 0),直到找到一个空闲单元为止,将关键字保存在这个位置上。一般冲突处理的过程是穿插在建表过程中的,即边建表边检测冲突,当发生冲突时立即解决冲突。本例中包含的解决冲突的建表过程见表 9-6。

表 9-6 包含解决冲突的建表过程

关键字	用 Hash 函数计算地址	是否冲突	解决冲突	地址
7	7 Mod 13=7	否	无	7
4	4 Mod 13=4	否	无	4
1	1 Mod 13=1	否	无	1
14	14 Mod 13=1	是	从冲突地址 1 后移一位,得新地址 2,不冲突	2
100	100 Mod 13=9	否	无	9
30	30 Mod 13=4	是	从冲突地址 4 后移一位,得新地址 5,不冲突	5
5	5 Mod 13=5	是	从冲突地址 5 后移一位,得新地址 6,不冲突	6
9	9 Mod 13=9	是	从冲突地址 9 后移一位,得新地址 10,不冲突	10
20	20 Mod 13=7	是	从冲突地址 7 后移一位,得新地址 8,不冲突	8
134	134 Mod 13=4	是	从冲突地址 4 后移一位,得新地址 5,仍冲突,继续后移直到到达新地址 11 时不冲突	11

由此得到新的 Hash 表,见表 9-7。

表 9-7 Hash 表中消除了冲突

地址	0	1	2	3	4	5	6	7	8	9	10	11	12
关键字	空	1	14	空	4	30	5	7	20	100	9	134	空

Hash 函数:H(key)=key Mod 13

冲突解决方法:在发生冲突时,对 i 属于 1~m-1,从冲突地址 d 开始依次进行 $H_i(key)=(H(key)+i) Mod\ m$ 运算,直到没有冲突为止,算出此时的地址为 $H_i(key)$。

说明:H(key)是 key 的 Hash 地址,$H_i(key)$ 是 key 解决冲突后的地址,注意区分。

加入了冲突处理的 Hash 表在进行查找时,不能只根据 Hash 函数来计算地址,还要结合冲突解决方法。

上述 Hash 表的关键字 key 的查找过程为:先用 Hash 函数计算出一个地址,然后用 key 和这个地址上的关键字进行比较,如果当前地址为空,则证明查找失败;如果和当前地址上的关键字相同,则证明查找成功;如果不相同,则根据冲突处理方法到下一个地址继续比较,直到相同为止,证明查找成功;如果按照冲突处理方法寻找新地址的过程中又遇到空位置,则同样证明查找失败。

例如,查找关键字 30,由 Hash 函数得到一个地址 4,经过比较发现和地址 4 上的关键字不同,则根据冲突处理办法后移,发现与地址 5 上的关键字相同,证明查找成功。查找关键字 21,由 Hash 函数得到一个地址 8,经过比较发现和地址 8 上的关键字不同,则根据冲突处理方法后移,一直移到地址 12,发现为空位置,证明查找不成功。

讲到这里可以给这个题目再附加一步,求在等概率的情况下查找成功和不成功时的平均查找长度 ASL_1 和 ASL_2。

1)要求 ASL_1,关键是求出对于查找每个关键字所对应的比较次数。通过上面的分析可以知道,如果没有冲突,则只需比较一次;如果发生冲突,则根据其冲突解决方法来计算比较次数。例如,查找关键字 30，由 Hash 函数得到一个地址 4，经过比较发现和地址 4 上的关键字不同，则根据冲突处理办法后移一位，经过比较发现与地址 5 上的关键字相同，则查找关键字 30 的比较次数为 2。可以对每个关键字求出其比较次数，见表 9-8。

表 9-8　关键字比较次数

关键字	1	14	4	30	5	7	20	100	9	134
比较次数	1	2	1	2	2	1	2	1	2	8

根据表 9-8 可知：

$$ASL_1=(1+2+1+2+2+1+2+1+2+8)/10=11/5$$

2）要求 ASL_2，关键是求出查找不成功情况下的比较次数。这里的比较次数是**针对表中每个可以通过 Hash 函数计算得到的地址**来说的，对每个地址求出由这个地址开始的比较次数，然后求其平均数就是查找不成功时的平均查找长度。例如，查找关键字 21，由 Hash 函数得到一个地址 8，经过比较发现和地址 8 上的关键字不同，则根据冲突处理方法后移，一直移到地址 12，发现为空位置，证明查找不成功，比较次数为 5，即对于地址 8，其对应的查找不成功比较次数为 5。

由以上分析并结合所求 Hash 表，可以得出表 9-9。

表 9-9　地址比较次数

地址	由地址开始到空位置为止所要发生比较操作的地址	比较次数
0	0	1
1	1，2，3	3
2	2，3	2
3	3	1
4	4，5，6，7，8，9，10，11，12	9
5	5，6，7，8，9，10，11，12	8
6	6，7，8，9，10，11，12	7
7	7，8，9，10，11，12	6
8	8，9，10，11，12	5
9	9，10，11，12	4
10	10，11，12	3
11	11，12	2
12	12	1

由表 9-9 可知：

$$ASL_2=(1+3+2+1+9+8+7+6+5+4+3+2+1)/13=4$$

说明：在 2）中查找不成功的情况下，多个关键字可能将被映射在同一个地址上，即说明这些关键字是属于同一类的，求比较次数时要以关键字所属的类为单位，而不是以单个关键字为单位。而关键字所属的类是用它们的 Hash 地址来区分的，类的个数就是 Hash 地址的个数，因此计算平均查找长度可以针对地址来计算。而 1）中查找成功时的比较次数是针对各关键字来计算的，每个关键字计算出一个比较次数。这两种情况要注意区分。

注意：这里再次强调，计算查找不成功的平均查找长度是根据 Hash 函数可以映射到的地址个数来计算的，而不是表内的所有地址，因为有些 Hash 函数的计算结果无法覆盖所有地址。例 9-5 只是一个特殊情况，如果将其 Hash 函数改为 H(key)=key Mod 10，则其可映射到的地址范围变成 0~9，10~12

这些地址无法映射到。

说明：一般无特殊说明的情况下，Hash 表中的空位置比较的次数也算在总比较次数之内。

在例 9-5 中，我们用到的 Hash 函数是用**除留余数法**来构造的，冲突是用开放定址法的线性探查法来解决的。除此之外，还有其他的构造方法和冲突解决方法，下面介绍几种构造方法和冲突解决方法及其特点。

1．常用 Hash 函数的构造方法

（1）直接定址法

取关键字或关键字的某个**线性**函数为 Hash 地址，即 H(key)=key 或者 H(key)=a×key+b，其中 a 和 b 为常数。

（2）数字分析法

假设关键字是 r 进制数（如十进制数），并且 Hash 表中可能出现的关键字都是事先知道的，则可选取关键字的若干数位组成 Hash 地址。选取的原则是使得到的 Hash 地址尽量减少冲突，即所选数位上的数字尽可能是随机的。

（3）平方取中法

取关键字平方后的中间几位作为 Hash 地址。通常在选定 Hash 函数时不一定能知道关键字的全部情况，仅取其中的几位为地址不一定合适，而一个数平方后的中间几位数和数的每一位都相关，由此得到的 Hash 地址的随机性更大，取的位数由表长决定。

（4）除留余数法（本方法即为例 9-5 中所用到的方法）

取关键字被某个不大于 Hash 表表长 m 的数 p 除后所得的余数为 Hash 地址，即

$$H(key)=key \bmod p \quad (p \leq m)$$

在本方法中，p 的选择很重要，一般 p 选择小于**或者等于表长的最大素数**，这样可以减少冲突。在综合应用题中往往会给出 p，重点考查的是 Hash 表的建立和冲突的处理。

说明：在以上 4 种方法中，除留余数法在考研中涉及最多，考生要结合上述例题熟练掌握。

2．常用的 Hash 冲突处理方法

要注意的是，只可能尽量减少冲突的发生，而不可能完全避免冲突。因此，在建立 Hash 表时必须进行冲突处理。假设 Hash 表是一个地址为 0～m-1 的顺序表,冲突是指由关键字得到的 Hash 地址 j∈[0,…,m-1]处已存有记录，而冲突处理就是为该关键字的记录找到另一个空的 Hash 地址。在处理冲突的过程中，可能会得到一个地址序列 H_i（H_i∈[0,…,m-1]，i=1，2，…，n），即冲突处理后所得到的另一个 Hash 地址 H_1 仍然发生冲突，只能再求下一个地址 H_2，以此类推，直到 H_n 不发生冲突为止，H_n 为记录在表中的 Hash 地址。

通常，处理冲突的方法有以下两种：

（1）开放定址法

在开放定址法中，以发生冲突的 Hash 地址为自变量，通过某种冲突解决函数得到一个新的空闲的 Hash 地址的方法有很多种，下面介绍两种考研中考查最多的方法。

1）线性探查法（本方法即为例 9-5 中所用到的方法）。线性探查法是从发生冲突的地址（设为 d）开始，依次探查 d 的下一个地址（当到达下标为 m-1 的 Hash 表表尾时，下一个探查的地址是表首地址 0），直到找到一个空位置为止，当 m≥n（n 是表中关键字的个数）时一定能找到一个空位置。线性探查法的递推公式为

$$H_i(k)=(H(k)+i) \bmod m \quad (1 \leq i \leq m-1)$$

线性探查法容易产生**堆积问题**。因为当连续出现若干同义词后，设第一个同义词占用单元 d，这些连续的若干同义词将占用 Hash 表的 d、d+1、d+2 等单元，此时，随后任何 d+1、d+2 等单元上的 Hash 映射都会由于前面的同义词堆积而产生冲突，尽管所有的这些关键字并没有同义词。

2）平方探查法。设发生冲突的地址为 d，则用平方探查法所得到的新的地址序列为 $d+1^2$，$d-1^2$，$d+2^2$，$d-2^2$，…，平方探测法是一种较好的处理冲突的方法，可以减少堆积问题的出现。它的缺点是不能探查

到 Hash 表上的所有单元，但至少能探查到一半的单元。

此外，开放定址法的探查方法还有伪随机序列法以及双 Hash 函数法（双 Hash 法即 Hash 地址为 H(H(k))）。

（2）链地址法

链地址法是把所有的同义词用单链表连接起来的方法。在这种方法中，Hash 表每个单元中存放的不再是记录本身，而是相应同义词单链表的表头指针。通过例 9-6 可以体会到用这种方法的具体建表过程。

9.4.3 散列表的性能分析

查找成功时的平均查找长度是指找到表中已有表项的平均比较次数，它是找到表中各个已有表项的平均比较次数。而查找不成功的平均查找长度是指在表中找不到待查的表项，但找到插入位置的平均比较次数，它是在表中所有可能散列到的地址上插入新元素时，为找到空位置而进行探查的平均次数。表 9-10 中列出了使用几种不同的方法解决冲突时 Hash 表的平均查找长度。从表中看到，Hash 表的平均查找长度与关键字个数 n 无关，而与装填因子 a 有关（装填因子在考题中的用法会在例 9-6 中介绍）。**装填因子是关键字个数和表长度的比值**。

说明：对于表 9-10，不需要记忆，只需了解各种冲突解决方法所对应的平均查找长度随装填因子 a 的变化趋势即可。

【例 9-6】 用关键字序列{1，9，12，11，25，35，17，29}创建一个 Hash 表，装填因子 a 为 1/2，试确定表长 m，采用除留余数法构造 Hash 函数，采用链地址法来处理冲突，并计算查找成功与不成功时的平均查找长度 ASL_1 和 ASL_2（只将与关键字的比较计算在内）。

表 9-10　解决冲突的平均查找长度

解决冲突的方法	平均查找长度	
	查找成功时	查找不成功时
线性探查法	$[1+1/(1-a)]/2$	$[1+1/(1-a)^2]/2$
平方探查法	$-(1/a)\ln(1-a)$	$1/(1-a)$
链地址法	$1+a/2$	$a+e^a \approx a$

分析：

1）由装填因子 a 的定义知道，a=n/m，其中 n 为关键字个数，m 为表长，因此可以求出 m 为 16（考研大题中对装填因子的考查主要在这里）。

2）除留余数法的 Hash 函数构造公式为 H(key)=key Mod p，其中 p 为不大于表长的最大素数（如果 p 大于 m，则对 p 取余数后有可能映射到表之外的地址，因此 p 必须不大于表长，与素数做取余运算后可以使得 Hash 地址尽可能地散落均匀，减少冲突，因此 p 取素数），因表长为 16，所以 p 取 13，Hash 函数为

$$H(key)=key\ Mod\ 13$$

3）用 2）中构造的 Hash 函数并用链地址法处理冲突所建立的 Hash 过程如下：

1 Mod 13=1，1 插在地址为 1 的链表表尾；
9 Mod 13=9，9 插在地址为 9 的链表表尾；
12 Mod 13=12，12 插在地址为 12 的链表表尾；
11 Mod 13=11，11 插在地址为 11 的链表表尾；
25 Mod 13=12，25 插在地址为 12 的链表表尾；
35 Mod 13=9，35 插在地址为 9 的链表表尾；
17 Mod 13=4，17 插在地址为 4 的链表表尾；
29 Mod 13=3，29 插在地址为 3 的链表表尾。

由此所得 Hash 表如图 9-48 所示。

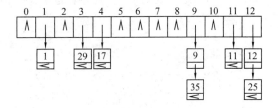

图 9-48　例 9-6 的 Hash 表

4）对于查找成功与不成功的情况下平均查找长度的求解与例 9-5 类似，对于 ASL_1 根据关键字来计算，对于 ASL_2 根据地址来计算。

① 求 ASL_1。

由表 9-11 可知，ASL_1=(1+1+1+1+2+1+1+2)/8=1.25。

表 9-11 关键字比较次数

关键字	1	29	17	9	35	11	12	25
比较次数	1	1	1	1	2	1	1	2

② 求 ASL_2。

由表 9-12 可知，$ASL_2=(0+1+0+1+1+0+0+0+0+2+0+1+2)/13=0.62$。

表 9-12 地址比较次数

地址	0	1	2	3	4	5	6	7	8	9	10	11	12
比较次数	0	1	0	1	1	0	0	0	0	2	0	1	2

▲真题仿造

设计一个算法，判断给定的二叉树是否是二叉排序树，假设二叉排序树已经存储在二叉链表存储结构中，树结点个数为 n，结点值为 int 型。
（1）给出基本设计思想。
（2）根据设计思想，采用 C 或 C++语言描述算法，并在关键之处给出注释。
（3）分析算法的时间复杂度和空间复杂度。

真题仿造答案与解析

解：
（1）基本设计思想
对二叉排序树来说，其中序遍历序列为递增有序序列。因此，对给定的二叉树进行中序遍历，如果能保证前一个值不比后一个值大，则说明该二叉树是一棵二叉排序树。

（2）算法描述

```
int predt=INF;        //假设 INF 为已定义的常量，它小于树中的任何值，predt 始终
                      //记录着当前所访问结点的前驱的值
int judBST(BTNode *bt)
{
    int b1,b2;
    if(bt==NULL)      //空树是二叉排序树
        return 1;
    else
    {
        b1=judBST(bt->lchild);       //递归地判断左子树是否是二叉排序树
        if(b1==0||predt>bt->data)    //左子树不是二叉排序树或者 predt 大
            return 0;                //于当前根结点值，则该树不是二叉排序树
        predt=bt->data;   //将要访问右子树根时，predt 记录下当前根结点的值
        b2=judBST(bt->rchild);       //递归地判断右子树是否为二叉排序树
        return b2;
    }
}
```

（3）时间复杂度与空间复杂度分析

1）时间复杂度分析。本题基本操作的实质是对排序树中序遍历序列中的元素的检查，即当前元素与其前驱的比较。元素的个数为 n，因此时间复杂度为 O(n)。

2）空间复杂度分析。本题是个递归的过程，用到了系统栈，栈的最大深度决定了空间复杂度。对于一棵二叉树进行递归遍历，所需栈的最大深度即为二叉树的高度，对于结点数为 n 的二叉树，其高度为 $\log_2 n$ 级，因此空间复杂度为 $O(\log_2 n)$。

习题+真题精选

微信扫码看本章题目讲解视频：

一、习题

（一）选择题

1. 若查找每个关键字的概率均等，则在具有 n 个关键字的顺序表中采用顺序查找法查找一个记录，其查找成功的平均查找长度 ASL 为（　　）。

　　A．(n−1)/2　　　　　　　　　B．n/2

　　C．(n+1)/2　　　　　　　　　D．n

2. 顺序查找法的平均查找长度为（　　），二分法查找的平均查找长度为（　　）。假定 n 为线性表中关键字的个数，且每次查找都是成功的。

　　A．n+1　　B．$2\log_2 n$　　C．$\log_2 n$　　D．(n+1)/2　　E．$n\log_2 n$　　F．n^2

3. 下面关于折半查找的叙述正确的是（　　）。

　　A．表必须有序，表可以顺序方式存储，也可以链表方式存储

　　B．表必须有序，而且只能从小到大排列

　　C．表必须有序，且表中关键字必须是整型、实型或字符型

　　D．表必须有序，且表只能以顺序方式存储

4. 对于同一个表，用二分（折半）法查找表的元素的速度比用顺序法（　　）。

　　A．必然快　　　　　　　　　　B．必然慢

　　C．相等　　　　　　　　　　　D．不能确定

5. 具有 12 个关键字的有序表，对每个关键字的查找概率相同，折半查找成功的平均查找长度 ASL 为（　　）。

　　A．37/12　　　　B．35/12　　　　C．39/12　　　　D．43/12

6. 折半查找的时间复杂度为（　　）。

　　A．$O(n^2)$　　　　　　　　　B．O(n)

　　C．$O(n\log_2 n)$　　　　　　　D．$O(\log_2 n)$

7. 分别用以下序列构造二叉排序树，与用其他 3 个序列所构造的结果不同的是（　　）。

　　A．{100，80，90，60，120，110，130}

　　B．{100，120，110，130，80，60，90}

　　C．{100，60，80，90，120，110，130}

　　D．{100，80，60，90，120，130，110}

8. 在平衡二叉树中插入一个结点后造成了不平衡，设最小不平衡子树根为 A，并已知 A 的左孩子的平衡因子为 0，右孩子的平衡因子为 1，则应做（　　）型调整以使其平衡。

A. LL　　　　　B. LR　　　　　C. RL　　　　　D. RR

9. 下面关于 m 阶 B-树说法正确的是（　　）。

① 每个结点至少有两棵非空子树
② 树中每个结点至多有 m-1 个关键字
③ 所有叶子在同一层上
④ 当插入一个数据项引起 B-树结点分裂后，树长高一层

A. ①②③　　　B. ②③　　　　C. ②③④　　　D. ③

10. 下面关于 B-树和 B+树的叙述中，不正确的是（　　）。

A. B-树和 B+树都是平衡的多叉树
B. B-树和 B+树都可用于文件的索引结构
C. B-树和 B+树都能有效地支持顺序查找
D. B-树的叶子结点不包含关键字，而 B+树的叶子结点包含关键字

11. m 阶 B-树是一棵（　　）。

A. m 叉查找树　　　　　　　　B. m 叉平衡查找树
C. m-1 叉平衡查找树　　　　　D. m+1 叉平衡查找树

12. 在一棵 m 阶的 B-树中，除根结点以外的结点的分支数 S 应满足（　　）。

A. ⌈m/2⌉≤S≤m　　　　　　　B. ⌈m/2⌉-1≤S≤m-1
C. ⌈m/2⌉≤S≤m-1　　　　　　D. ⌈m/2⌉-1≤S≤m

13. 设有一组记录的关键字为{19，14，23，1，68，20，84，27，55，11，10，79}，用链地址法构造 Hash 表，Hash 函数为 H(key)=key Mod 13，散列地址为 1 的链中有（　　）个关键字。

A. 1　　　　　B. 2　　　　　C. 3　　　　　D. 4

14. 若采用链地址法构造散列表，Hash 函数为 H(key)=key Mod 17，则需①中的（　　）个链表。这些链的链首指针构成一个指针数组，数组的下标范围为②中的（　　）。

① A. 17　　　　B. 13　　　　C. 16　　　　D. 任意
② A. 0～17　　 B. 1～17　　　C. 0～16　　　D. 1～16

15. 关于 Hash 查找以下说法不正确的有（　　）个。

① 采用链地址法解决冲突时，查找任一个元素的时间都是相同的
② 采用链地址法解决冲突时，若插入规定总是在链首，则插入任一个元素的时间都是相同的
③ 用链地址法解决冲突易引起堆积现象
④ 线性探查法不易产生堆积现象

A. 1　　　　　B. 2　　　　　C. 3　　　　　D. 4

16. 设 Hash 表长为 14，Hash 函数是 H(key)=key Mod 11，表中已有数据的关键字为 15、38、61、84，共 4 个，现要将关键字为 49 的结点添加到表中，用平方探查法解决冲突，则放入的位置是（　　）。

A. 8　　　　　B. 3　　　　　C. 5　　　　　D. 9

17. 假定有 k 个关键字互为同义词，若用线性探查法把这 k 个关键字存入散列表中，至少要进行（　　）探测。

A. k-1 次　　　　　　　　　　B. k 次
C. k+1 次　　　　　　　　　　D. k(k+1)/2 次

18. Hash 函数有一个共同的性质，即函数值应当尽量以（　　）取其值域的每个值。

A. 最大概率　　　　　　　　　B. 最小概率
C. 平均概率　　　　　　　　　D. 同等概率

19. Hash 表的地址区间为 0～16，Hash 函数为 H(K)=K mod 17。采用线性探查法处理冲突，并将关键字序列{26，25，72，38，8，18，59}依次存储到 Hash 表中。

（1）关键字 59 存放在 Hash 表中的地址是（　　）。

A. 8　　　　　　B. 9　　　　　　C. 10　　　　　　D. 11

（2）存放关键字 59 需要探查的次数是（　　）。

A. 2　　　　　　B. 3　　　　　　C. 4　　　　　　D. 5

20. 将 10 个元素散列到 100 000 个单元的 Hash 表中，则（　　）产生冲突。

A. 一定会　　　　　　　　　　　B. 一定不会

C. 仍可能会　　　　　　　　　　D. 不能确定

21. 顺序查找法适合于存储结构为（　　）的线性表。

A. 散列存储　　　　　　　　　　B. 顺序存储或者链式存储

C. 压缩存储　　　　　　　　　　D. 索引存储

22. 对线性表进行二分查找时，要求线性表必须（　　）。

A. 以顺序方式存储　　　　　　　B. 以链表方式存储

C. 以顺序方式存储，且关键字要有序　　D. 以链表方式存储，且关键字要有序

23. 有一个有序表为{1, 3, 9, 12, 32, 41, 45, 62, 75, 77, 82, 95, 99}，采用二分查找法，找到 82 共进行（　　）比较。

A. 1 次　　　　　B. 2 次　　　　　C. 4 次　　　　　D. 8 次

24. 对有 18 个元素的有序表 R[1,…,18]进行二分查找，则查找 R[3]的比较序列下标为（　　）。

A. 1，2，3　　　　　　　　　　　B. 9，5，2，3

C. 9，5，3　　　　　　　　　　　D. 9，4，2，3

25. 在一棵二叉排序树上，查找关键字为 35 的结点，依次比较的关键字有可能是（　　）。

A. 28，36，18，46，35　　　　　B. 18，36，28，46，35

C. 46，28，18，36，35　　　　　D. 46，36，18，28，35

26. 图 9-49 所示的二叉排序树查找成功时的平均查找长度为（　　），查找不成功时的平均查找长度为（只将与关键字的比较次数计算在内）（　　）。

A. 21/7　　　　　　B. 28/7

C. 15/6　　　　　　D. 21/6

27. 在一棵平衡二叉树中，每个结点的平衡因子的取值范围是（　　）。

A. -1～1　　　　　　B. -2～2

C. 1～2　　　　　　D. 0～1

图 9-49　选择题第 26 题图

28. 在图 9-50 所示的树中，属于平衡二叉树的是（　　）。

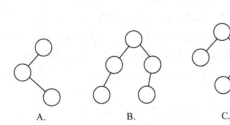

图 9-50　选择题第 28 题图

29. 具有 5 层结点的平衡二叉树至少有（　　）个结点。

A. 10　　　　　　B. 12　　　　　　C. 15　　　　　　D. 17

30. 在含有 12 个结点的平衡二叉树上，查找关键字 35（树中存在该结点）的结点，则依次比较的关键字序列有可能是（　　）。

A．46，36，18，20，28，35　　　　B．47，37，18，27，36
C．27，48，39，43，37　　　　　　D．15，25，55，35

31．在含有15个结点的平衡二叉树上，查找关键字为28的结点，则依次比较的关键字可能是（　　）。
A．30，36　　　　　　　　　　　B．38，48，28
C．48，18，38，28　　　　　　　D．60，30，50，40，38，28

32．一棵高度为k的平衡二叉树，其每个非叶子结点的平衡因子均为0，则该树共有（　　）个结点。
A．$2^{k-1}-1$　　　　　　　　　　　B．2^{k-1}
C．$2^{k-1}+1$　　　　　　　　　　　D．2^k-1

33．查找效率最高的二叉排序树为（　　）。
A．所有结点的左子树都为空的二叉排序树
B．所有结点的右子树都为空的二叉排序树
C．平衡二叉树
D．没有左子树的二叉排序树

34．设有n个关键字，Hash查找法的时间复杂度是（　　）。
A．O(1)　　　　　　　　　　　　B．O(n)
C．O($\log_2 n$)　　　　　　　　　　D．O(n^2)

（二）综合应用题

1. 基础题

（1）将二叉排序树T的前序序列中的关键字依次插入到一棵空的二叉排序树中，得到二叉排序树T'，T'与T是否相同？为什么？

（2）设二叉排序树中的关键字互不相同，则其中的最小元素必无左子女，最大元素必无右子女。此命题是否正确？最小元素和最大元素一定是叶子结点吗？一个新元素总是作为叶子结点插入二叉排序树吗？

（3）若分别对大小均为n的有序顺序表和无序顺序表进行顺序查找，试在下列3种情况下分别讨论两者在等概率时的平均查找长度是否相同（在表的尾部有一个查找结束标记关键字）。
1）查找不成功，即表中没有关键字等于给定值Key。
2）查找成功，且表中只有一个关键字等于给定值Key。
3）查找成功，且表中有若干关键字等于给定值Key，要求找出所有这些记录。

（4）已知一组关键字为{26，36，41，38，44，15，68，12，6，51，25}，用链地址法解决冲突。假设装填因子a=0.75，Hash函数的形式为H(Key)=Key Mod P。
1）构造Hash函数。
2）计算等概率情况下查找成功时的平均查找长度ASL_1。
3）计算等概率情况下查找失败时的平均查找长度ASL_2（只将与关键字的比较次数计算在内）。

（5）已知记录的关键字集合为{53，17，19，61，98，75，79，63，46，49}，要求用除留余数法将关键字散列到地址区间{100，101，102，103，104，105，106，107，108，109}内，若产生冲突，则用开放定址法的线性探查法解决。要求写出选用的Hash函数及形成的Hash表，计算出查找成功时的平均查找长度（设等概率情况）。

（6）设有一棵空的3阶B-树，依次插入关键字{30，20，10，40，80，58，47，50，29，22，56，98，99}，请画出该树。

（7）高度为h的m阶B-树至少有多少个结点？

（8）直接在平衡二叉树中查找关键字Key与在对其进行中序遍历输出的有序序列中查找关键字Key，其效率是否相同？按关键字有序序列输入关键字，构造一棵二叉排序树，然后对此树进行查找，其效率如何？为什么？

（9）已知长度为11的表{xal，wan，wil，zol，yo，xul，yum，wen，wim，zi，yon}，按表中元素顺

序依次插入一棵初始为空的平衡二叉排序树（单词的大小按字典顺序来决定，即在字典中靠前的小、靠后的大），画出插入完成后的平衡二叉树，并求其在等概率的情况下查找成功时的平均查找长度。

（10）在平衡二叉树的每个结点中增设一个域 lsize，存储以该结点为根的左子树中的结点个数加 1。编写一个算法，确定树中第 k（k≥1）个结点的位置。

2．思考题

（1）设在一棵二叉排序树的每个结点中，都含有关键字值 key 域和统计相同关键字值结点个数的 count 域，当向该树插入一个元素时，若树中已存在与该元素的关键字值相同的结点，则使该结点的 count 域增 1，否则就由该元素生成一个新结点并插入到树中，然后使其 count 域置为 1，试按照这种插入要求编写一个算法。

（2）编写一个算法，判定给定的关键字值序列（假定关键字值互不相同）是否是二叉排序树的查找序列。若是函数则返回 1，否则返回 0。

二、真题精选

（一）选择题

1．下列叙述中，不符合 m 阶 B-树定义要求的是（　　）。
A．根结点最多有 m 棵子树　　　　　　B．所有叶结点都在同一层上
C．各结点内关键字均升序或降序排列　　D．叶结点之间通过指针链接

2．已知一个长度为 16 的顺序表 L，其元素按关键字有序排列，若采用折半查找法查找一个 L 中不存在的元素，则关键字的比较次数最多是（　　）。
A．4　　　　　　B．5　　　　　　C．6　　　　　　D．7

3．为提高散列（Hash）表的查找效率，可采取的正确措施是（　　）。
① 增大装填因子
② 设计冲突少的散列函数
③ 处理冲突时避免产生聚集（堆积）现象
A．仅①　　　　　B．仅②　　　　　C．仅①②　　　　D．仅②③

4．设有一棵 3 阶 B-树，如图 9-51 所示。删除关键字 78 得到一棵新的 B-树，其最右终端结点所含的关键字是（　　）。

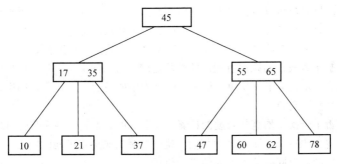

图 9-51　真题精选选择题第 4 题图

A．60　　　　　B．60，62　　　　C．62，65　　　　D．65

5．在一株高度为 2 的 5 阶 B-树中，所含关键字的个数最少是（　　）。
A．5　　　　　　B．7　　　　　　C．8　　　　　　D．14

（二）综合应用题

1．将关键字序列{7、8、30、11、18、9、14}散列存储到散列表中，散列表的存储空间是一个下标从 0 开始的一维数组，散列函数为 H(key)=(key×3) Mod 7，处理冲突采用线性探测再散列法，要求装填因子为 0.7。

（1）请画出所构造的散列表。

(2) 分别计算等概率情况下，查找成功和查找不成功时的平均查找长度。

2. 设包含 4 个数据元素的集合 S={"do","for","repeat","while"}，各元素的查找概率依次为：p1=0.35，p2=0.15，p3=0.15，p4=0.35。将 S 保存在一个长度为 4 的顺序表中，采用折半查找法，查找成功时的平均查找长度为 2.2。请回答：

(1) 若采用顺序存储结构保存 S，且要求平均查找长度更短，则元素应如何排列？应使用何种查找方法？查找成功时的平均查找长度是多少？

(2) 若采用链式存储结构保存 S，且要求平均查找长度更短，则元素应如何排列？应使用何种查找方法？查找成功时的平均查找长度是多少？

习题答案+真题精选答案

一、习题答案
（一）选择题

1. C。本题考查顺序查找法的平均查找长度。由题干知查找 n 个关键字的概率是相等的，因此对于每个关键字的查找概率均为 1/n。在表中第一个关键字的比较次数为 1，以后的每个关键字的比较次数比前一个多 1，一共 n 个记录，因此由等差数列求和公式可得所有记录比较次数的总和为(1+n)n/2，则平均查找长度为(1/n)×(1+n)n/2=(n+1)/2。

2. D，C。本题考查顺序查找法和折半查找法的平均查找长度。
1) 顺序查找法的平均查找长度在第 1 题中已经讲过，答案选 D。
2) 根据折半查找法的执行过程可以做出一棵二叉树，即折半查找判定树，如果将这个二叉树的最底层结点去掉，则这棵二叉树是一棵满二叉树，而查找过程就是走了从根结点到树中某一结点的一条路径，路径上结点的个数就是关键字的比较次数。对于这棵二叉树，其高度为$\lfloor \log_2 n \rfloor+1$，这是表中关键字的最大比较次数，则折半查找的平均查找长度应该不大于$\lfloor \log_2 n \rfloor+1$，由此可知答案选 C。

3. D。本题考查折半查找的适用情况。
选项 A，折半查找是基于随机存储方式的算法，必须用顺序表而不能用链表，因此 A 错。
选项 B，折半查找表要求元素有序，但没有要求其表中元素是递增有序还是递减有序。由折半查找的判定树也可以看出，只要根结点能将树中结点分为两部分，一部分结点值大于根结点值，一部分结点值小于根结点值即可，而没有左子树结点值必须小于右子树结点值这样的特殊规定，因此 B 错。
选项 C，折半查找方法只要求关键字有序，而对关键字的数据类型没有规定，因此 C 错。

4. D。本题考查折半查找法与顺序查找法的性能比较。对于同一个表，如果找的是表中的第一个元素，则用顺序查找方法一定比折半查找快；如果找的是表中的最后一个元素，则用顺序查找方法一定比折半查找方法慢。因此本题选 D。

5. A。本题考查折半查找平均查找长度的计算。我们可以假设关键字序列为{1，2，3，4，5，6，7，8，9，10，11，12}，只要表中的关键字个数相同，就一定会生成形状相同的判定树。这里的形状相同是指两棵树的结构是一样的，但同一位置上的结点的值可以不一样。判定树只要形状相同，平均查找长度就相同，含有 12 个关键字的有序表必然可以生成与图 9-52 所示的树形状相同的判定树。

由图 9-52 所示的判定树可以得出各关键字的比较次数，关键字的比较次数即为关键字在树中的层数。由此可以得出：

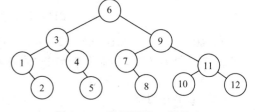

图 9-52 选择题第 5 题答案

关键字	1	2	3	4	5	6	7	8	9	10	11	12
比较次数	3	4	2	4	3	1	3	4	2	4	3	4

因此 ASL=(3+4+2+3+4+1+3+4+2+4+3+4)/12=37/12，故本题选 A。

6．D。**本题考查折半查找算法的时间复杂度**。由第 2 题的讲解可知，对规模为 n 的有序表进行折半查找的平均查找长度不大于 $\lfloor \log_2 n \rfloor +1$。在不做特殊说明的情况下，算法的时间复杂度就是最坏情况下基本运算的执行次数 f(n)。查找中基本运算为关键字的比较，因此对于折半查找，最坏情况下的比较次数 f(n)=$\lfloor \log_2 n \rfloor$+1，折半查找算法的时间复杂度为 $O(\log_2 n)$。因此本题选 D。

7．C。**本题考查二叉排序树的建立**。对于这类选择题，其实不需要对每个选项都画出相应的二叉排序树之后再进行比较，直接观察选项即可。经过观察可知，选项 A、B、D 中根结点的左孩子结点为 80，而选项 C 中根结点的左孩子结点为 60，至此即可判断选项 C 所构造的二叉排序树一定和其他 3 项不同，因此本题选 C。

8．C。**本题考查平衡二叉树的平衡调整**。由题意可知，在插入前，A 的平衡因子为-1，A 的右孩子（图 9-53 左图中的结点 C）的平衡因子为 0；插入结点后（新结点插入在 D 的子树上，图中没有画出），A 的平衡因子变为-2，C 的变为 1。结点必插入到 C 的左子树上，A、C、D 是需要进行平衡调整的 **3 个结点**。图 9-53 中虚线框内所示的 A、C、D 3 个结点构成的子树需要进行 RL 型平衡调整，因此本题选 C。

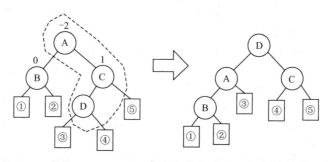

图 9-53　选择题第 8 题答案

结点 D 中关键字大于 A 小于 C，因此将 D 作为根，A、C 分别为其左、右子树。此时 A 空出来一个右指针，C 空出来一个左指针，而③、④变成了两棵独立的树。③中关键字都小于④中关键字，即在最终树中，③应该在④的左边。因此，③应该挂在 A 的右指针上，④应该挂在 C 的左指针上，最终结果如图 9-53 右图所示。

9．B。**本题考查 B-树的定义及插入操作**。

m 阶 B-树的根结点至少有两棵子树，并且这两颗子树可以是空树，其余结点至少有 $\lceil m/2 \rceil$ 个分支，即 $\lceil m/2 \rceil$ 棵子树，因此①不对。

每个结点中关键字的个数比分支数少 1，m 阶 B-树的一个结点中至多有 m 个分支，因此最多有 m-1 个关键字，因此②正确。

B-树是平衡的多路查找树，叶子结点均在同一层上，因此③正确。

发生结点分裂时不一定会使树长高。例如，向图 9-54a 中的 B-树插入一个关键字 10，变成图 9-54b 中的 B-树，使得第二层右端的一个结点分裂成两个，但是树并没有长高，因此④不对。

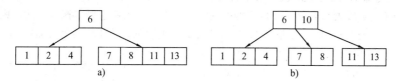

图 9-54　选择题第 9 题答案
a）原 B-树　b）插入一个关键字后的 B-树

10．C。**本题考查 B-树和 B+树的性质**。由定义知选项 A、B、D 正确。B+树所有的叶子结点包含了全部的关键字信息，且叶子结点本身依照关键字的大小自小而大顺序连接，可以进行顺序查找，而 B-

树则不可以，因此选项 C 错误。

11．B。本题考查 B-树的定义。m 阶 B-树说明每个结点至多有 m 个分支，B-树的所有叶子结点都在同一层上。因此，m 阶 B-树是一棵 m 叉平衡排序树，故本题选 B。

12．A。本题考查 B-树的定义。在 m 阶 B-树中，除了根结点以外，其余结点的分支数为 $\lceil m/2 \rceil \leqslant S \leqslant m$，因此本题选 A。

13．D。本题考查用除留余数法的 Hash 函数以及链地址法的冲突解决方法来建立 Hash 表的过程。只需用各个关键字与 13 做取余运算，结果为 1 就是地址为 1 的链中的关键字，经运算可知有 14、1、27、79 将被插入到地址为 1 的链中，因此本题选 D。

14．A，C。本题考查用链地址法处理冲突。由 Hash 函数可知，地址范围为 0~16，有 17 个地址，需要 17 个链表，因此本题选 A、C。

15．C。本题考查 Hash 冲突的处理方法。

如果两个元素在同一个链表中，查找时间肯定不相同，因此①不正确。

若插入规定在链首，则插入操作不需要查找插入位置即可直接进行，因此插入任何一个元素的时间均相同，因此②正确。这是相对于链表的尾插法而言的，在尾插法中，需要找到链表的尾部，因此链表的长度决定了插入元素的执行时间。

所谓堆积问题，即在 Hash 表的建立过程中，某些 Hash 地址是由冲突处理产生的，而不是由 Hash 函数直接产生的，这就可能造成原本 Key_1 与 Key_2 虽然不是同义词，但是最后却得出了相同的 Hash 地址。例如，在线性探查法处理冲突的过程中，设第一个同义词占用单元 d，之后连续的若干同义词将占用 Hash 表的 d+1、d+2 等单元，此时随后任何 d+1、d+2 等单元上的 Hash 映射都会由于前面的同义词堆积而产生冲突，尽管随后的这些关键字并没有同义词，因此④不正确。显然链地址法不会产生堆积现象，因为多个同义词只会占用表中的一个地址，因此③不正确。

说明：在考研数据结构的考题中，如果问链地址法会不会产生堆积现象，答案是不会；如果问堆积现象可不可以完全避免，答案是不可以。关于这个问题的解释在本章某题答案解释处，各位认真做完本章的题目后自然会找到。

16．D。本题考查 Hash 表的构造方法，以及冲突处理方法。已含有关键字 15、38、61、84 的 Hash 表如下：

下标	0	1	2	3	4	5	6	7	8	9	10
关键字						15	38	61	84		

因 H(49)=49 Mod 11=5，地址 5 处已经存在关键字，发生冲突，则另探查起始位置 d=5 并按照以下地址序列进行探查：$d+1^2$、$d-1^2$、$d+2^2$、$d-2^2$……经探查知 $d+2^2=9$ 处有空位置，因此 49 最终在 Hash 表中的位置为 9 处，故本题选 D。

说明：本题在添加结点序列 15、38、61、84 时没有发生冲突，因此处理起来比较简单，有的题目在这个过程中也存在冲突，需要用题目要求的方法进行冲突解决。考生在这里需要注意，以防出错。

17．D。本题考查 Hash 冲突解决方法中的线性探查法。在不发生堆积现象时，k 个互为同义词的关键字中，第一个关键字需要探查一次，以后的关键字均比前一个关键字要多探查一次，则每个关键字需要探查的次数构成一个首项为 1、公差为 1、项数为 k 的等差数列，因此总共需要 k(k+1)/2 次探查。如果在这个过程中发生了堆积现象（如图 9-55 所示，发生了堆积，a 占据了 k_{i+1} 的地址，则 k_{i+1} 的探查次数将比没有发生堆积现象的时候多 1 次），则会发生更多的探查，因此至少需要探查 k(k+1)/2 次，故本题选 D。

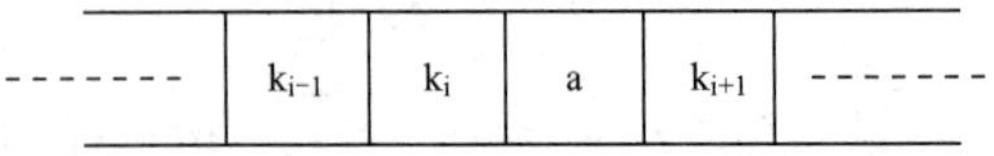

| ------- | k_{i-1} | k_i | a | k_{i+1} | ------- |

图 9-55　选择题第 17 题答案

18．D。本题考查构造 Hash 函数应遵循的原则。

这个原则在知识点讲解中并没有明确提到，但是应该知道，Hash 函数要尽可能地减少冲突的发生来提高查找的效率。如何减少冲突的发生呢？所谓冲突，通俗来讲就是关键字在表中扎堆，即关键字经 Hash

函数处理后落在表中各个位置上的概率不相等。因此要减少冲突，应当使得函数值以等概率取其值域中的每个值。这种题目就需要根据已有知识来推理得出答案，考生在学习的过程中要重在理解。

19．D，C。**本题考查 Hash 表的建立以及冲突处理**。先用 59 之前的关键字建表，过程如下：
H(26)=9，不冲突；H(25)=8，不冲突；H(72)=4，不冲突；H(38)=4，冲突，冲突处理后地址为 5；H(8)=8，冲突，冲突处理后地址为 10；H(18)=1，不冲突。当放入关键字 59 时，H(59)=8，冲突，后移一位得地址 9 也冲突，继续后移得地址 10 也冲突，继续后移得地址 11 不冲突。因此 59 在表中的地址为 11，共探查 4 次，故本题选 D、C。

20．C。**本题考查装填因子的性质**。装填因子越大，则越可能发生冲突（这是显而易见的，装填因子大，证明表中的关键字多，而空位置少，所以容易发生冲突）；装填因子越小，则冲突发生的可能性越小。但是不论什么情况都不能绝对避免冲突，因此本题选 C。

21．B。**本题考查顺序查找所使用的存储结构**。顺序查找方法适应于线性表，用顺序表或者链表来表示的线性表它都适应，因此本题选 B。

22．C。**本题考查二分查找法所适用的表的特点**。二分查找要求查找对象采用顺序存储结构，并且元素有序，因此本题选 C。

23．C。**本题考查二分查找的过程**。解决此类题目最保险的方法是构造二分查找判定树，虽然这样速度有点慢，但是不容易出错，本题的判定树如图 9-56 所示。

由图 9-56 所示的判定树可知，找到 82 时，共进行了 4 次比较，因此本题选 C。

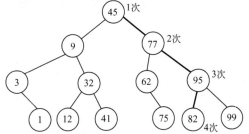

图 9-56 选择题第 23 题答案

24．D。**本题考查二分查找的过程**。本题可以通过构造二分查找判定树来解决，这里采用另一种方法，直接计算比较序列下标。第一次：$\lfloor (1+18)/2 \rfloor$=9，下一次查找子区间为 1～8；第二次：$\lfloor (1+8)/2 \rfloor$=4，下一次查找子区间为 1～3；第三次：$\lfloor (1+3)/2 \rfloor$=2，下一次查找子区间为 3～3；第四次：$\lfloor (3+3)/2 \rfloor$=3。因此，比较序列下标为 9，4，2，3，故本题选 D。

25．D。**本题考查二叉排序树的查找过程**。可以根据选项画出查找路线上的结点，根据二叉排序树的规定来排除不满足条件的选项。根据题目选项所得查找路线如图 9-57 所示。

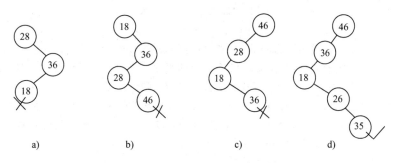

图 9-57 选择题第 25 题答案
a）选项 A　b）选项 B　c）选项 C　d）选项 D

选项 A 中 28 的右子树中出现了小于它的 18，不满足二叉排序树规定，排除。
选项 B 中 36 的左子树中出现了大于它的 46，不满足二叉排序树规定，排除。
选项 C 中 28 的左子树中出现了大于它的 36，不满足二叉排序树规定，排除。
因此本题选 D。

26．C，A。**本题考查二叉排序树平均查找长度的计算**。由题意进行如下分析：
查找成功：

关键字	62	30	74	15	56	48
比较次数	1	2	2	3	3	4

查找成功时的平均查找长度=(1+2+2+3+3+4)/6=15/6。

查找失败：

失败位置	①	②	③	④	⑤	⑥	⑦
比较次数	3	3	4	4	3	2	2

查找失败时的平均查找长度=(3+3+4+4+3+2+2)/7=21/7。

27．A。本题考查平衡因子的定义以及平衡二叉树的定义。结点的平衡因子为其左子树与右子树的高度之差。平衡二叉树的左、右子树都是平衡二叉树，且左、右子树高度之差的绝对值不超过 **1**。因此本题选 A。

28．B。本题考查平衡因子的定义以及平衡二叉树的定义。计算出各结点的平衡因子如图 9-58 所示。

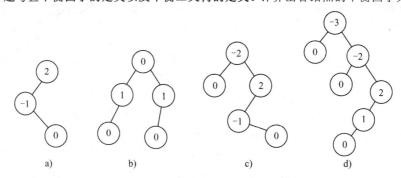

图 9-58　选择题第 28 题答案
a）选项 A　b）选项 B　c）选项 C　d）选项 D

由各结点平衡因子可知选项 B 中的二叉树为平衡二叉树。

29．B。本题为平衡二叉树知识的扩展，属于考纲模糊范围内的考点。设 N_h 表示高度为 h 的平衡二叉树中含有的最少结点数，则有

$$N_0=0, N_1=1, N_2=2, \cdots, N_h=N_{h-1}+N_{h-2}+1$$

由以上递推公式可知 $N_5=12$。因此本题选 B。

30．D。本题为平衡二叉树知识的扩展。由第 29 题的公式 $N_0=0, N_1=1, N_2=2, \cdots, N_h=N_{h-1}+N_{h-2}+1$ 可以算出 $N_3=4, N_4=7, N_5=12$。也就是说，12 个结点的平衡二叉树中叶子结点的最小层数为 3，最大层数为 5，又由于 35 是存在的，因此最多查找 5 次就一定能找到，可以排除 A、B、C 三项。

31．C。本题为平衡二叉树知识的扩展。根据第 29 题的公式有 $N_3=4, N_4=7, N_5=12, N_6=20>15$。也就是说，高度为 6 的平衡二叉树最少有 20 个结点，因此 15 个结点的平衡二叉树的最大高度为 5，而最小叶子结点的层数为 3，所以选项 A 错。而选项 B 和 D 的查找过程不能构成二叉排序树，因此错误。

说明：在第 **29、30、31** 三个题中介绍了一个公式，即 N_h 表示高度为 h 的平衡二叉树中含有的最少结点数，有

$N_0=0, N_1=1, N_2=2, \cdots, N_h=N_{h-1}+N_{h-2}+1$

通过上式可以确定一定高度的平衡二叉树的最少结点数。例如，$N_5=12$，即表示高度为 5 的平衡二叉树中最少有 **12** 个结点，可以做出此平衡二叉树，如图 **9-59** 所示。

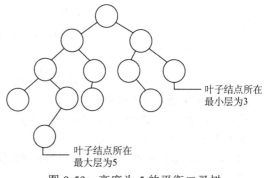

图 9-59　高度为 5 的平衡二叉树

以上树形中反映的信息有助于解决相关题目,这一点在第 29、30、31 三个题中体现得非常明显。

32. D。本题考查平衡因子与满二叉树知识的综合应用。由于每个非叶子结点的平衡因子均为 0,也即每个非终端结点都有左子树和右子树,且高度相等,因此这样的平衡二叉树为满二叉树,而高度为 k 的满二叉树的结点为 2^k-1。

33. C。本题考查平衡二叉树的查找效率。二叉排序树的查找效率取决于其高度。对于结点个数相同的二叉排序树,平衡二叉树的高度最小,因此效率最高。

34. A。本题考查 Hash 表的查找效率。Hash 查找法是通过关键字结合 Hash 函数和冲突处理方法直接算出关键字在表中的位置,与表的长度 n 无关,其查找的时间复杂度对于 n 为常量级,即 O(1)。

(二)综合应用题

1.基础题

(1)答

构造出来的二叉排序树与原来的相同。

因为二叉排序树是二叉树,它的前序序列的第一个元素一定是二叉排序树的根,而对应前序序列的根后面的所有元素分为两组:从根的后一元素开始,其值小于根的值的一组元素就是树的左子树的结点的前序序列,剩下的元素的值大于根的值,即为树的右子树的结点的前序序列。在把前序序列的元素依次插入初始为空的二叉排序树时,第一个元素就成为树的根,它后面第一组元素的值都小于根结点的值,可以递归建立根的左子树;第二组元素的值都大于根结点的值,可以递归地建立根的右子树。最后插入的结果就是一棵与原来二叉排序树相同的二叉排序树。

(2)答

1)最小元素必无左子女,最大元素必无右子女,此命题正确。

根据二叉排序树的定义,二叉排序树的根结点的关键字值一定大于左子树(若非空)上所有结点的关键字值,同时一定小于右子树(若非空)上所有结点的关键字值,而根结点的左、右子树也是二叉排序树。这是一个递归的定义。因此寻找最小元素的过程可以是一个递归的过程,逐层查找树(或子树)根结点的左子树,直至根结点的左子树空为止,这个子树的根结点就是最小元素所在结点,它无左子女;同样,寻找最大元素的过程也可以是一个递归的过程,逐层查找树(或子树)根结点的右子树,直至根结点的右子树空为止,这个子树的根结点就是最大元素所在结点,它无右子女。

2)最小元素和最大元素不一定是叶子结点。

具有最小关键字值的结点可以有右子树,具有最大关键字值的结点可以有左子树。

3)一个新元素总是作为叶子结点插入二叉排序树的。

在插入新元素时,插入算法总是先调用查找算法,从根开始查找是否具有相等关键字值的结点,如果查找成功,则不插入;如果查找失败,则新结点作为叶子结点插入到刚刚查找失败的位置。

(3)分析

1)查找长度不同。原因:扫描有序表,只要发现第一个比关键字大的值,即可结束扫描,无须扫描整个表,因此平均查找长度与无序表不同。

2)查找成功时,对于两种表都是逐个扫描关键字,直到找到与给定的 Key 相同的关键字为止,因此平均查找长度均为(n+1)/2。

3)有序表中相同关键字在表中的位置一定是相邻的,而无序表中相同关键字是随机散落在表中的。因此,对于有序表,找到第一个与 Key 相同的元素后,只需继续扫描,找到最后一个与 Key 不相同的元素即可;而对于无序表,则需要扫描整个表。对于无序表的平均查找长度为 n+1,而对于有序表则小于 n+1。

答:

1)不同,有序顺序表为(n+1)/2,无序顺序表为 n+1。

2)相同,有序顺序表为(n+1)/2,无序顺序表也为(n+1)/2。

3)不同,有序顺序表小于 n+1,无序顺序表为 n+1。

（4）分析

此题为简单的 Hash 构造题目，按照之前所讲的方法直接构造即可。

1）由装填因子 a=0.75，表中元素个数 n=11，得表长为 $\lceil n/a \rceil$=15。p 取不大于表长的最大素数，因此 p 为 13。

所构造的 Hash 函数为 H(Key)=Key Mod 13。

由 Hash 函数求各关键字的 Hash 地址如下：

{26，36，41，38，44，15，68，12，6，51，25}

H(26)=0，H(36)=10，H(41)=2，H(38)=12，H(44)=5，H(15)=2，H(68)=3，H(12)=12，H(6)=6，H(51)=12，H(25)=12。

由此可以构造出用链地址法处理冲突的 Hash 表，如图 9-60 所示。

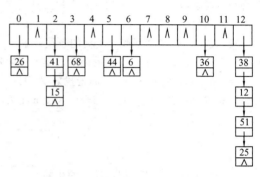

图 9-60　基础题第（4）题答案

2）由图 9-60 可知，ASL_1=(1+1+2+1+1+1+1+1+2+3+4)/11=18/11。

3）ASL_2=(1+0+2+1+0+1+1+0+0+0+1+0+4)/13=11/13。

（5）分析

本题是一般的除留余数法的变形，可以先将关键字散列到 0～9 的范围内，然后向右平移 100 个单位，即可散列到 100～109 内。

设 Hash 函数为 H(key)=key Mod p+100，因表长为 10，p 取不大于表长的最大素数，即 7，因此得 Hash 函数为 H(key)=key Mod 7+100。

所得的 Hash 表见表 9-13。

表 9-13　基础题第（5）题所得的 Hash 表

散列地址	100	101	102	103	104	105	106	107	108	109
关键字	98	63	79	17	53	19	61	75	46	49
比较次数	1	2	1	1	1	1	2	3	5	10

用线性探测在散列解决冲突时，查找成功时的平均查找长度 ASL=(1+2+1+1+1+1+2+3+5+10)/10=27/10。

（6）分析

本题考查一般的 B-树建立，按照例题中所讲的步骤解题即可。

3 阶 B-树的结点中，关键字个数范围为 1～2。按关键字序列逐个插入后所得的 B-树如图 9-61 所示。

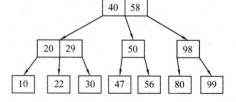

图 9-61　基础题第（6）题答案

（7）分析

由 B-树的定义可知，根结点最少有两个分支，其余结点分支数为 $\lceil m/2 \rceil$～m 个。因此，第一层有 1 个结点，第二层至少有 2 个结点，第三层有 $2\times\lceil m/2 \rceil$ 个结点，第四层有 $2\times\lceil m/2 \rceil^2$ 个结点……第 h+1 层至少有 $2\times\lceil m/2 \rceil^{h-1}$ 个结点（h≥2）。结点总数为：

$$N=1+2+2\times\lceil m/2 \rceil+2\times\lceil m/2 \rceil^2+\cdots+2\times\lceil m/2 \rceil^{h-1}=2\times(1-\lceil m/2 \rceil^h)/(1-\lceil m/2 \rceil)+1$$

注意：高度为 h 的 B-树有 h+1 层，因本书规定高度不包含叶子结点层，这在不同的书中有不同的规定。有的书中高度包含叶子结点层，则高度为 h 的 B-树有 h 层。这需要考生根据自己目标学校的指定参考书或者历年考卷来确定其具体规定。

（8）分析

在平衡二叉树上查找关键字 Key，走了一条从根到叶子的路径，时间复杂度可以通过树的高度来反映，是 $O(log_2 n)$。在中序遍历输出的序列中查找关键字 Key，如果采用顺序查找，则时间复杂度是 O(n)；

如果采用折半查找，则时间复杂度是 $O(\log_2 n)$。

按序输入建立的二叉排序树，因为插入元素是有序的，因此所有的插入操作都会发生在最左边的叶子结点的左指针上，或者最右边的叶子结点的右指针上，这样所形成的二叉排序树蜕变为单枝树，折半查找也蜕变成了顺序查找，如图 9-62 所示，其平均查找长度是 $(n+1)/2$，时间复杂度是 $O(n)$。

（9）分析

按照二叉排序树的插入算法将关键字逐个插入树中，在发生不平衡现象时进行平衡调整，最后即可得到平衡二叉树，操作步骤如下：

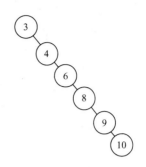

图 9-62 按序列{3，4，6，8，9，10}所建立起的二叉排序树

1）插入关键字 xal、wan、wil 后发生不平衡现象，进行调整，如图 9-63 所示。

2）插入关键字 zol、yo 后发生不平衡现象，进行调整，如图 9-64 所示。

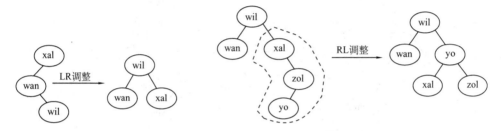

图 9-63 基础题第（9）题答案一　　　图 9-64 基础题第（9）题答案二

3）插入关键字 xul 后发生不平衡现象，进行调整，要特别注意结点 xul 的连接，调整后 wil 和 yo 两个结点都有空闲指针，xul 应该连接在 yo 的左指针上，因为 xul 大于 xal，结果如图 9-65 所示。

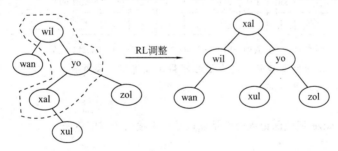

图 9-65 基础题第（9）题答案三

4）插入关键字 yum、wen 后发生了不平衡现象，调整后如图 9-66 所示。

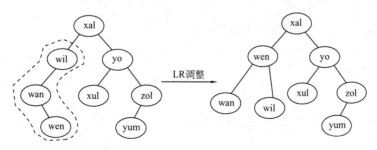

图 9-66 基础题第（9）题答案四

5）插入关键字 zi 后发生了不平衡现象，调整后如图 9-67 所示。

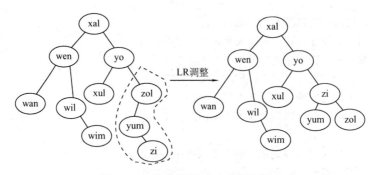

图 9-67 基础题第（9）题答案五

6）插入最后一个关键字 yon，发生了不平衡现象，进行调整。要特别注意的是，调整后 yon 应该连接在 yo 的右指针上，而不是 zi 的左指针上，因为 yon 比 yum 小。调整后的最终结果如图 9-68 所示。

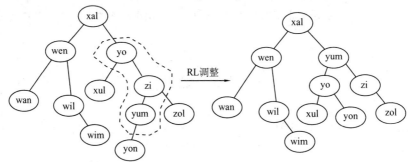

图 9-68 基础题第（9）题答案六

由图 9-68 右图可得各个关键字的比较次数为：

关键字	xal	wan	wil	zol	yo	xul	yum	wen	wim	zi	yon
比较次数	1	3	3	4	3	4	2	2	4	3	4

则查找成功时的平均查找长度 ASL=(1+3+3+4+3+4+2+2+4+3+4)/11=33/11=3。

说明：本题为了让读者容易理解，整个过程写得比较详细，篇幅较大。如果题目不要求写出中间过程，则只画出最终的平衡二叉树即可。

（10）解析

实际上，增设的 lsize 域里面记入的就是以该结点为根的子树中该结点的次序。含有 lsize 域的结点定义如下：

```
typedef struct BTNode
{
    int data;
    int lsize;          //新增加的lsize域
    struct BTNode *lchild;
    struct BTNode *rchild;
}BTNode;
```

算法描述如下：

```
BTNode *search_small(BTNode *t,int k)
{
    if(t==NULL||k<1)
        return NULL;
```

```
        if(t->lsize==k)
            return t;
        if(t->lsize>k)
            return search_small(t->lchild,k);
        else
            return search_small(t->rchild,k-t->lsize);
}
```

2．思考题

（1）解析

向以 t 为根的二叉排序树中插入一个元素 x（假设 x 用 int 型来表示），若树中已经有该元素，则将匹配结点中的 count 域的值加 1，否则该元素作为新结点插入。算法描述如下：

```
void insert(BTNode *&t,BTNode *&pr,int x)
{
    //引用参数 pr 指示结点 t 的父结点。在主程序中，初始化 t=root，pr=NULL
    BTNode *p=t;                    //p 是检测指针，pr 是其父结点指针
    while(p!=NULL)                  //在树中搜索关键字值为 x 的结点
    {
        if(p->data!=x)
        {
            pr=p;
            if(x<p->data)
                p=p->lchild;
            else
                p=p->rchild;
        }
        else
        {
            ++(p->count);           //若元素已存在，则 count 增 1
            return;
        }
    }
    BTNode *s=(BTNode*)malloc(sizeof(BTNode));
    s->data=x;
    s->count=1;
    s->lchild=s->rchild=NULL;
    if(pr==NULL)                    //空树情形
        t=s;
    else if(x<pr->data)             //非空树情形，接在父结点下面
        pr->lchild=s;
    else
        pr->rchild=s;
}
```

（2）解析

根据二叉排序树的特点，查找路径只可能沿某一结点的左分支或右分支逐层向下查找，而不可能在

两个分支之间横向跳跃或往上回溯。查找范围应在给定关键字值的上下波动,不断接近给定关键字值,并且在结点左子树上的关键字值不会大于结点的关键字值,右子树上的关键字值不会小于结点的关键字值。

例如,给定一个值 60,在二叉排序树上寻找关键字值为 60 的结点时,访问的关键字值序列 S={20,30,90,80,40,50,70,60}。若将 S 分为两个子序列,S1 所包含的都是小于或等于 60 的数据,S1={20,30,40,50,60};S2 所包含的都是大于 60 的数据,S2={90,80,70}。如此可得判断是否是查找序列的原则:如果从 S 所生成的 S1 单调递增,S2 单调递减,且除待查元素外,S1 中的每个数据都小于给定值,S2 中的每个数据都大于给定值,则 S 是一个查找序列,否则不是查找序列。算法描述如下:

```c
typedef struct
{                               //待认定的查找序列结构体定义
    int elem[maxSize];          //查找序列数据存储数组
    int len;                    //序列实际数据个数
}Sequence;
void reduce(Sequence& S,Sequence& S1,Sequence& S2)
{
    //将序列 S 压缩并分解为 S1 和 S2
    int i=0,j=0,k=0;
    do
    {
        while(i+1<S.len && S.elem[i]<S.elem[i+1])
            S1.elem[j++]=S.elem[i++];
        while(i+1<S.len && S.elem[i]>S.elem[i+1])
            S2.elem[k++]=S.elem[i++];
    }while(i+1<S.len);
    S1.len=j;
    S2.len=k;       //上例中 S1={20,30,40,50},S2={90,80,70}
}
int judge(Sequence& S1,Sequence& S2,int x)
{
//判断 S1 是否单调递增,S2 是否单调递减,且 S1 的元素值不比 x 大,S2 的元素值不比 x 小
    int i,flag;
    flag=1;
    i=0;
    while(flag && i+1<S1.len)
        if(S1.elem[i]>S1.elem[i+1]||S1.elem[i]>x)
            flag=0;
        else
            ++i;
    i=0;
    while(flag && i+1<S2.len)
        if(S2.elem[i]<S2.elem[i+1]||S2.elem[i]<x)
            flag=0;
        else
            ++i;
    return flag;
```

```
}
int issearch(Sequence& S,Sequence& S1,Sequence& S2,int x)
{//若S是查找序列，则函数返回1，否则返回0。x是待查找关键字值
    reduce(S,S1,S2);
    return judge(S1,S2,x);
}
```

二、真题精选答案

（一）选择题

1. D。选项D描述的是B+树的特点，而不是B-树的特点。

2. B。折半查找法在查找不成功时和给定值进行比较的关键字个数最多为$\lfloor \log_2 n \rfloor + 1$，即折半查找判定树的高度。在本题中，n=16，故比较次数最多为5。

3. B。要提高查找效率，就要减少Hash表的冲突，因此②是正确的措施。对于①，装填因子增大，则相应的表中空闲位置就少，更容易发生冲突，因此①不对。堆积现象是不可避免的，因此③不对。

说明：在去年本书微信公众平台的读者反馈中，有不少同学提出堆积现象可以通过使用链地址法来避免，因此③也是对应的这个异议。的确，在使用链地址法时，不会产生堆积现象，但是在处理实际问题时，不可能完全抛弃线性探测法而只使用链地址法，两种方法各有自己的适用条件。堆积现象不可避免是针对可能出现的所有情况而言的，这个范围包括只能用链地址法来处理的问题，也包括只能用线性探测法来处理的问题，面对只能用线性探测法来处理的问题，堆积现象是不可避免的。打个不太严谨的比喻，要避免交通事故，禁止使用交通工具是行不通的。

4. D。

说明：本题在不同版本的试卷中可能有不同的题干描述，即有的会把本题题干中的终端结点说成叶子结点，其实指的就是图中画出的最底层的结点，这与本书的规定是不同的。本书规定叶子结点不含关键字，是查找失败的位置。所以解题时要善于根据题干来判断具体规定，但在国内不同学校、不同版本的教材中，该处可能有不同的规定。

5. A。一棵高度为2的5阶B-树，根结点只有达到5个关键字时才能产生分裂，成为高度为2的B-树。

注意：B-树的阶数是人为规定的，而不是由当前B-树中结点所含有的最大分支数而定。严格来说，本题B-树画出来应该如图9-69所示，每个结点都最多可以包含4个关键字，只是当前状态中还没有一个结点达到这个关键字个数。

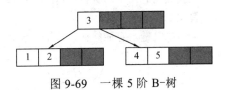

图9-69 一棵5阶B-树

说明：在考研数据结构中，如果题目说了B-树的阶数是多少，就认为是多少，不因当前树中结点的最大分支数而变；如果没有明确说明而是画出了一棵树，则根据树中分支最多的结点来确定其阶数。

注意：本题所体现的难度并不在于题目本身，而是不同参考书中对B-树高度规定的不同而给考生造成的困惑，有的参考书（如严版数据结构）规定B-树高度包含叶子结点层，根据本题题意，高度为2，而叶子结点层不含关键字，所以只有一个非叶结点，即根结点，其关键字最少为1，没有答案。显然本题规定高度不包含叶子结点层，就如图9-69所示，图中没有画出叶子结点层，实际上这棵高度为2的B-树有3层。本题也很好地体现了如何克服因规定不同而造成的解题困难。

（二）综合应用题

1. 解析

（1）因为装填因子为0.7，数据总数为7，所以存储空间长度为7/0.7=10。因此可选表长m=10。
分别计算各个数据元素的散列地址：
H(7)=(7×3)%7=0，一次比较到位。
H(8)=(8×3)%7=3，一次比较到位。
H(30)=(30×3)%7=6，一次比较到位。

H(11)=(11×3)%7=5，一次比较到位。
H(18)=(18×3)%7=5，冲突；探测下一位置6，冲突；探测下一位置7，3次比较到位。
H(9)=(9×3)%7=6，冲突；根据上一步的探测结果可知，最终位置为8，3次比较到位。
H(14)=(14×3)%7=0，冲突；探测下一位置1，两次比较到位。
根据以上分析得到关键字的散列地址，可以得到散列表为

下标	0	1	2	3	4	5	6	7	8	9
关键字	7	14		8		11	30	18	9	

（2）由（1）中结果可以计算出查找成功和不成功时的平均查找长度，具体如下：
查找成功时的平均查找长度为：
$$ASL_{成功}= (1+1+1+1+3+3+2)/7 = 12/7$$
查找不成功时的平均查找长度为：
$$ASL_{不成功}= (3+2+1+2+1+5+4)/7 = 18/7$$

说明：此题与空位置的比较也要计算在内。这里可以做一个小的总结：当题目无特殊说明，在以顺序表为存储结构的情况下，如果空位置作为结束标记，则与空位置的比较次数也要计算在内；在以链表为存储结构的情况下，则与空指针的比较次数不计算在内。

2．解析
（1）采用顺序存储结构，数据元素按其查找概率降序排列。
采用顺序查找方法。
查找成功时的平均查找长度=0.35×1+0.35×2+0.15×3+0.15×4=2.1。
（2）
答案一：
采用链式存储结构，数据元素按其查找概率降序排列，构成单链表。
采用顺序查找方法。
查找成功时的平均查找长度=0.35×1+0.35×2+0.15×3+0.15×4=2.1。
答案二：
采用二叉链表存储结构，构造二叉排序树，元素存储方式如图 9-70 所示。

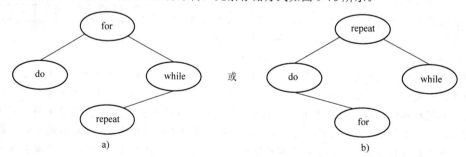

图 9-70　真题精选综合应用题第 2 题答案
a）二叉排序树 1　b）二叉排序树 2

采用二叉排序树的查找方法。
查找成功时的平均查找长度=0.15×1+0.35×2+0.35×2+0.15×3=2.0。
（1）、（2）的评分说明：
① 若考生以实际元素表示"降序排列"，同样给分。
② 若考生正确求出与其查找方法对应的查找成功时的平均查找长度，给 2 分；若计算过程正确，但结果错误，给 1 分。
③ 若考生给出其他更高效的查找方法且正确，可参照评分标准给分。

第 10 章　考研中某些算法的分治法解释

所谓分治法，简单概括就是将暂且不能解决的大问题分成很多子问题，如果子问题还是不能解决则继续划分，直到子问题小到可以直接解决的规模，原问题的解即为子问题解的合并。

说明：虽然分治法在考研中不会单独拿出来考查，但是它对考研要求的一些算法的理解有很大帮助，这里通过几个例题，由简到难来体会一下。

【例 10-1】　用分治法打印数组 a[L, …, R]。

分析：

一个循环就可以，但用分治法来解决该怎么做呢？如果待打印序列长度为 1，则可以直接打印；如果待打印序列长度为 N，则可以将其划分为两部分：第 1 个元素是一个划分，后 N-1 个元素是另一个划分。第一个划分可以直接打印，然后将后 N-1 个元素继续划分，直到数组长度为 1，可以直接打印，或者长度为 0，什么也不做。

由此可以写出以下代码：

```
void print(int a[],int L,int R)        //要处理的序列范围在 L~R 内
{
    if(L>R)
        return;                         //说明是空序列，什么也不做，直接 return 返回
    else if(L==R)
        cout<<a[L]<<" ";                //L 等于 R，待处理序列长为 1，直接打印
    else                                //否则待处理序列长度大于 1，需要分治
    {
        cout<<a[L]<<" ";                //先打印第一个
        print(a,L+1,R);                 //对从 L+1~R 的序列进行分治处理
    }
}
```

♥感觉分治法难以理解?请扫描本书封面二维码，那里有详解视频，可能会对你的理解有帮助。

【例 10-2】　假设存在一个函数 divid()，可以将一个数组 a[L, …, R]分成两部分，元素 a[L]为分界线，小于 a[L]的元素在左边，大于 a[L]的元素在右边。

函数 divid()的声明如下：

```
int divid(int a[],int L,int R);
```

试用分治法，对数组 a[L, …, R]中的元素进行快速排序。

分析：

如果序列长度小于等于 1，则默认为是有序的；如果序列长度大于 1，则用函数 divid()将其划分成 3 部分：左边是小于 a[L]的部分，中间是 a[L]，右边是大于 a[L]的部分。a[L]已经有序，则只需对其左、右两部分继续进行分治处理即可。

由此可以写出以下代码：

```
void Qsort(int a[],int L,int R)
{
    int mid;
    if(L>=R)return;                     //当序列为空或者长度为 1 时，默认有序，什么也不做
    else
    {
```

```
        mid=divid(a,L,R);        //找分界点
        Qsort(a,L,mid-1);        //对左边序列继续分治处理
        Qsort(a,mid+1,R);        //对右边序列继续分治处理
    }
}
```

【例 10-3】 一棵二叉树存储在二叉链表中,用分治法打印所有结点值,根结点由 p 所指。

分析:

当树为空时,什么都不用做,问题直接解决。当树中结点数大于等于 1 时,可用根结点将整棵树划分,分为根、左子树和右子树 3 部分,根结点直接打印,对左子树继续分治处理,对右子树继续分治处理,最终可以打印整棵树。

由此可以写出以下代码:

```
void printTree(BTNode *p)
{
    if(p==NULL)return;           //树为空,则问题直接解决
    else
    {
        cout<<p->data<<" ";      //打印根结点
        printTree(p->lchild);    //分治处理左子树
        printTree(p->rchild);    //分治处理右子树
    }
}
```

说明:以上就是二叉树先序遍历的分治法解释。

【例 10-4】 一个连通图 G 用邻接表存储,用分治法打印图中的所有顶点值,假设图中结点数大于 1。

分析:

如图 10-1 所示,假如从顶点 v 开始打印,则可以将整个图分成 n 部分,由 v 引出的一条边算一部分,这与例 10-3 的情况类似,二叉树用根结点将整棵树划分成根、左子树和右子树,而这里划分为 v、第 1 条边所到达的子图、第 2 条边所到达的子图……第 n 条边所到达的子图。v 可以直接打印,然后对各个子图继续进行分治处理。因为图中可能有回路,所以需设置访问标记数组 visit[] 来检测当前的划分是否需要处理。

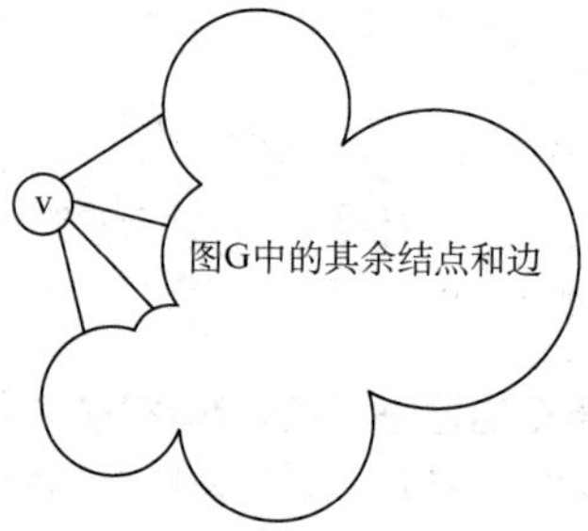

图 10-1 例 10-4 图

由此可以写出以下代码:

```
void printfG(AGraph *G,int v)
{
    ArcNode *p;
    visit[v]=1;                  //设置已访问标记,表示当前划分已经处理过
    cout<<v<<" ";                //打印出 v
    p=G->adjlist[v].firstarc;    //p 指向顶点 v 的第一条边的终结点
    while(p!=NULL)
    {/*这个循环完成对由 v 的 n 条边产生的 n 个划分,逐个继续进行分治处理*/
        if(visit[p->adjvex]==0)  //检测当前划分是否已经处理过
            printfG(G,p->adjvex);//继续分治处理当前划分
        p=p->nextarc;            //准备分治处理下一个划分
    }
}
```

说明:这就是图的深度优先搜索遍历的分治法解释。

第 10 章 考研中某些算法的分治法解释

【例 10-5】 已知二叉树的先序遍历序列和中序遍历序列,分别存储在 a[L1, …, R1]与 b[L2, …, R2]两个数组中,用分治法对这两个序列建立一棵二叉树,并存储在二叉链表存储结构中。

分析:

如果为空序列,则什么都不做,问题可以直接解决;如果序列长度大于 1,则 a[L1]为二叉树的根结点,在 b[]中找到 a[L1],假设下标为 k,则 b[L2, …, k-1]是其左子树上的所有结点,b[k+1, …, R2]是其右子树上的所有结点。反映在 a[]中,即 a[L1+1, …, L1+k-L2]是其左子树上的所有结点,a[L1+k-L2+1, …, R1]是其右子树上的所有结点。这样对 a[L1+1, …, L1+k-L2]与 b[L2, …, k-1]继续进行分治处理,对 a[L1+k-L2+1, …, R1]与 b[k+1, …, R2]也继续进行分治处理,最终可以将树建立完毕。

由此可以写出以下代码:

```
BTNode* CBtree(int a[],int b[],int L1,int R1,int L2,int R2)
{
    int k;
    if(L1>R1)return NULL;        //序列为空,问题直接解决,生成空树
    else
    {
        BTNode* s=(BTNode*)malloc(sizeof(BTNode));
        s->data=a[L1];
        for(k=L2;k<=R2;++k)      //查找分界点
            if(a[L1]==b[k])
                break;
        /*以下对子序列分别进行分治处理*/
        s->lchild=CBtree(a,b,L1+1,L1+k-L2,L2,k-1);
        s->rchild=CBtree(a,b,L1+k-L2+1,R1,k+1,R2);
        return s;
    }
}
```

【例 10-6】 汉诺塔问题,有 3 根柱子:x、y、z,第一根柱子上有 n 个盘子,从上到下依次增大,要求将第一根柱子上的所有盘子移动到第三根柱子上,整个过程都必须满足一根柱子上的盘子从上到下依次增大。

分析:

这个是利用分治法解题的经典题目,过程如下:如果第一根柱子上只有 1 个盘子,则直接移动即可;如果第一根柱子上的盘子大于 1 个,则将柱子上的盘子划分成两部分,最下边的盘子为一部分,上面的 n-1 个盘子为另一部分。对上面的 n-1 个盘子继续分治处理,将其先移动到第二根柱子上,此时第一根柱子上只有 1 个盘子,可直接移动到第三根柱子上,然后将第二根柱子上的 n-1 个盘子继续分治处理,移动到第三根柱子上,此时整个问题解决。

由此可以写出以下代码:

```
void Han(int x,int y,int z,int n)
/*代表将 n 个盘子分治地从 x 移到 z 上,y 为辅助柱*/
{
    if(n==1) move(x,z);          //n 为 1 可以直接解决
    else
    {
        Han(x,z,y,n-1);          //分治处理 n-1 个盘子,从 x 移动到 y 上,z 为辅助柱
        move(x,z);               //直接移动 x 上的一个盘子到 z 上
        Han(y,x,z,n-1);          //分治处理 n-1 个盘子,从 y 移动到 z 上,x 为辅助柱
    }
}
```

331

参 考 文 献

[1] 教育部考试中心. 2022年全国硕士研究生招生考试计算机学科专业基础考试大纲[M]. 北京：高等教育出版社，2021.

[2] Mark Allen Weiss. 数据结构与算法分析——C语言描述（原书第2版）[M]. 冯舜玺，译. 北京：机械工业出版社，2004.

[3] 王道论坛. 2013年数据结构联考复习指导[M]. 长沙：中南大学出版社，2012.

[4] 严蔚敏，吴伟民. 数据结构（C语言版）[M]. 北京：清华大学出版社，1998.

[5] 李春葆，喻丹丹. 数据结构习题与解析B级[M]. 3版. 北京：清华大学出版社，2006.

[6] 殷人昆，等. 数据结构（用面向对象方法与C++描述）[M]. 北京：清华大学出版社，1999.

[7] 殷人昆，等. 全国硕士研究生入学统一考试计算机学科专业基础综合考试大纲解析：2012年版[M]. 北京：高等教育出版社，2011.

[8] 殷人昆. 数据结构习题精析与考研辅导[M]. 北京：机械工业出版社，2012.

[9] 黄水松，董红斌. 数据结构与算法习题解析[M]. 北京：电子工业出版社，1996.

[10] 陈小平. 数据结构导论[M]. 北京：经济科学出版社，2000.

[11] 邹华跃. 数据结构导论自考应试指导[M]. 南京：南京大学出版社，2000.

[12] 宁正元，易金聪，等. 数据结构习题解析与上机实验指导[M]. 北京：中国水利水电出版社，2000.

[13] 朱儒荣，朱辉. 数据结构常见题型解析及模拟题[M]. 西安：西北工业大学出版社，2000.